人體機能解剖全書

兼顧專業與普及，簡單與細節的人體生理學完美之作！

VOL.2 腹部、生殖系統、
骨盆＆下肢、身體系統

英國亞馬遜 ★★★★★ 至高好評

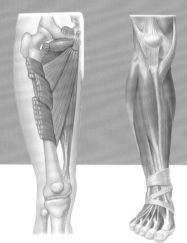
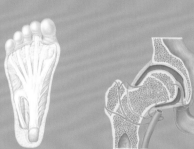

HOW THE BODY WORKS

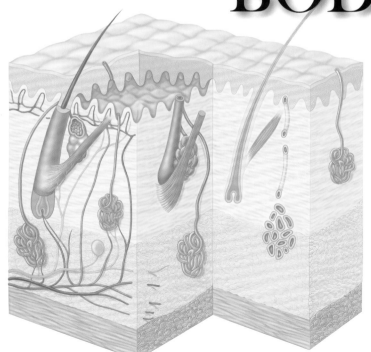

彼得‧亞伯拉罕——●

認知神經科學／腦科學家
謝伯讓、高薏涵——●

目錄

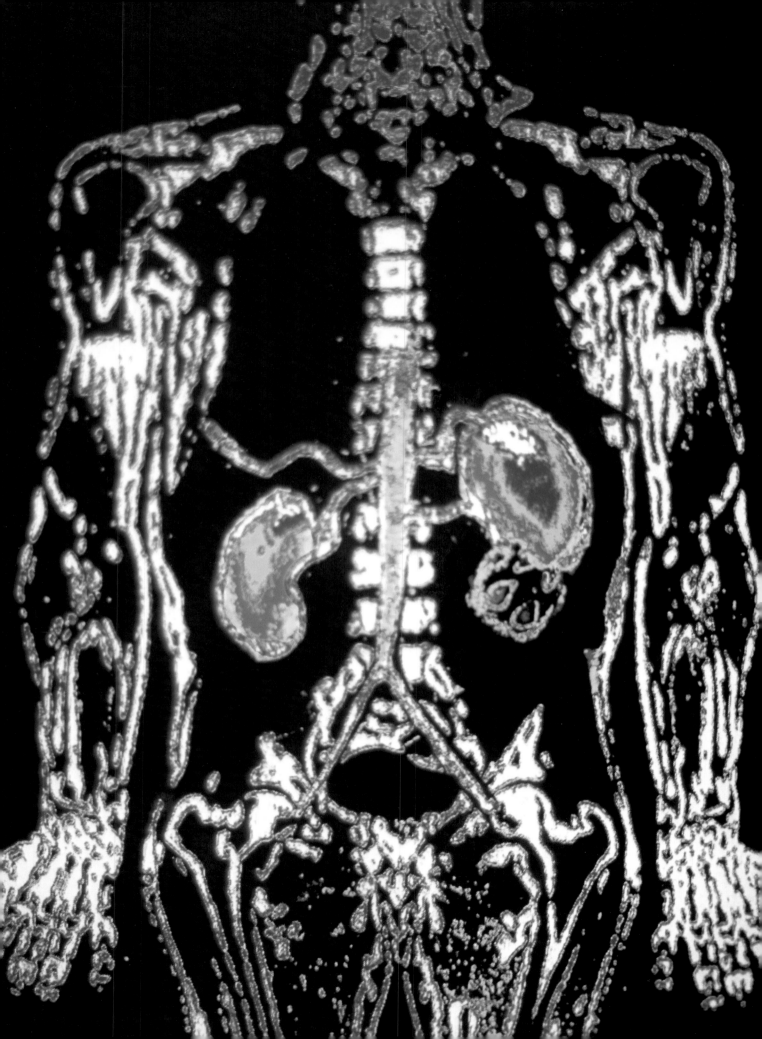

第六章

腹部與胃

　腹腔是身體最大的腔室，其中包括消化道與重要的器官。
我們攝取的食物大部份都在這裡被吸收與消化。

　本章將解釋神奇的消化過程，詳細描述我們所吃的食物如
何被一一分解，並為身體所利用。我們將了解均衡飲食的重
要性，以便為身體提供各種食物類別，並探索這些食物對於
建構與滋養全身細胞、抵禦疾病、協助身體成長，以及維持
身體能量的重要性。

腹部概論

腹部是軀幹的一部份，介於胸廓與骨盆之間。
腹腔的內容物是由骨性架構與腹壁來支撐。

腹腔上部的器官（肝、膽囊、胃，以及脾臟）位於橫膈膜圓頂下，受下肋骨的保護。

脊椎與相關的肌肉形成腹腔的後壁，骨盆的骨頭則支撐著整個腹腔。

腹部比較沒有骨頭的保護，但也因為這樣，軀幹才有活動的空間，能在懷孕或是吃了大餐時，有所擴張。

腹部內容

腹腔的內容包括：

◆ 大部份的消化道

◆ 肝

◆ 胰臟

◆ 脾臟

◆ 腎臟

除了這些內臟外，還有供給這些內臟的血管、淋巴系統與神經，以及不同數量的脂肪組織。

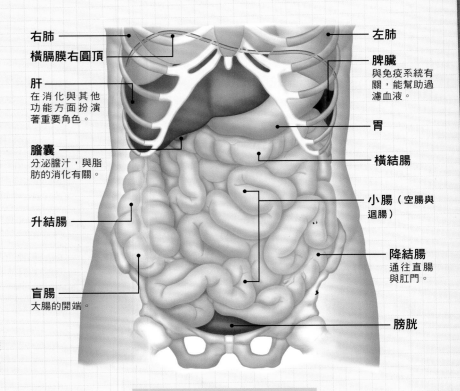

右肺

橫膈膜右圓頂

肝
在消化與其他功能方面扮演著重要角色。

膽囊
分泌膽汁，與脂肪的消化有關。

升結腸

盲腸
大腸的開端。

左肺

脾臟
與免疫系統有關，能幫助過濾血液。

胃

橫結腸

小腸（空腸與迴腸）

降結腸
通往直腸與肛門。

膀胱

腹腔裡包含消化器官，例如胃與腸，這些器官統稱為內臟。

網膜

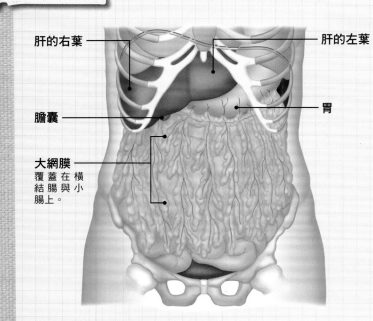

肝的右葉

膽囊

大網膜
覆蓋在橫結腸與小腸上。

肝的左葉

胃

腹腔的大部份內含物都覆蓋著一層薄而滑的組織，這層組織稱為腹膜。腹膜的皺褶連接著腹部的內臟與腹腔壁，使得這些器官能輕易地彼此滑動。

腹膜最明顯的部分就是大網膜，大網膜從胃的下緣往下延伸，像是圍裙般地覆蓋在橫結腸與盤繞成圈的小腸上。大網膜中含有大量的脂肪，因此呈黃色。

保護作用

大網膜有「腹部警察」的稱號，這是因為它可以包裹住發炎的器官，避免其他器官受到感染。

大網膜也協助保護腹部器官，避免它們受傷，並有隔絕腹部、防止腹部溫度逸散的功能。

大網膜是層脂肪組織，從腹部器官的前面懸垂下來，負責保護並隔開腹腔內的各個器官。

腹部的各個平面與區域

醫生發現，若將腹部依照縱向與橫向劃分成幾個區域，在描述器官位置或是腹部的疼痛點時會非常好用，這些區域有助於醫生進行診斷。

將腹部區分呈 9 個區域，好讓描述腹部情況時能更加明確。這些區域是由 2 條橫切線（肋下平面與橫腸骨結節面）與 2 條縱切線（鎖骨中線）劃分而成。這 9 個區域為：

◆ 右肋區
◆ 上腹區
◆ 左肋區
◆ 右翼區（右腰區）
◆ 臍區
◆ 左翼區（左腰區）
◆ 右腹股溝區
◆ 恥骨上區（下腹區）
◆ 左腹股溝區

四個象限

將腹部以 1 條橫切線（橫臍面）與 1 條縱切線（正中面）區分為 4 個區域，就足以滿足一般臨床上的需求。

4 個區域就是所謂的右上象限、左上象限，以及右下象限與左下象限。

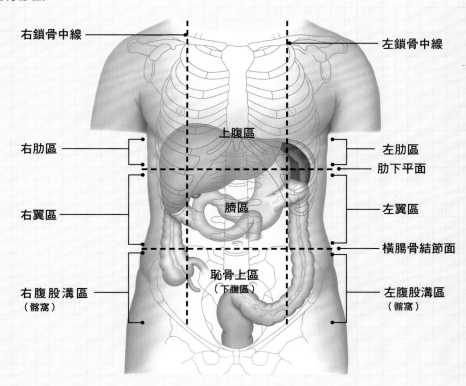

右鎖骨中線　左鎖骨中線
右肋區　上腹區　左肋區
肋下平面
右翼區　臍區　左翼區
橫腸骨結節面
右腹股溝區（髂窩）　恥骨上區（下腹區）　左腹股溝區（髂窩）

臨床上的重要性

了解每個腹部區域中有什麼內容物是很重要的。如果發現異常，或是患者有腹痛的現象，就可利用這些區域來找出患者所描述的位置，做為診斷上的參考。

手術切口

對進行腹部手術的外科醫生來說，了解整個腹壁的解剖結構是很重要的。

如果可以，外科醫生會沿著皮膚的自然分裂線（張力線）切開，這些直線與皮膚中的膠原纖維平行，在密合時會更為平整。

除此之外，醫師也會考量到其他解剖上的因素，例如腹壁的神經分佈、肌肉纖維的走向，以及結締組織層（腱膜）的位置。如此一來，外科醫師才能在手術時降低對腹壁結構的損傷。

切口種類

綜合上述的各項因素，以及每個臨床案例的特殊需求後，外科醫師在手術時所做的切口也會不同，其中包括：正中切口、旁正中切口，以及橫切口。

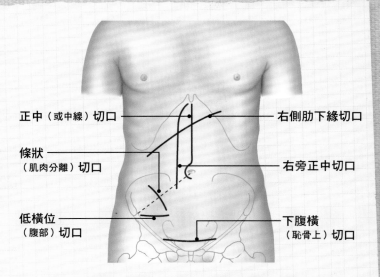

正中（或中線）切口　右側肋下緣切口
條狀（肌肉分離）切口　右旁正中切口
低橫位（腹部）切口　下腹橫（恥骨上）切口

外科醫師在進行腹腔手術時會採用幾種不同的切口，所劃下的切口必須能顯露出腹腔的內容物。

腹壁

腹腔位於橫膈膜與骨盆之間，腹壁的前側與側邊是由不同的肌肉層所形成，它包裹並支撐著腹腔。

後側腹壁是由下肋骨、脊柱與肌肉共同組成；前外側（前面與側邊）腹壁則完全由肌肉和纖維層（腱膜）形成。

腹壁的肌肉層位於皮膚與皮下脂肪層底下。由腹腔肌肉所形成的3層肌肉層分別為：腹外斜肌、腹內斜肌與腹橫肌。這3塊肌肉從四面八方支撐著腹部。此外，還有一條寬闊的肌肉帶——腹直肌，它從胸廓前方縱向往下分佈到骨盆的前面。

腹外斜肌

形成最淺層的腹部肌肉。它是一塊寬且薄的肌肉，其肌纖維往下、往內延伸。

腹外斜肌起於下肋骨的底側面。它的肌肉纖維如扇子般向外發散到寬闊強韌的結締組織層，這個結締組織層就是腹外斜肌腱膜。腹外斜肌的肌肉纖維在下端連接到恥骨的頂端。

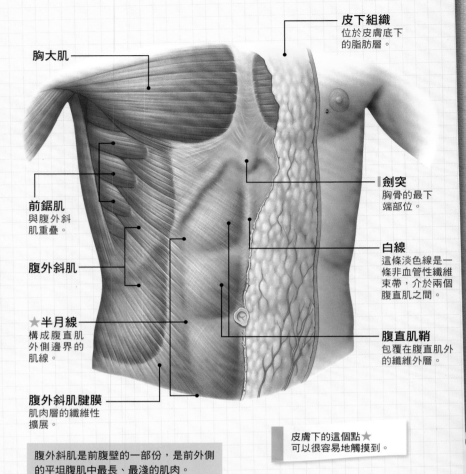

胸大肌

前鋸肌
與腹外斜肌重疊。

腹外斜肌

★ 半月線
構成腹直肌外側邊界的肌線。

腹外斜肌腱膜
肌肉層的纖維性擴展。

皮下組織
位於皮膚底下的脂肪層。

劍突
胸骨的最下端部位。

白線
這條淡色線是一條非血管性纖維束帶，介於兩個腹直肌之間。

腹直肌鞘
包覆在腹直肌外的纖維外層。

皮膚下的這個點 ★
可以很容易地觸摸到。

腹外斜肌是前腹壁的一部份，是前外側的平坦腹肌中最長、最淺的肌肉。

腹壁的層狀結構

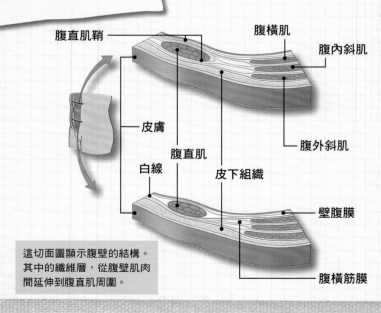

腹直肌鞘

腹橫肌

腹內斜肌

腹外斜肌

皮膚

腹直肌

白線

皮下組織

壁腹膜

腹橫筋膜

這切面圖顯示腹壁的結構。其中的纖維層，從腹壁肌肉間延伸到腹直肌周圍。

腹壁的層狀結構包括：

◆ **皮膚**：皮膚的自然分裂線橫向延伸於腹壁的大部份地區。

◆ **淺脂肪層**（或稱坎伯爾氏筋膜）：這層組織可能變得非常厚實，導致肥胖者的腹壁出現一圈圈的皺褶。

◆ **淺膜狀層**（或稱斯卡帕氏筋膜）：接續著鄰近身體部位的淺層筋膜。

◆ **三層肌肉層**：腹外斜肌、腹內斜肌，以及腹橫肌。

◆ **深筋膜層**：位於腹部的肌肉層間，負責隔開這些肌肉。

◆ **腹橫筋膜**：這個結實的膜狀組織層分佈於大部份的腹壁內層，與上方的橫膈膜底面以及下方骨盆的組織融合在一起。

◆ **脂肪層**：界於腹橫筋膜與腹膜之間。

◆ **腹膜**：是層柔軟、光滑的膜狀組織，位於腹腔內層，覆蓋在許多腹部器官上。

腹壁的深層肌肉

腹內斜肌是塊寬闊的薄層肌肉，位置比腹外斜肌深。腹內斜肌的纖維往上、往內延伸，與腹外斜肌的肌肉纖維形成近乎90度的角度。

腹內斜肌的起端在腰筋膜（分佈於脊柱兩側的結締組織層）、骨盆的髂嵴與腹股溝韌帶（在鼠蹊部）。

和腹外斜肌一樣，腹內斜肌的止端連接到強韌、寬闊的腱膜，這層腱膜分開並包裹著腹直肌（腹直肌鞘）。

腹橫肌

腹橫肌是腹部三層肌肉層中最內側的那層，支撐著腹部裡的臟器。腹橫肌的纖維橫向分佈並連接到一個腱膜，此腱膜的大部份都位於腹直肌後側。

腹直肌

這2條長條狀的肌肉縱向往下，分佈於腹壁的前面。

腹直肌的上部比下部寬、比下部薄。在2條腹直肌之間有個由強韌結締組織所形成的肌腱狀薄帶，也就是白線。

在大的腹外斜肌下面，還有兩個層狀的肌肉，分別為腹內斜肌與腹橫肌。此外，還有腹直肌沿著腹壁中央垂直往下延伸。

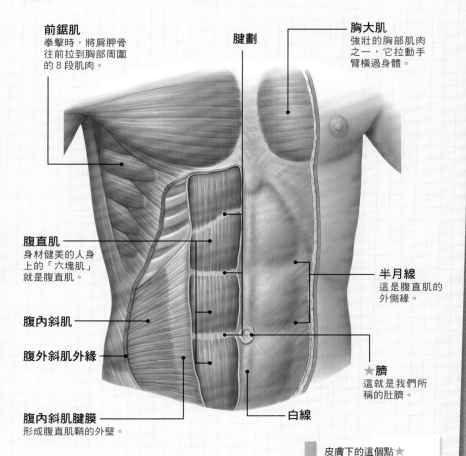

前鋸肌
拳擊時，將肩胛骨往前拉到胸部周圍的8段肌肉。

腱劃

胸大肌
強壯的胸部肌肉之一，它拉動手臂橫過身體。

腹直肌
身材健美的人身上的「六塊肌」就是腹直肌。

腹內斜肌

腹外斜肌外緣

腹內斜肌腱膜
形成腹直肌鞘的外壁。

半月線
這是腹直肌的外側緣。

★臍
這就是我們所稱的肚臍。

白線

皮膚下的這個點★可以很容易地觸摸到。

腹直肌鞘

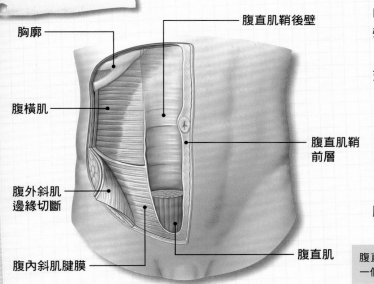

胸廓

腹橫肌

腹外斜肌邊緣切斷

腹內斜肌腱膜

腹直肌鞘後壁

腹直肌鞘前層

腹直肌

腹直肌被包裹在一個結締組織鞘中，這個結締組織鞘是由腹壁的3層肌肉層的腱膜聚合而成的。（腱膜是個又薄又強韌的纖維組織層。）

腹直肌鞘的上面¾與下面¼不同，這是因為3種腱膜的交織方法不同所造成的。

◆ **上腹直肌鞘**：腹直肌鞘的前壁是由腹外斜肌腱膜與一半的腹內斜肌腱膜所形成；而腹直肌鞘的後壁則是由剩下那一半的腹內斜肌腱膜以及腹橫肌腱膜所構成。

◆ **下腹直肌鞘**：位於腹直肌前面的3個腹肌腱膜，就分佈在腹橫筋膜上。

3個腱膜於身體中線會合，形成白線。和腹直肌一樣，腹直肌鞘也有血管分佈，這些血管位於腹直肌深處。

腹直肌沿著腹部前面延伸，外頭裹著一個稱為腹直肌鞘的結締組織。

胃

是消化道擴大而成,順著食道接收所吞下的食物。
食物先儲存在這裡,接著送到小腸以繼續進行消化。

胃是個膨脹的肌肉袋,內層有黏膜;被固定在 2 個端點:頂端的食道開口以及下方的小腸開端。在這 2 個端點間,胃可以自由移動,且能夠變換位置。

胃的內層構造

當胃裡面沒有食物時,可以看到其佈滿皺褶的內層從一個開口延伸到另一個開口。

胃壁和胃的其他部份很類似,但是它還有些特殊之處:

◆ **胃上皮**:位於內層的細胞組織,包含許多分泌保護性黏液,以及產生酵素與胃酸的腺體。消化過程就是由這些分泌物開啟的。

◆ **肌肉層**:有層內斜肌肉纖維,以及縱向與環向的肌肉纖維。這樣的構造讓胃能充份攪拌食物,之後再把食物推到小腸中。

胃的各個部位

胃可分為 4 個部份與 2 個彎:

◆ 賁門
◆ 胃底
◆ 胃體
◆ 幽門部:胃的出口區。
◆ 胃小彎
◆ 胃大彎

胃的位置與構造

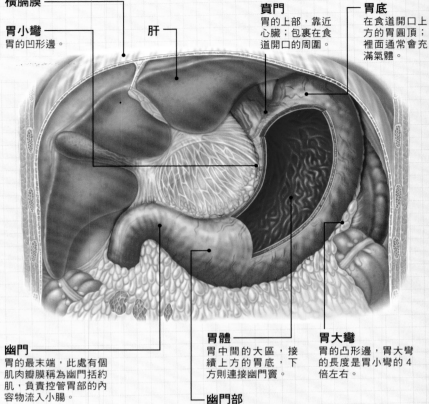

橫膈膜

胃小彎
胃的凹形邊。

肝

賁門
胃的上部,靠近心臟;包裹在食道開口的周圍。

胃底
在食道開口上方的胃圓頂;裡面通常會充滿氣體。

幽門
胃的最末端,此處有個肌肉瓣膜稱為幽門括約肌,負責控管胃部的內容物流入小腸。

胃體
胃中間的大區,接續上方的胃底,下方則連接幽門竇。

胃大彎
胃的凸形邊,胃大彎的長度是胃小彎的 4 倍左右。

幽門部
胃的出口區;漏斗狀的幽門竇通往狹窄的幽門管;幽門管的末端有幽門。

胃的位置在橫膈膜下方的腹上區,左側是脾臟,並有部位位於肝臟下方。

胃食道交界

食道的肌肉到了橫膈膜下方就延續成胃的一部份。食道裡面的東西就此進入胃中。

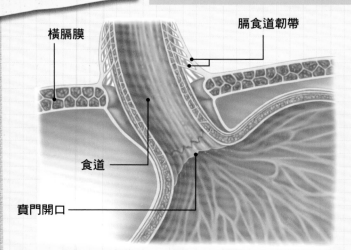

橫膈膜

膈食道韌帶

食道

賁門開口

在食道下端與胃的 Z 字形交界處,胃上皮(或細胞內層)從多層次的鱗狀組織變成典型的胃黏膜。

連接韌帶

食道與胃的上部藉由膈食道韌帶固定於橫膈膜上,這些韌帶是由覆蓋在橫膈膜表面的筋膜結締組織延伸而成。

生理性括約肌

在胃的頂端並沒有明顯的瓣膜來控制食物通過。然而,除了在食團塊通過時,胃頂端的開口會打開外;其餘時候,橫膈膜周圍的肌肉組織會讓食物通道保持關閉的狀態。這被認為是所謂的生理性食道括約肌,食道就從這裡通過。

胃的血液供應

胃有充沛的血液供應，這些血液來自不同分支的腹腔動脈幹。

將血液輸送到胃的血管有：

◆ **胃左動脈**：腹腔動脈幹的分支。

◆ **胃右動脈**：此動脈通常源自於肝動脈（腹腔動脈幹的分支）。

◆ **胃網膜右動脈**：起自肝總動脈的胃十二指腸動脈分支。

◆ **胃網膜左動脈**：源自於脾動脈。

◆ **胃短動脈**：起源自脾動脈。

靜脈與淋巴管

胃靜脈延伸於各個胃動脈旁。胃的血液最後會被引流到門靜脈系統，門靜脈再把血液經由肝臟送回心臟。

胃的淋巴管收集胃壁的淋巴液，再把淋巴液引流到沿著胃小彎與胃大彎分佈的淋巴結群中。接著，這些淋巴液會被送到腹腔淋巴結。

胃的血液是由腹腔動脈幹的多條分支負責供應的，而腹腔動脈幹本身則是腹主動脈的分支。

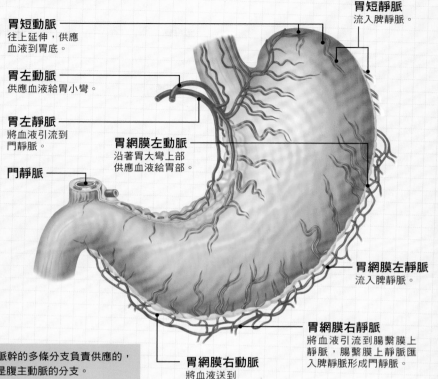

胃短動脈 流入脾靜脈。

胃短動脈 往上延伸，供應血液到胃底。

胃左動脈 供應血液給胃小彎。

胃左靜脈 將血液引流到門靜脈。

胃網膜左動脈 沿著胃大彎上部供應血液給胃部。

門靜脈

胃網膜左靜脈 流入脾靜脈。

胃網膜右靜脈 將血液引流到腸繫膜上靜脈，腸繫膜上靜脈匯入脾靜脈形成門靜脈。

胃網膜右動脈 將血液送到胃大彎的下部。

胃的形狀與位置

胃能大幅度地膨脹以便容納食物。由於胃只有上端與下端是固定的，因此能在這2個端點間隨意變換位置、大小與形狀。

正常情況下

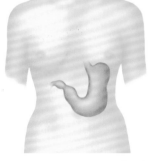

正常的胃是個拉長的囊袋，其大小與形狀會隨著身體的姿勢和飽足程度而改變。然而，其他的腹腔臟器也會影響到胃的大小與形狀，例如子宮裡正孕育著胎兒的時候。

活動情況下

當胃在活動時，其肌肉張力會升高，其位置也會跟著提高，且變得比較往橫向延伸。這種情況在矮胖的人身上很常見。如果胃部肌肉比較沒有活動時，胃就可能下垂成長長的J字形。

撐大情況下

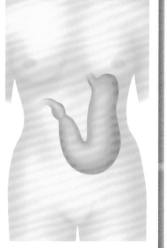

胃能容納多達3公升的食物。在吃完大餐後，甚至可能往下擴張到肚臍下方。長期暴飲暴食，可能會讓胃一直保持這種過度伸展的狀態。

懷孕時

懷孕後期，沈重的子宮會把胃往上推擠，使胃更趨於水平方向，甚至影響到胃的容量。這也解釋了為什麼懷孕婦女往往少量多餐，且比較容易出現胃灼熱的現象。

小腸

從胃一直延伸到與大腸的接合處。
它由 3 個部份組成，是消化與吸收食物的主要部位。

小腸是人體中主要的消化與吸收處。
成人的小腸長度約為 7 公尺，從胃部延
伸到與大腸的接合處。小腸分為 3 個部
份：十二指腸、空腸以及迴腸。

十二指腸

是小腸的第一個部份，也是最短的部
份（約25公分）。當胃壁收縮時，胃裡的
東西就會被推到十二指腸中。在十二指
腸中，食物團塊會與十二指腸壁的分泌
物、胰液和膽汁混合在一起。

十二指腸無法移動，它被固定在腹膜
後方的腹腔內層結締組織上。

十二指腸的血液供應

十二指腸從腹主動脈的各個分支獲得
血液；這些分支又分出小分支，以提供
豐沛的血液給十二指腸的每個部位。靜
脈的分佈模式與動脈相對應，將血液送
回肝門靜脈系統中。

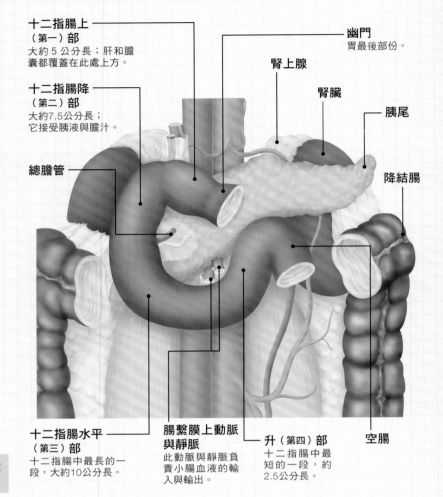

十二指腸上（第一）部
大約 5 公分長；肝和膽
囊都覆蓋在此處上方。

十二指腸降（第二）部
大約7.5公分長；
它接受胰液與膽汁。

總膽管

幽門
胃最後部份。

腎上腺

腎臟

胰尾

降結腸

十二指腸水平（第三）部
十二指腸中最長的一
段，大約10公分長。

腸繫膜上動脈與靜脈
此動脈與靜脈負
責小腸血液的輸
入與輸出。

升（第四）部
十二指腸中最
短的一段，約
2.5公分長。

空腸

十二指腸是小腸的第一部份，形狀
略成 C 字形，由 4 個部份構成。

十二指腸的構造

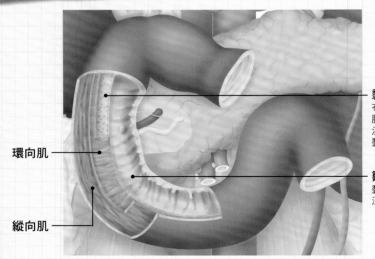

環向肌

縱向肌

黏膜下層
布氏腺就在黏
膜下層中，分
泌富含鹼性的
黏液。

皺襞
黏膜組織的
深褶。

十二指腸的腸壁有 2 層肌肉纖維，其
中一層為環向肌，另一層為縱向肌。
十二指腸的黏膜（或稱內層）特別厚實，
黏膜中有許多腺體（布氏腺），這些腺體
會分泌一種鹼性的黏稠液體，可幫助中
和從胃接收到的酸性食糜。

十二指腸第一部份的黏膜很光滑，但
是之後的腸壁就會出現固定性的深褶，
這些深褶稱為皺襞。

十二指腸中有 2 層肌肉纖維，這 2 層肌肉
纖維一起收縮，這就是所謂的蠕動。

空腸與迴腸

一起構成小腸中的最長部份。
和十二指腸不同的是，空腸與迴腸能在腹腔中移動。

空腸與迴腸構成小腸中的最長部份，它們被腹膜的扇形皺褶（腸繫膜）包裹、支撐著，這使得空腸與迴腸能在腹腔中移動。腸繫膜的長度約15公分。

血液供應

空腸與迴腸從腸繫膜上動脈的15～18條分支獲得血液。這些分支吻合（接合）成動脈弓，稱為弓狀動脈。直動脈從弓狀動脈往外延伸，負責整個小腸的血液供應。空腸與迴腸的靜脈血液進入腸繫膜上靜脈，並流入肝門靜脈，腸繫膜上靜脈就在腸繫膜上動脈旁。

淋巴在消化過程中所扮演的角色

進入小腸後，食物中的脂肪就會被特化的淋巴管所吸收，這些淋巴管稱為乳糜管，它們分佈於小腸的黏膜中。乳糜管分泌乳狀的淋巴液，這些液體會進入小腸壁的淋巴叢（淋巴管網絡），接著被導送到特殊的淋巴結，這些淋巴結就稱為腸繫膜淋巴結。

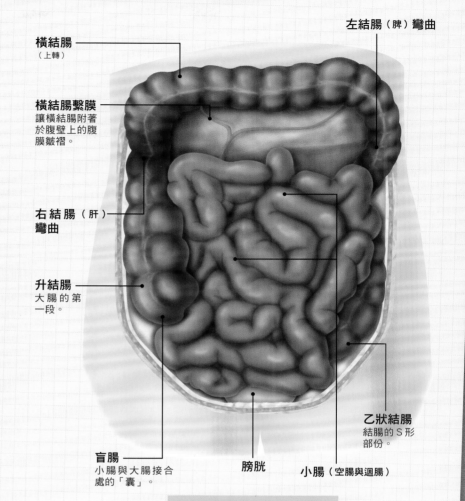

橫結腸（上轉）

橫結腸繫膜 讓橫結腸附著於腹壁上的腹膜皺褶。

右結腸（肝）彎曲

升結腸 大腸的第一段。

左結腸（脾）彎曲

乙狀結腸 結腸的S形部份。

小腸（空腸與迴腸）

盲腸 小腸與大腸接合處的「囊」。

膀胱

空腸與迴腸圈佔據了腹腔中央的大量空間，它們並沒有固定在一個地方，能在腹腔中移動。

空腸與迴腸之差異

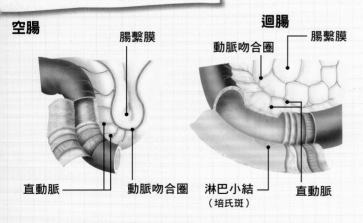

空腸

腸繫膜

直動脈　　動脈吻合圈

迴腸

動脈吻合圈　　腸繫膜

淋巴小結（培氏斑）　　直動脈

空腸與迴腸有許多結構上的差異，空腸轉變成迴腸的過程是漸進式的。

空腸與迴腸有許多結構上的差異，例如：

◆ **皺襞**：空腸的腸壁比迴腸的厚，顏色更偏向深紅。空腸腸壁之所以這麼厚實，是因為腸壁上有許多皺襞。這些皺襞增加了空腸的腸壁表面，讓空腸裡的東西前進地更加緩慢，藉此來提升空腸的養分吸收。

◆ **腸繫膜**：空腸的弓狀動脈是由幾個大的動脈迴圈所組成，這些大迴圈只分出幾條直支到腸壁；而迴腸的弓狀動脈則有許多短的迴圈，分出許多直動脈支。

◆ **脂肪沈積**：空腸的腸繫膜根部附近，脂肪數量比迴腸少。迴腸的脂肪含量遠多於空腸，這些脂肪遍佈於整個迴腸的腸繫膜中。

◆ **淋巴組織**：迴腸下段的末端有許多地方具有淋巴組織（稱為培氏斑），空腸只有少數的孤立淋巴小結。

消化過程如何開啟

在消化過程中，食物會通過身體的消化道，如此食物中的養分才能被吸收。消化過程的第一個階段是嘴巴攝取食物，讓食物進入消化道中。

消化過程是食物中的複合性化學物質被分解成能被身體吸收的較簡單化學物質的過程。消化過程在消化道裡進行，消化道則是由嘴巴、食道、胃、小腸、大腸，以及直腸組成。

咀嚼

消化過程從口腔開始。咀嚼將食物分成較小的碎塊，並將這些食物碎塊與唾液混合在一起。舌頭這個肌肉組織能做出許多運動，在消化過程中有2個主要功能：第一，讓食物在口腔裡四處移動，並與頸部和下顎的肌肉合作，讓牙齒能夠咀嚼食物。

第二，舌頭和味覺有關；舌頭表面分佈著數千個乳突，這些乳突增加了舌頭接觸食物的表面積。

吞嚥

初始階段受到自主控制。當食物咀嚼完畢後，舌頭會往上抵住硬顎，食物就會被迫跑到口腔後面，食物就在這裡形成軟軟的團塊（食團）。

接著食團被推入咽部，此時的吞嚥會變成一種反射動作。上抬的舌頭防止食團回到口腔，軟顎往上移動以關閉鼻腔。接下來會厭會關閉氣管，咽部的肌肉則將食團推進食道中。

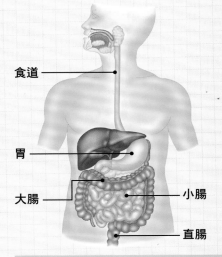

消化道包含一些和消化作用有關的組織和器官，從嘴巴到肛門，負責吸收營養和排出消化後的殘渣。

吞嚥動作

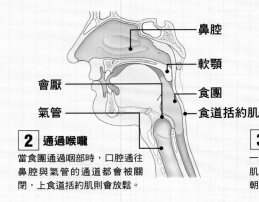

硬顎
食團
咽
舌頭

1 自主性吞嚥
在吞嚥的自主性階段，舌頭會朝硬顎的方向上抬。這個動作會強迫食團進入咽部（喉嚨）。

鼻腔
軟顎
會厭
食團
氣管
食道括約肌

2 通過喉嚨
當食團通過咽部時，口腔通往鼻腔與氣管的通道都會被關閉，上食道括約肌則會放鬆。

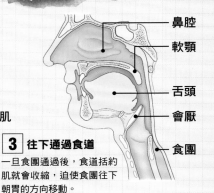

鼻腔
軟顎
舌頭
會厭
食團

3 往下通過食道
一旦食團通過後，食道括約肌就會收縮，迫使食團往下朝胃的方向移動。

唾液的功用

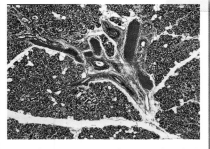

這張光學顯微照片可看到位於舌頭基部下方的唾腺，圖中的淡紫色部份有唾液的輸出導管。

唾液是由唾腺所產生的水狀分泌物。人體有3對唾腺，位於臉部與頸部；還有許多小唾腺分佈於舌頭與口腔內膜中。

唾液含有黏液，在口腔中包裹著咀嚼成團的食物。唾液潤滑這些食團，在吞嚥時，協助這些食團通過食道。唾液裡也含有一種稱為溶菌酶的化學物質，其功用就像消毒劑。此外，唾液中還有一種稱為唾液澱粉酵素的物質，它開啟了某些澱粉的消化過程，將這些澱粉分解成葡萄糖與麥芽糖這類的雙醣。

唾腺不斷地分泌唾液（每天約1.7公升），但唾液的流動率會因為神經刺激而有所變化。例如，當我們聞到食物的香味、或是口中有食物時，唾腺就會分泌更多的唾液；然而，緊張可能會導致唾液分泌減少，形成「緊張不安而口乾舌燥」的情況。

食物往下移動到胃

吞下的食物（以食團的形式）通過食道並進入胃部。在胃中，當化學分解的過程開始時，食團會被暫時儲存起來。

食道

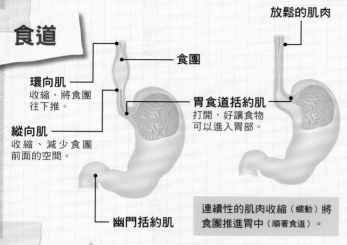

放鬆的肌肉

食團

環向肌
收縮、將食團往下推。

胃食道括約肌
打開，好讓食物可以進入胃部。

縱向肌
收縮、減少食團前面的空間。

幽門括約肌

連續性的肌肉收縮（蠕動）將食團推進胃中（順著食道）。

食道是條約25公分長的彈性肌肉管，內層有黏膜，能讓食物順利通過食道。外壁則由環向肌與縱向肌組成，讓食道能產生蠕動，使食物在收縮的波動中通過食道。

蠕動

食道中的食團會自動引發蠕動，因此，食團才能被食道肌肉的收縮動作逐漸推向胃部。

正常情況下，食道的肌肉壁會避免胃裡的東西向上回流。這樣的功能需求，讓食道在末端形成一個括約肌，但這個結構和食道壁的其他部位並沒有明顯的不同。

胃

位於上腹部的肌肉囊袋，包含4個部位：賁門（與食道的接合處）；底部（胃上方的圓頂狀部份）；胃體（胃中央的主體）；胃竇（胃下方⅓的部份）。在末端有幽門括約肌隔開胃與小腸，透過這個開口讓食麋通往小腸。

肌肉壁

胃的功能是食物的儲存庫，以及蛋白質與脂質的消化起點。胃壁是由上下排列、橫斜交錯的肌肉所構成，這些肌肉有節奏的收縮，將食物與胃液攪拌在一起，形成「食麋」的濃稠乳漿狀酸性液體。平均而言，胃能容納1～1.5公升的食麋；但胃還能擴張，以便容納更多的容量。

裝滿食物時，胃的形狀就像一個拳擊手套，長度約25～30公分、最寬處的直徑約10～12公分。清空時，胃壁的收縮會讓內層黏膜產生內部皺褶；這時，形狀就比較像J字形。

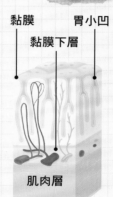

黏膜   胃小凹
黏膜下層   黏膜

黏液頸細胞
這種細胞出現於胃腺的頸部，分泌水溶性黏液。

胃腺
分泌胃液的地方。

肌肉層

胃壁是由肌肉層、黏膜下層，以及含有數百萬個胃小凹的內層黏膜所組成。

胃小凹是胃腺的開口，它包含三種細胞。這些細胞分泌的化學物質會形成胃液。

消化液

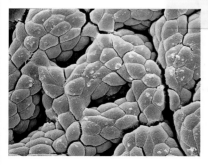

這張偽色顯微照片顯示出胃內層的複雜構造。位於表面的細胞（綠色）分泌黏液；介於這些細胞之間的是較深層的胃小凹，這些胃小凹有胃腺。

胃壁中的腺體包含許多不同的分泌細胞，這些細胞共同產生胃液。鹽酸主要是由胃體和胃底的壁細胞所分泌；鹽酸能活化胃蛋白酶，讓它產生效應，並殺死細菌與其他微生物。

鹽酸的分泌是經由胃泌素（一種腸胃荷爾蒙）的刺激而產生的，這種激素是位於胃的下半部——胃竇上的腺體所分泌。接著，胃泌素會被胃所吸收，經由血液送回壁細胞。

胃液裡含有3種酵素：

◆ **腎素**：會凝結牛奶，對於嬰兒來說非常重要。

◆ **胃蛋白酶**：開啟蛋白質的消化程序，將蛋白質分解成胜肽這種短鏈分子。

◆ **胃脂肪酶**：把脂肪轉化成脂肪酸與甘油。

另一種稱為「內在因子」的分泌物能讓身體吸收維他命B_{12}（一種重要物質，能維持身體大部份組織的健全功能）。

胃內容物的酸性強到足以溶解刮鬍刀片。為了避免胃壁被腐蝕，胃部有層鹼性黏膜負責保護胃壁。此外，胃部的內層細胞會以每分鐘50萬個的速度不斷更新；因此，胃能每3天就換上一個新的內層。

食物是怎麼吸收的

消化過程從嘴巴、胃開始,但小腸才是消化過程的主要進行處。
小腸可分成3段:十二指腸、空腸與迴腸。

小腸總長約6.5公尺。十二指腸約25公分;在這裡,來自胃的食糜會與消化液混在一起。空腸約2.5公尺,與迴腸接合,形成小腸的其餘部份。空腸與迴腸的分界是漸進式的,但空腸的腸壁較厚,直徑也較大(約3.8公分)。

食糜藉著蠕動作用(肌肉收縮)在小腸中移動,消化過程就在小腸中進行。空腸與迴腸的主要功用是將消化過程中所生成的產物吸收到身體中。

消化液

十二指腸中的消化液含有鹼性的碳酸氫鈉,可中和胃所產生的酸性物質,並提供一個鹼性環境讓腸道酵素得以運作。

十二指腸的消化液來自十二指腸壁的腺體和胰臟。十二指腸壁的腺體能產生麥芽糖酶、蔗糖分解酶、腸激胰和腸蛋白酵素。

而胰臟除了具有內分泌的功能外,還能產生解脂酵素、澱粉酵素,以及胰蛋白酶原。這3種酵素一起參與蛋白質、醣類與脂肪的消化。

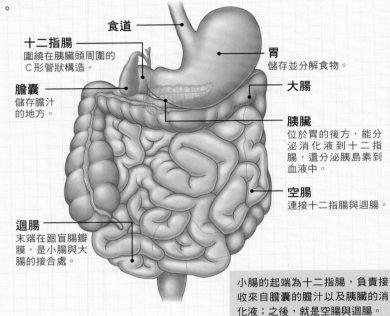

食道

十二指腸
圍繞在胰臟頭周圍的C形管狀構造。

胃
儲存並分解食物。

膽囊
儲存膽汁的地方。

大腸

胰臟
位於胃的後方,能分泌消化液到十二指腸,還分泌胰島素到血液中。

空腸
連接十二指腸與迴腸。

迴腸
末端在迴盲腸瓣膜,是小腸與大腸的接合處。

小腸的起端為十二指腸,負責接收來自膽囊的膽汁以及胰臟的消化液;之後,就是空腸與迴腸。

蛋白質、脂肪與碳水化合物的消化

有些蛋白質會在胃部先被分解成胜肽(短鏈的氨基酸,蛋白質的基礎材料)。小腸裡的腸激胰能活化胰蛋白酶原,讓蛋白質的消化過程(將蛋白質與胜肽分解成氨基酸)能夠繼續進行下去。十二指腸肽胰也會把胜肽轉化成氨基酸。

脂肪的消化需要藉助膽汁(由肝臟產生,儲存在膽囊中)這種綠色混合物中的膽鹽。膽汁經由膽管進入十二指腸。被膽鹽所乳化的脂肪形成細小的微滴,以增加解脂酵素的作用面積,順利將脂肪轉化成脂肪酸與甘油。

那些在口腔中來不及被唾液澱粉酶所分解的澱粉,會在十二指腸中被胰澱粉酵素轉化成麥芽糖,再藉由麥芽糖酶分解成葡萄糖。而蔗糖分解酶則負責將蔗糖轉化為葡萄糖與果糖。

如何吸收養分

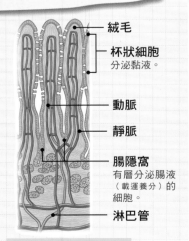

絨毛

杯狀細胞
分泌黏液。

動脈

靜脈

腸隱窩
有層分泌腸液(載運養分)的細胞。

淋巴管

這張小腸腸壁黏膜切面顯示出絨毛的結構。

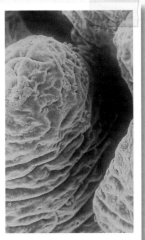

絨毛會增加小腸的表面積。在這張顯微照片中,消化後的食物小粒子被染成綠色。

空腸與迴腸的內側表面是吸收消化產物的主要地方。身體中的腸子每天吸收約9公升的液體,其中有7.5公升左右是小腸吸收的。

空腸與迴腸的內側表面佈滿了手指狀的突出,稱為絨毛,其長度大約1公釐。這些特化的結構可以增加腸壁的吸收面積。

絨毛的外壁是由長形的上皮細胞構成,內部則有小毛細管網絡和乳糜管(連接淋巴系統)。

上皮細胞將數公升的水和消化過程的產物一起吸收,將糖類與氨基酸帶進血液。脂肪酸與甘油被則被上皮細胞重新轉化成脂肪,形成細緻的白色乳液進入乳糜管。

肝臟在消化過程中的角色

肝臟雖然不屬於消化道的一部份，但卻和胰臟、膽囊在食物的消化過程中扮演著重要角色；是身體中處理消化產物的化學機構。

消化過程中所產生的產物由肝臟負責處理，其程序都在肝細胞中進行。肝細胞在肝臟內形成充血的空隙（稱為肝竇狀隙）。

肝細胞擔負著好幾項重要功用，管控血液中的葡萄糖含量也包含在內。

吃完東西後，血液中的葡萄糖濃度會大幅上升。流出腸子的血液經過肝門靜脈到達肝臟，肝細胞便會將多餘的葡萄糖從血液中移出，以肝醣的形式儲存起來。當身體的其他地方需要用到葡萄糖，且身體處於低血糖狀態時，肝臟就會將肝醣重新轉化成葡萄糖。

胺基酸

消化過程中所產生的胺基酸無法儲存於身體中，有些會立刻轉化成蛋白質，這個過程大都會在身體各處的細胞中進行。那些沒轉換的則會在肝臟進行分解，稱為脫胺基作用。胺基酸中的氮形成了氨，氨則會立刻被轉化成尿素，由血液送到腎臟排出體外。

肝臟功能

肝臟會製造血液中的蛋白質，例如纖維蛋白原，也會儲存鐵質以製造紅血球中的色素——血紅蛋白。肝臟還會分解廢棄紅血球中的血紅蛋白，以產生膽汁。膽汁經由膽小管與膽管排出，儲存於膽囊中。

肝臟的功能非常多元，如果身體缺少某種形態的原料，肝臟還能把某種原料轉化成其他類型。像是碳水化合物能被轉化成脂肪（例如膽固醇）以便儲存起來；也可以將胺基酸轉化成碳水化合物或脂肪。

此外，肝臟也能處理身體所吸收到的毒素（例如酒精），並加以分解，以降低對身體的危害。

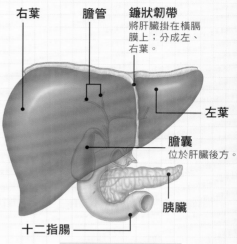

味於腹腔右側的肝臟及其他相關結構。

右葉　膽管　鐮狀韌帶　將肝臟掛在橫膈膜上；分成左、右葉。　左葉　膽囊　位於肝臟後方。　胰臟　十二指腸

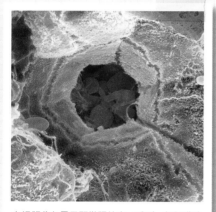

在這張偽色電子顯微照片中可看到一個肝臟功能單元。肝細胞（棕色）外圍繞著竇狀隙，血球（中央紅色）穿過竇狀隙流到中央靜脈。

膽結石是如何形成的

膽結石是膽囊或膽管中所形成的堅硬團塊；可能很小，也可能像雞蛋一樣大。

有15％的膽結石是由膽鹽的結晶所形成，這通常和紅血球細胞的過度破壞有關。

80％的膽結石是膽固醇形成的。如果血液中的膽固醇過多、超過膽汁所能負荷，這些過量的膽固醇就會在膽囊中形成結晶。

歐洲的成年人中，約有30％的人有膽結石，且較常出現在女性身上。

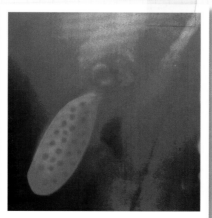

這張彩色X光片中的膽結石是長型、有凹點的團塊，這是膽汁中的化學成分不均衡所造成。

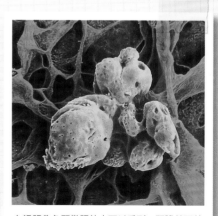

在這張偽色顯微照片中可以看到一顆膽結石就在膽囊壁旁。這類結石在它們堵塞膽管前，可能不會出現任何症狀。

身體如何利用碳水化合物

碳水化合物（又稱醣類）是身體的精力來源、能量儲存庫，也是形成複雜分子的基礎材料。

碳水化合物只由碳、氫、氧組成，根據其大小可分成：單醣、雙醣與多醣。

單醣

最常見的單醣為果糖、半乳糖以及葡萄糖；其中，葡萄糖是最重要的。因為細胞無法代謝其他的醣類，它們必須先轉化成葡萄糖，才能被細胞分解以產生能量。因此，血液中的葡萄糖濃度就變得非常重要。

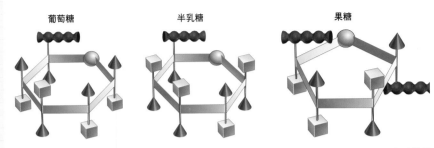

單醣

葡萄糖　　　　　半乳糖　　　　　果糖

（左）葡萄糖是身體中最重要的碳水化合物。許多食物並不含有游離的葡萄糖，必須經過分解才能得到。（中）儘管半乳糖與葡萄糖有著相當類似的化學結構，但細胞仍然無法代謝半乳糖，需要經過肝臟的轉化才能將半乳糖變成葡萄糖。（右）水果和果汁中都含有果糖，當果糖與葡萄糖產生化學結合時，就會產生雙醣類的蔗糖（或食用糖）。

雙醣──可消化的糖

乳糖是種雙醣，可在牛奶與乳製品中發現。有些人無法消化乳糖，因為他們缺乏可消化乳糖的酵素。

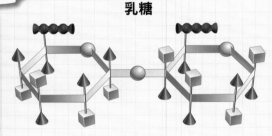

乳糖

雙醣是由 2 個單醣分子結合而成。例如，由葡萄糖與半乳糖所形成的乳糖。

雙醣是由 2 個單醣分子結合在一起所形成的。例如，牛奶中的乳糖就是結合葡萄糖與半乳糖分子所形成的。乳糖是唯一可由身體產生的雙醣。另外 2 種常見的雙醣為蔗糖與麥芽糖。

醣類也是形成軟骨、骨頭等複合性分子的重要成分，在細胞膜中也含有少量的醣類。

多醣──能量的儲存

多醣是長支鏈的單醣結合在一起形成的，龐大的分子結構使它們不容易溶於水，這意謂著它們會囤積在細胞中。這樣的特性使多醣成為理想的能量儲存物。

澱粉與肝醣這 2 種多醣類尤其重要，它們都是由葡萄糖長鏈所組成：

◆ 澱粉是植物長期儲存碳水化合物的主要形式，因此也成了人類飲食中很重要的一環。

◆ 而肝醣則由動物合成，用以儲存碳水化合物所運用的形式。可在骨骼肌和肝臟細胞中發現它的蹤跡。當血糖的含量降低時，肝醣就會轉化成葡萄糖。

馬鈴薯含有大量的澱粉，這種多醣類是由大量的葡萄糖分子結合而成。

身體如何利用脂質

脂質是一大群有機分子（它們也含有碳），不溶於水，但是可溶於酒精中，主要有3種：三酸甘油脂、磷脂，以及類固醇。

三酸甘油脂——長期的能量儲存

三酸甘油脂是由一個甘油分子（綠色）連接3個脂肪酸鏈（黃色）。

三酸甘油脂是由1個甘油分子與3個長鏈脂肪酸組合而成的化合物。所有三酸甘油脂的甘油結構都一樣，但脂肪酸鏈的形態卻各有不同，因此才會有各式各樣的三酸甘油脂。

當脂肪酸在細胞中代謝時，會產生大量的能量，再加上不溶於水的特點，使得三酸甘油脂成為絕佳的能量儲存分子。身體中的確有一部份的長期能量需求，必須仰賴脂肪酸來供應。

飽和脂肪與不飽和脂肪

飽和脂肪中的碳原子所連接的氫原子數量已達上限（所以才稱為飽和），常見於動物脂肪中。而不飽和脂肪的碳原子則可以再連接更多的氫原子。根據脂肪中的碳原子還能再連接幾個氫原子，來決定它們是屬於單元不飽和脂肪還是多元不飽和脂肪。

橄欖油富含單元不飽和脂肪。相較之下，葵花油主要為多元不飽和脂肪。

磷脂——細胞膜的基礎材料

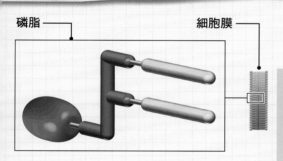

磷脂是由1個含磷的頭端（紅色）、1個甘油骨幹（綠色）以及2個脂肪酸鏈（黃色）構成。

磷脂與三酸甘油脂很相似，都是以甘油為骨幹。與三酸甘油的不同之處在於，磷脂有2個脂肪酸鏈，及1個含磷的頭。

磷脂的「尾巴」（由2個脂肪酸鏈組成）不帶電，不會溶於水，但磷脂的含磷頭端帶電，因此磷脂的頭端具有親水性。

這項特性使得磷脂成為細胞膜的理想材料。細胞膜由2層磷脂分子組成；「討厭水的」（疏水）尾端朝向彼此，而「喜歡水的」（親水）頭端則向水靠攏，形成細胞的內部與外部結構。

類固醇

同化類固醇是性荷爾蒙睪固酮的衍生物，它具有提升肌肉量的生理功能。

雖然類固醇、三酸甘油脂和磷脂都是脂溶性物質，因此被歸類為脂質，但類固醇的結構卻與其他兩者很不一樣。人體中，最重要的類固醇大概就屬膽固醇了，因為膽固醇是許多類固醇荷爾蒙的前驅物，而這些類固醇荷爾蒙又是身體生長與維持健康的必要成分。其他的類固醇（例如性荷爾蒙）儘管數量非常少，但還是非常重要。

其他以脂質為基礎的分子

脂質也是其他3種身體所需物質的主要成分。

脂溶性維他命

包括維他命A、D、E及K。這些維他命只有在和脂質一同攝取時才能被人體吸收，因此任何會干擾脂肪吸收的情況（例如囊狀纖維化）都會影響脂溶性維他命的吸收。

二十碳酸

包括前列腺素與白三烯素，兩者都與發炎有關；另外還有前列凝素，它會造成血管收縮。

脂蛋白

運送血液中的脂肪酸與膽固醇，高密度脂蛋白和低密度脂蛋白是2種主要的脂蛋白。

蛋白質如何運作

蛋白質對人類及所有生物的結構、成長與新陳代謝都很重要。
它們是由較小單位（胺基酸）所組成，且結構通常都很複雜。

在人體中，有各式各樣的蛋白質，扮演著各種角色。結構性的蛋白質：像是結締組織裡的膠原蛋白、皮膚中的角蛋白、肌肉裡的肌動蛋白與肌球蛋白，以及細胞中的微管蛋白。細胞膜裡的蛋白質則扮演運輸者的角色，負責將化學物質送入、送出細胞。

其他的蛋白質還包括酵素，它能促進細胞中荷爾蒙與抗體的化學反應，在抵抗疾病方面扮演著重要的角色。血蛋白包含血紅蛋白、白蛋白與在受傷時能凝結血液的一系列蛋白質。

胺基酸基礎材料

和所有的有機物質一樣，蛋白質也是由碳、氫和氧組成。然而，蛋白質也含有氮，在許多情況下也含有硫。

蛋白質的基本單位是胺基酸。胺基酸雖然只有20種，但它們可以有無數種組合。有些胺基酸可以在體內合成，有些則必須從食物中獲得。每人每天至少需攝取30公克的蛋白質才能維持健康。

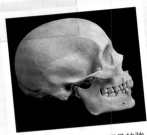

和所有的骨頭一樣，頭骨的強度也是來自鈣與膠原蛋白（蛋白質）。

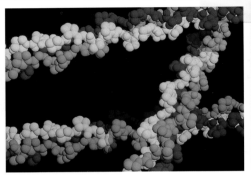

在這個膠原蛋白模型中，一個個球形物質是膠原蛋白分子。膠原蛋白可於骨頭、皮膚這類結締組織中發現。

一個胺基酸分子包含一個由碳原子所構成的核心鏈，末端有2個不同的化學基：氨基和羧基。氨基能與鄰近胺基酸的羧基產生化學反應，過程中會釋出一個水分子，如此便可形成長鏈胺基酸。

胺基酸的結構使得它能溶於水，並具有酸鹼兼性（能在溶液中成為酸性或鹼性）。這樣的特性使得胺基酸能夠抵抗環境的酸鹼變化，還能像個緩衝器調節酸鹼值的變化，對於體內平衡（維持均衡的體內環境）有著重要的影響。

蛋白質的製造模板是去氧核糖核酸（DNA）。細胞在核醣體（細胞中的結構）根據DNA中的相關部份（核糖核酸，RNA），來合成胺基酸鏈（蛋白質的基礎）。

基礎結構

核糖體上的胺基酸組合序列讓蛋白質的獨特結構，看起來就像鏈子上的珠子分佈情況。這個序列是由DNA決定的，以形成蛋白質分子的骨幹。

羧基　支鏈　氨基

胺基酸具有一個共同的基礎結構。相鄰胺基酸上的氨基與羧基結合，能形成非常長的長鏈。圖中的支鏈（盒狀）可以是各種胺基酸。

蛋白質變性

蛋白的主要成分是白蛋白，加熱時會從透明變成白色，這就是蛋白質變性的緣故。

在正常情況下，蛋白質相當穩定。它們的活性是根據其立體結構，以及分子間的連結狀態來決定的。但這些連結狀態對於酸與熱頗為敏感。

當蛋白質喪失它們的立體形狀時，就稱為「變性」。這種情況通常是可逆的，當狀態復原時，蛋白質也能回復成原來的形狀。然而，如果酸鹼值或是溫度的變化太過劇烈，蛋白質的變性就無法回復了。

蛋白質如何摺疊

蛋白質中的胺基酸序列決定了它的立體形狀，而其形狀與折疊將賦予它獨特的性質。

二級結構

當長串的多胜肽鏈（由胺基酸串連而成）形成時，通常不會只是一串簡單的長鏈，而會是形狀複雜的樣式，這是氫鍵（一種化學鍵）所造成的結果。雖然氫鍵的強度相對較弱，但已足夠把多胜肽鏈拉成特殊的形狀。形成這些化學鍵的氫原子在結構中若與其他特定的原子鍵結在一起，通常會造成 2 種特定的形狀。

最常見的稱為 α - 螺旋的右旋螺旋結構，這是約 4 個胺基酸之間的氫鍵所形成的結果。另一種是 β 摺疊，這是氫鍵在兩個彼此平行的多胜肽鏈之間所形成的扁平結構，摺疊出的形狀就像是手風琴。在某些蛋白質中，順著蛋白質鏈就可在不同位置上看到這兩種結構。

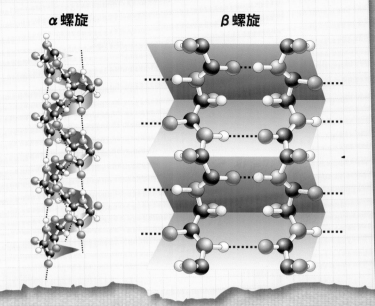

α 螺旋　　　　**β 螺旋**

三級與四級結構

鐵原子

圖中的血紅蛋白形成一個複雜的球狀，能綁住鐵原子，賦予它與氧氣結合的特性。

如果蛋白質的多胜肽鏈非常長，往往會在二級結構上出現三級結構，是螺旋、摺疊與其他彎折形狀的分子彼此疊成球狀形態。這樣的結構是藉由相鄰的化學基，彼此產生吸引力來維持的，特別是含有硫原子的胺基酸。

最後，蛋白質可能會產生四級結構，在這個結構中，2 個或 2 個以上的三級結構多胜肽鏈彼此接合，產生一個更為複雜的分子。這種結構可能會因為與非蛋白質原子群（例如血紅蛋白中的鐵原子）結合而更加強化。血紅蛋白是由 4 個球狀多胜肽鏈所形成的四級結構，其中的多胜肽鏈都與含鐵的血紅素結合。

每個蛋白質都有其獨特的組成，形成不同的三級或四級結構，但這一切都取決於它的基礎結構，也就是胺基酸的序列。

纖維蛋白質與球狀蛋白質

根據形狀可將蛋白質分成纖維或結構性的蛋白質，就像絞成繩索狀的纖維一樣，結構穩定且能強化與支撐身體組織。大部份的纖維蛋白質都有 1 個二級結構，有些則具有四級結構。在結締組織中出現的膠原蛋白是由三個多胜肽鏈相互纏繞成三股螺旋結構。其他的纖維蛋白質還包括角蛋白、彈力蛋白與肌動蛋白。

球狀（功能性）蛋白的化學活性較強，在身體的化學反應中扮演著重要角色；可溶解於水，至少有 1 個三級結構，身體中的酵素就屬於球狀蛋白。

指甲或是動物的角都含有角蛋白，這種蛋白質為身體提供了強度與穩定度。

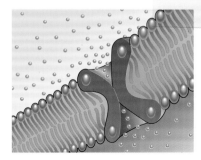

球狀蛋白（圖中的 X 形結構）可在細胞外膜中發現，它們控制著化學物質的進出。

身體如何利用維他命

身體的成長、維護與修復需要13種維他命。
長期缺乏維他命（通常是腸胃疾病或酗酒所造成）可能導致嚴重的疾病。

維他命是一種有機化合物（含碳），它們只出現在生物上（植物或動物），只要極少的數量就能讓身體有效運作。

維他命就像催化劑一樣，能與蛋白質結合、形成酵素，這些酵素會在身體各處觸發重要的化學反應。若缺少維他命，許多反應將因此而減緩或完全停止。

維他命的來源

「維他命」一詞最早是由化學家芬克於1912年提出，他注意到某些疾病似乎和飲食中缺少某些特定物質有關。

以前維他命被定義為生命中的必需品，且無法由身體自行產生。後來的研究發現，維他命D與菸鹼酸是少數人體可以自行合成的維他命。維他命D是透過日曬，使皮膚自行合成；菸鹼酸則可在肝臟中少量合成。維他命的兩大主要來源是食物與飲料。

維他命補給

均衡的飲食將能提供身體所需的各種維他命。然而，飲食受到限制、懷孕、哺乳的女性、或是有腸胃功能障礙的人，可能需要補充維他命來強化新陳代謝。

均衡的飲食提供一個易於身體吸收、利用的水溶性、脂溶性維他命的混合體。13種維他命都是生命所必需的。

維他命補充錠不能完全取代飲食；營養學家認為，食物中的微量營養素為身體帶來的平衡狀態才是最重要的。

這13種維他命可區分為2大類：

◆ **脂溶性**：維他命 A、D、E 與 K。

◆ **水溶性**：維他命 C 與 B 群。

脂溶性維他命

4種脂溶性維他命主要來自肉類與奶類。它們能儲存在身體中，因此不需每天攝取。

維他命A

主要儲存在肝臟，對皮膚、黏膜、骨頭，以及牙齒的形成與維護十分重要，對於視力和生育能力也很重要。維他命A能從肝臟、蛋、奶或奶油中獲得，也可以從β胡蘿蔔素（綠色葉菜類和橘色蔬果中的一種色素）中取得。

維他命D

是維護骨頭，協助將鈣、磷留在身體中的重要物質。富含於蛋類、肝臟和魚油中，也能透過日曬由身體自行合成。

維他命E

存在於蔬菜油、小麥胚芽、肝臟以

牛奶中的鈣質只有搭配維他命D才能被身體吸收利用。缺乏維他命D將可能造成佝僂病。

及綠色蔬菜中，主要儲存在身體的脂肪中。維他命E是一種抗氧化劑（能中和某些有害分子的物質），在紅血球與肌肉的形成方面也扮演重要角色。

維他命K

維他命K是血液凝結功能的要角，幫助形成凝血酵素原（血液凝固所需要的一種酵素）。紫花苜蓿與肝臟都是富含維他命K的食物，綠色蔬菜、蛋與大豆油中也含有這種維他命。

維他命C

又稱為抗壞血酸，是種水溶性維他命，對於膠原蛋白的形成與維持很重要。膠原蛋白是用來形成骨頭、軟骨、肌肉與血管的結締組織。維他命C也能幫助我們吸收植物中的鐵質，在代謝食物方面也扮演著重要角色。

維他命C的來源包括大部份的水果（特別是柑橘類）、青椒、蕃茄、花椰菜、馬鈴薯，以及甘藍菜。有趣的是，所有肉食性哺乳類動物都能自行合成維他命C；而人類是唯一必須從體外獲得維他命C的哺乳類動物。

研究顯示，維他命C的功用就像抗氧化劑，能保護身體的細胞與組織抵抗自由基（一種有害分子，除了在新陳代謝的反應中產生外，也會因疾病、紫外線等因素而形成）的危害。

水溶性維他命

身體大都無法儲存水溶性維他命，因此需每天攝取才行。

維他命B

維他命B是個大族群，其中包括：

◆ **硫胺素（B₁）**：是代謝碳水化合物，及保持神經系統正常運作的必要物質。穀物、麵包、紅肉、蛋類與糙米都是很好的來源。

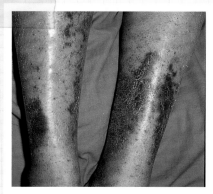

嚴重缺乏維他命C將導致壞血病。這種疾病會造成皮下出血、牙齦腫脹與流血，如果不加以治療將導致死亡。

◆ **核黃素（B₂）**：某些代謝反應的完成需要仰賴核黃素，也是保持皮膚、黏膜、角膜與神經鞘健康的重要物質。存於肉類、乳製品、穀類與豌豆中。

◆ **菸鹼酸（B₃）**：是代謝食物，維護皮膚、神經、腸胃道健康的必需物。存於富含蛋白質的食物中，例如肉類、魚、啤酒酵母、牛奶、蛋類、豆類（豆莢類蔬菜）、馬鈴薯，以及花生。

◆ **吡哆醇（B₆）**：這是代謝胺基酸、葡萄糖以及脂肪酸的重要物質，也是製造紅血球的必需維他命。許多食物中都含有吡哆醇，因此很少會人缺少這種維他命，除了酗酒者外。可在肝臟、糙米、魚類，以及全穀類穀物攝取到。

◆ **氰鈷胺素（B₁₂）**：對所有細胞而言是非常重要的營養素，尤其是腸道、神經系統與骨髓。它用於製造健康的血球細胞，對於維持神經鞘的健康、合成核酸（DNA

懷孕女性應服用葉酸補充劑。這種B群維他命是胎兒發展腦部與神經系統的必需營養素。

的基礎材料）也是不可或缺。肝臟、肉類、蛋與牛奶中的含量都很高。

◆ **葉酸**：與維他命B₁₂作用以合成核酸，在製造紅血球時也會用到它，是影響胎兒腦部與神經發展的重要營養素。在許多食物中都可以發現，酵母、肝臟與綠色蔬菜的含量最高。

◆ **泛酸與生物素**：這兩種B群維他命是由腸道內的細菌所產生，對於一些代謝作用非常重要。肉類、豆類與全穀類穀物都富含泛酸，生物素則存在於牛肝、蛋、啤酒酵母、花生和菇類中。

缺少維他命

維他命	不足的結果	風險族群
維他命A	皮膚乾燥、黏液分泌減少、夜間視力變差	患有囊狀纖維化或肝臟疾病的人；過量飲酒者
維他命B₁（硫胺素）	腳氣病、魏尼克腦病	過量飲酒者
維他命B₂（核黃素）	皮膚疾患、貧血、畏光、嘴唇乾裂、舌頭發炎疼痛	飲食不良者
維他命B₃（菸鹼酸）	癩皮病（嘴巴與皮膚發炎、腹瀉、失智）	飲酒過量者與旅客
維他命B₆（吡哆醇）	皮膚疾病、憂鬱、協調能力差、失眠	酗酒者；服用避孕藥的女性
維他命B₁₂（氰鈷胺素）	惡性貧血、腦部疾病、口腔發炎潰瘍	全素食者；老年人（吸收能力隨年齡降低）
維他命B₉（葉酸）	葉酸缺乏性貧血（胃腸問題、潰瘍）	過量飲酒者；懷孕女性
維他命C	壞血病（皮膚與組織出血、四肢僵硬）	飲食受限的老年人；只喝牛奶的嬰兒
維他命D	佝僂病（由於身體無法吸收鈣質所引起）	嬰兒；鮮少曬太陽的年長者
維他命E	未知	未知
維他命K	血液凝結疾病；在懷孕期間會影響到胎兒	有黃疸、肝硬化的人；長期服用抗生素的人

酒精中毒

酗酒者容易罹患的三種營養不良情況：

◆ 由於養分攝取減少所造成的原發性營養不良。

◆ 消化功能受損與營養吸收不良所導致的續發性營養不良。

◆ 因為無法轉換營養素所造成的營養不良。

此外，酒精本身也會抑制脂肪的吸收，連帶影響到脂溶性維他命的吸收。

導致的缺乏情況

酒精中毒者會嚴重缺乏下列營養素：

◆ **維他命A**：即便不是嚴重的酒精性疾病也會造成維他命A嚴重缺乏。

◆ **維他命B**：酒精中毒者會缺乏所有的B群維他命，但特別是維他命B₁，結果將導致魏尼克腦病（造成失去方向感、記憶力缺乏，以及容易虛構事物以填補記憶空缺）。

◆ **葉酸**：最常缺乏的營養素，會造成貧血、小腸異常。

身體如何利用礦物質

礦物質是來自土壤的無機物，佔人體體重的 5％；
是維護身體機能的必需物質，只需少量的礦物質就可達到功效。

雖然維他命對身體的運作非常重要，但若沒有礦物質的配合，維他命也無法為身體所吸收。礦物質是無機物，約佔體重的 4～5％左右，是影響生理與心理的重要物質，也是骨頭、牙齒、軟組織、血液、肌肉與神經細胞中不可或缺的要素。

和維他命一樣，礦物質對身體中的許多生物反應（像是：肌肉控制、神經脈衝的傳導、荷爾蒙分泌、營養成分的消化與吸收等），就像是催化劑或輔酵一樣，都需要礦物質的協助。身體會利用到的礦物質超過80種。

礦物質的來源

礦物質來自土壤，由於它們是無機物，因此無法由生物體生成。植物從土壤中獲得礦物質，我們則從植物中獲取大部份的礦物質，或是間接從動物中取得。

含有豐富礦物質的食物包括蔬菜、豆科植物（豆莢類蔬菜）、牛奶以及乳製品，但精緻食品像是早餐穀片、麵包、油脂以及含糖食物就幾乎不含礦物質。

只要飲食均衡，自然就能獲得所有能讓身體正常運作的礦物質。

蔬菜、豆科植物與水果含有豐富的礦物質。在均衡的飲食中，這些蔬果就能讓身體獲得所有必須的礦物質。

兩大類

礦物質可以分成兩大類，分別是巨量礦物質與微量礦物質。

巨量礦物質

身體需求量很大的稱為巨量礦物質，包括：

◆ **鈣**：是骨頭、牙齒發展與維持的必需原料，對於細胞膜的形成也有貢獻，還能調控神經傳導與肌肉的收縮。身體中大約有90％的鈣都儲存在骨頭中，形成一個鈣倉庫，以供血液與組織的取用。鈣質不足將導致骨頭的疾患，像是骨質疏鬆。

◆ **磷**：磷與鈣在骨頭與牙齒中結合，在細胞代謝碳水化合物、脂質與蛋白質時扮演重要角色。

◆ **鉀**：是身體中含量第三豐富的礦物質，與鈉和氯離子合作，維持體內的水分、酸鹼度平衡，對於神經脈衝的傳導、肌肉收縮也有影響，並能調節心跳與血壓。鉀會參與腎上腺素所引起的血管收縮作用，因此能在緊張不安時減少血壓的上升。蛋白質的合成、碳水化合物的代謝，以及胰島素的分泌都需要用到鉀。

◆ **鈉**：幫助維持體內的水分平衡。此外，鈉和鉀一起協助控制肌肉的收縮與神經功能。飲食中大部份的鈉都來自鹽。鈉的攝取如果增加，會造成體內的鉀流失、水

鈉存在於地殼中。礦物質（圖為置於培養皿中的塊狀礦物質）是影響體內水分與電解質平衡的重要關鍵。

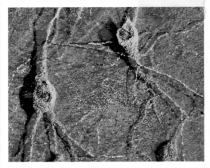

神經細胞（圖中為神經細胞的放大）需要鎂來維持正常的功能。花椰菜等蔬菜中都含有鎂。

腫以及血壓升高。

◆ **鎂**：會對神經、肌肉功能造成影響，也是維護骨頭健康的必要元素。能幫助身體吸收鈣質，並保護心臟的腔室內層，使其不會因為血壓的突然變化而受到衝擊。心絞痛可能與鎂的不足有關，缺乏鎂還會增加心臟病的風險、和經前症候群有關聯。

微量礦物質

微量礦物質是指需求量很少的礦物質,但即使量很少,對於健康而言仍有很大的影響。微量礦物質包括:

◆ **鋅**:對於成長、食慾、睪丸發育、皮膚健康、心理活動、傷口癒合,以及免疫系統的正常運作都有重要影響。鋅是許多酵素的輔助因子,也是許多生物反應的必要元素,包括碳水化合物、脂質與蛋白質的代謝都需要鋅的輔助。鋅也是控制骨頭鈣化的重要角色。

碘(圖為碘在顯微鏡下的水晶狀結晶)是個重要的微量礦物質,它的好處早在幾世紀前就被人們發現。

◆ **銅**:是維持健康不可或缺的元素,負責血紅蛋白的形成;鐵質的吸收與利用;心跳與血壓的控制;血管、骨頭、肌腱與神經的強化;以及生殖能力的提升。

◆ **氟化物**:是健康的牙齒與骨頭所必需的元素,能幫助形成牙齒的琺瑯質(可防止牙齒產生蛀牙),和增加骨頭的強度。氟化物可以添加於自來水或牙膏中,以維護牙齒的健康。

◆ **錳**:是形成與維護骨頭、軟骨、結締組織的重要元素;還會影響遺傳物質和蛋白質的合成,並幫助身體從食物中產生能量;也是骨骼正常發展以及維持性荷爾蒙分泌的必需物質。

◆ **鉻**:與胰島素一起協助調節身體的糖分吸收,對於脂肪酸的代謝也是不可或缺的元素。鉻的補充品可用來治療某些成人糖尿病,也可減少一些糖尿病兒童對胰島素的需求,以及減輕血糖過低的症狀。

◆ **硒**:被認為可以刺激新陳代謝,如果搭配維他命 E,就能像抗氧

甲殼類海鮮與鹹水魚是碘的良好來源。甲狀腺需要碘來製造甲狀腺荷爾蒙,這種荷爾蒙是兒童成長的必要物質。

化劑一樣保護細胞與組織,避免自由基的傷害。硒也具有提升免疫功能的效果。

◆ **碘**:是最早被發現對人體有益的礦物質,幾百年來,碘一直是治療甲狀腺腫大的重要元素。碘是數種甲狀腺荷爾蒙的成分,它在新陳代謝上;神經與肌肉的功能上;指甲、頭髮、皮膚與牙齒的狀態方面也扮演重要角色。此外它也是影響生理與心理發展的要素之一。甲殼類的海鮮與鹹水魚都是富含碘的食物,麵包與乳製品中也含有碘。

◆ **鐵**:是形成血紅蛋白(負責輸送氧氣的血蛋白)的必需元素,也是肌紅蛋白(在肌肉用力時為肌肉提供氧氣的蛋白質)的重要元素。缺乏鐵可能會導致貧血。

礦物質補充品

即使飲食均衡,人們有時候還是可能需要服用礦物質補充品。但是攝取的劑量最好先與醫師討論。

即使飲食均衡,人們有時候還是可能需要服用礦物質補充品。比如說,經期間流血過多的女性就可能需要從鐵質補充品中獲得所需的鐵質。

然而,在服用這類營養補充品前最好先和醫師討論。因為礦物質是儲存在骨頭與肌肉中,如果存量太多,可能會造成中毒。若是只攝取單一礦物質而沒有任何輔助的營養素來幫助身體吸收礦物質的話,就會增加中毒的風險。

毒性濃度

如果過量的礦物質長時間存留在體內,毒性才會累積。喝了受汙染的水,或是服用過量的礦物質補充品,可能會使身體中的礦物質濃度稍微提高,造成噁心、腹瀉、暈眩、頭痛以及肚子痛等症狀。

脂肪的角色

脂肪在身體中扮演著幾項重要角色，包括提供能量。但過多的脂肪可能導致肥胖與心臟疾病。

脂肪是健康飲食中的必要元素，也是身體裡最佳的能量儲存方式。脂肪還具有保護器官、強化關節、協助產生荷爾蒙的作用，還能幫助脂溶性維他命的吸收。

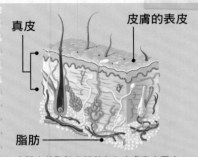

身體中的脂肪大都儲存在皮膚真皮層底下的脂肪組織中。當身體沒有辦法攝取到碳水化合物時，這些脂肪就會被分解產生能量。

儲存脂肪

脂肪（通常以三酸甘油脂的形態存在）是從食物中取得的，且儲存於身體各處的脂肪組織中，有些儲存在腎臟上方，但大部份都位於皮膚真皮層底下的皮下脂肪，這層組織裡佈滿血管。

皮下脂肪的分佈受性別影響：

◆ **男性**：脂肪通常儲存在胸部、腹部與臀部附近（形成蘋果型身材）。

◆ **女性**：通常將脂肪儲存於乳房、髖部、腰部，以及臀部（形成梨型身材）。

皮下脂肪的分佈差異是受雌激素與睪固酮這2種性荷爾蒙的影響。

脂肪的類型

身體的脂肪可分成2種：

◆ **白色脂肪**：是代謝、隔絕能量的

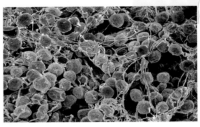

在代謝過程中沒用到的脂肪會被儲存在脂肪細胞中（圖中的褐色與黃色處），這些圓形的細胞是靠結締組織支撐。

重要物質，也是骨骼與器官的保護層。

◆ **褐色脂肪**：大多發現於新生兒身上，是產生熱能的重要物質。

脂肪組織是由脂肪細胞所組成：

◆ **白色脂肪細胞**：存有大型脂肪滴的大細胞。

◆ **褐色脂肪細胞**：比較小，有許多小的脂肪滴。

脂肪的消化與儲存

任何食物成分在被身體利用前，都必須先被身體的細胞吸收。但脂肪分子太大了，無法通過細胞膜，必須先分解成小的成分。

吸收脂肪

脂肪的吸收過程如下：

◆ 含有脂肪（大部份為三酸甘油脂的形態）的食物進入胃與腸道。

◆ 肝臟所產生的膽鹽與大脂肪滴混合，稱為乳化。膽汁會把大脂肪滴分解成數個較小的脂肪滴，這些小脂肪滴稱為微膠粒。如此可增加脂肪滴的表面積，並提升消化的速度。

◆ 同時，胰臟還會分泌一種稱為脂肪酶的酵素。這種酵素會攻擊微膠粒的表面，將脂肪分解成甘油和脂肪酸，這些成分就能被腸道的內層細胞所吸收。

◆ 當脂肪被小腸細胞吸收後，會重新組成所謂的乳糜微粒。這種微

粒的外層包裹著蛋白質，使得脂肪更容易溶解於水中。

◆ 由於乳糜微粒太大，無法通過毛細管壁進入血液中，因此它們會先進入淋巴系統。

◆ 淋巴系統最後會匯入靜脈，乳糜微粒就能藉此進入血液系統了。

儲存脂肪

當乳糜微粒進入血液後，不到幾分鐘的時間它們就會再度分解。一種稱為脂蛋白解脂酶的酵素（存在於脂肪組織、肌肉組織與心臟肌肉的血管壁中）會把脂肪分解成脂肪酸。

這些酵素的活性會受到胰島素（由胰臟所分泌的荷爾蒙）濃度的影響：

◆ **高濃度胰島素**：脂肪酶會非常活躍，使脂肪被快速分解。

◆ **低濃度胰島素**：脂肪酶就無法發揮效用。

當脂肪分解成脂肪酸後，就能進入

脂肪細胞、肌肉細胞與肝臟細胞中，進入細胞後的脂肪酸會再次變成脂肪分子，並以脂肪滴的形態儲存起來。當身體儲存較多脂肪時，脂肪細胞的數量大抵維持不變，但每個脂肪細胞的體積卻會因此而變大。

吸收分子

脂肪細胞也能吸收其他的營養成分，像是葡萄糖與胺基酸，並將它們轉化成脂肪儲存起來。

食物中的脂肪必須被細胞吸收才能釋放出能量，通過腸道與淋巴系統，脂肪才進入血液。

將脂肪轉化為能量

身體從脂肪中獲得能量的過程稱為脂肪分解。過程中，酵素會把脂肪分解成甘油與脂肪酸。

身體主要的能量來源是葡萄糖，而葡萄糖通常是分解碳水化合物後的產物。

在走路、騎單車這類運動中，脂肪才是身體所仰賴的能量來源。在沒有葡萄糖可用時，身體會把脂肪酸轉化成能量。

來自脂肪的能量

要從脂肪產生能量，必須經過一個分解過程（將脂肪分解成甘油與脂肪酸）。這個過程是由脂肪細胞中的酵素（脂肪酶）來進行的，而控制這些酵素的則靠幾種荷爾蒙，如昇糖素、腎上腺素。

當脂肪分解成脂肪酸後，這些脂肪酸就會進入血液中，由血液載送到肝臟。進入肝臟後，甘油與脂肪酸就會被一個稱為糖質新生的過程，進一步分解、轉化成葡萄糖。

長泳與其他形式的耐力訓練會消耗身體所儲存的脂肪，以產生最有效的能源給肌肉。

過多的體脂肪

大部份的營養學家所推薦的飲食都含有35%左右的脂肪。這些脂肪必須是橄欖油這類的不飽和脂肪，而不是從肉類取得的飽和脂肪。

如果吃進去的脂肪比所代謝掉的還多的話，多餘的脂肪就會儲存在脂肪倉庫中，造成體重增加。

肥胖的程度是根據體脂肪而定的，男性的體脂肪若超過25%就稱為肥胖，而女性則要超過32%才會被視為肥胖。儘管脂肪有著重要的角色，但過多的脂肪卻會造成健康上的隱憂。

高血壓

肥胖的人往往會膽固醇過高，較容易產生動脈硬化症。如果血管變得太過狹窄，使重要器官無法獲得血液，那就會對生命造成威脅。

此外，血管窄化會迫使心臟需要更賣力的運作，如此一來血壓就會升高。高血壓會對健康造成嚴重威脅，

它所引起的疾病包括心臟病、腎衰竭與中風。

糖尿病

肥胖會破壞血糖、體脂肪與胰島素之間的微妙平衡，提高罹患糖尿病的風險。多餘的血糖原本會被儲存在肝臟與其他器官中，當這些器官被「佔滿」後，多餘的血糖就會轉換成脂肪。當脂肪細胞也飽和後，所能容納的血糖量就會減少。

對有些人來說，他們的胰臟會分泌更多的胰島素來調節這些多餘的糖分，最後，將使整個系統過載。

若血糖調節功能太差就會造成糖尿病，長期下來可能導致心臟病、腎衰竭，以及喪失視力。

如果體脂肪超過體重的⅓，就會變成肥胖。肥胖可能造成嚴重的健康問題，像是糖尿病與心臟病。

熱能的產生

嬰兒出生時，身體裡並沒有很多脂肪可協助他們保持體溫。雖然體內確實有白色脂肪細胞，但卻幾乎沒有任何脂肪。

新生兒是藉由將褐色細胞（產生熱能的細胞，主要存在於重要器官周圍）中的脂肪分子分解成脂肪酸以產生熱能：

◆ 褐色脂肪細胞不會像白色脂肪細胞一樣釋出脂肪酸，而是會把脂肪酸留存下來。

◆ 脂肪酸會在粒線體中（細胞中負責產生能量的部份）進一步分解。

◆ 這會把能量以熱能的形式釋放出來。（這種過程和冬眠動物一樣，它們體內保存的褐色脂肪比人類多。）

一旦小嬰兒開始吃得比較多時，白色脂肪層就會開始發展，而褐色脂肪則會消失。

新生嬰兒並沒有太多的脂肪，無法有效保持體溫。但他們有特殊的褐色脂肪細胞可產生熱能。

酵素如何運作

酵素是身體化學反應的關鍵角色。少了酵素，許多生命所必需的化學反應將無法產生，例如分解葡萄糖以產生能量的那些反應。

人體中的每個細胞都需要能量才能存活。然而，能釋出這種能量的化學反應通常需要超過攝氏90度才能進行。但因為有了酵素，這些化學反應才能在正常體溫下發生，生命也才能存在。

大部分的酵素都是蛋白質複合體，也就是由許多胺基酸所組成，這些蛋白質複合體是由碳、氫、氧以及氮原子所組成，很多時候還包括硫原子。和所有的蛋白質一樣，這些蛋白質複合體是細胞以DNA（去氧核糖核酸）為樣板所製造出來的。其中有少數的酵素是由RNA（核糖核酸，和DNA都是遺傳密碼的一部份）構成，稱為「核酶」。

酵素的作用

酵素就像化學反應的催化劑一樣，可以加快化學反應的速度，並減少所需要的能量。它們不是「分解代謝」（將物質分解成較簡單的成分）就是「合成代謝」（將許多成分結合在一起）。其他的酵素則是協助化學物質穿細胞膜。

舉例來說，蔗糖酶就是分解代謝，它負責協助將蔗糖分解成葡萄糖與果糖（這兩種形態的糖比較容易被人體消化）。另一種稱為碳酸酐酶的酵素則屬於合成代謝，它幫助水與二氧化碳（細胞在產生能量的過程中所形成的副產品）結合，形成碳酸。變成碳酸後，就能被血液載送到肺部，再以二氧化碳的形態被排出體外。一種叫做葡萄糖滲透酶的酵素可以幫助葡萄糖穿過細胞膜，這樣一來細胞就能利用葡萄糖來產生能量了。

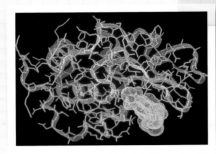

上圖是溶菌酶，這種酵素存在於眼淚之中，能瓦解細菌細胞壁上的糖分子鏈（黃色）。

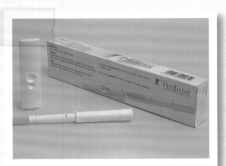

酵素被運用在許多產品中，圖中的驗孕試劑裡面的酵素會與尿液中的物質反應，使驗孕棒的顏色發生改變。

鎖與鑰匙模式

身體裡的酵素都有其特定任務，科學家提出許多理論來解釋酵素是如何完成任務的。這類理論中的第一項就是所謂的「鎖與鑰匙」假說。這項理論的主旨在於酵素分子的表面有一個活化中心，這個區域會與「受質」接合，若兩者互補則會產生電引力固著在一起。當化學反應開始進行時，受質就會被轉變成另一種具有不同電性的化學物質，如此一來，電引力就會消失，受質就會脫離酵素的活化中心。整個過程會在一瞬間與新的受質分子重複進行無數次。

不幸的是，鎖與鑰匙理論並不完全與事實相符。因為，酵素活動會受到許多因素的限制，例如溫度或酸鹼值的改變，如果酵素與化學分子間的嵌合純粹只是物理嵌合的話，結果就不該受其他因素的影響。此外，非受質的分子也可能被固定在酵素的活化中心上。

另一項理論是「誘導嵌合」理論，這項理論解決了上述的缺陷。它認為酵素的活化中心有著彈性特徵，能在必要時伸展或收縮以符合受質，有點像是手套改變形狀以順應手的形狀。

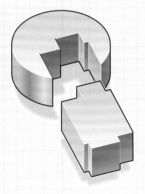

在「鎖與鑰匙」模式中，酵素的某個區域（紫色）與受質（橘色）互補。如此一來酵素就可以在沒有化學反應的干涉下完成分解受質的任務。

酵素與能量

酵素能減少化學反應所需的能量。
由於酵素是一種蛋白質，因此對周遭環境的變化非常敏感。

要啟動一個化學反應，就需要用到能量。因為化學反應的發生，必須打破原子之間的原有鍵結以形成新的鍵結，打破這些鍵結所需的能量就稱為「活化能」。

舉例來說，許多物質一定要先獲得能量才能燃燒（就像是點燃的火柴所產生的熱能）。酵素會降低這種活化能，使得化學反應能在較低的溫度下進行，但本身卻不參與反應。

影響酵素的因素

影響酵素的因素主要有 3 個：溫度、酸鹼值，以及其他化學物質，這些化學物質不是佔據活化中心就是扭曲它的形狀。根據這些化學物質的活動方式，可將其分為競爭性抑制物和非競爭性抑制物。

身體中的酵素都有一個適合的溫度範圍，在這個溫度範圍內，酵素能發揮最高的效益。超出範圍時，酵素中的複合性蛋白質結構就會開始崩解。如此一來，酵素的活化中心的形狀就會改變，導致活化中心無法和受質接合在一起。這就是為什麼當溫度太高（高溫）或太低（低溫）時，身體系統就會開始當機。

和溫度範圍一樣，酵素也有最能發揮效益的最佳酸鹼值範圍。在這個範圍外，酵素的活性就會受到限制，太酸或太鹼甚至會讓酵素完全無法作用。（酸鹼值是指溶液中的氫離子濃度，比如說蒸餾水的酸鹼值為 7，漂白水的酸鹼值是 12，而柳橙汁的酸鹼值是 2。）

每種酵素的最佳酸鹼值範圍都不同，這並不是什麼大問題，因為這個酸鹼值範圍會與酵素所處的環境相配合，緩衝系統（這個系統會抵消酸鹼度的小改變）也會幫助身體各部位的酸鹼值保持相對穩定的狀態。胃的酵素胃蛋白酵素與胰凝乳蛋白酵素，在酸性環境下最能發揮效用，胃中的酸性狀態就是為此而存在的。

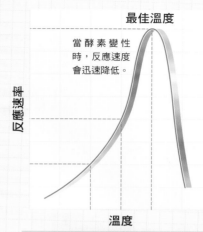

當酵素變性時，反應速度會迅速降低。

最佳溫度

反應速率 / 溫度

大多數的酵素活性會隨著溫度的升高而提升，到攝氏 40 度左右會達到高峰。超過 40 度時，蛋白質就會開始變性，使酵素迅速失去活性。

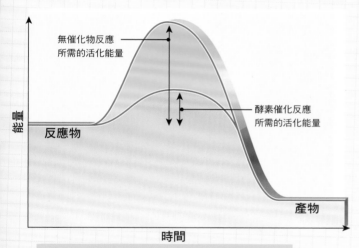

無催化物反應所需的活化能量

酵素催化反應所需的活化能量

能量 / 反應物 / 產物 / 時間

要讓一個化學反應發生，必須提供活化能量。酵素能減少所需的活化能量，加快反應的速度。

競爭性與非競爭性抑制

酵素的活性會受到其他化學物質的抑制。在競爭性抑制中，酵素的活性中心會被一個競爭分子佔據。競爭性抑制是指使酵素的活性消失，並殺死酵素的能力。其他的有毒物質像是鉛和汞，都有同樣的效果，但它們屬於「非競爭性抑制物」，因為它們不會佔據活性中心，而是將自己固定在酵素上，並且改變活性中心的形狀。

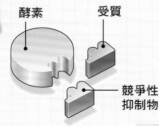

酵素 / 受質 / 競爭性抑制物

非競爭性抑制物

在競爭性抑制中（上），兩個形狀類似的分子搶著與酵素的活性中心結合。在非競爭性抑制中（右），抑制物連結到酵素上，改變了活性中心的形狀，抑制了化學反應的產生。

這名女性與小孩因為一氧化碳中毒而在接受氧氣治療。一氧化碳是氧氣的競爭性抑制物，它會降低身體的含氧量。

如何控制血糖

糖是身體重要的能量來源，它以葡萄糖的形態存在於血液中。
血糖濃度的平衡對生命來說是很重要的，這個平衡是由胰臟所分泌的荷爾蒙負責調控。

葡萄糖是對腦部很重要的單糖，也是身體其他組織的能量來源。葡萄糖是以肝醣（存在於肝臟與肌肉中）的形態儲存在體內，並在身體各處的血液中轉變成血糖。

血液中的葡萄糖有個正常的濃度，但是當我們吃東西、或是吃得不夠時，血糖的濃度就會改變，變化的幅度是由胰臟所分泌的荷爾蒙負責控制。

胰臟

長形的白色腺體，長度約20～25公分，位於胃的底部後方，與十二指腸相連。它所產生的酵素會順著導管流入十二指腸，以協助食物的消化，但這並非胰臟的唯一任務。

胰臟與消化功能相關的部份約佔了總細胞團的90%以上。大約有5％左右的細胞負責製造調節血糖濃度的胰島素與昇糖素。

這些「內分泌」細胞又稱為胰島，遍佈在胰臟各處。和大多數的胰臟分泌物不同的是，這些荷爾蒙沒有進入通往十二指腸的導管，而是直接送到血液中。

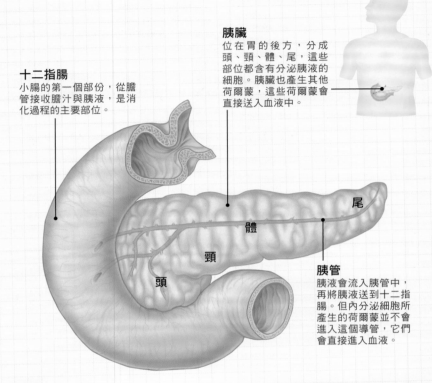

十二指腸
小腸的第一個部份，從膽管接收膽汁與胰液，是消化過程的主要部位。

胰臟
位在胃的後方，分成頭、頸、體、尾，這些部位都含有分泌胰液的細胞。胰臟也產生其他荷爾蒙，這些荷爾蒙會直接送入血液中。

尾

體

頸

頭

胰管
胰液會流入胰管中，再將胰液送到十二指腸。但內分泌細胞所產生的荷爾蒙並不會進入這個導管，它們會直接進入血液。

胰島素

胰臟細胞有許多種，負責分泌不同的荷爾蒙。胰島素通常是由胰島 β 細胞所分泌。這些細胞會不斷地分泌低濃度的胰島素，但如果血液中的葡萄糖含量增加，胰島 β 細胞就會受到刺激分泌出更多的胰島素。如果血液裡

的葡萄糖濃度降低了，胰島素的分泌就會減少。

胰島素會對身體的其他細胞造成影響，像是肌肉細胞、紅血球細胞以及脂肪細胞。當胰島素的濃度上升時，這些細胞就會被迫從血液中吸收更多的葡萄糖，用這些葡萄糖來產生能量。胰島素也受另一種荷爾蒙的控制，那就是體制素。當其他荷爾蒙的濃度很高時，這種荷爾蒙就會產生，它負責減緩胰島素的分泌。

昇糖素

由胰島 α 細胞所分泌。當血液中的葡萄糖濃度過低時，這些細胞就會受到刺激開始分泌荷爾蒙。昇糖素會讓肝醣（尤其是肝臟中的肝醣）轉換成葡萄糖並釋放到血液中。它也會誘發肝臟、肌肉與其他身體細胞利用體內的其他化學物質來製造葡萄糖。

血糖

血液裡的葡萄糖其理想濃度是每100㎖的血液有70～100㎎的葡萄糖。在飯後幾個小時內，血糖濃度通常都會上升，但不應該超過180㎎。血糖濃度較高的症狀稱為高血糖症；血中葡萄糖濃度只有70㎎甚至更低的情況，稱為血糖過低或低血糖症。

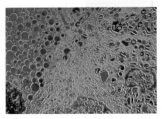

在顯微鏡下，內分泌細胞看起來就像是小島，因此稱為胰島，又稱為「蘭氏小島」則是取自發現這些腺體的德國醫師蘭格罕。這些細胞會分泌胰島素和昇糖素。

血糖濃度異常

血糖濃度的平衡對於健康狀況非常重要。
葡萄糖濃度過低會造成冒汗、頭暈、甚至昏迷，
過高則可能導致糖尿病。

糖尿病

當胰臟無法產生足夠的胰島素時，將會導致糖尿病。缺乏胰島素意謂著身體的細胞無法吸收葡萄糖，這些葡萄糖就會累積在血液中。吸收不到葡萄糖的肌肉，會變得軟弱無力並開始萎縮。

造成胰臟功能喪失的原因仍不清楚，但糖尿病往往會在家族間流行，也會在中年人身上慢慢浮現，尤其是那些體重過重的人。然而，兒童也有可能罹患糖尿病，且症狀的發生往往很突然。

高風險的人可能會因為一些因素而引發糖尿病，例如生活在溼冷環境中、過勞和沮喪等，但最常見的原因是感染，特別是病毒性的感染。症狀包括虛弱無力、體重下降、容易口渴以及尿量增加，還會出現便秘與口乾舌燥、皮膚乾燥等症狀。大部份的患者並不會發展出併發症，但是糖尿病會影響心臟、血管與神經，糖尿病患者也較容易罹患白內障。

情況嚴重時，患者可能會罹患肺結核或是糖尿病昏迷。

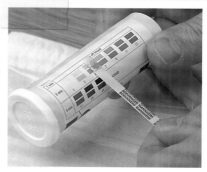

利用簡單的診斷工具就可以測出血液中的葡萄糖濃度。用刺血針在手指頭上刺個洞，再把血液滴在測驗棒上。在測驗棒的頂端有兩片試紙，根據血液中的糖分濃度，黃色的試紙會漸趨於黑色，白色試紙則會變成越來越深的藍色。圖中得例子，試紙顯示的結果為正常。若血糖濃度升高可能會造成糖尿病。

控制糖尿病

糖尿病患者可以自行以肌肉注射的方式施打胰島素，以控制血糖濃度。如果有先天性胰島素不足的現象，就需要定期的補充胰島素以避免昏迷和死亡。

糖尿病無法預測、預防或根治。然而，適當的治療還是能控制住病情。對於年紀較大的患者，治療的方式包括定時定量的飲食，以及醫生所建議的低糖飲食。此外，醫師也可能開立藥物來提升胰島素在血液中的活性。

病況嚴重時，就必須增加體內的胰島素含量。這是以針劑施打的方式將

胰島素注入體內，每天 1～2 次，如果口服的話，胰島素將會遭到破壞。

施打胰島素時要特別小心，因為過多的胰島素將導致血糖過低，造成冒汗、緊張與行為失常。嚴重時，患者會出現酒醉的狀態，由於可能會有昏迷的風險，因此一定要尋求醫生的協助。

葡萄糖濃度的自然平衡

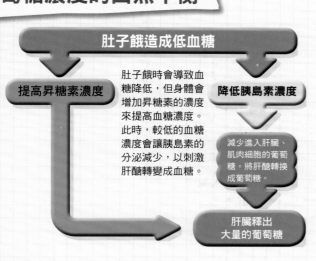

肚子餓造成低血糖

提高昇糖素濃度 → 降低胰島素濃度

肚子餓時會導致血糖降低，但身體會增加昇糖素的濃度來提高血糖濃度。此時，較低的血糖濃度會讓胰島素的分泌減少，以刺激肝醣轉變成血糖。

減少進入肝臟、肌肉細胞的葡萄糖。將肝醣轉換成葡萄糖。

肝臟釋出大量的葡萄糖

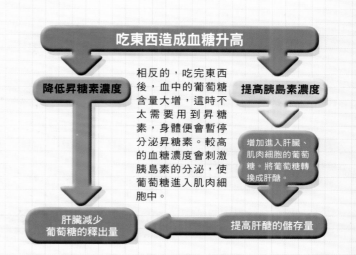

吃東西造成血糖升高

降低昇糖素濃度 → 提高胰島素濃度

相反的，吃完東西後，血中的葡萄糖含量大增，這時不太需要用到昇糖素，身體便會暫停分泌昇糖素。較高的血糖濃度會刺激胰島素的分泌，使葡萄糖進入肌肉細胞中。

增加進入肝臟、肌肉細胞的葡萄糖。將葡萄糖轉換成肝醣。

肝臟減少葡萄糖的釋出量 ← 提高肝醣的儲存量

水的角色

水是水合作用與某些身體程序的必需品，也是重要的礦物質來源，沒有了水，人類將無法存活。如果水分攝取不夠，就可能發生脫水的現象。

在各種食物當中，最重要的就是水。一個人可以在沒有食物的情況下存活好幾個星期，但如果沒有水，可能就會在幾天內死亡。

原因在於人體的大部份組織都是由水組成的。大多數的身體細胞其水含量高達80％，血漿（血液中的液體成分）中的含水量更高達92％。

水的來源

我們必須攝取足夠的水分以滿足身體的需要。大部份的食物都包含水；肉類的含水量約40～75％，蔬菜則高達95％。令人驚訝的是，即使是乾性的食物，如麵包與穀片其水含量仍高達30％。

除了吃東西外，我們還必須經常喝水，好讓身體能夠達到最佳的水合作用標準。粗略估計，人們每天應該喝下將近2公升的水（大約8～10杯水）。

水分的種類

但，大部份的人都沒有攝取到足夠的水；而且，很多人還喝錯了。

對許多人而言，他們所喝下的水分主要是來自茶、咖啡或可樂等。儘管這些飲料確實含有水分，但它們也含有咖啡因（一種利尿劑），這種成分會增加排尿量，使體內的水分減少。酒精飲料也會讓身體脫水。

水是我們生存的必需品，因為人體的大部分都是由水構成的。人們每天最好要喝2公升的水。

水的好處

儘管水分不夠將會對健康造成嚴重影響，但人們還是常常忽略了喝水的重要性。水除了能夠解渴外，它還能幫助維持體溫，且具有潤滑功能，讓許多化學反應能夠發生，還能成為混合各種物質的媒介物。

體溫

水具有高比熱的特性，這表示需要大量的能量才能提高水的溫度。因此，水能幫助身體抵抗體溫的大幅度變動。此外，身體中的水還能幫助身體冷卻下來，這個冷卻過程就是以流汗的方式讓體內的水分發散出去。

保護

水就像是潤滑劑一樣，可以避免身體內部產生摩擦。例如，淚腺所產生的淚液可防止眼睛表面與眼瞼相互摩擦。此外，水也像關節中及器官間的緩衝墊，保護這些構造免於受到創傷，例如，包圍在腦部周圍的腦脊髓

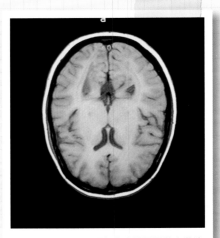
腦脊髓液是包圍在腦部與脊髓周圍的水狀液體，是腦部的緩衝，在晃動頭部時可以避免腦部碰觸到顱骨。

液就有保護腦部的作用。

化學反應

如果沒有水，體內的化學反應就沒辦法進行。這是因為分子在反應之前，必須先溶於水，形成離子（帶電的原子）的狀態。舉例來說，當氯化鈉溶於水時，它會分解成氯離子和鈉離子，這時這2種離子就能自由地與其它離子產生反應。

除此之外，細胞膜也需要水來讓酵素能夠進出細胞。酵素對於細胞來說是非常重要的，因此，若沒有足夠的水分，這些反應都將無法發生。

混合媒介

水能夠與其他的物質混合，形成某種溶液（例如，當氯化鈉溶於水中就形成了汗）、懸浮液（比如紅血球細胞懸浮在血漿中）或是膠狀體（一種含有非溶解性物質的液體，這些非溶解性物質無法與液體溶合，例如細胞中的水與蛋白質）。

能與其他物質混合的能力，使得水就像是一種介質，能藉由像血漿這類體液將養分、氣體和廢棄物運送到身體各處。

身體有許多調節機制能確保體內保有最低限度的體液（體內平衡）。但這平衡可能會因為極端的溫度或疾病而被破壞，此時會因為水分流失過多而導致脫水。

三種途徑

水分從身體逸失的途徑主要有：

◆ **排汗**：水分藉由汗液流失是依據環境的溫度、溼度以及身體的活動程度而定。

一個人在涼爽的環境中休息時，排汗量很少。但當人們因運動而導致體溫上升，或是發燒時，藉由排汗所排出的水分將大為增加。比如說，一個人在夏天從事戶外工作時，就非常有機會排出 5 公升的汗水。

◆ **排尿**：我們所攝取的水分往往會超過身體所需，多餘的部份就會被腎臟以尿液的形式排出。導致尿液增加的藥物或是健康因素，都可能造成脫水。

◆ **排便**：只有小部份的體液會經由排便的方式排出，這是因為水分會在大腸中被重新吸收。但腹瀉時，大腸就無法吸收水分了。當腸道蠕動增加，使排泄物太快通過大腸，以至於大腸無法將水分再度吸收時，就會形成腹瀉。這種情況會造成大量體液從身體中排出。

脫水

體液的流失可能會造成脫水，嚴重的話可能會致命，因此必須儘快治療。小孩與年長者（口渴的感覺往往會因年紀而變得不明顯）最容易發生脫水情況。

脫水的症狀包括：體溫升高、疲勞、噁心嘔吐、極度口渴、排出少量的深色尿液、頭痛以及昏眩等。

嚴重的脫水是指體液流失超過體重的 1 ％。舉例而言，一個體重 70 公斤的人如果流失超過 700 公克的水，就會被認為是嚴重脫水。患者可能會出現低血壓、意識不清、四肢抽筋、胃部及背部痙攣、抽搐、心臟衰竭、眼眶凹陷、皮膚沒有彈性，以及呼吸急促。

在開發中國家，有些教導人們如何預防脫水的課程。輕微的脫水可以口服補鹽液來加以治療。

治療脫水必須先補充流失的水分，並在水中加入電解質（鹽）。若是輕微的脫水，口服補鹽液（袋裝粉末，將它溶於水以便補充水分與鹽分，像是鹽與葡萄糖）。嚴重時，可將生理食鹽水以靜脈注射方式注入體內，迅速恢復患者的體液量。

不幸的是，在低開發國家中，無污染的水源非常有限，醫療設施也不發達，每天都有很多人因為脫水而死亡。

口渴機制

當下視丘的口渴中樞受到刺激時，它就會觸發口渴的感覺。喝了水之後，身體的缺水問題就解決了。

身體需要相當穩定的水平衡。這意謂著一旦水分流失（主要透過排汗與排尿），就必須加以補充。某些情況下，如高溫或運動、使用利尿劑、或是吃太鹹，都會造成水分快速流失。

維持平衡

身體會藉由檢查血液含量與濃度，不斷地監控體內的含水量。如果血液量變少了，或是濃度太高時，身體就會提出保存水分與多喝水的需求。這個機制主要是由腦部的下視丘控制。

下視丘送出「指示」給腎臟，以減少尿液的排出量，同時，它的口渴中樞也會開始產生口渴的感覺，觸發想喝水的衝動。口渴中樞也會因飲食、藥物或是焦躁不安所引起的口乾舌燥而活化。

體內的含水量高低會影響到血液的濃度與容量。當情況需要改善時，大腦就會發出口渴的指示。

嘔吐如何發生

嘔吐是一種保護性的反射作用，可以排除胃與小腸的有毒物質。在嘔吐前常常會出現一種不舒服的感覺，這也是嘔吐反射的一部分。

在嘔吐之前通常會有噁心的感覺，這是一種警告前兆。噁心感能引發強烈的厭惡反應，阻止我們繼續吃下有毒的東西。

然而，懷孕、移動、輻射、化療藥物以及麻醉藥劑（術後的不適）都會引起噁心與嘔吐。這時胃裡並沒有有毒物質，因此，排出胃裡的東西顯然對身體並沒有好處。

神經輸入

當胃與小腸裡面出現有毒物質時，位於胃與小腸中的黏膜腸嗜鉻細胞就會釋出血清素，這種神經傳導介質。

血清素會活化周圍的迷走神經的末梢神經纖維，神經脈衝沿著迷走神經通過腹腔與胸腔，抵達腦幹的「孤立束核」區。

嘔吐反射是由腦幹的許多神經元協調合作產生的，這些神經元（通常稱為嘔吐中樞）的確切位置目前仍不清楚。然而，能活化嘔吐反射的輸入訊息全部集合到孤立束核中，因此我們可以說孤立束核的神經元若不是嘔吐中樞的一部分，就是以某種形式控制著嘔吐中樞的活動。

腦幹

當有毒物質從胃或小腸進到血液中時，可能會活化孤立束核旁的腦極後區。一般為這些神經元具有偵測血液中有毒物質的能力。孤立束核與腦極後區透過一系列的神經相互聯繫。

嘔吐反射

當胃與小腸中出現有毒物質時，神經與血液就會把這項訊息傳送到腦部。

食道
收縮的波動讓胃裡的東西可以抵抗地心引力往上推進。

迷走神經纖維末梢
當身體中出現有毒物質時，腸嗜鉻細胞就會釋出血清素，來活化神經末梢。

腦幹
這個區域被認為是控制嘔吐反射的地方。

頸動脈
帶著有毒物質的血液流到腦幹一個稱為腦極後區的部位。

迷走神經
將胃與小腸的神經脈衝輸送到腦幹。

門靜脈
帶著有毒物質的血液流到肝臟，進入大循環。

暈動病

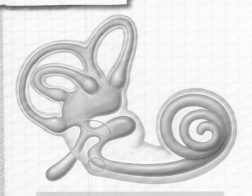

負責控制平衡感的前庭位於內耳，負責傳送身體在空間中的活動資訊。

科學家認為，當眼睛所提供的與身體姿勢相關資訊，和內耳的前庭（平衡）系統所提供的資訊不吻合時，就會產生暈動病。

上述情況的證據在於，當負責接收來自平衡器官訊息的腦部區域受損時（例如在中風之後），患者就不會再出現暈動病了。

乘坐雲霄飛車常常會引起噁心想吐的感覺，這是因為輸入腦部的感官訊息彼此衝突，造成方向感迷失的緣故。

吐出胃裡的東西

開始嘔吐時，胃部的肌肉會放鬆，接著出現吐出動作，這是腹部肌肉與橫膈膜反覆收縮的結果。

大約在嘔吐開始前2～10分鐘左右，胃會放鬆，小腸中段會開始一陣劇烈的收縮，這陣收縮會很快地朝著胃擴展（以每秒5～10公分的速度）。這個收縮會迫使小腸裡的東西回到胃部，讓所有吃下的有毒物質局限在胃裡，以避免身體繼續吸收。

肌肉收縮

腹部肌肉與橫膈膜會不斷地同時收縮與放鬆，以擠壓胃部、迫使胃裡的東西回到食道（反胃）。反胃的動作能讓胃的內容物具有衝力。

在嘔吐時，我們的身體常常會呈現一種特別的姿勢來協助嘔吐，那就是彎曲身體、頭部朝前、背脊伸直。這時腹部與橫膈膜的肌肉所產生的強烈且持續性的收縮，會讓腹腔內部產生200毫米汞柱的壓力。

在此同時，聲門會關閉（防止胃裡面的東西進入肺臟）、食道縮短、嘴巴不由自主地打開，藉由身體內部的壓力將胃裡的東西推出身體外。

懷孕期間常常會引發噁心與嘔吐，原因之一是胃酸逆流到食道中。

嘔吐的機制

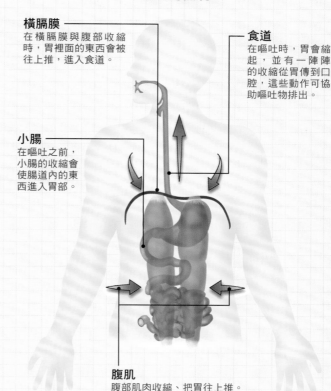

橫膈膜
在橫膈膜與腹部收縮時，胃裡面的東西會被往上推，進入食道。

食道
在嘔吐時，胃會縮起，並有一陣陣的收縮從胃傳到口腔，這些動作可協助嘔吐物排出。

小腸
在嘔吐之前，小腸的收縮會使腸道內的東西進入胃部。

腹肌
腹部肌肉收縮、把胃往上推。

這張圖顯示身體各處的肌肉是如何相互配合，好讓胃裡的東西排出體外。

圖中為止吐藥劑，用來控制化學治療所引起的反胃與嘔吐情況。

在臨床上，噁心與嘔吐都具有重要的意義。癌症病患在接受化療或放射線治療後，可能會產生嚴重的噁心與嘔吐。因此，有些患者會拒絕接受這些療法。的確，這些經歷會讓人非常不舒服，使得患者寧可忍受病痛也不願回到醫院接受治療。

血清素拮抗劑

因此，能夠阻斷血清素受體的止吐劑，就廣泛地應用在防止化學治療藥物所引起的嘔吐上。

這些藥物的運作方式是與腹部迷走神經纖維上的血清素受體結合，避免腸嗜鉻細胞釋出的血清素來活化這些受體。

然而，血清素受體拮抗劑並不能阻止所有類型的嘔吐，它們的臨床效果僅限於放射線治療和細胞毒素藥物所引起的嘔吐現象。對於暈動病、麻醉藥物以及其他藥劑（如治療帕金森氏症的左多巴）所引發的反胃與嘔吐情況，血清素受體拮抗劑就無法派上用場。

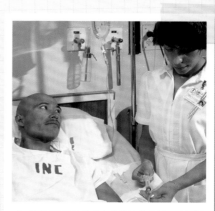

止吐藥通常是在癌症病患進行化療前，以靜脈注射的方式送入患者體內。

盲腸與闌尾

盲腸與闌尾位於大、小腸的接合處，這個地方又稱為迴盲區。小腸的食物會進入盲腸中，而闌尾則從盲腸延伸出來。

盲腸是大腸的第一個部份。食物從末端迴腸（小腸的一部份）經過迴腸瓣進入大腸；盲腸就位於迴腸瓣的下面。盲腸是一個下端為盲端的囊袋，長、寬各約7.5公分，升結腸（大腸的下一個部位）就接續在盲腸的後方。闌尾是從盲腸延伸出來的一條細長的袋狀組織。

肌肉纖維

小腸的肌肉表層接續著大腸壁，但到這裡分成3條帶狀肌肉，稱為結腸帶。在食物通過小腸後，盲腸可能會因為殘渣或氣體而膨脹。此時可能只要輕觸腹部就可以摸到盲腸。

血液供應

盲腸的血液供應來自前盲腸動脈與後盲腸動脈，這2條動脈起源於迴結腸動脈。盲腸的靜脈分佈與動脈分佈很類似，靜脈血液最後就流入腸繫膜上靜脈。

迴盲區是圍繞在小腸與大腸接合處的一個區域，由盲腸與闌尾組成。

前盲腸動脈
這條動脈與它的後側分支一起供應血液到盲腸。

盲腸
位於腹部右下側。

迴結腸動脈
供應小腸血液的主要動脈。

迴盲區

闌尾
退化的器官。

迴腸
小腸的終端部份，與盲腸的交接處形成迴盲瓣。

迴盲瓣

半月皺襞

迴盲瓣

迴盲瓣包圍著迴腸與盲腸之間的開口，小腸裡的東西就從這個開口進入盲腸，但迴盲瓣並不是個非常有效的瓣膜。

迴盲瓣環繞著末端迴腸通往盲腸的開口，末端迴腸（小腸的最末端）裡的液化內容物就從這個開口進入盲腸。

解剖研究

在過去，大體解剖研究顯示迴盲瓣這個開口包圍在盲腸壁上的皺襞或皺褶之間，就像瓣膜。

現在，我們能利用內視鏡在活體身上研究這個區域，這個開口在活體上看來明顯與在大體上看到的不一樣。事實上，迴盲瓣起自盲腸壁的上方，其周圍被一個環狀的肌肉纖維環包圍著，這個肌肉纖維環可協助迴盲口保持閉合。

鋇劑灌腸研究

在盲腸壁收縮時，盲腸裡的內容物雖然不會輕易回到迴腸，但迴盲瓣的效用卻不是那麼強。透過大腸的鋇劑X光研究，常常可以看到盲腸的內容物從迴盲瓣滲漏回末端迴腸。

闌尾

闌尾是盲腸往外突出的一個細長肌肉組織，長度介於 6～10公分，也可能比 6 公分短，或是超過10公分。闌尾源自盲腸的背面，它的下端沒有連接任何東西，因此可以隨意活動。

　　蠕蟲狀的闌尾在大腸的起端與盲腸相連。闌尾壁含有淋巴組織，和小腸壁的淋巴組織一起保護著身體，讓身體不會受到腸道內的微生物侵害。

肌肉層

　　闌尾與大腸的其他腸壁不同，它有一個完整包覆的肌肉層，但大腸壁的縱向肌則只形成 3 條帶狀肌肉（結腸帶）。因為這 3 條結腸帶會合於闌尾的根部，它們的纖維都集合在一起並包覆著整個闌尾表面。

腹膜

　　闌尾包裹在腹膜中，腹膜在迴腸、盲腸與闌尾間形成一個皺襞，就是所謂的闌尾繫膜。

闌尾根部

　　闌尾的根部（也就是從盲腸延伸出來的地方）通常固定在固定的位置上，對應到的腹部表面就稱為麥克伯尼氏點。

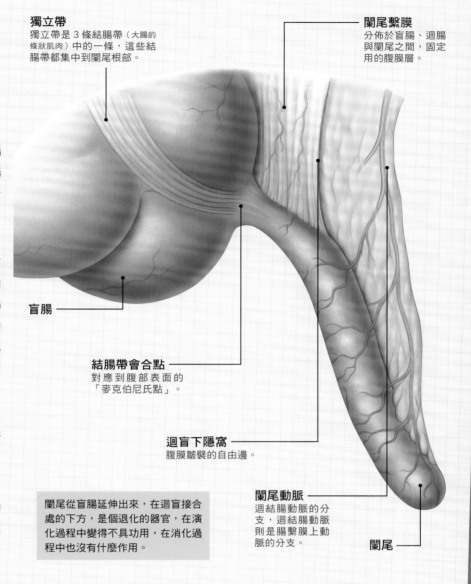

獨立帶
獨立帶是 3 條結腸帶（大腸的條狀肌肉）中的一條，這些結腸帶都集中到闌尾根部。

闌尾繫膜
分佈於盲腸、迴腸與闌尾之間，固定用的腹膜層。

盲腸

結腸帶會合點
對應到腹部表面的「麥克伯尼氏點」。

迴盲下隱窩
腹膜皺襞的自由邊。

闌尾動脈
迴結腸動脈的分支，迴結腸動脈則是腸繫膜上動脈的分支。

闌尾

> 闌尾從盲腸延伸出來，在迴盲接合處的下方，是個退化的器官，在演化過程中變得不具功用，在消化過程中也沒有什麼作用。

闌尾的位置

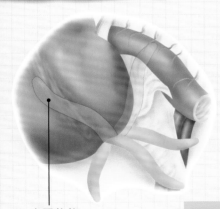

盲腸後位
闌尾最常見的位置。

　　儘管闌尾根部位於固定的位置，但遠端並沒有連接到任何東西，因此闌尾的遠端位置可能會有所不同。

常見的位置

　　闌尾遠端最常見的位置是在盲腸後位，這裡，闌尾會往上跑到盲腸的後面。闌尾也可能出現在末端迴腸旁，或是往下突出到骨盆中。

罕見位置

　　少數情況下，盲腸的位置可能會變得特別高或特別低，闌尾也會因此而出現在比較不尋常的位置上。

闌尾炎

　　在診斷闌尾炎時，闌尾的位置就非常重要。闌尾發炎所導致的疼痛與觸痛感可能會因為闌尾的位置而出現在不同的地方。

　　當闌尾位於骨盆時，闌尾炎的症狀可能會就會很像尿道感染；因此，闌尾的位置可能會讓診斷出現誤診。

> 闌尾可能出現在多個的位置，它的位置將決定闌尾炎的疼痛與觸痛感出現在何處。

結腸

結腸為大腸的主要部份。雖然是條連續性的管子，但可分成 4 個部份：升結腸、橫結腸、降結腸，以及乙狀結腸。

結腸接收來自小腸的液化內容物，吸收其水分後形成半固體狀的殘渣，這些殘渣就通過直腸與肛門排出體外。結腸有 2 個大角度的彎曲，分別為結腸右曲（或肝彎）以及結腸左曲（脾彎）。

升結腸

升結腸從迴盲瓣往上延伸到結腸右曲，到了這裡就改稱橫結腸。升結腸大約 12 公分長，靠在腹壁後側，升結腸的前面與側面有腹膜（將腹部器官連在一起的薄層結締組織）包覆。

橫結腸

橫結腸從結腸右曲開始，繞到肝臟右葉下方，並橫跨身體、朝著脾臟旁邊的結腸左曲延伸。

橫結腸的長度大約 45 公分，往下懸吊在腹膜（腸繫膜）的皺襞中，是大腸中最長且最能活動的部份。

降結腸

降結腸從結腸左曲往下延伸到骨盆的邊緣，到了這裡，降結腸就成了乙狀結腸。由於結腸左曲的位置比右曲高，所以降結腸會比升結腸長。

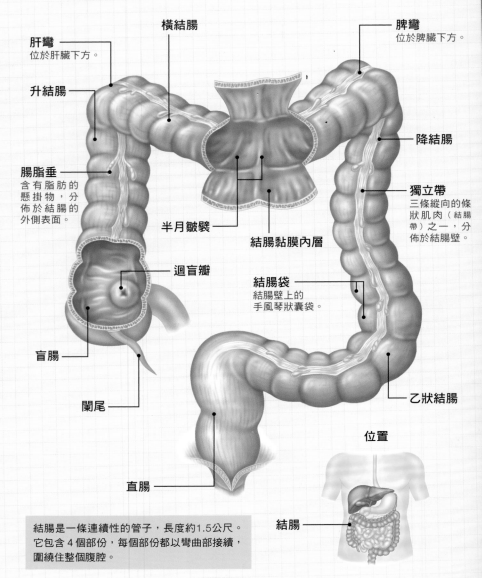

肝彎
位於肝臟下方。

升結腸

橫結腸

脾彎
位於脾臟下方。

降結腸

獨立帶
三條縱向的條狀肌肉（結腸帶）之一，分佈於結腸壁。

腸脂垂
含有脂肪的懸掛物，分佈於結腸的外側表面。

半月皺襞

結腸黏膜內層

結腸袋
結腸壁上的手風琴狀囊袋

迴盲瓣

盲腸

闌尾

直腸

乙狀結腸

位置

結腸

結腸是一條連續性的管子，長度約1.5公尺。它包含 4 個部份，每個部份都以彎曲部接續，圍繞住整個腹腔。

乙狀結腸與結腸內層

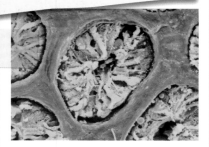

結腸內層（黏膜，綠色）含有腺體（黃色），負責吸收水分及分泌黏液。

乙狀結腸外觀呈 S 形，在骨盆邊緣接續降結腸而來。

特色

乙狀結腸約 40 公分，因為位於腸繫膜（或腹膜皺襞）中，所以比降結腸更容易活動。乙狀結腸的遠端與直腸相連。乙狀結腸的功用是儲存尚未排出的排泄物，其大小、位置會根據有無堆積排泄物，以及所攝取的食物種類而有所不同。

結腸的內表層

結腸的內表層有許多深凹或深窩，這些深凹佈滿分泌黏液的細胞。黏液可以潤滑排泄物通道、保護腸壁，避免腸壁因腸道細菌所產生的酸性物質與氣體而受到傷害。

結腸的血液供應與引流

和其他的腸子一樣，結腸的每一個部位都有動脈網絡提供豐富的血液供給。

結腸的靜脈血液經由肝門靜脈系統進入肝臟，之後再進入體循環系統。

結腸的血液供應

結腸的血液供應來自腹主動脈（腹部的中央大動脈）分出來的腸繫膜上、下動脈。

升結腸與橫結腸的前⅔是由腸繫膜上動脈負責供應血液；橫結腸的後⅓、降結腸以及乙狀結腸則由腸繫膜下動脈負責供應血液。

動脈形態

如同胃腸道的動脈，在腸繫膜上、下動脈的多條分支間，也有許多血管吻合或連結。

腸繫膜上動脈分出迴結腸動脈、右結腸動脈與中結腸動脈，這些動脈彼此吻合，也和腸繫膜下動脈分出的左結腸動脈與乙狀結腸動脈相連接。

如此一來，這些動脈就在結腸壁周圍形成動脈弓，提供血液給結腸的所有部位。

結腸的動脈系統

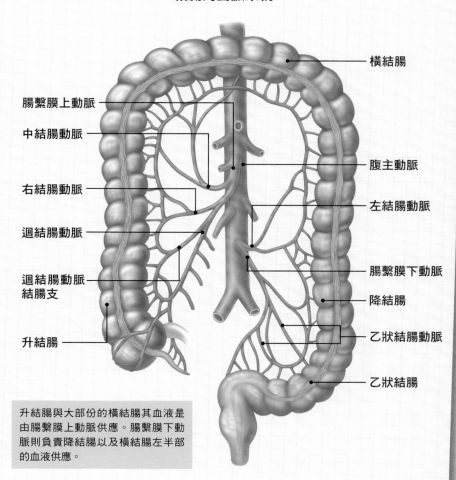

升結腸與大部份的橫結腸其血液是由腸繫膜上動脈供應。腸繫膜下動脈則負責降結腸以及橫結腸左半部的血液供應。

結腸的靜脈引流

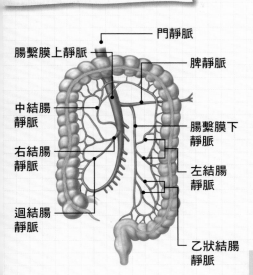

結腸的靜脈血匯集在一起後就進入門靜脈。一般說來，來自升結腸和橫結腸前⅔部位的靜脈血會流入腸繫膜上靜脈，其餘的部份則流入腸繫膜下靜脈。

腸繫膜下靜脈流入脾靜脈，之後與腸繫膜上靜脈會合，形成門靜脈。門靜脈承載著所有的靜脈血液，經過肝臟再返回心臟。

淋巴引流

來自結腸壁的淋巴液匯集後，沿著動脈旁的淋巴管回到腹部淋巴收集管——乳糜池。在這些淋巴液進到靜脈系統前，會先送進淋巴結加以過濾。先通過結腸壁上的淋巴結，再通過供給結腸血液的小動脈旁的淋巴結，再來到腸繫膜的上、下淋巴結。

結腸的特色

和小腸不同的是，結腸壁有著如手風琴般的皺褶，稱為結腸袋，這些構造在診察時可以看得很清楚，但如果患者罹患大腸炎這類慢性發炎時，結腸袋的構造可能就會消失。

結腸的靜脈引流系統與動脈形態相對應。腸繫膜下靜脈是脾靜脈的支流。

直腸與肛管

直腸與肛管一起組成胃腸道的最後部份，接收廢棄物、讓排泄物排出體外。

直腸從乙狀結腸接續而來，位置約與第三薦椎同高。直腸的意思是「直」的腸子，但事實上直腸是順著薦骨與尾骨（這兩個骨頭構成骨盆的背面）的曲線。

直腸的下端與肛管相連，並形成80到90度角。這個肛門轉折能夠防止排泄物在允許排出前進入肛管。

直腸的縱向肌為2條寬肌肉帶，往下延伸於直腸的前側與背側表面。直腸壁有3個橫向的皺褶，分別為上橫褶、中橫褶與下橫褶。在下橫褶下方的直腸會變寬成為壺腹。

肛管

肛管從肛門轉折處往下延伸到肛門。除了排便時，肛管裡不會有排泄物，且保持關閉的狀態。

肛管的內層組織會隨著長度而有所不同。肛管的上部有縱向的脊線，稱為肛門柱，這些脊線從肛門直腸接合處的上方一直延伸到梳狀線。

肛門柱的下端是肛門竇與肛門瓣。肛門竇會在排泄物通過時產生黏液，潤滑通道。肛門瓣則是防止黏液在不排便的時候跑到肛管外。

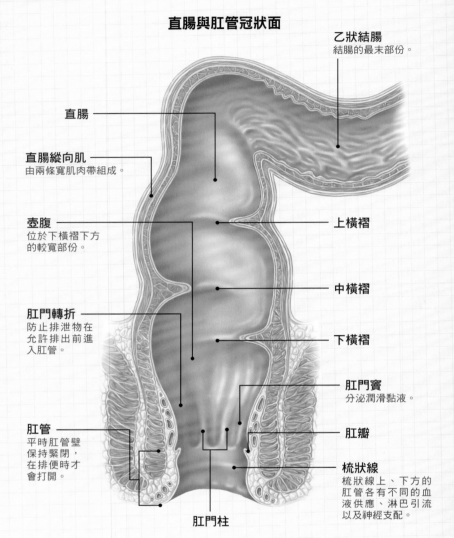

直腸與肛管冠狀面

- 乙狀結腸
  結腸的最末部份。
- 直腸
- 直腸縱向肌
  由兩條寬肌肉帶組成。
- 壺腹
  位於下橫褶下方的較寬部份。
- 肛門轉折
  防止排泄物在允許排出前進入肛管。
- 肛管
  平時肛管壁保持緊閉，在排便時才會打開。
- 肛門柱
- 上橫褶
- 中橫褶
- 下橫褶
- 肛門竇
  分泌潤滑黏液。
- 肛瓣
- 梳狀線
  梳狀線上、下方的肛管各有不同的血液供應、淋巴引流以及神經支配。

肛門括約肌

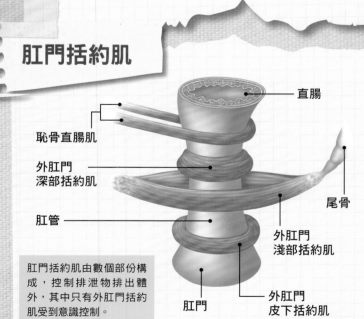

- 恥骨直腸肌
- 外肛門深部括約肌
- 肛管
- 肛門
- 直腸
- 尾骨
- 外肛門淺部括約肌
- 外肛門皮下括約肌

肛門括約肌由數個部份構成，控制排泄物排出體外，其中只有外肛門括約肌受到意識控制。

腸子裡的東西會不斷地往前移動，但我們並不會意識到這些動作。

但重要的是，最後的階段會受到控制。這項控制是藉由肛門括約肌來達成的，肛門括約肌分成3個部份：

◆ **內肛門括約肌**：由腸道般的環形肌肉層增厚而成，位於肛管的上⅔。此肌肉不受自主控制。

◆ **恥骨直腸肌**：這是條懸吊肌肉，環繞著肛門直腸接合處，並形成一個角度以防止直腸裡的內容物進入肛管。

◆ **外肛門括約肌**：分成深部、淺部與皮下括約肌，外肛門括約可由意識控制，在適當的時間點放鬆。

直腸與肛門的血管

直腸與肛管有著豐沛的血液供應，
還有個靜脈網絡負責導出血液。

在直腸與肛管的內層底下有一個小靜脈網絡，稱為直腸靜脈叢。這個靜脈叢分成2部份：

◆ **內直腸靜脈叢**：位於直腸內層底下。

◆ **外直腸靜脈叢**：位於肌肉層外面。

這些靜脈叢接收來自直腸的血液，並將血液送到較大的靜脈血管。這些較大的靜脈血管有：上直腸靜脈、中直腸靜脈與下直腸靜脈，負責導出相對應的直腸部位的血液。

肛管的內靜脈叢負責將梳狀線兩側的靜脈血朝2個方向導出。在梳狀線上的靜脈血主要流入上直腸靜脈，梳狀線下的則流入下直腸靜脈。

血液供應

直腸的血液來源有3個：上半部由上直腸動脈負責，下半部由中直腸動脈供應，肛門直腸接合處則來自下直腸動脈。

上直腸動脈在肛管中往下延伸，供給血液到梳狀線上方；2條下直腸動脈（陰部動脈的分支）則負責供應梳狀線下方的肛管。

直腸與肛門的靜脈系統

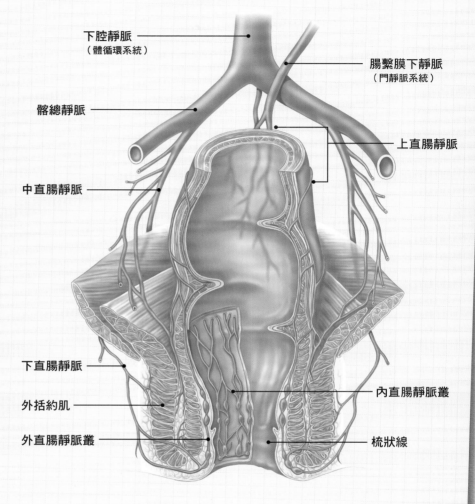

- 下腔靜脈（體循環系統）
- 腸繫膜下靜脈（門靜脈系統）
- 髂總靜脈
- 上直腸靜脈
- 中直腸靜脈
- 下直腸靜脈
- 外括約肌
- 外直腸靜脈叢
- 內直腸靜脈叢
- 梳狀線

直腸與肛管的神經

神經分佈

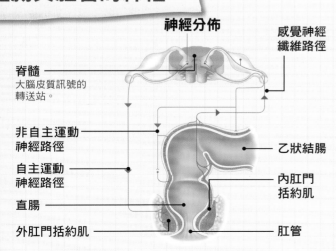

- 脊髓
  大腦皮質訊號的轉送站。
- 非自主運動神經路徑
- 自主運動神經路徑
- 直腸
- 外肛門括約肌
- 感覺神經纖維路徑
- 乙狀結腸
- 內肛門括約肌
- 肛管

和胃腸道的其他部份一樣，直腸與肛管壁也有來自自律神經系統的神經支配。這個系統是在「幕後」調節並控制身體的內部運作，我們通常不會意識到它的存在。

這些神經能感覺到直腸的容量，以便造成直腸壁的收縮反射，將排泄物推入肛管，並放鬆內肛門括約肌。

但肛管，準確來說是較淺層的外肛門括約肌也有來自自主神經系統的支配。

這些神經起源於第二、第三與第四薦椎神經，讓我們有意識地控制外肛門括約肌，以避免肛管的內容物在不恰當的時機排出。

當直腸中充滿廢棄物時，就會在脊髓觸發排便反射。這些訊號會送到直腸肌，使直腸收縮。

廢棄物如何排出

食物中的養分幾乎都被小腸吸收。大腸的功用就是
留下任何有用的物質，並將廢棄物排出體外。

大腸長約1.5公尺，在小腸周圍圍成
一個拱形。大腸包含4個部份：盲腸、
結腸、直腸與肛管。食物從小腸的迴腸
經過迴盲瓣進入盲腸。迴盲瓣可防止大
腸裡面的物質回流到小腸，即使在大腸
膨脹時也不例外。盲腸是一個向下延伸
的囊袋，終端有個蠕蟲狀的附屬物，稱
為闌尾。

結腸

盲腸往上延伸成為升結腸，是結腸往
上延伸到肝臟的直線部份，接著彎折成
橫結腸，橫結腸橫跨腹部，再彎折成降
結腸，降結腸後來又成了乙狀結腸。這
4個部份的結腸合計約有1.3公尺，是
大腸中最長的部份。

結腸的主要功用是把排泄物朝肛管推
送，這功能只要一小段大腸便能完成，
這就是為什麼大腸的某些部位、甚至是
所有的結腸，在必要時都能以手術方式
切除。結腸的長度使它成為吸收水分、
溶解鹽分、水溶性維他命的最佳處所。

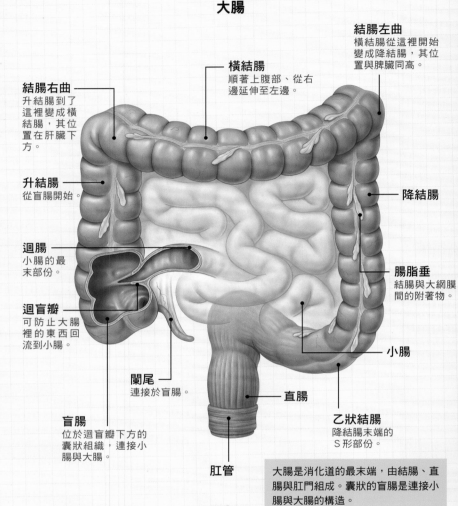

大腸

結腸右曲
升結腸到了
這裡變成橫
結腸，其位
置在肝臟下
方。

橫結腸
順著上腹部，從右
邊延伸至左邊。

結腸左曲
橫結腸從這裡開始
變成降結腸，其位
置與脾臟同高。

升結腸
從盲腸開始。

降結腸

迴腸
小腸的最
末部份。

腸脂垂
結腸與大網膜
間的附著物。

迴盲瓣
可防止大腸
裡的東西回
流到小腸。

小腸

闌尾
連接於盲腸。

直腸

盲腸
位於迴盲瓣下方的
囊狀組織，連接小
腸與大腸。

乙狀結腸
降結腸末端的
S形部份。

肛管

> 大腸是消化道的最末端，由結腸、直
> 腸與肛門組成。囊狀的盲腸是連接小
> 腸與大腸的構造。

排泄物的通道

排泄物沿著結腸前進是藉由結腸壁的肌
肉運動來完成的。結腸壁的肌肉運動可分
成3種，其作用不只是推動排泄物，還能
混合腸道內的物質，使水分更容易被結腸
壁所吸收。

食物殘渣通過結腸的速度比通過小腸的
速度慢得多。大腸每天能吸收將近1.4公
升的水分，和少量的鈉離子和氯離子。

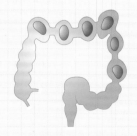

分節運動是一連串環狀的
收縮運動，能擾動食物殘
渣但不能把它們往前推。
藉由此運動能吸收更多的
水分。

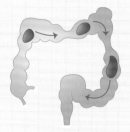

大腸的蠕動和小腸的蠕動
一樣，具有混合、推動內
容物的效果。腸段後面的
肌肉會收縮，前面的肌肉
則會放鬆。

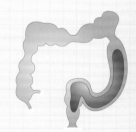

整體運動比蠕動收縮更為激
烈，能推動大量的食物殘渣。
每天會出現2～3次。

排便

當廢棄物質排出體外後，消化過程就完成了。
雖然是由非自主神經控制，但排泄物還是可以在意識的控制下延後排出。

直腸的長度約12公分，且具有肌肉性的腸壁。這些腸壁能夠拉長，以便儲存排泄物，還能將排泄物推到肛管中。排泄物在抵達直腸時水分含量較低，但直腸有個可分泌黏液的腺體，能幫助潤滑排泄物使它們容易通過直腸與肛管。

排泄物到達直腸時，裡面含有：未消化的食物殘渣、黏液、上皮細胞（從消化道的內層剝落下來）、細菌，以及足夠讓通道滑順的水分。

無法成團的排泄物

結腸中的排泄物如果缺少纖維質這種難以消化的物質，便難以形成團塊。這會使結腸變窄，收縮運動也會因為沒有東西可推而變得過於強烈。這會讓結腸壁受到更多的壓力，形成所謂的憩室囊狀突出物。

憩室炎通常發生在乙狀結腸，造成左側骨盆疼痛，如果憩室破裂，導致排泄物進入腹腔，還可能導致嚴重的腹腔感染。

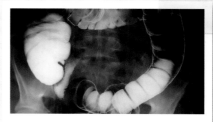
銀劑X光攝影能顯示結腸的扭曲與轉折。每天約有500毫升的食物殘渣會進入盲腸，但其中只有150毫升左右會變成排泄物。

肛管

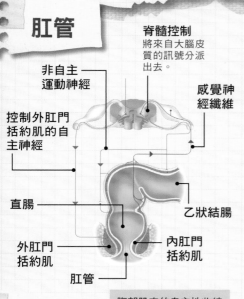

脊髓控制
將來自大腦皮質的訊號分派出去。

非自主運動神經

控制外肛門括約肌的自主神經

感覺神經纖維

直腸

乙狀結腸

外肛門括約肌

內肛門括約肌

肛管

腹部肌肉的自主性收縮有助於產生排便反射。

肛管（或肛門）是個短而窄的管子，長度約4公分，由2個環形肌肉包裹著：內肛門括約肌和外肛門括約肌。肛管的功用是讓排泄物的出口在準備好要排便之前能保持關閉的狀態。

排便控制

排便的過程是由大腦控制的，大多數時候，大腦會傳送訊號給肛門括約肌讓這些括約肌收縮。

當直腸裡充滿廢棄的殘渣時，它就無法再拉長了，這時訊號就會傳到脊髓，觸發排便反射。接著訊號會被送到直腸肌肉，使得直腸肌肉開始收縮。同時，訊號也會傳送到大腦，將需要排便的訊息通知大腦，但大腦仍然會以意識控制著肛門括約肌，直到可以排便為止。決定要排便之後，大腦便允許肛門括約肌放鬆，直腸的肌肉壁便將排泄物推往肛管。

嬰兒會出現非自主性的排便情況，是因為他們還沒學會如何控制外括約肌與肛門括約肌。此外，脊髓受損的患者也會發生非自主性的排便情形。當食物殘渣快速通過大腸時，就會形成拉肚子的現象。無法吸收到充足水分的大腸，可能會導致身體脫水。

闌尾

盲腸和闌尾對我們來說並沒有顯著的作用，它們都是演化過程中所遺留下來的構造。舉例來說，闌尾是個狹窄的腸道部位，長約10公分、直徑約1公分，是從盲腸延伸而成的構造。闌尾出現在人類與某些靈長類動物身上，奇怪的是，澳洲的有袋動物袋熊也有這個結構。

闌尾的起源可能與一些草食性動物有關。在這些草食性動物中，腹部中的同樣位置有個器官，其功用就像另一個胃一樣，食物裡的纖維素會在這個器官中被細菌消化掉。如果是這樣，那麼人類的闌尾顯然是以前的器官退化而成的，因為現在的人類並無法消化纖維素。然而，闌尾似乎還發展出第二種功用；那就是感染的初期預警：就像腺樣體和扁桃腺一樣，闌尾也含有大量對抗感染的淋巴腺。

但闌尾本身也會發炎，如果闌尾發炎了，就會導致闌尾炎（盲腸炎），嚴重時可能會致命。這時就需要進行手術，切除闌尾。闌尾可以在任何年齡切除，但年幼時比較有需要，因為40歲以後，闌尾就幾乎完全萎縮了。

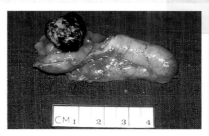
闌尾發炎時，就會形成闌尾炎，這種情況可能會對生命造成威脅。

肝臟與膽道系統

肝臟是最大的腹部器官，成年男性的肝臟重約1.5公斤。
在消化方面扮演著重要的角色，還會分泌膽汁。

肝臟位於橫膈膜下方、腹腔右側，大部份都受胸廓保護。

肝臟柔軟而光滑，顏色為暗紅色，擁有豐沛的血液供應，其來源為肝門靜脈與肝動脈，因此切割肝臟或肝臟受損時會導致大量流血。

肝臟分葉

雖然肝臟有 4 個葉，但以功能來說，肝臟可分為右葉與左葉 2 個部份，分別有各自的血液供應系統。尾狀葉與方葉是肝臟較小的分葉，必須從肝臟的底面才能看到它們。

腹膜的包覆

大部份的肝臟都被腹膜包覆著。腹膜是層襯於腹腔壁與各臟器表面間的結締組織。腹膜皺襞形成肝臟的各個韌帶。

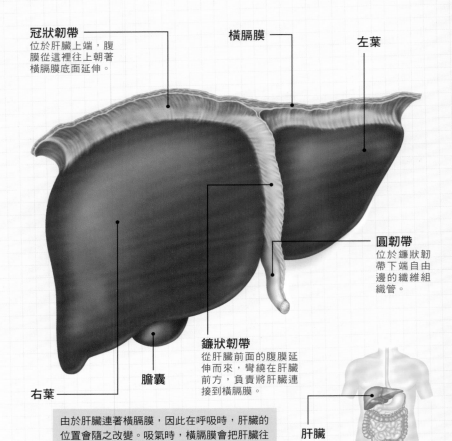

冠狀韌帶
位於肝臟上端，腹膜從這裡往上朝著橫膈膜底面延伸。

橫膈膜

左葉

圓韌帶
位於鐮狀韌帶下端自由邊的纖維組織管。

鐮狀韌帶
從肝臟前面的腹膜延伸而來，彎繞在肝臟前方，負責將肝臟連接到橫膈膜。

膽囊

右葉

肝臟

由於肝臟連著橫膈膜，因此在呼吸時，肝臟的位置會隨之改變。吸氣時，橫膈膜會把肝臟往下壓；呼氣時，又會再度上升。

肝臟的顯微解剖

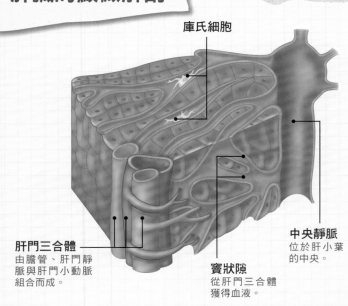

庫氏細胞

肝門三合體
由膽管、肝門靜脈與肝門小動脈組合而成。

竇狀隙
從肝門三合體獲得血液。

中央靜脈
位於肝小葉的中央。

肝臟是由許多稱為小葉的微小細胞團所組成，這些細胞團為六角形。它們的構造很特別，以中央靜脈（肝靜脈的分支）為中心，排列成的放射狀輪輻。血液經由竇狀隙這個微細血管到達肝細胞，流入中央靜脈。

竇狀隙的血液來自肝門三合體，肝門三合體是由 3 條管線組合而成，位在六邊形肝臟小葉的每個端點上。這 3 條管線是：肝動脈的小分支、肝門靜脈的小分支，以及一條將肝細胞產生的膽汁收集起來的小膽管。

每個肝小葉中的竇狀隙都有微小的特化細胞，稱為庫氏細胞。這些細胞會在血液返回心臟前先清除血液中的殘屑與廢棄的血球細胞。

肝臟的內臟面

肝臟緊靠著許多腹部器官。由於肝臟組織柔軟且光滑，因此，周圍的這些構造會在肝臟表面留下痕跡；最大、最明顯的痕跡可以在右葉與左葉的表面上看到。

肝門

是個類似肺門的部位，主要的血管與神經一起包裹在結締組織套裡（肝臟的主要血管是包覆在腹膜中）從這裏進、出肝臟。

通過肝門的組織有：肝門靜脈、肝動脈、膽管、淋巴管，以及神經。

血液供應

肝臟的特別之處在於它的血液來源有兩處：

◆ **肝動脈**：負責供應肝臟所需血液的30%，源於肝總動脈、輸送含氧血液。進入肝臟後分成左、右分支。右分支提供血液給肝臟右葉，左分支則供應尾葉、方葉與左葉。

◆ **肝門靜脈**：肝臟所需血液的70%都由肝門靜脈供應。這條大靜脈匯集從胃到直腸的胃腸道血液。

肝臟的底面稱為內臟面，因為它緊靠著腹腔器官（也就是內臟）。肝臟的相鄰器官、相關的血管與下腔靜脈以及膽囊都可以從內臟面看到。

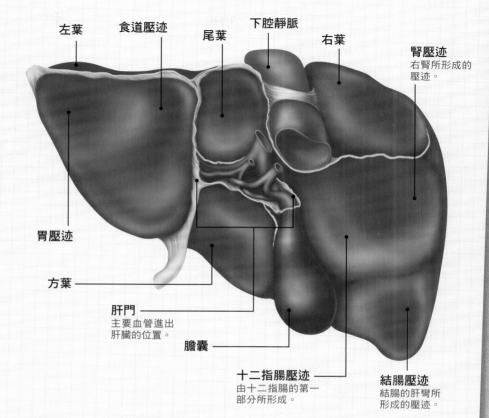

左葉　食道壓迹　尾葉　下腔靜脈　右葉

腎壓迹
右腎所形成的壓迹。

胃壓迹

方葉

肝門
主要血管進出肝臟的位置。

膽囊

十二指腸壓迹
由十二指腸的第一部分所形成。

結腸壓迹
結腸的肝彎所形成的壓迹。

肝門靜脈裡的血液富含腸道所吸收到的養分。和肝動脈一樣，肝門靜脈也分成左、右2條分支，其路徑也和肝動脈的分支類似。肝臟的靜脈血液經由肝靜脈返回心臟。

> 肝臟的內臟面有其他腹部器官所形成的壓痕。這裡也是肝門的所在位置，主要的神經、血管都從這裏進出肝臟。

膽道系統

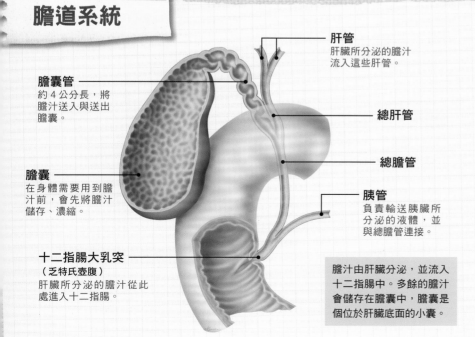

膽囊管
約4公分長，將膽汁送入與送出膽囊。

膽囊
在身體需要用到膽汁前，會先將膽汁儲存、濃縮。

十二指腸大乳突
（乏特氏壺腹）
肝臟所分泌的膽汁從此處進入十二指腸。

肝管
肝臟所分泌的膽汁流入這些肝管。

總肝管

總膽管

胰管
負責輸送胰臟所分泌的液體，並與總膽管連接。

> 膽汁由肝臟分泌，並流入十二指腸中。多餘的膽汁會儲存在膽囊中，膽囊是個位於肝臟底面的小囊。

膽汁是綠色的液體，作用是在小腸幫助脂肪消化，是由肝臟所分泌。

膽汁的路徑

膽汁進入幾條小的膽管，這些小膽管再合併形成左、右肝管。這2條導管從肝門離開肝臟後，合併成總肝管。

總膽管

總肝管連到膽囊管，形成總膽管。總膽管繼續往下，朝著十二指腸延伸，到了十二指腸，總膽管與載送胰臟分泌物的導管一起流入十二指腸大乳突。

肝臟如何運作

肝臟是身體中最複雜的器官，它掌控了超過五百種的化學反應，產生與儲存維繫生命的重要物質。

肝臟是身體中最大的器官，男性的肝臟重約1.8公斤，女性的約1.3公斤。肝臟的形狀就像是個直角三角形，位於腹腔右側，但會跨過身體中線，繼續延伸到身體左側、心尖下方與胃後方。肝臟的頂端在第五肋骨下面，從身體右側往下延伸到第十肋骨下方，這也是為什麼醫生會用手指觸壓患者的右側肋骨下方，來檢查肝臟是否腫大。

肝臟構造

肝臟的顏色呈現暗紅色，它不只是最大的內臟，也是最複雜的器官。肝臟有八個葉，每葉都是由六角形的小葉組成，小葉中間有中央靜脈，中央靜脈被肝臟細胞所包圍。

肝臟是個佈滿靜脈、動脈與導管的網絡結構。導管負責收集肝臟所產生的膽汁，並將膽汁送到膽囊儲存。膽囊是個梨形的囊狀組織，長約8公分，位於第九肋骨下方。當膽囊出現腫脹時，有時候從第九肋骨下方，往左幾公分就可以觸摸到它。

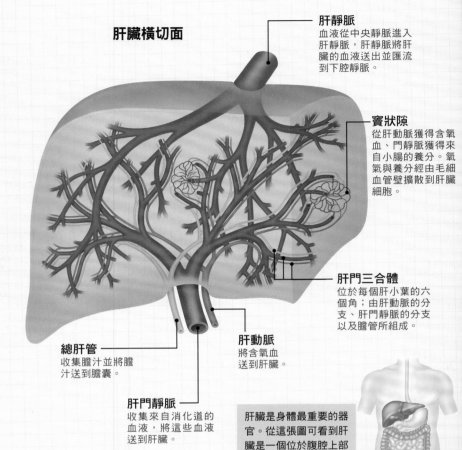

肝臟橫切面

肝靜脈
血液從中央靜脈進入肝靜脈，肝靜脈將肝臟的血液送出並匯流到下腔靜脈。

竇狀隙
從肝動脈獲得含氧血、門靜脈獲得來自小腸的養分。氧氣與養分經由毛細血管壁擴散到肝臟細胞。

肝門三合體
位於每個肝小葉的六個角；由肝動脈的分支、肝門靜脈的分支以及膽管所組成。

肝動脈
將含氧血送到肝臟。

肝門靜脈
收集來自消化道的血液，將這些血液送到肝臟。

總肝管
收集膽汁並將膽汁送到膽囊。

肝臟是身體最重要的器官。從這張圖可看到肝臟是一個位於腹腔上部的暗紅色三角形器官。

發生於肝臟中的程序

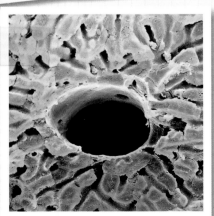

血液順著竇狀隙流往肝小葉，就在肝臟中進行解毒。所有的肝小葉都有一條中央靜脈。

肝臟的功能包含控制500種以上的化學反應，使得肝臟成為最重要的新陳代謝（化學物質在體內轉換的過程）器官。這些過程包括：

◆ **儲存碳水化合物**：肝臟分解葡萄糖（血液中所載運的碳水化合物），將葡萄糖以肝醣的形式儲存起來。當血液中的葡萄糖濃度降低、或是身體突然需要更多的能量時，這個過程就會反向進行。

◆ **處理胺基酸**：肝臟分解多餘的胺基酸（蛋白質的組成物），並將過程中所產生的氨轉變成尿素。

◆ **將脂肪轉換成能量**：當我們的飲食中沒有足夠的碳水化合物能夠滿足能量需求時，肝臟就會分解體內所儲存的脂肪，將脂肪變成酮，讓身體能夠利用酮來產生能量與熱能。

◆ **製造膽固醇**：身體自然產生的膽固醇是製造膽汁、皮質醇和黃體素這類荷爾蒙所需要的物質。

◆ **儲存礦物質與維他命**：肝臟儲存充足的礦物質，如鐵與銅（紅血球細胞所需），以及維他命 A（肝臟能合成、儲存維他命 A）、B_{12} 與 D，其存量可滿足身體一年的需求。

◆ **解析血液**：肝臟分解老舊紅血球，並利用其中的成分來製造膽汁色素。此外，肝臟也產生凝血酶原和肝素（影響血液凝固的蛋白質）。

肝臟中的血液循環

肝臟擁有自己的血液循環系統，由錯綜複雜的靜脈與動脈構成。

由許多靜脈與動脈所形成的肝臟血液循環系統，稱為肝門靜脈系統；其作用是清除來自消化道的有害物質，避免它們跑到心臟。此外，這個系統也會從中獲取一些養分，將這些養分儲存起來，做為日後之用。

門靜脈匯集來自消化道的血液，由肝臟做進一步的處理；從腹主動脈分支而來的肝動脈則負責供給肝臟養分。當血液流經肝臟的毛細血管後，就由小葉中央的靜脈收集起來，經過肝靜脈流到下腔靜脈，返回心臟。

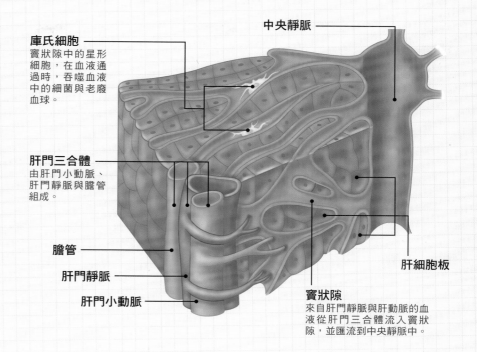

中央靜脈

庫氏細胞
竇狀隙中的星形細胞，在血液通過時，吞噬血液中的細菌與老廢血球。

肝門三合體
由肝門小動脈、肝門靜脈與膽管組成。

膽管

肝門靜脈

肝門小動脈

肝細胞板

竇狀隙
來自肝門靜脈與肝動脈的血液從肝門三合體流入竇狀隙，並匯流到中央靜脈中。

膽汁的角色

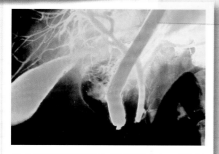

注入顯影劑讓這張膽囊與膽管的偽色 X 光片更加清楚。膽汁就儲存在膽囊中。

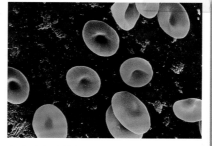

紅血球細胞的電子顯微影像。每分鐘約有 1.2～1.7公升的血液通過肝臟。

膽汁是吸收維他命 D、E，以及分解脂肪的重要物質，由肝臟分泌，儲存在膽囊中。膽汁中含有膽鹽與膽色素，是分解紅血球、膽固醇及卵磷脂後得來的。

當胃中出現脂肪時，膽囊就會收縮，將膽汁擠入總膽管，進入十二指腸中。膽汁在十二指腸中乳化脂肪，讓它們更容易消化。

肝臟的問題

肝臟能把酒精這類的有毒物質分解成無害的成分，好讓身體排泄出去。肝臟也負責處理身體中自然產生的化學物質，不過它們通常都會在體內循環。這就是為什麼濫用藥物會加重肝臟負擔，導致嚴重的損害。

情況嚴重時，可能會導致肝硬化。肝硬化是種嚴重的肝臟疾病。健康的肝臟組織受到損害，導致肝臟因纖維化而變得僵硬；長期影響就是肝臟的再生功能嚴重受損。

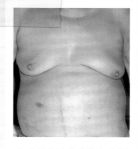

黃疸是血液中的膽紅素過多，以致皮膚變黃。攝取過多的酒精，導致肝臟受損，就可能產生黃疸。

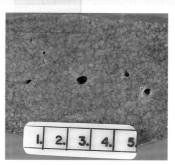

酒精可能會導致肝硬化，這時，纖維組織就會破壞肝臟的內部結構（如圖所示）

胰臟與脾臟

胰臟是身體中最大的腺體，負責分泌酵素與荷爾蒙，位於腹腔上部、胃後方，一端在十二指腸的彎曲處，另一端與脾臟相接觸。

　　胰臟分泌酵素到十二指腸（小腸的第一個部份），協助消化食物；也產生胰島素與昇糖素 2 種荷爾蒙，這些荷爾蒙能調節細胞的葡萄糖使用。

　　胰臟橫跨在腹部後壁，分成 4 個部份：

◆ **胰臟頭**：夾在十二指腸的 C 形彎曲中，與十二指腸的內側面相接觸；此處有個稱為鉤突的小突起，往身體的中線方向突出。

◆ **胰臟頸**：由於肝門靜脈穿過胰臟頸的後側面，因此這個部位比頭端窄一些；位於腸繫膜上動脈與腸繫膜上靜脈上方。

◆ **胰臟體**：從橫切面來看，胰臟體為三角形，位於主動脈的前方；往上延伸形成胰臟尾。

◆ **胰臟尾**：尾端逐漸變細，延伸到脾臟的凹面。

血液供應

　　胰臟有豐富的血液供應。胰臟頭的血液來自上、下胰十二指腸動脈所形成的動脈弓；胰臟體與胰臟尾的血液則來自脾動脈的分支。胰臟中的血液則經由門靜脈系統流入肝臟。

胰臟的位置

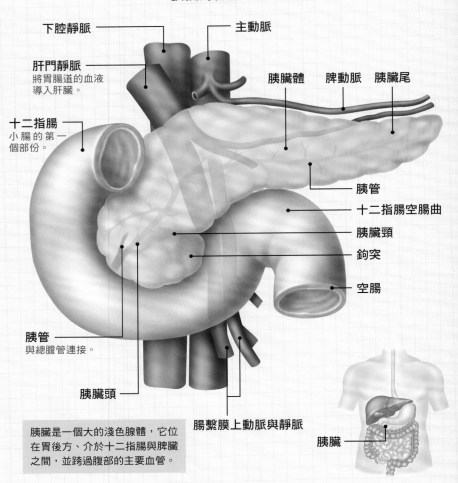

下腔靜脈
主動脈
肝門靜脈
將胃腸道的血液導入肝臟。
胰臟體　脾動脈　胰臟尾
十二指腸
小腸的第一個部份。
胰管
十二指腸空腸曲
胰臟頸
鉤突
空腸
胰管
與總膽管連接。
胰臟頭
腸繫膜上動脈與靜脈
胰臟

胰臟是一個大的淺色腺體，它位在胃後方、介於十二指腸與脾臟之間，並跨過腹部的主要血管。

胰腺與十二指腸乳突

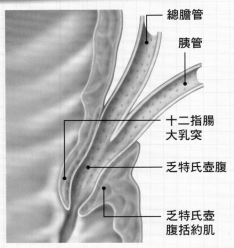

總膽管
胰管
十二指腸大乳突
乏特氏壺腹
乏特氏壺腹括約肌

　　胰管從胰臟尾一直延伸到胰臟頭，途中有些分支與它接合。

　　胰管在胰臟的頭端與總膽管相接，形成短而擴大的管子，稱為肝胰壺腹（或稱乏特氏壺腹）。這條導管通往十二指腸，藉由十二指腸大乳突將所輸送的液體排入十二指腸中。

胰管與總膽管在胰臟頭中會合，形成乏特氏壺腹，成為通往十二指腸的開口。

肌肉纖維

　　不只總膽管與胰管壁的周圍有肌肉纖維分佈，連會合而後的管壁旁也有，還形成括約肌（包圍在開口周圍的特化環形肌肉），以調節內容物流入十二指腸的量。

副導管

　　在主要胰管旁還有條副胰管，它在十二指腸有個較小的開口，就是所謂的十二指腸小乳突。

脾臟

脾臟是最大的淋巴器官，呈深紫色，位在下肋骨下方的上腹腔左側。

脾臟的大小差異很大，但通常都有握緊的拳頭那麼大。年紀大時，脾臟會自然萎縮。脾門裡有血管（脾動脈與脾靜脈）和一些淋巴管。脾門附近有淋巴結與胰臟尾，這些結構都被脾腎韌帶（腹膜的皺襞）所包覆。

脾臟的表面

脾臟周圍的器官在脾臟表面留下凹痕：鄰著橫膈膜的那面有滑順的曲線，而內臟面則有胃、左腎以及結腸左曲所形成的壓痕。

脾臟的覆蓋物

脾臟被一層薄薄的囊所包裹、保護著，這層囊膜是由不規則的彈性結締組織構成，裡面含有肌肉纖維，可以讓脾臟產生週期性的收縮。這些收縮可以讓脾臟排出過濾後的血液，讓血液返回循環系統。

在囊狀組織外還有腹膜包住整個脾臟，腹膜是腹腔的內襯，包覆著腹腔中的器官。

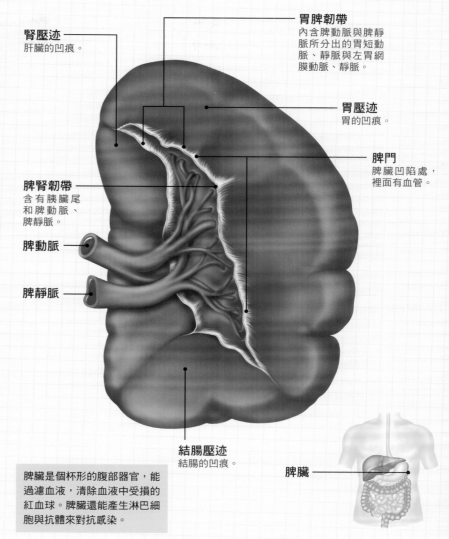

腎壓迹
肝臟的凹痕。

胃脾韌帶
內含脾動脈與脾靜脈所分出的胃短動脈、靜脈與左胃網膜動脈、靜脈。

胃壓迹
胃的凹痕。

脾門
脾臟凹陷處，裡面有血管。

脾腎韌帶
含有胰臟尾和脾動脈、脾靜脈。

脾動脈

脾靜脈

結腸壓迹
結腸的凹痕。

脾臟

脾臟是個杯形的腹部器官，能過濾血液，清除血液中受損的紅血球。脾臟還能產生淋巴細胞與抗體來對抗感染。

脾臟的顯微解剖

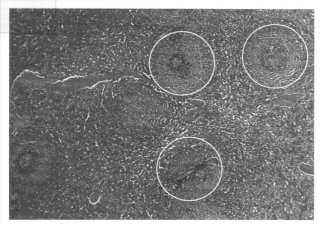

從脾臟的顯微影像中可以看到白脾髓（圈起處）嵌在紅脾髓的基底處，每個白脾髓區都有一條中央動脈。

脾臟被一個囊狀被膜所包裹，這個被膜有些凸出物（脾小梁）往下伸入到脾實質中。脾小梁支撐著脾臟的柔軟組織，並承載著血管。

切開脾臟，可以看到脾臟的紅色基底上夾雜著許多白色區域，這2種組織稱為白脾髓與紅脾髓。

白脾髓

主要是由群聚在脾動脈分支周圍的淋巴細胞所形成，這些脾動脈分支將血液帶進脾臟。

紅脾髓

紅脾髓（白脾髓就位在紅脾髓中）是由結締組織構成，其中含有紅血球與巨噬細胞（一種能夠吞噬與摧毀其他細胞的細胞）。

這個組織的功用是過濾血液，清除血液中受損的紅血球。

腹股溝區

鼠蹊部（又叫腹股溝）是腹股溝疝氣的發生處。
此處的腹壁較為薄弱，臟器可能會從該處穿出。

腹股溝區的腹股溝管是下腹部兩側較為薄弱的區域，有男性的精索、女性的圓韌帶通過。

腹股溝管

腹股溝管的構造讓腹腔臟器發生疝氣的機會降到最低。腹股溝管從腹股溝深環（腹股溝的入口）朝身體中線方向往下，延伸到腹股溝淺環（腹股溝管的出口）。

腹股溝管壁

腹股溝管的結構有：

◆ **頂蓋**：彎曲腹內斜肌與腹橫肌所形成。

◆ **底部**：由腹股溝韌帶所形成的一道淺溝。

◆ **前壁**：主要由強韌的腹外斜肌腱膜形成，外緣則由腹內斜肌構成。

◆ **後壁**：由腹橫筋膜組成，其內側則多了聯合腱。

男性的腹股溝區

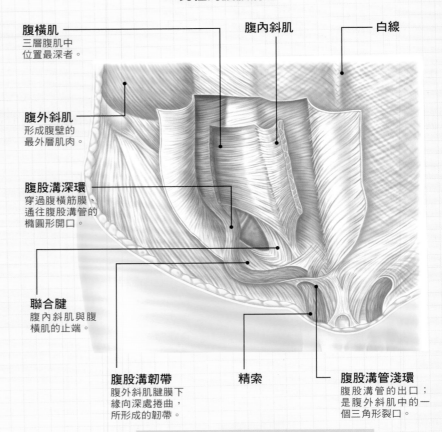

腹橫肌
三層腹肌中位置最深者。

腹外斜肌
形成腹壁的最外層肌肉。

腹股溝深環
穿過腹橫筋膜、通往腹股溝管的橢圓形開口。

聯合腱
腹內斜肌與腹橫肌的止端。

腹內斜肌

白線

腹股溝韌帶
腹外斜肌腱膜下緣向深處捲曲，所形成的韌帶。

精索

腹股溝管淺環
腹股溝管的出口；是腹外斜肌中的一個三角形裂口。

腹股溝管通過下層腹壁。成人的腹股溝管大約有4公分長，嬰兒的腹股溝管就沒有這麼長了。

腹股溝韌帶

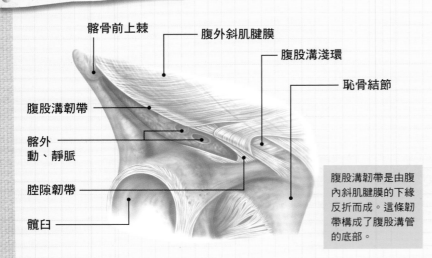

髂骨前上棘

腹外斜肌腱膜

腹股溝淺環

恥骨結節

腹股溝韌帶

髂外動、靜脈

腔隙韌帶

髖臼

腹股溝韌帶是由腹內斜肌腱膜的下緣反折而成。這條韌帶構成了腹股溝管的底部。

腹股溝韌帶是一條強韌的纖維束帶，跨越於骨盆前方的空隙上。

腹股溝韌帶穿過腹股溝，從髂骨前上棘（髖部上方的骨盆隆起處）一直延伸到恥骨結節（靠近身體中線的骨盆小突起）。

腹股溝韌帶的構造

腹股溝韌帶是由腹外斜肌腱膜的下緣，往深處捲曲再反轉往上所形成的，反轉處的淺凹槽就成了腹股溝管的底部。

腹股溝韌帶的一小部份纖維在韌帶內側向外展開，形成了腔隙韌帶，是腹股溝疝氣手術中的重要關鍵構造。

腹股溝韌帶後方

腹股溝韌帶圈住它後方的一些重要結構，包括支配下肢的血管與神經，以及深淋巴結群和淺淋巴結群。

從腹股溝韌帶下方通過的血管有：

◆ **股動脈**：負責下肢血液的供應。

◆ **股靜脈**：位在股動脈的內側（靠近身體中線）。

股神經

位於股動脈與股靜脈外側，是腰叢神經的最大分支。腰叢神經是腹部的一個神經網絡。

股鞘

股動脈與股靜脈包裹在一個薄的漏斗狀結締組織層中，這個組織層稱為股鞘。有了股鞘的保護，當髖部在活動時，就不會讓股動脈、股靜脈與腹股溝韌帶產生摩擦而受損。

腹股溝淋巴結

腹股溝之中有 2 個淋巴結群：

◆ **腹股溝淺淋巴結**：就位在皮膚底下，呈橫向、縱向排列，負責引流臀部、外生殖器，以及下肢的淺層。

◆ **腹股溝深淋巴結**：當股動脈與股靜脈從腹股溝韌帶下方通過時，這些淋巴結就分佈於這 2 條血管的周圍，負責引流下肢的淋巴液。

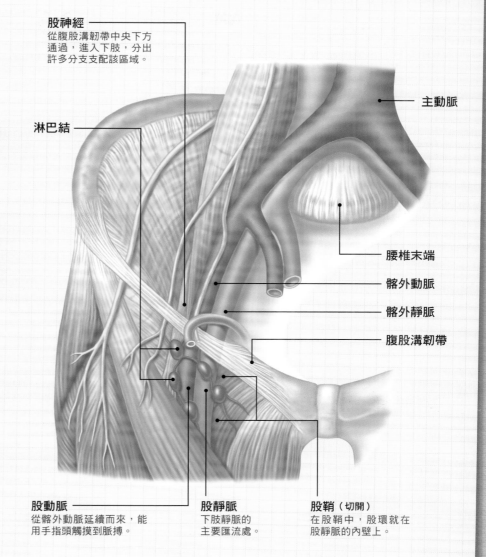

股神經
從腹股溝韌帶中央下方通過，進入下肢，分出許多分支支配該區域。

淋巴結

主動脈

腰椎末端

髂外動脈

髂外靜脈

腹股溝韌帶

股動脈
從髂外動脈延續而來，能用手指頭觸摸到脈搏。

股靜脈
下肢靜脈的主要匯流處。

股鞘（切開）
在股鞘中，股環就在股靜脈的內壁上。

腹股溝管

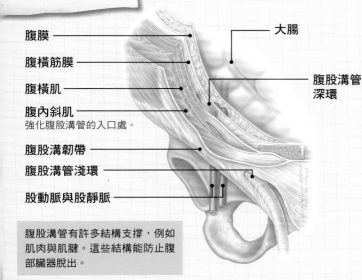

腹膜

腹橫筋膜

腹橫肌

腹內斜肌
強化腹股溝管的入口處。

腹股溝韌帶

腹股溝管淺環

股動脈與股靜脈

腹股溝管有許多結構支撐，例如肌肉與肌腱。這些結構能防止腹部臟器脫出。

大腸

腹股溝管深環

腹股溝管的存在讓連續性的腹壁出現了潛在的弱點，導致腹部臟器可能會從這裡脫出（形成疝氣）。然而腹股溝管的一些特性讓發生疝氣的風險降到最低：

◆ **長度**：除了嬰兒外，腹股溝管算是相當長的結構，入口與出口之間隔了頗長的距離。

◆ **深環**：腹股溝管的入口，位於深環前的強壯腹內斜肌更強化了此構造。

◆ **淺環**：腹股溝管的出口，後方有強壯的聯合腱。

◆ **腹部壓力升高**：呈拱形覆蓋於腹股溝管上面的肌肉纖維會收縮，以關閉腹股溝管並壓縮腹部臟器。

在排便和分娩時，身體會自然呈現蹲踞的姿勢，因此，大腿前側會支撐住腹股溝區。

泌尿道概述

泌尿道包含腎臟、輸尿管、膀胱與尿道，這些器官一起負責尿液的生成及排出。

腎臟是成對的器官，能過濾血液，清除廢棄物質與多餘的液體，將這些物質變成尿液。尿液經由狹窄的輸尿管往下送到膀胱，在尿液排出前，會先暫存在膀胱。

◆ **腎臟**：這2個豆子狀的器官位於腹腔中，在腸子後方、靠著後腹壁。

◆ **輸尿管**：2條輸尿管從左、右腎臟的腎門分出，是條狹窄的管狀結構，接收著不斷產生的尿液。

◆ **膀胱**：接收尿液、短暫儲存，是個位於骨盆中的可摺疊球狀構造。

◆ **尿道**：在適當時候，膀胱收縮以便將尿液從尿道（薄的肌肉組織管）排出。

泌尿道負責產生、儲存及排出尿液，從腹部一直延伸到骨盆。

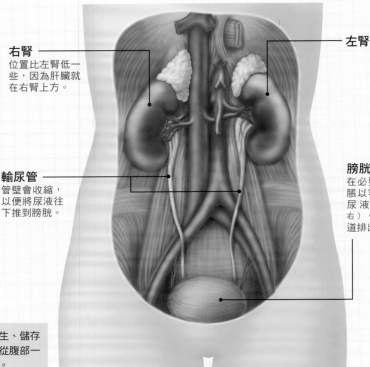

右腎
位置比左腎低一些，因為肝臟就在右腎上方。

左腎

輸尿管
管壁會收縮，以便將尿液往下推到膀胱。

膀胱
在必要時，能膨脹以容納大量的尿液（1公升左右），並經由尿道排出尿液。

腎臟後面觀

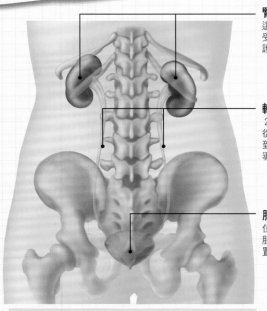

腎臟
這2個豆狀器官受到下胸廓的保護。

輸尿管
2條長長的管子從腎臟往下延伸到骨盆，將尿液導入膀胱。

膀胱
位於骨盆中，在脹滿尿液時，位置會升高一點。

泌尿道往下延伸到骨盆。腎臟位於下肋骨的後方，膀胱則位在骨盆底。

腎臟靠著腹腔後壁，上端就在第十一與第十二肋骨下方。由於腎臟位於腹腔後側，因此，腎臟手術通常是從身體背面進行。

腎臟的位置

右腎的高度比左腎低約2.5公分。兩個腎臟的位置會隨著呼吸上下移動，也會跟著姿勢產生變化。

保護

由肋骨所構成的骨性籠子包圍在腎臟的周圍，使腎臟受到下肋骨的保護。此外，腎臟也被一層保護性的脂肪包圍著。輸尿管深藏在緻密的組織團中，這個緻密的組織便成了輸尿管的緩衝墊。

觸診腎臟

通常只需雙手，就能觸診到右邊腎臟的下端。觸診時，一手放在側腹後方，一手則從前面往下壓。左邊的腎臟的位置比右腎高，通常不太可能觸摸到，但當左腎異常腫大或是腎臟裡出現囊腫、或腫瘤時，就能觸摸到它。

腎上腺

腎上腺位於腎臟上方，但腎上腺並非泌尿道的一部份。
腎上腺包含2個部份：腎皮質與腎髓質，且腎皮質包覆在腎髓質外。

成對的腎上腺位於腎臟上端，雖然很靠近腎臟，但並非泌尿系統的一部份。它們是負責產生荷爾蒙的內分泌腺，這些荷爾蒙對於身體十分重要。

周圍組織

黃色的腎上腺位於腎臟上方、橫膈膜下方，周圍包裹著厚厚的脂肪組織，還有腎筋膜包覆；此外，腎上腺與腎臟之間還隔著纖維狀組織。

由於腎上腺與腎臟是分開的，因此，當以手術摘除腎臟時，這些精細且重要的腺體並不會受到傷害。

腎上腺的差異

由於周圍組織的位置不同，柔軟的腎上腺在外觀上也有些不同：

◆ **右腎上腺**：形狀為錐狀，位在腎臟上端，與橫膈膜、肝臟以及下腔靜脈（腹部的主要靜脈）相鄰。

◆ **左腎上腺**：形狀為半月形，沿著腎臟上表面往下延伸到腎門，與脾臟、胃、胰臟以及橫膈膜相鄰。

血液供應

和其他內分泌腺一樣，腎上腺所分泌的荷爾蒙也是直接進入血液中，因此腎

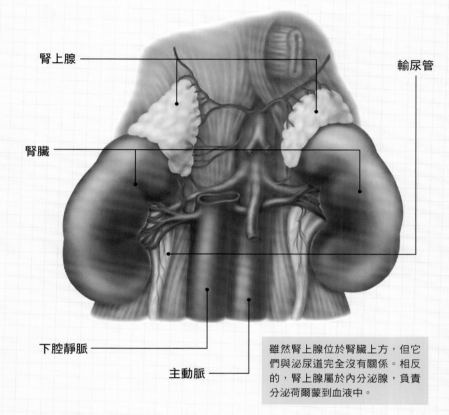

腎上腺 —

腎臟 —

— 輸尿管

下腔靜脈 —

主動脈 —

雖然腎上腺位於腎臟上方，但它們與泌尿道完全沒有關係。相反的，腎上腺屬於內分泌腺，負責分泌荷爾蒙到血液中。

上腺有著豐沛的血液供應網絡：源自下膈動脈、主動脈以及腎動脈的上、中、下腎動脈。

在靠近腎上腺的地方，這幾條動脈會分出許多小分支，進入腎

上腺並佈滿整個表面。

2個腎上腺各由一條靜脈負責將血液導出：右腎上腺的血液引流至下腔靜脈；左腎上腺的血液則送至左腎靜脈。

腎上腺的構造

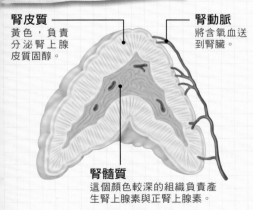

腎皮質
黃色，負責分泌腎上腺皮質固醇。

腎動脈
將含氧血送到腎臟。

腎髓質
這個顏色較深的組織負責產生腎上腺素與正腎上腺素。

腎上腺包含腎皮質與腎髓質，分別產生不同的荷爾蒙。

腎上腺外包覆著保護性的纖維囊，可分成2部位：外層的腎皮質以及內部的腎髓質；是由不同的組織所構成，功用也完全不同。

腎皮質

黃色的腎皮質組成腎上腺的主體，負責分泌多種荷爾蒙，這些荷爾蒙統稱為腎上腺皮質固醇，是控制身體新陳代謝的重要物質，也對維持體內的

液體平衡、壓力做出反應。腎皮質也會產生極少量的男性荷爾蒙（雄性激素）。

腎髓質

顏色較深的腎髓質是由許多小血管包圍著神經「組織結」構成的，是分泌腎上腺素與正腎上腺素的地方。這些荷爾蒙能因應身體在面臨壓力時做出「打」或「逃」的反應。

腎臟

位於腹部後側，是血液的過濾器，負責維持身體內的液體平衡與液體的組成成分。

成對的腎臟位於腹腔中，並靠著後腹壁。腎臟長約10公分，呈暗紅色，且有典型的豆子形狀，「腎豆」也是因為其形狀像腎臟而得名。在腎臟的內側表面（朝內的面）有腎門，血管就是從此處進出腎臟的。腎門也是輸尿管的起點，尿液就是經由輸尿管送到膀胱的。

腎臟的部位

腎臟有 3 個部位，每個部位在產生、收集尿液上各自扮演不同的角色：

◆ **腎皮質**：腎臟的最淺層；顏色相當淡，外觀呈顆粒狀。

◆ **腎髓質**：由深紅色的組織構成，位於腎皮質裡，形狀有如錐體一般。

◆ **腎盂**：腎臟中央的漏斗狀區域，負責收集尿液並在腎門處與輸尿管相連。

外層

腎臟外有層強韌的纖維囊，外面有一層保護性的脂肪，脂肪外側又包覆著腎筋膜，這層緻密的結締組織將腎臟與腎上腺固定於周圍的結構上。

腎臟橫切面

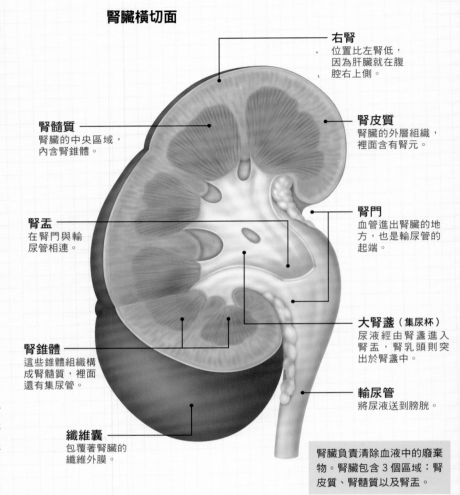

腎髓質
腎臟的中央區域，內含腎錐體。

腎盂
在腎門與輸尿管相連。

腎錐體
這些錐體組織構成腎髓質，裡面還有集尿管。

纖維囊
包覆著腎臟的纖維外膜。

右腎
位置比左腎低，因為肝臟就在腹腔右上側。

腎皮質
腎臟的外層組織，裡面含有腎元。

腎門
血管進出腎臟的地方，也是輸尿管的起端。

大腎盞（集尿杯）
尿液經由腎盞進入腎盂，腎乳頭則突出於腎盞中。

輸尿管
將尿液送到膀胱。

腎臟負責清除血液中的廢棄物。腎臟包含 3 個區域：腎皮質、腎髓質以及腎盂。

腎臟的腎元

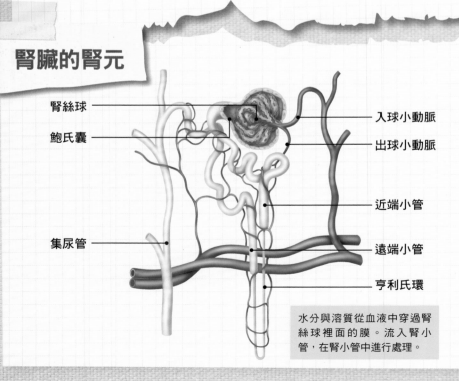

腎絲球

鮑氏囊

集尿管

入球小動脈

出球小動脈

近端小管

遠端小管

亨利氏環

水分與溶質從血液中穿過腎絲球裡面的膜。流入腎小管，在腎小管中進行處理。

每個腎臟裡有超過100萬個腎元（或處理單位），是腎臟的運作中心。腎髓質裡的腎元都含有腎小球，長長的腎小管就從腎元延伸出去

◆ **腎小球**：裡面有微細的小動脈叢、腎絲球，這兩個組織被包覆在稱為鮑氏囊的膨大杯形囊中。從血液過濾出來的液體會進入腎小管進行處理。

◆ **腎小管**：從鮑氏囊開始，經過長途跋涉進入腎皮質，形成亨利氏環。最後腎小管會將處理過的尿液導入集尿管中，再由集尿管送到腎盂。

腎臟的血液供應

腎臟的功能是過濾血液，因此，它們有著豐沛的血液供應。和身體的其它部份一樣，腎臟的靜脈血液引流模式與動脈血液供應模式相類似。

腎臟的血液是來自右腎動脈與左腎動脈，這兩條動脈是直接從主動脈分支而來的。右腎動脈比左腎動脈長，這是因為主動脈的位置稍微偏向左邊。約每 3 個人中，就有一個多出一條副腎動脈。

腎動脈

腎動脈從腎門進入腎臟，分出 3～5 條的節動脈，每條節動脈又在進一步分成葉間動脈。相鄰的節動脈間並沒有相互連結。

葉間動脈通過腎錐體中間，分成弓狀動脈，弓狀動脈沿著腎皮質與腎髓質的分界處延伸。無數的小葉間動脈流入腎皮質，將血液送到腎元的腎絲球中，加以過濾以清除掉多餘的液體與廢棄物。

靜脈引流

血液進入小葉間靜脈、弓狀靜脈後，流入葉間靜脈，最後匯集到腎靜脈，返回下腔靜脈（腹部的主要靜脈）。

> 腎臟每天約處理180公升的血液。腎動脈將來自主動脈的血液輸送到腎臟。

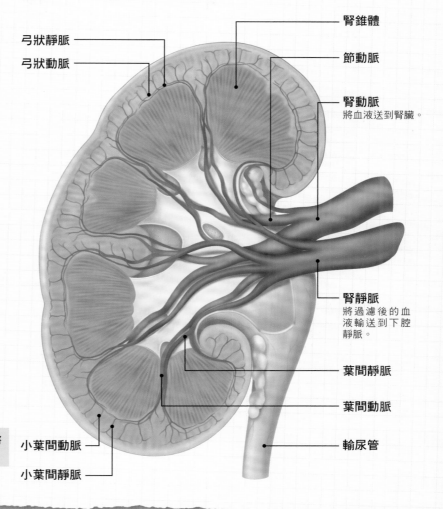

弓狀靜脈
弓狀動脈
腎錐體
節動脈
腎動脈
將血液送到腎臟。
腎靜脈
將過濾後的血液輸送到下腔靜脈。
葉間靜脈
葉間動脈
輸尿管
小葉間動脈
小葉間靜脈

先天性異常

在胎兒發展期早期，腎臟位於骨盆中且彼此靠近，它們會往上來到橫膈膜下方的後腹壁，並在此固定下來。在少數的情況下，腎臟與它們的相關結構會出現異常發展，衍生出先天性異常：

◆ **馬蹄型腎臟**：約每600個兒童中就有一個，在發展過程中，2 個腎臟的下端會融合在一起。這種 U 形腎的位置通常比正常的腎臟低。

◆ **腎發育不全**：少數的嬰兒在出生時只有一個腎臟。然而，只有一個腎臟還是有可能正常生活，這個單一腎臟會擴大以應付更大的工作量。

◆ **雙重輸尿管**：有些兒童在出生時就多一條輸尿管。這種情況頗為常見，可能只出現在單側，也可能兩側都發生，且多出來的輸尿管可能只發展出部份或是完整的一條。

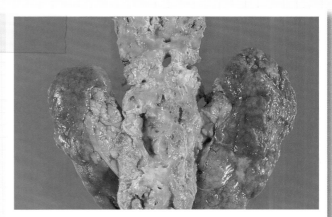

馬蹄形腎臟是種異常狀況，會讓腎臟在發展過程中融合在一起，但腎臟的功能通常不會受到影響。

腎臟如何產生尿液

腎臟負責維持體液的容量與化學組成。以過濾血液、產生尿液的方式，將這些雜質和多餘的水分，以及新陳代謝所產生的副產品排出體外。

腎臟是身體中的主要排泄器官，位於腹部背面、橫膈膜下方。以過濾血液中的有毒物質、新陳代謝後的廢棄物，以及多餘的離子來維持體液的平衡。經過這個程序後，廢棄物就會變成尿液，排出體外。

腎臟也負責維持血液容量（水分與鹽分的正確平衡），和體液的正常酸鹼度。這個複雜的過程稱為體內平衡。

腎臟內部構造

腎臟內部有 3 個區域：腎皮質（最外區）、腎盂（最內區）以及腎髓質（中間區）。腎皮質呈顆粒狀、顏色淡白，裡面有動脈、靜脈與毛細血管組成的網絡。腎髓質的顏色較深，裡面有許多稱為腎錐體的錐形結構。腎錐體的尖端是乳頭狀的腎乳頭，它們經由腎盞延伸到腎盂中。

腎臟裡有 100 萬個以上的處理單位，稱為腎元。尿液是由腎元產生，經由腎盞流入腎盂；腎盂連接到輸尿管，由這 2 條管子將尿液送到膀胱。

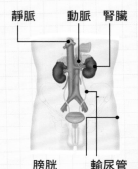

靜脈　　動脈　　腎臟

膀胱　　輸尿管

腎臟的內部結構

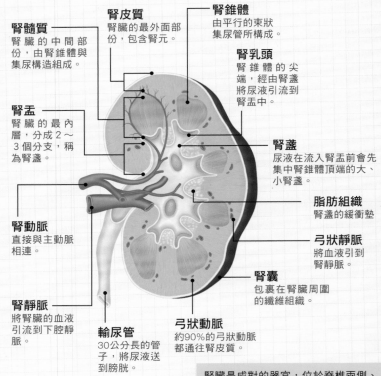

腎髓質
腎臟的中間部份，由腎錐體與集尿構造組成。

腎皮質
腎臟的最外面部份，包含腎元。

腎錐體
由平行的束狀集尿管所構成。

腎乳頭
腎錐體的尖端，經由腎盞將尿液引流到腎盂中。

腎盂
腎臟的最內層，分成 2～3 個分支，稱為腎盞。

腎盞
尿液在流入腎盂前會先集中腎錐體頂端的大、小腎盞。

腎動脈
直接與主動脈相連。

脂肪組織
腎盞的緩衝墊。

弓狀靜脈
將血液引到腎靜脈。

腎靜脈
將腎臟的血液引流到下腔靜脈。

輸尿管
30公分長的管子，將尿液送到膀胱。

弓狀動脈
約90%的弓狀動脈都通往腎皮質。

腎囊
包裹在腎臟周圍的纖維組織。

腎臟每天處理約180公升的血液，但只有 1 ％以下（約1.5公升）成為尿液排出體外。這些廢棄物由輸尿管直接送到膀胱（儲存尿液的地方）。

腎臟是成對的器官，位於脊椎兩側、靠近腹腔後壁的地方。重量只佔體重的 1 ％左右，但心臟所送出的血液有20％是流到腎臟的。

尿液引流

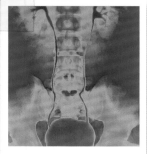

從這張X光片能清楚看到腎臟（綠色）與輸尿管（紅色管子），膀胱是底部的圓形團塊。

尿液的產生需經 3 個階段：過濾、再吸收，以及分泌。身體所需的水分及必要的養分被再吸收後，留在腎小管裡的液體就是尿液了，這些液體會進入集尿管，流入輸尿管中，送到膀胱準備排出體外。

輸尿管壁是肌肉組織。規律的收縮波（蠕動）每10～60秒就會把尿液從送到膀胱。斜向通過膀胱壁的輸尿管，其出口除了蠕動收縮時，其餘時間都是關閉的，這能防止尿液回流。

膀胱的肌肉是由非自主神經所控制。蓄積尿液時，內部壓力不會升高，直到容量快要滿載時，內部壓力才會產生變化。當膀胱積滿尿液時，內部壓力會驟升，觸發脊神經反射，使膀胱肌肉開始收縮，經由尿道排出尿液。這個過程就稱為排尿。當尿液到達150毫升時，就會產生排尿感；積滿400毫升時，就會急著找廁所。

尿液的產生

每分鐘有將近 1 公升的血液會流入腎臟中。腎臟裡有超過100萬個產生尿液的單位，這些單位每分鐘會產生 1 毫升的尿液。

腎元是腎臟中的功能性結構單位，負責過濾血液、產生尿液。每個腎臟約含有100萬個以上的腎元，還有數千條集尿管，負責收集尿液。

腎元由 2 個部分組成：腎絲球與相連接的腎小管。腎絲球是個由毛細血管緊密排列的小球，位於腎皮質中，與腎絲球相連的腎小管會往下延伸到腎髓質，當水分與化學物質流經腎小管時，就會被重新吸收。

鮑氏囊

位於腎小管起端的封閉單位，它將腎絲球完全包覆。鮑氏囊與它所包覆的腎絲球統稱為腎小體，負責過濾血液中的廢棄物。

腎小管的另一端連接到集尿管。腎小管中的細胞有其特殊性質與功用，對於腎元的排泄與體內的平衡非常重要。

腎絲球位於腎臟中，是由毛細血管緊密集結而成的小球體（圖中的藍色團塊）。每個腎絲球形成過濾單位中的一部份，以清除血液中的有毒廢棄物。

腎元與它的血液供應

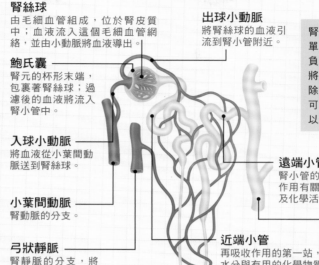

腎絲球
由毛細血管組成，位於腎皮質中；血液流入這個毛細血管網絡，並由小動脈將血液導出。

鮑氏囊
腎元的杯形末端，包裹著腎絲球；過濾後的血液將流入腎小管中。

入球小動脈
將血液從小葉間動脈送到腎絲球。

小葉間動脈
腎動脈的分支。

弓狀靜脈
腎靜脈的分支，將血液送回心臟。

出球小動脈
將腎絲球的血液引流到腎小管附近。

腎元是腎臟過濾作用中的基本單元。由 2 個主要元件構成：負責過濾血液的腎絲球、重新將有用物質回收到血液中並排除廢棄物質的腎小管。腎小管可分成近端小管、亨利氏環，以及遠端小管。

遠端小管
腎小管的另一個部位，與再吸收作用有關；主要功用是水分調節及化學活性溶液的平衡。

集尿管
將尿液引流到輸尿管，再輸送至膀胱。

近端小管
再吸收作用的第一站，水分與有用的化學物質再度被吸收到血液中。

亨利氏環
腎小管中的髮夾彎；也能重新吸收養分。

排出新陳代謝所產生的廢棄物

新陳代謝所產生的廢棄物會被腎臟的腎元濾除，也會清除來自食物或是身體所產生的有毒物質。尿液中的廢棄物有：尿素（代謝蛋白質所產生）、肌酸酐（來自肌肉）、尿酸（代謝核酸）、膽紅素（代謝血紅蛋白）以及荷爾蒙的分解物。

腎元會先重新吸收有用的物質，再將剩餘的物質以尿液形式分泌出去。養分與廢棄物從腎絲球中自由地流出，進入鮑氏囊中；這些化學物質與水分，以及許多重要養分還會被一一回收，重新回到人體中。

重新吸收的過程就發生在腎小管，而廢棄物則會流入集尿管排出體外。

大部份的再吸收過程都發生在腎小管的遠曲小管（請見上圖）。在需要的時候，這些再吸收與一些分泌作用就會在遠曲小管及亨利氏環發生。

與腎絲球的毛細血管床及腎小管密切相關的是腎小管周圍毛細血管。這些微小的血管是再吸收作用中另一個重要元素。這些毛細血管的壓力遠比腎絲球內的小，能讓水分與養分自由地流入，重新回到血液中。

毛細血管網絡

進入腎臟後，腎動脈會分成數條分支，每條分支朝著腎皮質呈放射狀延伸。在腎皮質中，這些分支會繼續細分為越來越小的血管，最終的分支就稱為小動脈。每條小動脈負責一個腎元的血液供給。

腎元的血液供應非常獨特，每個腎元連接到 2 條小動脈，而不是 1 條。供應血液給腎元的小動脈就是所謂的入球小動脈，緊密集結的毛細血管則形成了腎絲球。

在離開腎絲球的毛細血管束時，微血管會聚合在一起形成向外的小動脈，稱為出球小動脈；這個小動脈會再延伸到腎小管周圍的毛細血管（包圍著下方集尿管的微血管次網絡）。這些毛細血管會流入靜脈血管，最後流入腎靜脈。

腎絲球內部壓力很高，使得液體、養分與廢棄物都會從血液進入鮑氏囊。腎小管周圍的毛細血管的壓力較低，使得液體能被重新吸收。只要調節這 2 個毛細血管床之間的壓力差，就能控制血液中的水分與化學物質的排出與再吸收。

腎臟模型顯示出複雜的毛細血管網路，在每個腎贈中約有100萬條小動脈

腎臟如何控制血壓

腎臟在調節血壓上扮演著重要角色。
血壓必須維持穩定,各器官才能獲得足夠的血液與氧氣。

腎臟是 2 個豆狀器官,位於腹部兩側。腎臟有 2 個主要角色:
- ◆ 調節體內鹽分與水分的平衡。
- ◆ 以尿液的形式排出尿素、多餘的鹽,及其他礦物質等廢棄物質。

過濾系統

腎臟擁有百萬個微小的過濾單位,稱為腎元,它們是腎臟的運作要件。血液中的某些物質(例如葡萄糖)會被過濾出來,之後再重新吸收回血液中,而有害的廢棄物與多餘的水分就會以尿液的形式排出體外。

血壓

腎臟在調控血壓上扮演著十分重要的角色。血壓是指血液對於主要動脈血管壁所形成的壓力,是血液循環效能的指標。

調節

血壓必須加以調節,以提供充足的養分與氧氣給所有器官。

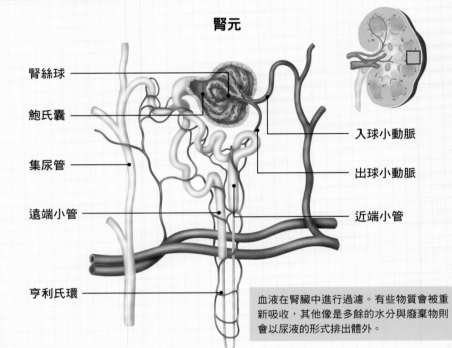

腎元

- 腎絲球
- 鮑氏囊
- 集尿管
- 遠端小管
- 亨利氏環
- 入球小動脈
- 出球小動脈
- 近端小管

血液在腎臟中進行過濾。有些物質會被重新吸收,其他像是多餘的水分與廢棄物則會以尿液的形式排出體外。

- ◆ **低血壓**:可能表示血液循環不足。這種情況可能導致重要器官無法獲得足夠的含氧血,容易造成休克。

- ◆ **高血壓**:代表心臟必須更努力工作,才能對抗動脈循環中的阻力,將血液唧送出去,如此一來將對心臟造成很大的負擔。

血液的流量

喝水是維持血液流量的重要方法,腎臟是利用水分含量與鹽分濃度來控制血壓的。

身體中有些機制是用來確保血壓可以維持在正常的範圍內,這些機制可分為短期與長期。腎臟所扮演的就是長期調節血壓的機制。

血液流量

腎臟能調節血液的流量,以協助維持血液循環的體內平衡。儘管血液的流量會隨著年齡、性別而有所不同,但腎臟通常會把血液的總循環流量保持在 5 公升左右。

如果這個流量出現重大變化,將對血壓造成影響:

- ◆ 血液流量增加會導致血壓升高。比如說,攝取過多的鹽分造成水分滯留,將導致血壓升高。

- ◆ 血液流量減少像是嚴重的血液流失或脫水,將造成血壓降低。血壓突然降低也可能是內出血造成的。

回饋系統

腎臟是透過回饋系統來偵測血流量和血壓變化,並做出適當的反應。

- ◆ 當血液流量增加時,腎臟會從血液中排出更多的水分,以減少血量,讓血壓回復正常。

- ◆ 當血液流量減少時(如脫水時),腎臟會再吸收更多的水分,藉此讓血壓回到正常範圍。

腎臟的荷爾蒙

腎臟藉由改變尿液量來調節血壓，進而調控血液量。當血壓太低時，腎臟會將血液中的水分留住；如果血壓升高，就會讓更多的水分變成尿液排出體外。

濾過率

在每個腎元（腎臟的機能單位）都有一個由小動脈所形成的血管束，稱為腎絲球。血液裡的水分與溶質會被腎絲球中的較高血壓「推」出去，進入收集小管中。每人每分鐘平均會過濾出125毫升的濾液。如果血壓太低，水分就會留在血液裡，以幫助升高血壓；如果血壓很高，則會有更多的水分被推入收集小管，形成尿液排出體外。

回饋機制

供給血液給腎元的血管其血管壁含有能偵測血壓的特化細胞；必要時，這些細胞會開啟另外的程序以導正異常的血壓。

◆ 血壓降得比正常下限低時，特化細胞就會偵測到這項變化。

◆ 稱為腎素的荷爾蒙會分泌到血液中。

◆ 腎素轉換成血管收縮素I，經由血液送至肺臟時就會轉變成血管收縮素II。

血液流量是血壓的直接指標。
腎臟不斷地監控著再吸收量與鈉含量，以維持血壓的穩定。

血壓的控制

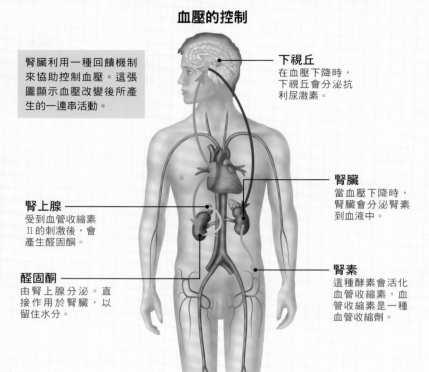

腎臟利用一種回饋機制來協助控制血壓。這張圖顯示血壓改變後所產生的一連串活動。

下視丘
在血壓下降時，下視丘會分泌抗利尿激素。

腎臟
當血壓下降時，腎臟會分泌腎素到血液中。

腎上腺
受到血管收縮素II的刺激後，會產生醛固酮。

腎素
這種酵素會活化血管收縮素，血管收縮素是一種血管收縮劑。

醛固酮
由腎上腺分泌。直接作用於腎臟，以留住水分。

◆ 血管收縮素II刺激腎上腺素（位於腎臟頂端）分泌醛固酮。

◆ 醛固酮直接作用於腎臟的腎元，使更多的鹽分與水分重新被吸收到血液中。如此一來就能讓血壓升高。除了這項機制之外，血管收縮素II還會收縮血管，提高血管內的壓力。

抗利尿激素

腦部的下視丘也扮演著重要的角色。當血液中的水分濃度很低、可能造成血壓下降時，下視丘就會分泌抗利尿激素。這種激素會作用於腎元的小管，讓小管更具滲透性，這樣就會有更多的水分被重新吸收到血液中。

造成高血壓與低血壓的原因

血壓會受到年齡與壓力的影響。定期監測血壓以及正常的生活型態，對於可能罹患高血壓或低血壓的人來說是很重要的。

成人在靜止狀態下的血壓在120/80毫米汞柱左右，但這個數值會受到許多因素的影響：

◆ **年齡**：血壓在一生當中會自然的升高，這是因為動脈失去彈性，無法像年輕時那樣，吸收心臟收縮時所產生的衝擊力。

◆ **性別**：和女性、兒童比起來，男性通常比較容易產生高血壓的情況。

◆ **生活方式**：體重過重、飲酒過量或是長期承受壓力，都是造成高血壓的原因。

高血壓

異常的高血壓可能是動脈粥狀硬化導致血管變窄，所造成的。

當動脈硬化影響到腎臟的動脈（腎動脈）時，就可能造成長期的血壓調節問題。

低血壓

異常的低血壓通常起因於血液量降低或是血管容量增加。嚴重燒燙傷或是脫水都會使血流量下降，造成低血壓。受到感染（例如敗血症）也會導致血管擴張。

膀胱與輸尿管

輸尿管把腎臟所產生的尿液送到膀胱。在排出體外之前，尿液會先儲存在膀胱中。

腎臟會不斷產生尿液，由輸尿管送到膀胱中。

膀胱

尿液會先儲存在膀胱，直到排出體外。膀胱裡的尿液排空時，會呈錐形，膀胱壁會出現皺褶；在積滿尿液時，這些縐褶則會被拉平。在不同情況下，膀胱的位置會不太一樣：

成人的膀胱在排空時，位置在骨盆下端；積滿尿液時，就會上升到腹部。

嬰兒的膀胱位置較高，即使沒有蓄積尿液也位於腹腔中。

膀胱壁含有許多肌肉纖維，統稱為逼尿肌，這些肌肉能收縮膀胱以便排出裡面的尿液。

膀胱三角

膀胱壁的三角形區域，就位在膀胱底部。膀胱三角的內壁具有肌肉纖維，負責防止尿液在膀胱收縮時回升到輸尿管。在尿道口周圍有個肌肉性的括約肌，可讓尿道口保持關閉，直到尿液要排出體外時才打開。

女性的膀胱與尿道冠狀面

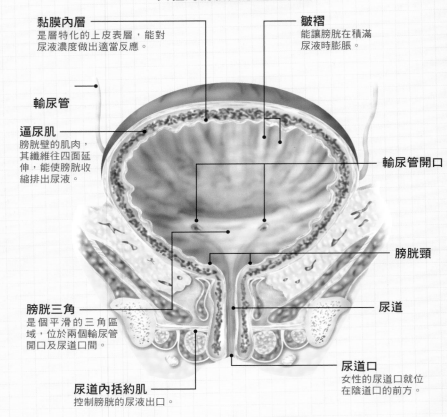

黏膜內層
是層特化的上皮表層，能對尿液濃度做出適當反應。

皺褶
能讓膀胱在積滿尿液時膨脹。

輸尿管

逼尿肌
膀胱壁的肌肉，其纖維往四面延伸，能使膀胱收縮排出尿液。

輸尿管開口

膀胱三角
是個平滑的三角區域，位於兩個輸尿管開口及尿道口間。

膀胱頸

尿道

尿道內括約肌
控制膀胱的尿液出口。

尿道口
女性的尿道口就位在陰道口的前方。

> 膀胱是個彈性器官，能在積滿尿液時膨脹。膀胱是由強壯的肌肉纖維構成，必要時，這些肌肉纖維會協助膀胱排出尿液。

男性與女性的差異

女性

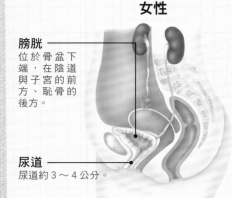

膀胱
位於骨盆下端，在陰道與子宮的前方、恥骨的後方。

尿道
尿道約3～4公分。

男性

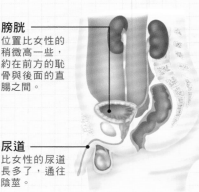

膀胱
位置比女性的稍微高一些，約在前方的恥骨與後面的直腸之間。

尿道
比女性的尿道長多了，通往陰莖。

由於生殖器官的影響，男性與女性的膀胱位置、大小、形狀以及尿道的位置都有所不同：

◆ 男性的尿道大約長20公分，先通過前列腺，順著陰莖延伸，最後的出口為外尿道口。

◆ 女性的尿道只有3～4公分，其開口為尿道口，就在陰道口的前方。

> 男性與女性的泌尿道差異主要在於尿道的長度。成年男性的尿道長度是成年女性尿道長度的5倍。

輸尿管

輸尿管為管狀，負責將尿液送到膀胱。
輸尿管會擠壓、收縮，好讓尿液往下流動。

輸尿管是狹窄的薄壁肌肉組織管，負責運送尿液到膀胱。

輸尿管的長度約25～30公分，寬約3公釐，起自腎臟，往下沿著後腹壁延伸、越過骨盆的骨性邊緣，最後進入膀胱的後壁。

輸尿管的各個部位

輸尿管包含3個部位：

◆ **腎盂**：輸尿管的第一個部位，位在腎臟的腎門，呈漏斗狀，從大腎盞接收尿液，往下逐漸變細並形成狹窄的輸尿管。與腹部輸尿管的接合處是整個輸尿管中最窄的地方。

◆ **腹部輸尿管**：往下通過腹部，稍微往身體中線靠近，到達骨盆邊緣後進入骨盆。在這段沿著腹部延伸的路徑中，輸尿管的位置在腹膜（腹腔的內膜）後方。

◆ **骨盆輸尿管**：從髂總動脈的分支前方進入骨盆，往下沿著骨盆後壁延伸，進入膀胱後壁。

收縮的輸尿管肌肉壁，使尿液順著輸尿管往下推送到膀胱。這個動作就稱為「蠕動」。

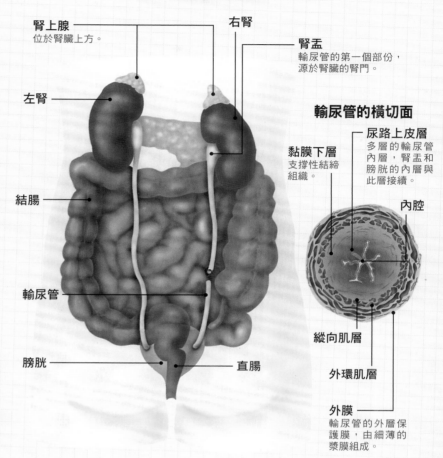

輸尿管與膀胱後視圖

- **腎上腺**　位於腎臟上方。
- **右腎**
- **腎盂**　輸尿管的第一個部份，源於腎臟的腎門。
- **左腎**
- **結腸**
- **輸尿管**
- **膀胱**
- **直腸**

輸尿管的橫切面

- **黏膜下層**　支撐性結締組織。
- **尿路上皮層**　多層的輸尿管內層，腎盂和膀胱的內層與此層接續。
- **內腔**
- **縱向肌層**
- **外環肌層**
- **外膜**　輸尿管的外層保護膜，由細薄的漿膜組成。

輸尿管的X光片

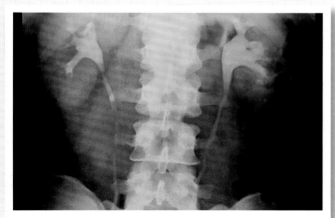

這張輸尿管的X光片清楚顯示2條正常的輸尿管。這些肌肉組織管沿著腹部往下延伸。

一般的X光片無法顯示輸尿管，但也許可以看見在輸尿管的狹窄部、富含鈣質的腎結石。

尿路造影

透過泌尿道攝影可以看到腎臟、輸尿管以及膀胱的輪廓。首先，先把顯影劑注射到泌尿道中，接著顯影劑會被腎臟濃縮、排出。分區拍攝的X光片顯示輸尿管的路徑，可以看到它們從腎臟往下順著腹部延伸到膀胱。

輸尿管的各個區段有窄有寬，這是因為輸尿管的管壁受到蠕動波的影響，輸尿管就是藉由蠕動將尿液送至膀胱的。

第七章

生殖系統

　　從我們出生的那一刻起，我們的身體就具備了形成男性或女性生殖系統的生殖器官與組織。在青春期之前，這些器官與組織並不會發揮作用；直到進入青春期，荷爾蒙的濃度改變了，身體的性特徵才會成熟，為生殖做好準備。

　　本章將描繪生殖系統的解剖構造，並探索性與生殖旅程中的每個階段：從青春期開始，以及在性行為方面的體驗，到胎兒的發展、分娩的過程及老化對於生殖器官的影響。

一個小朋友摸著她媽媽的肚子。讓家裡較大的孩子
儘早和小嬰兒培養手足間的向心力是很重要的。

男性生殖系統

包括陰莖、陰囊和 2 個睪丸（位於陰囊中），男性的內生殖系統位於骨盆中。

男性的生殖系統負責產生精子與精液，並將精子與精液送出體外。和其他器官不同的是，直到青春期時，生殖系統才會成熟，功用也才能完全發揮。

組成要件

男性生殖系統是由數個相互關連的部份所組成：

◆ **睪丸**：成對的睪丸懸掛在陰囊中。睪丸所產生的精子經由輸出管先送到副睪。

◆ **副睪**：副睪射出精子，精子就會進入輸精管。

◆ **輸精管**：精子沿著這條肌肉組織管進入前列腺。

◆ **精囊**：精子離開輸精管後，會在射精管中與精囊的液體混合。

◆ **前列腺**：射精管將精子送入前列腺中的尿道。

◆ **陰莖**：尿道離開前列腺後，就成了陰莖的核心通道。

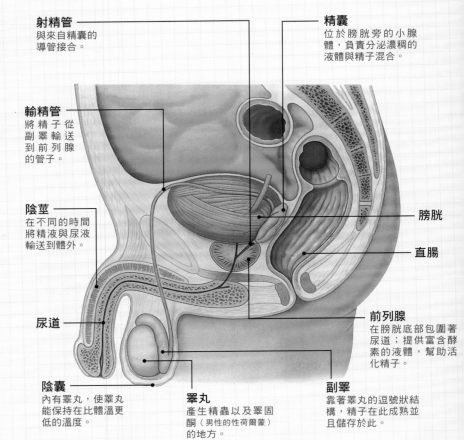

射精管
與來自精囊的導管接合。

精囊
位於膀胱旁的小腺體，負責分泌濃稠的液體與精子混合。

輸精管
將精子從副睪輸送到前列腺的管子。

陰莖
在不同的時間將精液與尿液輸送到體外。

尿道

陰囊
內有睪丸，使睪丸能保持在比體溫更低的溫度。

睪丸
產生精蟲以及睪固酮（男性的性荷爾蒙）的地方。

膀胱

直腸

前列腺
在膀胱底部包圍著尿道；提供富含酵素的液體，幫助活化精子。

副睪
靠著睪丸的逗號狀結構，精子在此成熟並且儲存於此。

外生殖器

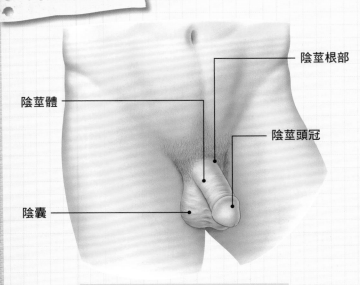

陰莖根部

陰莖體

陰莖頭冠

陰囊

男性外生殖器有陰囊與陰莖，位於陰部。成年男性的陰莖根部周圍有陰毛覆蓋。

外生殖器是指外露於骨盆的生殖器官，生殖系統的其他部份則位在骨盆中。

男性的外生殖器有：

◆ 陰囊

◆ 陰莖

成年男性的外生殖器周圍被粗粗的陰毛所覆蓋。

陰囊

是個有著鬆鬆皮膚與結締組織的囊袋，睪丸就懸浮在其中。陰囊裡有個中隔，將 2 個睪丸隔開。

儘管睪丸的所在位置讓它看起來很容易受傷，但是為了產生精子，必須讓睪丸保持在涼爽的環境中。

陰莖

大部份是由勃起組織所構成，這些組織在性交時會充血脹大，使陰莖勃起。尿道通過陰莖，而尿液與精液就從尿道送出。

前列腺

前列腺形成男性生殖系統的重要部份，
它提供富含酵素的液體，最高可佔精液總量的⅓。

前列腺長約 3 公分，位置就在膀胱下方，包圍著尿道的第一個部份。前列腺的基底緊靠著膀胱的基部，它的圓弧形表面就在恥骨的後方。

被膜

前列腺外面有層強韌的被膜，是由緻密的纖維性結締組織所構成。在被膜外還有一層纖維性結締組織，稱為前列腺筋膜鞘。

內部結構

尿道是從膀胱延伸而來的管狀結構，它穿過前列腺中央，在這裡稱為前列腺尿道。射精管在稱為精阜的尿道隆嵴處開口於前列腺尿道。

前列腺可分成幾個小葉，但這些分葉不像其他器官的分葉那樣明顯：

◆ **前葉**：位於尿道前面，主要是由纖維肌肉構成。

◆ **後葉**：位在尿道後方，射精管底下。

◆ **外側葉**：位於尿道的兩側，是前列腺的主要部份。

◆ **正中葉**：介於尿道與射精管之間。

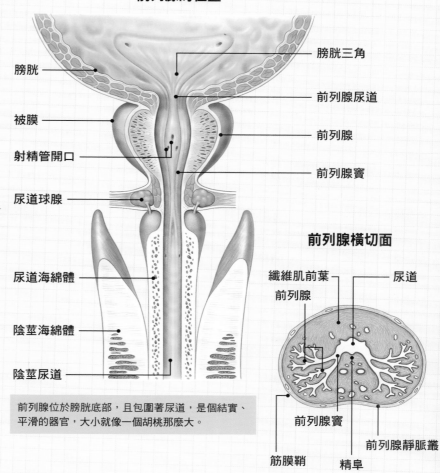

前列腺的位置

膀胱
被膜
射精管開口
尿道球腺
尿道海綿體
陰莖海綿體
陰莖尿道

膀胱三角
前列腺尿道
前列腺
前列腺竇

前列腺位於膀胱底部，且包圍著尿道，是個結實、平滑的器官，大小就像一個胡桃那麼大。

前列腺橫切面

纖維肌前葉
前列腺
前列腺竇
筋膜鞘

尿道
前列腺靜脈叢
精阜

精囊

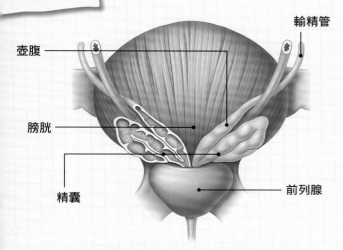

壺腹
膀胱
精囊

輸精管
前列腺

精囊位在膀胱後面，它的分泌物會進入輸精管，藉由輸精管將分泌物送到前列腺尿道中。

成對的精囊是男性生殖腺的附屬腺體，它會產生濃稠的含糖、鹼性液體，是精液的主要成分。

結構與形狀

2 個精囊都是長形的構造，大小、形狀像是小指，位於膀胱後方、直腸的前面，2 個精囊排成一個 V 字形。

前列腺的容量

前列腺就像一個囊袋，容量約 10～15 毫升，內部含有盤繞成圈的肌性壁分泌小管。

前列腺的分泌物經由精囊的導管離開前列腺，導管在前列腺裡與輸精管相連，形成射精管。

睪丸、陰囊與副睪

睪丸懸在陰囊中，精子就在睪丸中產生。
陰囊裡還有2個副睪，副睪是長形的盤繞管，與輸精管相連。

成對的睪丸是結實、可活動的橢圓形構造，長約4公分、寬約2.5公分。睪丸位於陰囊中，陰囊就像是前腹壁的外突囊袋。睪丸的上面與精索相連，並從精索往下垂掛。

溫度控制

通常只有在睪丸的溫度比體溫低約3度左右，才能產生正常的精子。精索的肌肉纖維和精囊壁能幫助陰囊調節溫度：天氣冷時，它們會把睪丸往身體的方向拉提；當周遭的溫度較高時，它們就會放鬆、讓睪丸離開身體遠一些。

副睪

2個副睪都是結實的逗號形結構，緊貼在睪丸上端，沿著睪丸的後側表面往下延伸。副睪是由錯綜盤繞的管子所組成，負責接收睪丸所產生的精子，當副睪拉長時，其長度可達到6公尺。

副睪的尾部與輸精管會合。輸精管會把精子往上送到精索，進入骨盆腔朝下一段旅程前進。

陰囊內部的矢狀面

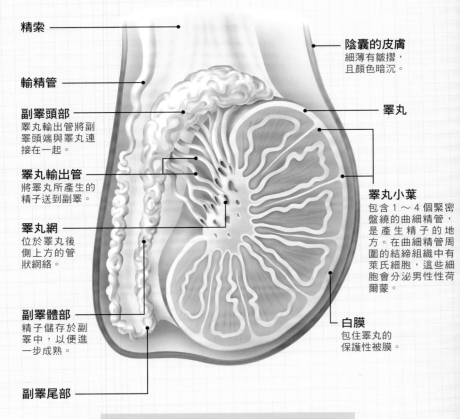

精索

輸精管

副睪頭部
睪丸輸出管將副睪頭端與睪丸連接在一起。

睪丸輸出管
將睪丸所產生的精子送到副睪。

睪丸網
位於睪丸後側上方的管狀網絡。

副睪體部
精子儲存於副睪中，以便進一步成熟。

副睪尾部

陰囊的皮膚
細薄有皺摺，且顏色暗沉。

睪丸

睪丸小葉
包含1～4個緊密盤繞的曲細精管，是產生精子的地方。在曲細精管周圍的結締組織中有萊氏細胞，這些細胞會分泌男性性荷爾蒙。

白膜
包住睪丸的保護性被膜。

成對的睪丸是男性的性器官，也是產生精子的地方。睪丸與副睪位於柔軟的陰囊中，分在左、右兩側。

陰囊壁

陰囊的橫切面

前側

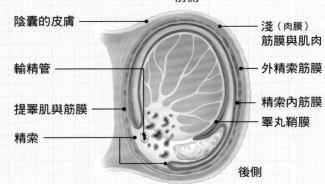

陰囊的皮膚

輸精管

提睪肌與筋膜

精索

淺（肉膜）筋膜與肌肉

外精索筋膜

精索內筋膜

睪丸鞘膜

後側

陰囊懸掛在身體外面，裡面包含睪丸。陰囊的外面有一層皮膚，皮膚底下有數層保護層。

陰囊是從多層次的前腹壁延伸而來的外突囊袋，因此陰囊壁也分成好幾層。

陰囊由下列結構所組成：

◆ **皮膚**：陰囊的皮膚細薄，上有皺摺且顏色暗沉。

◆ **肉膜筋膜**：這是層結締組織，具有光滑的肌肉纖維。

◆ **三層筋膜**：從腹壁的3層肌肉層延伸而來，形成提睪肌纖維。

◆ **睪丸鞘膜**：是個由細薄、光滑的漿膜所形成的封閉性囊袋，就像腹膜一樣，睪丸鞘膜裡含有少量液體，可以潤滑睪丸，使睪丸在移動時不會與其他結構產生摩擦。

和腹壁不同的是，包覆在睪丸周圍的結構不含脂肪，一般認為，這種構造有助於讓睪丸保持在涼爽的環境。

睪丸的血液供應

睪丸的血液供應來自一直往下延伸到陰囊的主動脈分支，靜脈血液則沿著相同的路徑往回送。

在胎兒期中，睪丸是在腹腔內發展的；直到出生時，睪丸才會下降到陰囊中。正因為如此，睪丸的血液供應才由腹主動脈來提供，並順著睪丸往下延伸到陰囊。

睪丸動脈

成對的睪丸動脈是 2 條長而窄的血管，其源頭為腹主動脈。它們在後腹壁往下延伸，途中越過輸尿管，最後來到腹股溝深環並進入腹股溝管。

睪丸動脈是精索的一部份，它們隨著精索離開腹股溝管進入陰囊，將血液送到陰囊中的睪丸。此外，睪丸動脈也和輸精管的動脈相互連結。

睪丸靜脈

睪丸靜脈源自兩側的睪丸與副睪，它們的路徑與精索中的睪丸動脈不同，精索中的靜脈不是單獨一條，而是一個靜脈網絡，稱為蔓狀靜脈叢。

繼續往上延伸到腹部，右睪丸靜脈會把血液送到下腔靜脈，左睪丸靜脈則把血液引流至左腎靜脈中。

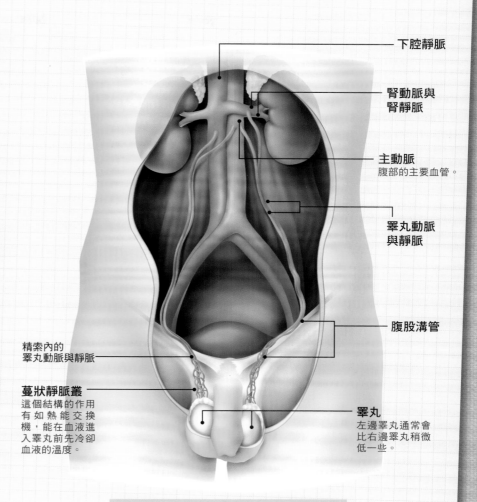

下腔靜脈

腎動脈與腎靜脈

主動脈
腹部的主要血管。

睪丸動脈與靜脈

腹股溝管

精索內的**睪丸動脈與靜脈**

蔓狀靜脈叢
這個結構的作用有如熱能交換機，能在血液進入睪丸前先冷卻血液的溫度。

睪丸
左邊睪丸通常會比右邊睪丸稍微低一些。

睪丸的血液供應源自於腹部的血管，這些長長的血管讓睪丸能在出生後下降到陰囊中。

睪丸的內部結構

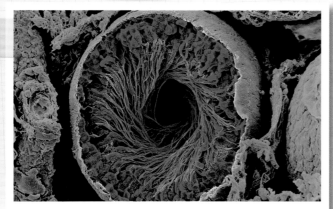

這張顯微攝影顯示了曲細精管的剖面（紅色）負責製造精子，周圍圍繞著萊氏細胞（綠色）。

2 個睪丸分別被強韌的保護性被膜包裹著，這個被膜稱為白膜。白膜延伸出許多隔板，隔板往下延伸，將睪丸分隔成250個左右的小葉。

每個楔形的小葉裡包含 1～4 個緊密盤繞的曲細精管，這些管子就是產生精子的地方。

據估計，在每個睪丸中，這些產生精子的管子總長度可達到350公尺。

小管

錯綜盤繞的曲細精管所產生的精子會被集中到睪丸網的直向小管，並從此處進入副睪。

在曲細精管間有一群群的特化細胞，稱為間質細胞或萊氏細胞，這些細胞會產生睪固酮等男性荷爾蒙。

陰莖

男性的性器官，當陰莖在性行為的過程中勃起時，會把精子送入陰道。
為了完成這個任務，陰莖的大部份組織都是由勃起組織構成的。

3 個圓柱形的海綿狀勃起組織構成陰莖的主體，其中有 2 個是陰莖海綿體、1 個尿道海綿體。這些組織會充血、膨脹，形成勃起狀態。

陰莖的構造

陰莖只在根部有少數的肌肉組織，陰莖體和龜頭並沒有肌肉纖維。

陰莖的主要組成為：

◆ **陰莖根**：陰莖的第一個部份，它的位置固定，且由皮膚包覆著三個圓柱形勃起組織的擴充基底所形成。

◆ **陰莖體**：在陰莖未勃起時會呈下垂的狀態，是由勃起組織、結締組織、血管以及淋巴管構成。

◆ **龜頭**：陰莖的尖端，由尿道海綿體的擴大端形成，尿道外開口（尿道的出口）就位於此。

◆ **皮膚**：陰莖的皮膚是接續陰囊的皮膚而來，這裡的皮膚很薄、顏色暗沉且沒有毛髮。陰莖的皮膚鬆垮地連接著底下的筋膜，沒有勃起時，陰莖上的皮膚會形成許多皺摺。

陰莖尖端的皮膚延展成 2 層，包覆著龜頭，就是所謂的包皮。

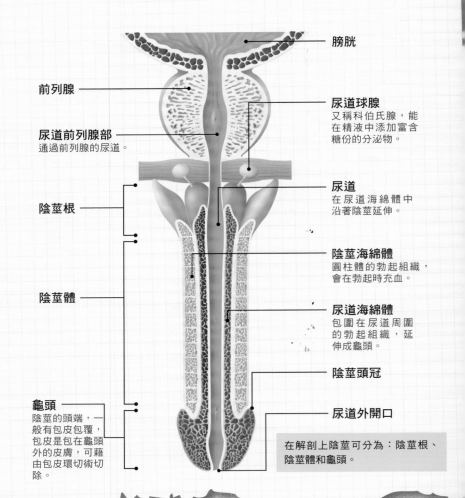

膀胱

前列腺

尿道球腺
又稱科伯氏腺，能在精液中添加富含糖份的分泌物。

尿道前列腺部
通過前列腺的尿道。

陰莖根

尿道
在尿道海綿體中沿著陰莖延伸。

陰莖體

陰莖海綿體
圓柱體的勃起組織，會在勃起時充血。

尿道海綿體
包圍在尿道周圍的勃起組織，延伸成龜頭。

陰莖頭冠

龜頭
陰莖的頭端，一般有包皮包覆，包皮是包在龜頭外的皮膚，可藉由包皮環切術切除。

尿道外開口

在解剖上陰莖可分為：陰莖根、陰莖體和龜頭。

陰莖橫切面

從陰莖體的橫切面中，更能看清楚勃起組織、血管以及筋膜間的關係。陰莖的主體是由 3 塊勃起組織所構成，體積較小的尿道海綿體裡包著尿道。2 個陰莖海綿體中則各有一條中央深動脈，這條動脈負責提供陰莖勃起時所需要的血液。

結締組織

深筋膜這層結締組織包裹著勃起組織、深背靜脈、背動脈以及背神經。在深筋膜外的是疏鬆的結締組織，其中包含淺靜脈。在疏鬆的結締組織外的皮膚只在龜頭的地方牢牢地與底下的結構相連。

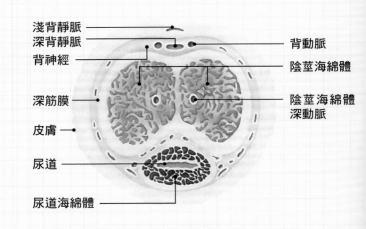

淺背靜脈
深背靜脈
背神經

背動脈

陰莖海綿體

深筋膜

陰莖海綿體深動脈

皮膚

尿道

尿道海綿體

陰莖體是陰莖的主體，是由 3 個勃起組織構成；這些組織在受到性刺激時會充滿血液，使陰莖勃起。

陰莖的相關肌肉

有數條肌肉與陰莖的結構有關,其肌肉纖維只分佈在陰莖根部及陰莖周圍,陰莖體、龜頭則不含肌肉纖維。

這些肌肉統稱為會陰淺肌,因為它們位於會陰部,也就是肛門與外生殖器的周圍區域。

在這個區域有 3 塊主要肌肉:

◆ **會陰淺橫肌**:這塊狹窄的肌肉就位在肛門前方的皮膚下。它從兩側的恥骨坐骨粗隆延伸到身體中線。

◆ **球海綿體肌**:負責壓迫尿道海綿體的基部,從而壓迫到尿道,協助尿道排出尿液。球海綿體肌的起端在中央肌腱或中縫,兩側的肌肉在此會合並環繞在陰莖根部的周圍。

◆ **坐骨海綿體肌**:起自恥骨的坐骨粗隆,位於陰莖兩側,包圍陰莖海綿體腳、陰莖海綿體基部周圍。坐骨海綿體肌的收縮可幫助維持陰莖的勃起狀態。

陰莖附近的肌肉就是所謂的會陰淺肌,它們包圍著陰莖的基部,並協助維持陰莖的勃起狀態。

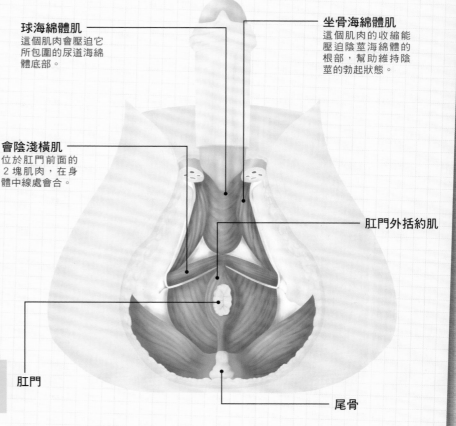

球海綿體肌
這個肌肉會壓迫它所包圍的尿道海綿體底部。

坐骨海綿體肌
這個肌肉的收縮能壓迫陰莖海綿體的根部,幫助維持陰莖的勃起狀態。

會陰淺橫肌
位於肛門前面的 2 塊肌肉,在身體中線處會合。

肛門外括約肌

肛門

尾骨

陰莖的血液供應

陰莖的血液供應有 2 個功能。和其他器官的動脈一樣,陰莖的動脈也為陰莖組織提供必要的含氧血液;然而,它也提供更多的血液好讓陰莖的海綿體組織能夠脹大,如此,陰莖才能夠勃起。

動脈

供應給陰莖的血液皆源於骨盆的陰部內動脈。背動脈位於身體中線的深背靜脈兩側,負責提供血液給陰莖的結締組織與皮膚。

深動脈延伸到陰莖海綿體的海綿組織裡,負責此處的血液供應,讓這些組織能在勃起時脹大。

靜脈引流

陰莖的深背靜脈接受來自海綿體的血液,而淺背靜脈則接收包覆著海綿體的結締組織與皮膚的血液。

陰莖的靜脈血液最後會流入骨盆中的陰部靜脈。

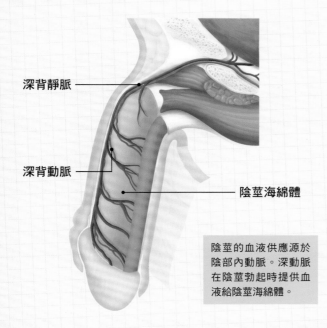

深背靜脈

深背動脈

陰莖海綿體

陰莖的血液供應源於陰部內動脈。深動脈在陰莖勃起時提供血液給陰莖海綿體。

精子如何產生

精子是男性的生殖細胞，生產、儲存於睪丸中。生殖細胞的細胞核會經過減數分裂，因此，每個細胞裡都包含一組特殊的基因。

精子是成熟的男性生殖細胞，是受精作用中的重要角色。精子在睪丸（陰囊中的2個核桃狀器官）中產生。陰囊是懸掛在陰莖下方的囊袋，溫度大約比核心體溫低2度左右，能提供最佳的溫度以利於精子的產生。

為了維持這個溫度，當周遭的環境溫度太低時，陰囊會被拉近身體；如果溫度升高，陰囊則會垂降到離身體遠一點的位置。

性器官

睪丸是製造睪固酮（男性的性荷爾蒙）的主要器官。

每個睪丸中約含有1,000條曲細精管，曲細精管是產生精子的地方，裡面排滿的稱為精原細胞的小細胞。

從青春期開始，精原細胞開始分裂以便產生更多的細胞，這些細胞最後都發展成精子。

與精原細胞交錯存在的是體型大很多的塞特利氏細胞，負責分泌營養液

睪丸

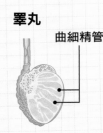

曲細精管

睪丸的曲細精管排滿了精原細胞。這些細胞分裂後會產生初級精母細胞。

精子的形成

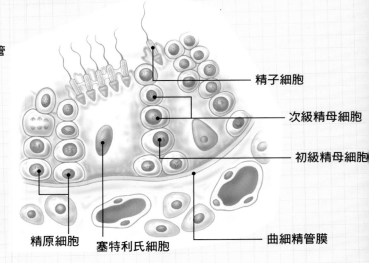

精子細胞

次級精母細胞

初級精母細胞

精原細胞　塞特利氏細胞　曲細精管膜

到曲細精管。

精子生成

精子的形成是個複雜的過程，其中包含不斷增生的精原細胞，成為初級精母細胞。這些細胞擁有一套完整的基因，和其他體細胞內的基因相同。

減數分裂

初級精母細胞會經歷一個特殊的分裂過程，稱為減數分裂。過程中，初級精母細胞會分裂2次以產生隨機擁有半組（單倍體）基因的細胞。這些細胞稱為精子細胞，它們會繼續發展成為成熟、會游動的精子。

基因資訊的分裂

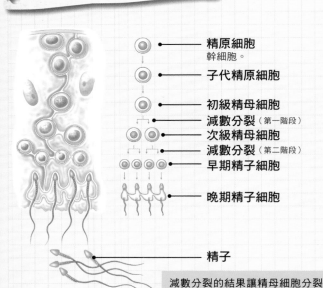

精原細胞
幹細胞。

子代精原細胞

初級精母細胞

減數分裂（第一階段）

次級精母細胞

減數分裂（第二階段）

早期精子細胞

晚期精子細胞

精子

減數分裂的結果讓精母細胞分裂成4個精子細胞，每個精子細胞都含有一半的精母細胞基因。

每個初級精母細胞都含有一組（23對）染色體的基因組合（二倍體組合）。這些初級精母細胞會經歷特化的減數分裂，過程中會分裂成4個細胞，讓每個精子細胞只擁有一半的染色體組合（單倍體組合）。這個過程會分成2個階段，以產生4個精子細胞。

第一階段

精母細胞核中的染色體會複製（雙倍增加），然後成對拆開。每對染色體會隨機交換基因組，這個交換方式是基因組合的天然洗牌，讓子代

能擁有多樣化的遺傳基因。當細胞分裂時，成對的染色體會分開，每個細胞會得到其中一個染色體的2個複本。

第二階段

過程中，細胞核中的23對複製染色體會被拆開，精母細胞會再度分裂。

減數分裂的最終結果是產生精子細胞，這些精子細胞擁有精母細胞中一半數目的染色體。這樣的過程讓每個精子細胞都擁有獨特的基因組合，產生相同基因的機率幾乎等於零。

精子的構造

成熟精子細胞的構造是為了游動而特別設計的，這樣的結構能將精子推向卵子。

精子細胞會朝著最近的塞特利氏細胞移動，從塞特利氏細胞獲得肝醣、蛋白質、糖分與其他養分。這些養分為精子細胞提供能量，幫助它們發展成精子。

精子是身體中最特殊的細胞之一，長度約0.05公釐，分為頭部、頸部與尾部。

精子

精子的頭部像是個扁平的水珠，裡面含有稱為尖體的酵素囊。這些酵素是精子在受精時用來突破、穿透卵子保護層的重要成分。

在尖體後面的是細胞核，其中包含隨機的半套雄性基因（DNA），這些基因被緊緊地盤繞在23個染色體上。經過減數分裂後，每個精子都擁有一組獨特的基因。

精子的頸部是個纖維狀的區域，精子的中段就在這裡和頭部相連接。精子的頸部是個具有彈性的結構，能使精子的頭部左右擺動，促進游動。

尾部構造

精子的尾部有成對的長軸絲，外部包著 2 個環，環裡含有 9 個細纖維絲。在精子尾部的前端有個纖維外環及保護性的尾鞘。精子的尾部可分成 3 段：

◆ **中段**：尾部最胖的部份，因為裡頭多了螺旋層，這裡充滿了能產生能量的粒腺體，為精子提供活力來源，好讓精子能夠游動。

◆ **主段**：包含 20 個軸絲，還有纖維外層及尾鞘。

◆ **末段**：纖維外層與尾鞘到了此處會逐漸變細，只剩一層薄薄的細胞膜。這個逐漸變細的構造能讓精子產生抽鞭式的運動，將精子推向卵子。

> 每個精子細胞都含有富含酵素的頭部、中段以及尾部。精子尾部的抽鞭式運動能將精子推向卵子。

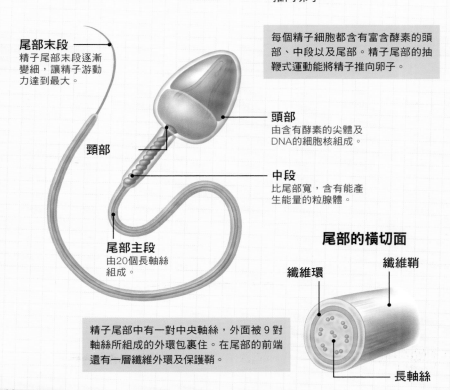

尾部末段
精子尾部末段逐漸變細，讓精子游動力達到最大。

頸部

尾部主段
由20個長軸絲組成。

頭部
由含有酵素的尖體及DNA的細胞核組成。

中段
比尾部寬，含有能產生能量的粒腺體。

> 精子尾部中有一對中央軸絲，外面被 9 對軸絲所組成的外環包裹住。在尾部的前端還有一層纖維外環及保護鞘。

尾部的橫切面

纖維環　**纖維鞘**

長軸絲

精液的產生與射出

一旦精子的尾部發展完成後，塞特利氏細胞就會將精子釋放到曲細精管中。此外，塞特利氏細胞還會分泌液體到曲細精管，產生一個水流把精子沖向副睪。副睪是盤繞在睪丸上的長管子，也是儲存成熟精子的地方。

射出

受到性刺激時，精子會藉由肌肉收縮波從副睪往上推送到輸精管中。接著會跑到射精管、通過前列腺，然後進入尿道。當精子到了尿道時，會與前列腺、精囊（儲存精液成分的小囊）的分泌物混合在一起，形成淡黃色的濃稠液體，這個液體就是精液。

每次射出的精液裡大約含有 3 億個精子。

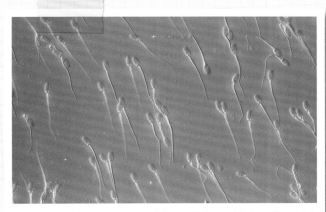

產生精子需要花上74天，要發展成熟且通過副睪與輸精管，則需要再花26天的時間。精子最多能在女性體內生存 5 天左右。

女性生殖系統

女性的生殖系統有兩個部份。卵巢產生卵子以進行受精，子宮則是在 9 個月的懷孕期間孕育、保護胎兒的地方。

女性生殖系統是由卵巢、輸卵管、子宮與陰道，這些內生殖器及外生殖器所組成。

內生殖器

杏仁狀的卵巢藉由韌帶懸吊於子宮兩側。在卵巢上方的是成對的輸卵管，兩條輸卵管是卵子與精子結合的地方，受精後的卵子會順著輸卵管往下來到子宮。

子宮位於骨盆腔，在懷孕期間會上升到下腹腔。連接子宮頸與外陰的陰道能大幅度的擴張，可在分娩時形成產道。

外生殖器

女性的外生殖器（或稱外陰）是生殖道的外部開口。陰道開口位於尿道開口的後方，其所在位置稱為前庭。前庭兩側各被兩個皮膚皺摺包覆著，這 2 個皺摺稱為大陰唇與小陰唇，在大小陰唇前面是凸起的陰蒂。

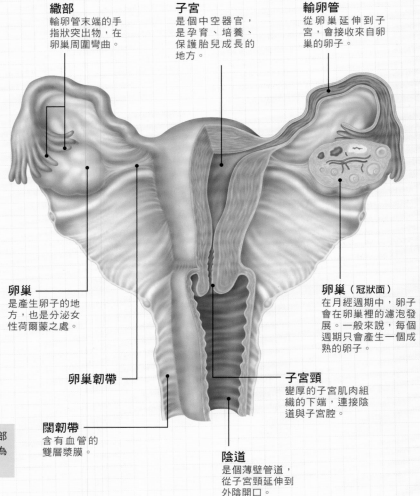

繖部
輸卵管末端的手指狀突出物，在卵巢周圍彎曲。

子宮
是個中空器官，是孕育、培養、保護胎兒成長的地方。

輸卵管
從卵巢延伸到子宮，會接收來自卵巢的卵子。

卵巢
是產生卵子的地方，也是分泌女性荷爾蒙之處。

卵巢（冠狀面）
在月經週期中，卵子會在卵巢裡的濾泡發展。一般來說，每個週期只會產生一個成熟的卵子。

卵巢韌帶

子宮頸
變厚的子宮肌肉組織的下端，連接陰道與子宮腔。

闊韌帶
含有血管的雙層漿膜。

陰道
是個薄壁管道，從子宮頸延伸到外陰開口。

女性生殖系統是由外部與內部生殖器官所組成。內生殖器為 T 形，位於骨盆腔中。

女性生殖系統的位置

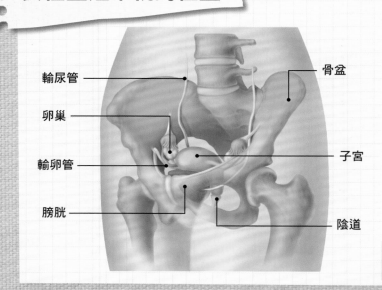

輸尿管

卵巢

輸卵管

膀胱

骨盆

子宮

陰道

成年女性的內生殖器官（除了卵巢外，其他器官基本上都屬於管狀結構）位於骨盆腔的深處。如此一來，便可以受到骨盆的保護。

和成年女性的骨盆腔比起來，女童的骨盆腔就顯得較淺。女童的子宮和位於子宮前的膀胱一樣，都位於下腹部。

成年女性的內生殖器官位於骨盆腔深處，受到骨盆的嚴實保護。

子宮闊韌帶

子宮和卵巢的上表面被腹膜覆蓋著，就像帳篷一樣。腹膜是腹腔與骨盆腔內的薄層內膜，形成子宮闊韌帶以幫助維持子宮的位置。

內生殖器的血液供應

女性生殖系統透過相互連結的動脈網絡獲得豐沛的血液供應，並由靜脈系統將血液引流出去。

女性生殖器的 4 條主要動脈：

◆ **卵巢動脈**：從腹主動脈延伸到卵巢。從兩側的卵巢動脈分出的分支通過卵巢繫膜（腹膜的皺摺，卵巢就位在卵巢繫膜中），提供血液給卵巢、輸卵管。在卵巢繫膜裡的卵巢動脈會和子宮動脈相連接。

◆ **子宮動脈**：是髂內動脈這條骨盆大血管的分支，由頸韌帶負責固定位置，約在子宮頸處接觸到子宮。子宮動脈與上方的卵巢動脈相連，還有另一條分支與下方的動脈相連，以輸送血液到子宮頸和陰道。

◆ **陰道動脈**：也是髂內動脈的分支。陰道動脈的分支和子宮動脈一起將血液送到陰道壁。

◆ **陰部內動脈**：負責運送血液到陰道下端⅓處與肛門。

靜脈

子宮壁與陰道壁裡的小靜脈連結成靜脈叢或靜脈網絡，所回收的靜脈血會經由子宮靜脈流入髂內靜脈。

在這張圖中，表層的骨盆腔器官已經移除，可看到器官表層下的血管分佈。

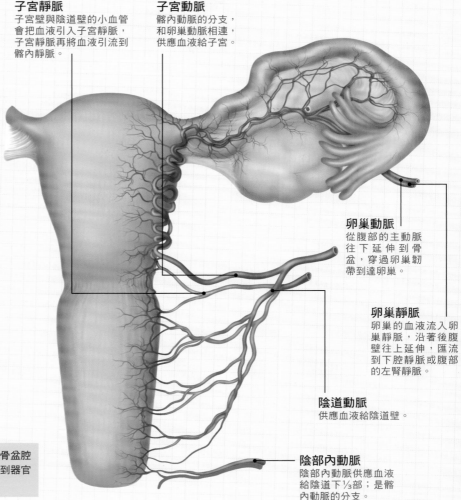

子宮靜脈
子宮壁與陰道壁的小血管會把血液引入子宮靜脈，子宮靜脈再將血液引流到髂內靜脈。

子宮動脈
髂內動脈的分支，和卵巢動脈相連，供應血液給子宮。

卵巢動脈
從腹部的主動脈往下延伸到骨盆，穿過卵巢韌帶到達卵巢。

卵巢靜脈
卵巢的血液流入卵巢靜脈，沿著後腹壁往上延伸，匯流到下腔靜脈或腹部的左腎靜脈。

陰道動脈
供應血液給陰道壁。

陰部內動脈
陰部內動脈供應血液給陰道下⅓部；是髂內動脈的分支。

女性生殖系統顯示圖

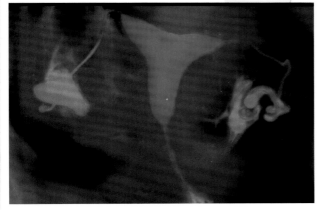

這張子宮輸卵管攝影圖片顯示了被染料填滿的子宮腔（中央部份）。染料除了出現在輸卵管，也可以在腹膜腔中看到。

女性生殖系統的管狀或中空部份可透過子宮輸卵管攝影呈現出來。

在進行子宮輸卵管攝影時，會經由子宮頸注射一種特殊的輻射不透明染料到子宮中，接著再拍攝該區域的 X 光片。這種染料會填滿子宮腔，並進入輸卵管中，還會沿著子宮與輸卵管蔓延，最後流入子宮、輸卵管遠端的腹膜腔。

管道結構評估

在診斷不孕症的過程中，有時候會進行子宮輸卵管攝影，以瞭解輸卵管是否暢通。如果輸卵管堵塞（這種狀況可能因感染而引起），染料就無法順利通過輸卵管。

子宮

女性生殖系統的一部份，是懷孕期間孕育、保護胎兒的地方。
位於骨盆腔中，為中空的肌肉組織。

在女性具有生育能力期間，未懷孕時，子宮長度約為 7.5 公分，最寬處約有 5 公分。但在懷孕期間，子宮能大幅擴大，以容納胎兒的生長。

結構

子宮可分成 2 個部份：

◆ **子宮體**：子宮的上部，活動範圍相當大，因為在懷孕期間它必須擴大以容納胎兒。輸卵管的開口就通到子宮體中央的三角形空間（或子宮腔）中。

◆ **子宮頸**：子宮的下部，是個厚實的肌肉管道，固定在周圍的骨盆構造上以保持位置的固定。

子宮壁

子宮體是子宮的主要部份，具有厚實的內壁，此內壁由 3 層組織構成：

◆ **子宮外膜**：這層薄薄的外層是從骨盆腹膜接續而來。

◆ **子宮肌膜**：形成厚厚的子宮壁。

◆ **子宮內膜**：是子宮壁的細緻內層，當卵子受精後，子宮內膜的特化結構能讓胚胎在此著床。

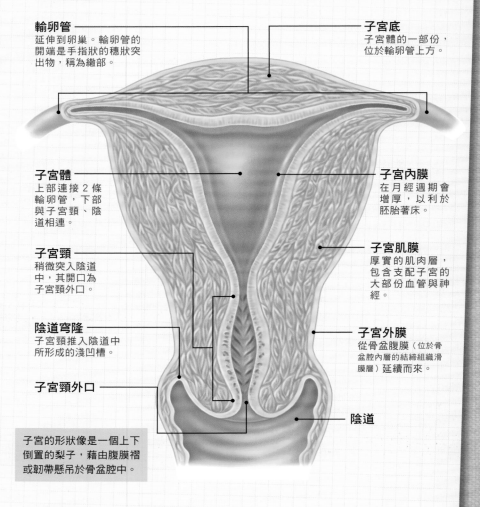

輸卵管
延伸到卵巢。輸卵管的開端是手指狀的穗狀突出物，稱為繖部。

子宮底
子宮體的一部份，位於輸卵管上方。

子宮體
上部連接 2 條輸卵管，下部與子宮頸、陰道相連。

子宮頸
稍微突入陰道中，其開口為子宮頸外口。

陰道穹隆
子宮頸推入陰道中所形成的淺凹槽。

子宮頸外口

子宮內膜
在月經週期會增厚，以利於胚胎著床。

子宮肌膜
厚實的肌肉層，包含支配子宮的大部份血管與神經。

子宮外膜
從骨盆腹膜（位於骨盆腔內層的結締組織滑膜層）延續而來。

陰道

子宮的形狀像是一個上下倒置的梨子，藉由腹膜褶或韌帶懸吊於骨盆腔中。

子宮的位置

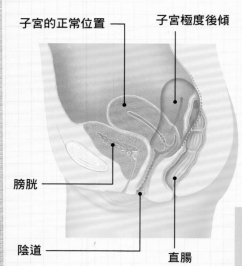

子宮的正常位置

子宮極度後傾

膀胱

陰道

直腸

大部份女性的子宮都位在膀胱上，當膀胱充滿尿液時，子宮會向後移。然而，子宮也可能出現在圖中正常與極端位置之間的任何地方。

子宮位於骨盆腔中，其位置介於膀胱與直腸間。但隨著膀胱與直腸內部容量的變化，及各種狀態，子宮的位置也會隨著改變。

正常位置

一般說來，子宮的長軸會和陰道成 90 度，子宮會向前靠在膀胱上，這個正常的位置稱為子宮前傾。

子宮前屈

某些女性的子宮雖然落在正常的位置上，但是子宮底和子宮頸之間可能會略為向前彎曲。這種情況稱為子宮前屈。

子宮後屈

在某些例子中，子宮是向後彎曲的，這時子宮底會跑到直腸旁邊，稱為子宮後屈。

無論子宮的位置為何，在懷孕期間，擴大的子宮通常都會向前彎曲。然而，一個後屈的子宮在懷孕時可能需要較長的時間才能接觸到骨盆的邊緣，這時就可以從腹部觸摸到子宮。

懷孕時的子宮

子宮擴大時會把腹部的器官往上推到橫膈膜、侵佔胸腔的空間，並使肋骨向外展，以順應器官位置的變化。到了懷孕後期，胃與膀胱等器官會受到子宮更多的擠壓，因此這些臟器的容量會大幅縮減，很容易就被填滿。

過了懷孕期，子宮很快會縮小，但仍會比從沒懷孕過的稍微大一點。

子宮底的高度

懷孕期間，逐漸擴大的子宮在前12周還能容納於骨盆腔中，這時，從下腹部就能觸摸到子宮最上面的部份（子宮底）。到了20周左右，子宮底就會到達肚臍的位置；懷孕後期，子宮底可能會來到胸骨的劍突位置。

子宮的重量

在懷孕的最後階段，子宮的重量會從懷孕前的45公克增加到900公克左右。隨著每條纖維的增厚，子宮肌膜（肌肉層）也會變大（肥大）。此外，肌膜纖維的數量也可能會增加（增生）。

在懷孕時，子宮必須擴大以支撐成長中的胎兒。這時子宮不再只是小的骨盆腔器官，它會變大、佔據腹腔的大部份空間。

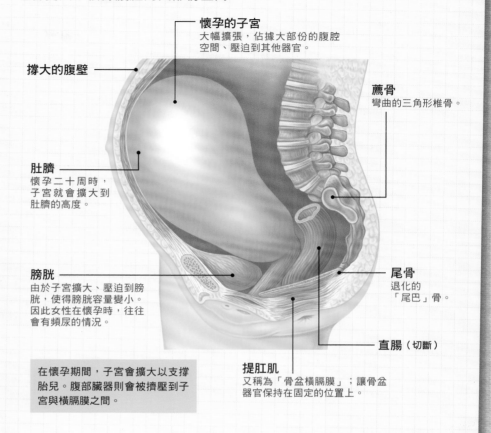

懷孕的子宮
大幅擴張，佔據大部份的腹腔空間、壓迫到其他器官。

撐大的腹壁

薦骨
彎曲的三角形椎骨。

肚臍
懷孕二十周時，子宮就會擴大到肚臍的高度。

膀胱
由於子宮擴大、壓迫到膀胱，使得膀胱容量變小。因此女性在懷孕時，往往會有頻尿的情況。

尾骨
退化的「尾巴」骨。

直腸（切斷）

提肛肌
又稱為「骨盆橫膈膜」；讓骨盆器官保持在固定的位置上。

在懷孕期間，子宮會擴大以支撐胎兒。腹部臟器則會被擠壓到子宮與橫膈膜之間。

子宮的內層組織

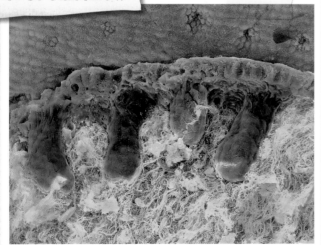

在這張子宮內膜放大圖中可以看到上皮細胞層（藍色），3個管狀腺體也清楚可見。

子宮的內層組織稱為子宮內膜，是由一層簡單的上皮表層覆蓋著一層較厚的多孔結締組織（固有層）所形成的。子宮內膜中也包含許多管狀腺體。

月經週期

在性荷爾蒙的影響下，子宮內膜會在每個月的月經週期中經歷一些變化，以為可能的胚胎著床做好準備。在經血剝落前，子宮內膜的厚度可能會出現1～5公釐左右的變化。

血液供應

子宮肌膜（子宮內膜底下的肌肉層）中的動脈會分出許多小分支到子宮內膜。這些小動脈是直小動脈與螺旋小動脈：直小動脈負責供應血液給較下方的固有層，彎彎曲曲的螺旋小動脈則提供較上層的內膜組織，這層組織會在月經期間剝落。螺旋小動脈的彎折構造能夠避免月經期間出現經血過多的狀況。

胎盤的解剖構造

胎盤是為發展中的胎兒提供各種養分的器官，
是懷孕期間，在子宮裡母體與胎兒組織間的一個暫時性結構。

胎盤替發展中的胎兒扮演肺臟與腸子的
角色。在胎盤中，胎兒的血液會與母體的
血液交換，好讓胎兒能獲得氧氣與養分，
胎兒所產生的廢棄物也能藉此排出。

分娩時，胎盤會與母體分離。到了分娩
的第三階段，當胎兒出生後，胎盤就會娩
出。醫護人員會檢查胎盤是否完全娩出，
以及是否有任何會對胎兒造成影響的異常
情況或疾病。

胎盤外觀

懷孕足月時，胎盤會呈深紅色，是個圓
形或橢圓形的扁平器官，重量約為 500 公
克、或是胎兒體重的 ⅙ 左右。

娩出的胎盤分成 2 個部份：

◆ **母體面**（連接到子宮內層）：這部份的胎盤
有許多分葉，這是因為胎盤組織被纖
維束帶（胎盤隔）所隔開。胎盤的母
體面為深紅色，質感有如海綿。

◁ **胎兒面**（臍帶從這一面發出）：包覆在胎膜
中，表面光滑，含有臍動脈與臍靜脈
這些大血管。

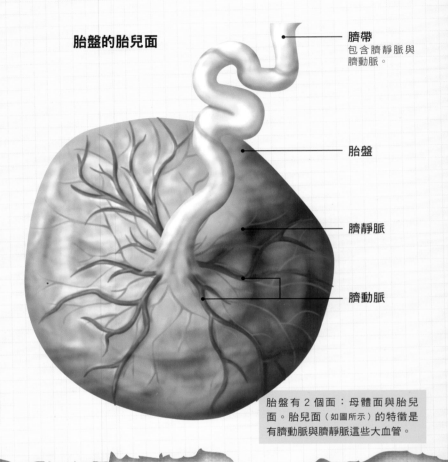

胎盤的胎兒面

臍帶
包含臍靜脈與
臍動脈。

胎盤

臍靜脈

臍動脈

胎盤有 2 個面：母體面與胎兒
面。胎兒面（如圖所示）的特徵是
有臍動脈與臍靜脈這些大血管。

胎盤的變化

包覆著胎盤組織
（露出底下的血管）
的羊膜

形成雙層羊膜的
自由邊（垂瓣）

臍帶
包含臍靜脈與
臍動脈。

在輪狀胎盤中，羊膜（包覆著胎兒的膜狀囊）會反
摺，形成一個雙層結構覆蓋在大部份的胎盤上。

胎盤的形狀或組成可能會
出現幾種差異。這些差異通
常沒有什麼重要的臨床意
義，對母體或成長中的胎兒
也不會造成威脅，但有時候
可能會出現一些問題。

胎盤變異

可能的胎盤變異包括：

◆ **副胎盤**：在胎膜中，
與主胎盤相隔不遠處
可能會多出一個胎盤
分葉或是附屬胎盤。

◆ **球拍狀胎盤**：這個名
稱的來源是臍帶附著

在胎盤邊緣，和起自
胎盤中央的正常臍帶
不同。

◆ **臍帶帆狀附著**：這是
形容胎盤的異常組
合，這時臍帶本身
不會接觸胎盤，而是
植入距離較遠的胎膜
中。臍動脈與臍靜脈
也會連接到胎盤。

◆ **輪狀胎盤**：如果胎膜
出現大規模反摺，就
可能出現輪狀胎盤，
這種情況可能與分娩
時的出血有關。

胎盤的內部構造

隨著胎盤的發展，胎盤中的胎兒血管也會形成絨毛（手指狀的突起物），這些絨毛能從進入胎盤的母體血管中吸收養分與氧氣。胎兒所產生的廢棄物也會透過絨毛送到母體的血液中。

成長中的胎兒透過胎盤從母體的血液中獲得養分與氧氣，同時，胎兒所產生的廢棄物也藉由胎盤排出。為了進行這些交換，胎盤擁有來自母體與胎兒的豐沛血液。

從胎盤的橫切面可以看出，這個器官有部份是由母體組織構成，有部份則來自胎兒組織。從母體的子宮動脈分出的螺旋小動脈將血液輸送到胎盤的基底。這些血液離開螺旋小動脈，流入寬闊的「池子」（絨毛間隙）中，胎兒的絨毛就浮在絨毛間隙裡。接著母體血液會經由許多靜脈返回自己的血液循環中。

胎兒的絨毛是手指狀的突起物，含有透過臍帶與胎兒相連的血管。這些絨毛會不斷分支，以增加表面積，便於胎兒血液與母體血液進行氧氣、養分及廢棄物的交換。

儘管母體與胎兒的血液循環彼此靠近，但兩者的血液會被絨毛的薄壁隔開來，不會混在一起。

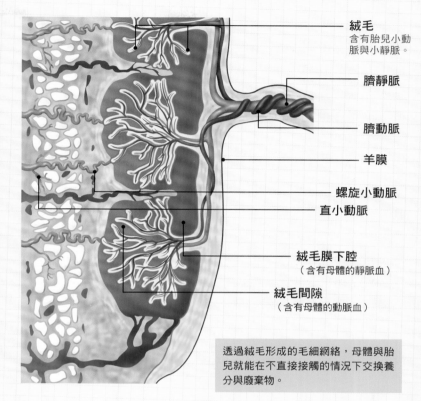

絨毛
含有胎兒小動脈與小靜脈。

臍靜脈

臍動脈

羊膜

螺旋小動脈

直小動脈

絨毛膜下腔
（含有母體的靜脈血）

絨毛間隙
（含有母體的動脈血）

透過絨毛形成的毛細網絡，母體與胎兒就能在不直接接觸的情況下交換養分與廢棄物。

胎盤的功能

胎盤有幾項功能，這些功用對於胎兒的成長是非常重要的：

◆ **呼吸**：胎兒的血液會透過胎盤從母體的血液中獲得氧氣，二氧化碳也會經由胎盤排到母體的血液中。

◆ **營養**：母體血液中所攜帶的養分會透過胎盤進入胎兒的血液。

◆ **排泄物**：胎兒所產生的廢棄物會從兩條臍動脈進入絨毛，最後進入母體的血液循環中。

◆ **荷爾蒙的產生**：胎盤是重要的荷爾蒙來源，特別是雌激素和黃體素。這些荷爾蒙不只幫助保持母體的懷孕狀態，也讓母體做好分娩的準備。

胎盤的異常情況

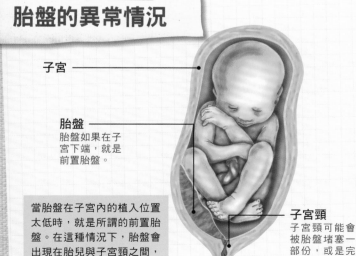

子宮

胎盤
胎盤如果在子宮下端，就是前置胎盤。

當胎盤在子宮內的植入位置太低時，就是所謂的前置胎盤。在這種情況下，胎盤會出現在胎兒與子宮頸之間，造成問題。

子宮頸
子宮頸可能會被胎盤堵塞一部份，或是完全堵住。

在懷孕期間，可能會出現與胎盤有關的問題。其中最為人所熟知的是前置胎盤，這是指胎盤在子宮中的植入位置過低。

由於位置太低，胎盤可能會出現在子宮頸和胎兒之間，使得自然分娩變得很困難。前置胎盤也和懷孕後期的出血狀況有關。

胎盤早剝

胎盤早剝指的是胎盤從子宮壁脫離（部份或全部）。這種情況可能會導致胎盤與子宮壁之間出血，造成非常嚴重的問題。

出血可能會淤積在子宮裡，也可能通過子宮頸、形成陰道出血。胎盤早剝如果處理得當，就能安全無虞；但在這種情況下，母親與胎兒都會處於危險階段。

陰道與子宮頸

陰道是薄壁的肌肉組織管，從子宮頸延伸到外陰。陰道在休息狀態下是關閉的，但在性行為或分娩時則能伸展。

陰道長約為 8 公分，位於膀胱與直腸之間。陰道是產道的主要部份，且在性行為中接受陰莖的插入。

陰道的構造

陰道的前壁與後壁會彼此相接，以關閉陰道腔（中央空隙），但能在分娩時大幅擴張。

子宮頸是子宮的下端，在陰道上端往下突出到陰道腔。陰道往上拱起與子宮頸接合，形成稱為陰道穹隆的凹陷處。陰道穹隆分為前、後、左、右 4 部份，形成一個完整的環形。

陰道的薄壁共有 3 層：

◆ **外膜**：由彈性纖維結締組織構成的外層，必要時能夠擴張。

◆ **肌肉層**：陰道壁的中央肌肉層。

◆ **黏膜層**：陰道的內層，上面有許多皺襞，且有多層鱗狀（皮膚狀）上皮（細胞內層），在性行為中可避免因摩擦而受損。

> 陰道是個管狀的肌肉組織，長度約 8 公分，在性行為與分娩時能擴張。

陰道冠狀面

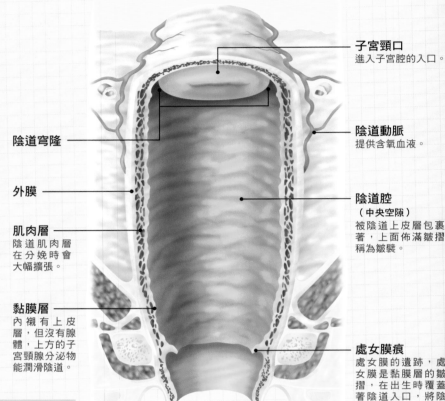

子宮頸口
進入子宮腔的入口。

陰道動脈
提供含氧血液。

陰道腔
（中央空隙）
被陰道上皮層包裹著，上面佈滿皺摺稱為皺襞。

處女膜痕
處女膜的遺跡，處女膜是黏膜層的皺摺，在出生時覆蓋著陰道入口，將陰道與前庭隔開。

陰道穹隆

外膜

肌肉層
陰道肌肉層在分娩時會大幅擴張。

黏膜層
內襯有上皮層，但沒有腺體，上方的子宮頸腺分泌物能潤滑陰道。

外生殖器

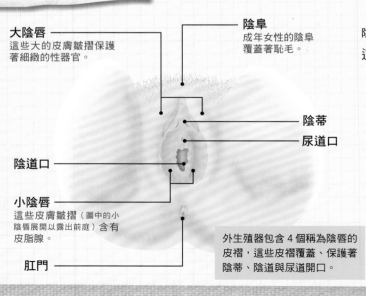

大陰唇
這些大的皮膚皺摺保護著細緻的性器官。

陰阜
成年女性的陰阜覆蓋著恥毛。

陰蒂

尿道口

陰道口

小陰唇
這些皮膚皺摺（圖中的小陰唇展開以露出前庭）含有皮脂腺。

肛門

> 外生殖器包含 4 個稱為陰唇的皮褶，這些皮褶覆蓋、保護著陰蒂、陰道與尿道開口。

女性的外生殖器（或稱外陰）是指位於身體表面、陰道外面的生殖器，包括：

◆ **陰阜**：圓形的肥厚多毛區，位於恥骨上方。

◆ **大陰唇**：兩片肥厚的外部皮褶，位於外陰開口兩側。

◆ **小陰唇**：兩片較小的皮褶，位於外陰裂縫裡面。

◆ **前庭**：有尿道與陰道開口。

◆ **陰蒂**：由勃起組織所形成的構造，具有豐富的感覺神經；和男性的陰莖類似。

黏膜層的皺摺（處女膜）會關閉部份的外陰開口；可能會因為第一次性行為、使用棉條或是進行骨盆檢查而破裂。

子宮頸

子宮的狹窄下端，往下突出於陰道。

子宮頸被子宮頸韌帶固定著，且繫在上方相對較能移動的子宮體。

子宮頸的結構

子宮頸有個狹窄的通道，成年女性的子宮頸長度約為2.5公分。子宮頸壁很強韌，由許多纖維組織與肌肉構成，和主要為肌肉組織的子宮體不同。

子宮頸管是子宮腔往下延續而成的，子宮頸的下端有通往陰道的子宮頸外開口。子宮頸管的中央部位最寬，在上端的內開口與下端的外開口會稍微縮小。

子宮頸的內層

子宮頸的上皮層（或內層）有2種：

◆ **內子宮頸**：子宮頸管的內層，位於子宮頸內。這裡的上皮層是單層的柱狀細胞，覆蓋在有著許多皺摺、腺體的表面上。

◆ **外子宮頸**：覆蓋著部份的子宮頸，往下伸入陰道中；是由多層的鱗狀上皮細胞構成。

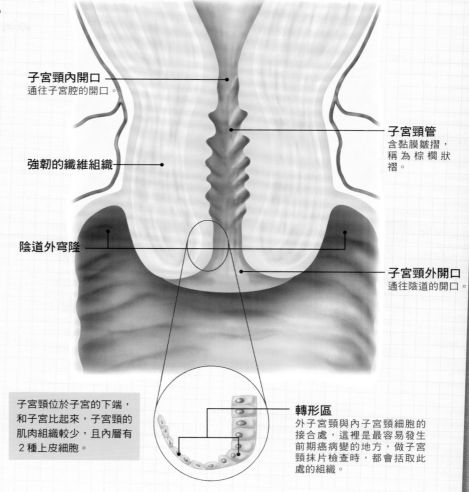

子宮頸內開口
通往子宮腔的開口。

強韌的纖維組織

陰道外穹隆

子宮頸管
含黏膜皺摺，稱為棕櫚狀褶。

子宮頸外開口
通往陰道的開口。

子宮頸位於子宮的下端，和子宮比起來，子宮頸的肌肉組織較少，且內層有2種上皮細胞。

轉形區
外子宮頸與內子宮頸細胞的接合處，這裡是最容易發生前期癌病變的地方，做子宮頸抹片檢查時，都會括取此處的組織。

子宮頸口

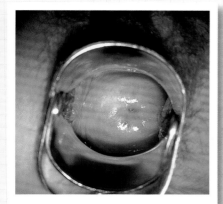

透過鴨嘴器可以看到健康的子宮頸。在子宮頸外開口可以看到子宮頸裡的深粉紅色內層。

子宮頸管通往陰道的開口稱為子宮頸口。

在子宮頸抹片檢查中，如果在顯微鏡下發現一些異常的細胞，就必須更仔細地檢查子宮頸。在這種情況下，醫生會進行陰道鏡檢查（一種低倍數的顯微鏡檢查）。

陰道鏡檢查

在進行陰道鏡檢查時，醫生會在子宮頸塗上一層染劑，以顯示任何有異狀的細胞。可疑的部位可能會進行切片檢查；若有需要則會施以進一步的治療。

未生產過的子宮頸

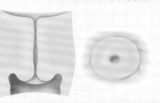

沒有生產過的女性，其子宮頸開口為圓形。子宮頸管也比分娩後更加緊密閉合。

生產過的子宮頸

在生過小孩後，子宮頸開口會變得像一道裂縫。由於生產時胎兒會通過子宮頸管，因此子宮頸管會稍微鬆弛一些。

卵巢與輸卵管

卵巢是產生卵子的地方，卵子與精子結合後（受精）會形成胚胎。輸卵管會把卵子送到子宮去。

卵巢有 2 個，位於下腹部、子宮二側。卵巢的位置可能略有不同，特別是在生完小孩之後，支撐卵巢的韌帶可能會伸長。

卵巢包含下列結構：

◆ **白膜**：由纖維組織形成的保護層。

◆ **髓質**：卵巢的中央部位，含有血管與神經。

◆ **皮質**：卵子就在皮質裡面發展。

◆ **表層**：在青春期前，表層平滑，但在具備生殖能力期間會變得較為凹凸不平。

血液供應

卵巢的血液是來自卵巢動脈，卵巢動脈起於腹主動脈。卵巢動脈也供應血液給輸卵管，血液流經輸卵管後，會與子宮動脈吻合。

卵巢的血液會流進闊韌帶中的微細靜脈網絡（蔓狀靜脈叢），再流入左、右卵巢靜脈。這些靜脈會往上延伸到腹部，最後匯流到下腔靜脈以及腎靜脈。

這張卵巢橫切面顯示出位於卵巢皮質中的濾泡。每個濾泡都包含一個處於不同發展階段的卵子。

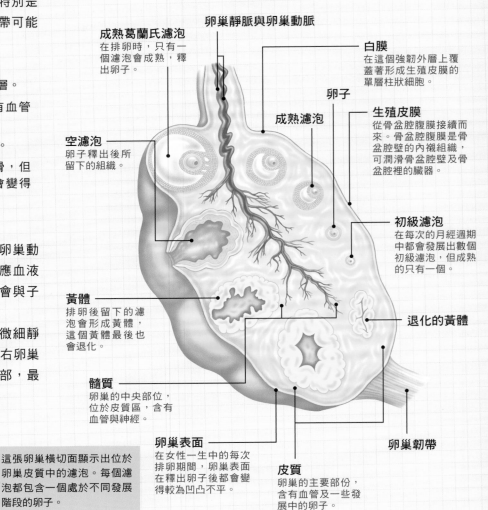

卵巢橫切面

卵巢靜脈與卵巢動脈

成熟葛蘭氏濾泡
在排卵時，只有一個濾泡會成熟，釋出卵子。

白膜
在這個強韌外層上覆蓋著形成生殖皮膜的單層柱狀細胞。

卵子

成熟濾泡

生殖皮膜
從骨盆腔腹膜接續而來。骨盆腔腹膜是骨盆腔壁的內襯組織，可潤滑骨盆腔壁及骨盆腔裡的臟器。

空濾泡
卵子釋出後所留下的組織。

初級濾泡
在每次的月經週期中都會發展出數個初級濾泡，但成熟的只有一個。

黃體
排卵後留下的濾泡會形成黃體，這個黃體最後也會退化。

退化的黃體

髓質
卵巢的中央部位，位於皮質區，含有血管與神經。

卵巢表面
在女性一生中的每次排卵期間，卵巢表面在釋出卵子後都會變得較為凹凸不平。

皮質
卵巢的主要部份，含有血管及一些發展中的卵子。

卵巢韌帶

支持韌帶

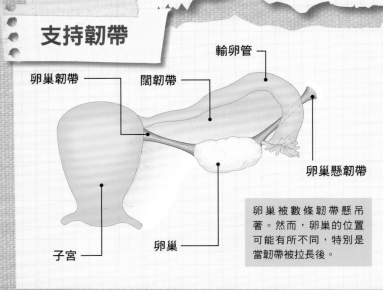

輸卵管

卵巢韌帶

闊韌帶

卵巢懸韌帶

子宮

卵巢

卵巢被數條韌帶懸吊著。然而，卵巢的位置可能有所不同，特別是當韌帶被拉長後。

卵巢由數條韌帶支撐著，與子宮和輸卵管保持著相關的位置。

主要韌帶

這些韌帶包括：

◆ **闊韌帶**：像是帳篷般的骨盆腹膜皺摺，往下垂掛在子宮兩側，包覆著輸卵管與卵巢。

◆ **卵巢懸韌帶**：是闊韌帶將卵巢固定在骨盆側壁的部份，其中含有卵巢動脈、靜脈與淋巴。

◆ **卵巢繫膜**：闊韌帶的皺摺，卵巢就位於卵巢繫膜中。

◆ **卵巢韌帶**：連接卵巢與子宮，並延伸到闊韌帶。

女性在生完小孩後，這些韌帶可能會拉長，代表卵巢的位置可能會和懷孕前有所差別。

輸卵管

輸卵管會抓住從卵巢來的卵子，並將它送到子宮。
輸卵管也是卵子與精子的結合（受精）處。

輸卵管的長度約10公分，從子宮體上部往外，朝著骨盆腔外側壁延伸。

輸卵管延伸於闊韌帶的上緣，通往卵巢部位的腹膜腔。

結構

在解剖上輸卵管可分為4個部份，從外至內分別為：

◆ **漏斗部**：漏斗狀的外側端，通向腹膜腔。

◆ **壺部**：輸卵管最長、最寬的部份，也是卵子最常發生受精的地方。

◆ **峽部**：輸卵管的窄縮部位，具有厚實的管壁。

◆ **子宮部**：輸卵管中最短的部份。

血液供應

輸卵管的血液供應相當豐沛，這些血液來自重疊成動脈弓的卵巢動脈與子宮動脈。

輸卵管的靜脈血液引流模式則和動脈網絡相類似。

輸卵管的主要部份

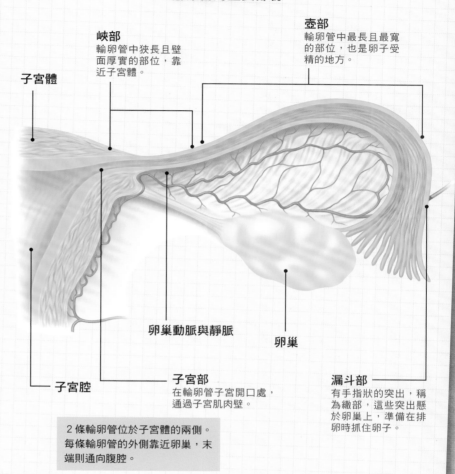

峽部
輸卵管中狹長且壁面厚實的部位，靠近子宮體。

壺部
輸卵管中最長且最寬的部位，也是卵子受精的地方。

子宮體

卵巢動脈與靜脈

卵巢

子宮腔

子宮部
在輸卵管子宮開口處，通過子宮肌肉壁。

漏斗部
有手指狀的突出，稱為繖部，這些突出懸於卵巢上，準備在排卵時抓住卵子。

2條輸卵管位於子宮體的兩側。每條輸卵管的外側靠近卵巢，末端則通向腹腔。

輸卵管的管壁

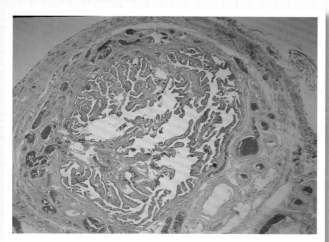

輸卵管壁有2種細胞：黏液分泌細胞與絨毛細胞。這些細胞負責提供養分給卵子，並沿著輸卵管推送卵子。

輸卵管的管壁結構是為了協助、保護卵子，將卵子安全送到子宮著床，其特性如下：

◆ 有層平滑的肌肉纖維層，使輸卵管能產生傳往子宮的規律收縮波。

◆ 管壁細胞具有絨毛，這種刷子般的細微突出能將卵子向內「掃」到子宮中。

◆ 輸卵管內層深囊中的非絨毛細胞，所產生的分泌物能為前往子宮的卵子，及可能出現的精子提供養分。

卵巢荷爾蒙

輸卵管的內層受到卵巢荷爾蒙的影響，在月經週期的各個階段，會有不同的反應。比如說，黃體素這種荷爾蒙能增加黏液的分泌量。

月經週期

月經週期是個規律的過程，期間，卵巢會釋出卵子準備懷孕。從女性第一次月經來潮到更年期停經為止，這個過程大約每4週就會出現一次。

月經週期是指卵母細胞（發展成卵子的細胞）在卵巢中的週期性成熟過程，以及子宮內部的生理變化。通常在11～15歲的青春期期間，性荷爾蒙分泌突然增加，促使生殖功能成熟。

月經週期開始

初潮的時間大約在12歲左右。初潮之後，生殖週期就會開啟，平均約28天出現一次。根據每個人的情況，月經週期的天數有長、有短或是有所變化。月經週期除了在懷孕期間會停止外，會一直持續到更年期。但患有精神性厭食症的女性，或是訓練密集的女性運動員可能會導致月經停止。

月經

如果沒有懷孕，女性體內的雌激素與黃體素濃度就會降低，富含血液的子宮內層會在月經來潮時剝落。這個過程每28天左右會出現一次，但也可能每19～36天之間出現。

月經來潮大約會持續5天左右，期間，所流失的經血、子宮組織與其他液體總計約50毫升，但量會因人而異。有些女性只會流失10毫升左右的經血，有些人的經血量甚至高達110毫升。

月經期間流失太多的經血稱為月經過多，月經暫時停止（例如懷孕期間）稱為閉經，更年期則是月經週期完全停止，通常會在45～55歲左右發生。

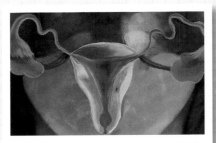

這張偽色X光片顯示出經由電腦強化的女性生殖系統的主要結構圖。

一個發展中的卵子位於濾泡中央。卵子的數量有限，女性能產生卵子的年紀最多為50歲左右。

每月的生理變化

這張圖說明月經週期間所發生的變化。在開始的1～5天，子宮內層剝落，另一個濾泡則正在發展當中。到了14天左右，子宮內層變厚，卵子釋出，這個時點就稱為排卵。

促性腺激素
由腦下垂體分泌，可促進卵巢產生卵子及分泌性荷爾蒙。

卵巢活動
每個月會有一個濾泡發展成熟，在排卵時釋出。卵子釋出後在卵巢中所存留下來的組織會形成黃體（短暫產生荷爾蒙的腺體）。

卵巢荷爾蒙
可促進內膜形成；在排卵後，黃體會產生更多的黃體素，讓子宮做好懷孕的準備。

子宮內層
會漸漸增厚以便接受受精後的卵子。如果卵子沒有著床，子宮內層就會在月經週期的前五天裡剝落。

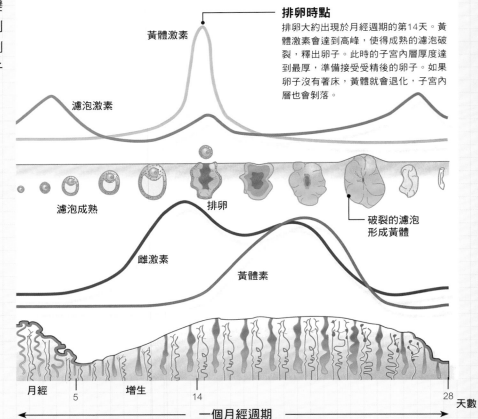

排卵時點
排卵大約出現於月經週期的第14天。黃體激素會達到高峰，使得成熟的濾泡破裂，釋出卵子。此時的子宮內層厚度達到最厚，準備接受受精後的卵子。如果卵子沒有著床，黃體就會退化，子宮內層也會剝落。

黃體激素
濾泡激素
濾泡成熟
排卵
破裂的濾泡形成黃體
雌激素
黃體素
月經　　5　　增生　　14　　28　　天數
一個月經週期

卵子發展過程

在出生時，女性的2個卵巢裡會有將近200萬個卵原細胞，第一次月經來臨時只剩40萬個。在每次的月經週期中，卵巢裡大約有20個可能成形的卵，但最後只有一個發展成熟且被釋出。到了更年期時，卵巢內的細胞會完全閉鎖（細胞衰退），不會再產生卵子。

卵子會在可以形成腔囊的分泌結構（濾泡）中發展。當卵原細胞被單層的顆粒細胞包圍時，就會發生濾泡發展過程的第一個階段，稱為初級濾泡。

一個健康的卵子從成形到釋出，需要6個月左右的時間；終其一生，直到卵子耗盡為止，這個過程會一直進行著。

在這個階段，卵子的遺傳資料仍然不變（但是很容易產生變化），直到卵子被排出為止，這個過程從首次發展卵子後最多可持續45年。這可以解釋為何高齡孕婦的卵子和其產下的後代較容易出現異常染色體。

初級濾泡經過減數分裂後會形成次級濾泡，接著發展成三級濾泡。一次最多會有20個初級濾泡開始成熟，但最後有19個會退化。如果有一個以上的濾泡發展至成熟，就可能出現雙胞胎或三胞胎。

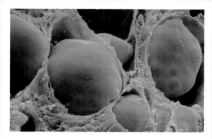

濾泡位於卵巢的皮質區。這張顯微影像顯示濾泡被結締組織隔開。

排卵

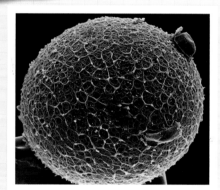

完全發展的卵子會被稱為透明帶的蛋白質外層所包覆，這個外層負責在受精過程中捕捉並拴住精子。

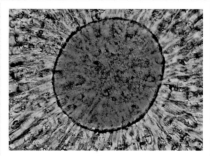

在光學顯微鏡下，可以看到次級濾泡（成熟卵子）被放射冠細胞所包圍，這些細胞在卵子發展期間負責支撐卵子。

濾泡發展過程中的最後14天，大約處於月經週期的前半段，受到卵巢、腦下垂體與下視丘所分泌的荷爾蒙的交互影響。

在月經週期開始時，腦下垂體所分泌的濾泡激素增加，促進卵巢選出一顆健康卵子，以繼續發展。如果沒有懷孕，在黃體期間（月經週期中的第二個14天），雌激素與黃體素的濃度會下降，腦下垂體便開始分泌較多的濾泡激素。

選擇卵子

在濾泡激素增加時，大約有20個次級濾泡分佈於2個卵巢中，每個濾泡的直徑約2～5公釐。在這些濾泡中，只有一個濾泡能繼續發展，其他的則會退化。濾泡一旦選出後，其他的濾泡就不會再發育了。一個直徑5公釐的次級濾泡，通常要在濾泡激素的影響下10～12天，才能發展到直徑20公釐。之後，濾泡會破裂、將卵子釋放到輸卵管中。在濾泡漸漸長大時，雌激素的濃度會穩定上升，

促使腦下垂體在月經中期增加黃體激素的濃度，以利卵子的釋出與成熟。黃體激素的高峰期到排卵這段期間相對固定，約36小時。排卵後所遺留下來的破裂濾泡（黃體）會變成非常重要的內分泌腺，分泌雌激素與黃體素。

荷爾蒙調節

大約在排卵後7天，黃體素的濃度會達到高峰。如果卵子成功受精，黃體會在懷孕期間繼續存在，直到懷孕3個月後，胎盤取代黃體的功能為止。如果沒有懷孕，黃體將維持14天左右，雌激素與黃體素的濃度會下降，以便迎接下個月經週期的到來。

在月經週期的前半段，發展中的濾泡會分泌雌激素（黃體出現之前的階段），讓子宮內層（子宮內膜）增生、增加其厚度，以準備在卵子受精後能夠提供養分給卵子。一旦黃體形成後，黃體素會讓子宮內膜轉變成更複雜的結構，以迎接胚胎著床。

排卵如何發生

女性生殖年限內的卵子數量早在出生前就已經決定了。
在青春期前，未成熟的卵子會儲存在卵巢中；青春期後，每個月都有一顆卵子從卵巢釋出。

卵子是女性的生殖細胞，一個卵子與一個精子結合以形成一個新的生命。卵子是由卵巢產生，也儲存在卵巢中；卵巢這 2 個核桃大的器官則透過輸卵管與子宮相連。

卵巢

2 個卵巢都包覆在腹膜（腹部內層）中，腹膜底下是層緻密的纖維囊，稱為白膜。卵巢本身則是由皮質區這個緻密的外部組織，以及較為鬆散的內部組織——髓質所構成。

卵子的產生

女性的卵子數量在出生時就已經決定了。形成卵子的細胞從出生到青春期一路衰減，能夠產生成熟卵子的時間只限於青春期到更年期之間。

卵子的產生過程稱為卵子發生，意思是「卵子的開端」。胎兒的生殖細胞會產生許多卵原細胞。這些卵原細胞會分裂成初級卵母細胞，其周圍緊貼著一圈濾泡細胞（支持細胞）。

基因分裂

初級卵母細胞開始進行減數分裂（一種特殊的核分裂），但會在第一階段停止，直到青春期後才完成。出生時，卵巢內的初級卵母細胞約有70～200萬個。這些特化細胞會在未成熟的卵巢皮質區中呈現休眠狀態，且慢慢退化；到了青春期時，卵巢內只剩下約 4 萬個初級卵母細胞。

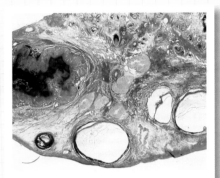

這張顯微影像顯示卵巢中有數個大濾泡（白色）。在排卵時，最多會有20個濾泡開始發展，但最後只有一個能夠成熟並釋出。

減數分裂

第一次減數分裂會產生 2 個大小不一的細胞：次級卵母細胞與第一極體。次級卵母細胞幾乎包含初級卵母細胞的所有細胞質。2 個細胞開始進行第二次分裂；然而，這個過程會暫時停止，直到卵母細胞與精子結合才會繼續完成分裂。

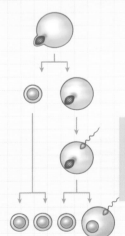

減數分裂是一種特殊的核分裂，發生於卵巢中，產生 1 個雌性生殖細胞和 3 個極體。

卵子的發展

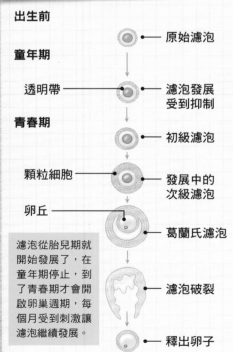

出生前

原始濾泡

童年期

透明帶 ——— 濾泡發展受到抑制

青春期

初級濾泡

顆粒細胞 ——— 發展中的次級濾泡

卵丘 ——— 葛蘭氏濾泡

濾泡破裂

釋出卵子

濾泡從胎兒期就開始發展了，在童年期停止，到了青春期才會開啟卵巢週期，每個月受到刺激讓濾泡繼續發展。

在青春期之前，初級卵母細胞會包裹在一層細胞（顆粒細胞）中，形成一個初級濾泡。

青春期

到了青春期時，每個月都會有一些初級濾泡受到荷爾蒙的刺激，而得以繼續發展成次級濾泡，其過程為：

◆ 卵母細胞的表面會有一層透明的黏液稱為透明帶。

◆ 顆粒細胞增生，在卵母細胞周圍形成多層的顆粒細胞層。

◆ 濾泡中央變成一個空腔，裡面充滿顆粒細胞所分泌的液體。

◆ 卵母細胞被推到一側，且被稱為卵丘細胞的濾泡細胞圍住。

一個成熟的次級濾泡就稱為葛蘭氏濾泡。

釋出卵子

當濾泡破裂，成熟卵子釋放到輸卵管時，就是所謂的排卵。
受精作用可能在月經週期的這個階段發生。

當葛蘭氏濾泡繼續增大，在卵巢表面就能看到這個水泡般的結構。

荷爾蒙改變

為了因應荷爾蒙的變化，包圍著卵母細胞的濾泡細胞開始分泌一種較稀薄的液體，分泌量越來越多，濾泡也因此而快速增大。如此一來，接觸到卵巢表面的濾泡壁會變得很薄，最後濾泡就會破裂。

排卵

少量的血液和濾泡液被排出濾泡囊外，包裹在卵丘和透明帶中的次級卵母細胞也跟著被排出，進入腹膜腔，這個過程就稱為排卵。

女性通常不會察覺到排卵現象，但有些人會覺得下腹有些刺痛感，這是卵巢壁緊繃所造成的。

排卵期

排卵大約發生在月經週期的第14天左右，此時也是女性最容易受孕的時候。由於精子最多能在子宮內存活

5天，因此受精作用的發生時間約為一個星期左右。

當精子穿透次級卵母細胞後，懷孕就發生了，接著觸發減數分裂的最後階段。但如果卵子沒有受精，減數分

裂的第二階段就不會完成，次級卵母細胞也會衰退。

破裂的濾泡形成黃體，負責分泌黃體素。這種荷爾蒙能讓子宮內膜做好迎接胚胎的準備。

黃體
如果卵子沒有受精，黃體就會退化，刺激月經週期的再次啟動。

在卵巢皮質中有許多卵巢濾泡。每個濾泡裡都有一個卵母細胞，這些卵母細胞各自處於不同的發展階段。

生長中的初級濾泡

次級濾泡

卵巢靜脈與動脈

卵子從葛蘭氏濾泡釋出

成熟的葛蘭氏濾泡

月經週期

這張圖顯示腦下垂體前葉與卵巢，在月經週期期間所分泌的荷爾蒙，以及卵巢與子宮內所發生的變化。

發情期（或月經週期）指的是雌性生殖系統在卵子生成期間的週期性變化。

這些變化是由腦下垂體與卵巢所分泌的荷爾蒙來控制的，包括：雌激素、黃體素、黃體激素以及濾泡激素。

子宮的變化

在雌激素與濾泡激素的影響下，子宮內膜會隨著增厚、充滿血液。

在月經週期的前14天，葛蘭氏濾泡成熟。到了第14天左右，次級卵母細胞就會排出濾泡、進入輸卵管中。

破裂的濾泡變成黃體，分泌黃體素，進一步刺激子宮內膜變厚，讓受精的卵子能夠著床。

如果卵子沒有受精，黃體素與雌激素的濃度就會下降，子宮內膜便會脫落，隨著經血排出。

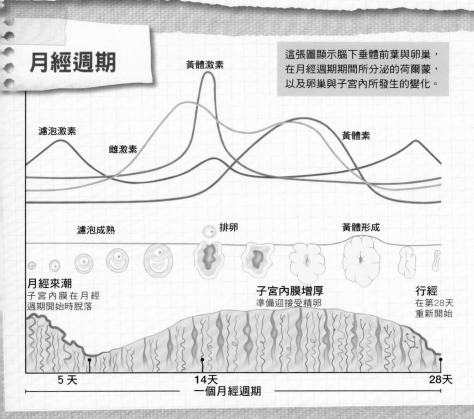

黃體激素

濾泡激素

雌激素

黃體素

濾泡成熟　　排卵　　黃體形成

月經來潮
子宮內膜在月經週期開始時脫落

子宮內膜增厚
準備迎接受精卵

行經
在第28天重新開始

5天　　　14天　　　28天
一個月經週期

性高潮如何產生

男性與女性在到達性高潮（性行為中的頂峰）時會經歷許多生理上的變化。
男性的性高潮包括射精，女性的性高潮能增加受精的成功機會。

男性生殖細胞（精子）藉由性行為進入女性的生殖系統。

進行性行為時，男性將勃起陰莖插入女性的陰道中。性刺激會讓睪丸中的精子從陰莖推送出去，形成射精。

性興奮

性興奮有一連串的階段，當身體到達不同的性興奮程度時，會出現不同的生理變化。性慾初始階段後，男性與女性會經歷以下階段：

◆ 興奮期
◆ 高原期
◆ 性高潮
◆ 消退期

男性與女性會呈現不同的性反應，這些反應因人而異。但對兩性而言，性高潮就是性行為中的高峰。

生理因素

男性性高潮時會射出精液，這是受精作用的前提。此外，女性性高潮據信也能增加卵子的受精機率。

性高潮也是讓人想進行性行為的原因；對許多人來說，追求這種愉悅感就是進行性行為的驅動力。

要產生性高潮，男性與女性必須在生理與心理上都產生興奮感。性高潮的確切範圍會因人而異。

男性的性反應

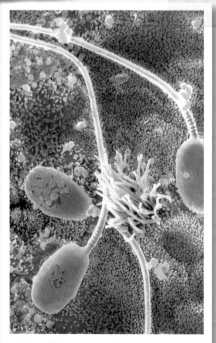

男性達到性高潮時所產生的收縮強度，足以把精液推送到女性的生殖道中。一個男性在性高潮中通常會出現 3～5 次主要收縮。

興奮期

當男性的性慾被喚起時，流經生殖器的血流量會突然增加，使陰莖勃起；心跳加快、血壓升高、呼吸也會變得急促。

高原期

當陰莖持續硬挺，顏色也會加深，尖端可能因尿道球腺（位於陰莖基底）的分泌物而變得濕潤。睪丸脹大並朝著身體收縮。

一連串的肌肉收縮會把精子從副睪推向輸精管的末端。精子會在這裡與來自前列腺、精囊的液體混合，形成精液。在這個階段，男性會體驗到一種所謂「射精是無法避免」的感受，因此即使陰莖不再受到刺激，射精仍然會發生。

性高潮

性高潮是性興奮的最高峰。性刺激與性興奮的張力強烈釋放在生殖器上，但也會影響身體的其他部位。

男性的性高潮通常伴隨著刺激性的射精。由於尿道與陰莖基部周圍肌肉的強烈收縮，迫使精液排出體外，形成射精。通常會發生 3～5 次主要收縮，每次間隔0.8秒。性高潮的感受可能會很強烈，許多男性會不由自主地把骨盆向前推，迫使陰莖更加深入女性的陰道中。

男性的性高潮往往比女性的性高潮來得短暫，一般會持續 7～8 秒左右。在達到性高潮時，呼吸、心跳和血壓都會達到高峰。

消退期

在性高潮後，陰莖和睪丸會回復正常大小。呼吸與心跳也會減緩，血壓也跟著下降。

女性的性反應

女性的性高潮被認為能在性行為中協助精子進入子宮，提高受精的機會。但有些女性未曾在性行為中經歷過性高潮，卻仍然能夠受孕。

性興奮

在女性的性興奮階段，陰蒂與陰道會因為血液供應增加而腫脹；大陰唇的顏色會變深，小陰唇則會攤平。

女性性興奮的跡象，就是陰道口周圍會變得濕潤。這是陰道的內層分泌細胞受到刺激造成的。這種液體能潤滑陰道，讓陰道準備好稍後可能發生的性行為。

此時胸部也會稍微變大，乳頭會變得堅挺。乳暈腫脹、顏色變深；血壓升高、心跳加快、呼吸急速，肌肉也會更加緊繃。

性興奮持續的時間不一，可能會進展到高原期或是漸漸消退。

高原期

如果性興奮與性刺激繼續維持，女性就會進入高原期。高原期的特徵是整個陰部的血液供應量增加；陰道下

女性的生理興奮

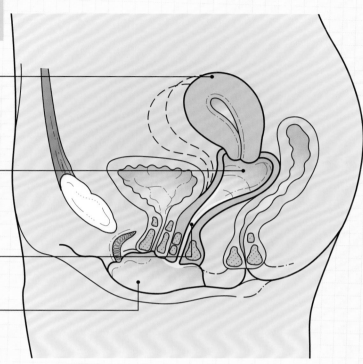

性高潮所產生的收縮可能有助於將精子推向子宮與輸卵管。

子宮
在高原期時，子宮會從骨盆腔升高。在到達高潮時產生節奏性的收縮。

上陰道
上陰道在高原期時擴大，形成一個空間來容納精液，讓受精的機會達到最大。

陰道分泌物
潤滑陰道，幫助陰莖插入。

陰部
在性興奮階段，陰部的血流量會增加，陰蒂與陰唇會充血。

部變窄以幫助在性行為中夾住陰莖；上陰道會變大，子宮從骨盆腔升高，使陰道腔擴張以容納精液。

在這個階段中，小陰唇的顏色會變深，陰蒂縮短、退到陰唇底下。位於陰道與外陰接合處的前庭腺可能會分泌一些液體。如果繼續刺激，高原期可能會進展到性高潮。性高潮是性興奮中的第三階段，也是最短的階段。

性高潮

女性的性高潮可以很強烈，但鮮少持續15秒以上。性高潮開始時，陰道下部會產生一波波節奏性的收縮。一開始大約每0.8秒出現一次，這個頻率和陰莖射出精液的頻率相同。在初期的幾次收縮後，收縮的間隔會越拉越長。女性的收縮可能有助於精子往子宮、輸卵管移動。

高潮收縮會順著陰道往上擴散到子宮。骨盆與會陰（介於肛門和陰道之間的部位）以及膀胱和直腸開口附近的肌肉也會收縮。根據性高潮的強度，女性通常可以體驗到5～15次的高潮收縮。

性高潮時，背部與腿部的肌肉可能會不由自主地抽搐，使得背部拱起、腳趾彎曲。心跳最高可達到每分鐘180次，每分鐘的呼吸也能有40次之多；血壓上升、瞳孔與鼻孔擴張。女性在經歷性高潮時可能會呼吸急促或是摒住呼吸。

消退期

一旦性高潮完成後，消退期就會展開。在這段時間，女性的胸部會回復到原來的大小，肌肉放鬆，心跳與呼吸也會回復正常。

受孕如何產生

數以百萬計的精子沿著女性的生殖道往上移動以尋找卵子。過程中會有數百隻精子試著突破卵子的外層，但最後只有一個精子能夠讓卵子受精。

當一個男性配子（精子）與一個女性配子（卵子）在性行為中結合後，受精作用就會產生。這2個細胞融合後，新的生命就孕育而生了。

精子

在性行為過程中，精液裡的精子會往上游到子宮。在這段路程中，子宮頸的鹼性黏液會滋養精子，讓精子得以繼續前往輸卵管。

儘管這段路程大約只有20公分左右，但精子卻可能要花上2個小時才能抵達，這是因為以精子的大小來看，這段旅程可說是頗為漫長。

生存

每次射出的精液中雖然平均含有3億個精子，但其中只有一小部份（約1萬個）能到達卵子所在的輸卵管。真正能與卵子接觸的就更少了。這是因為許多精子會在陰道的惡劣環境中折損，或是在生殖道中迷了路。

精子得在女性體內待上一段時間，才能讓卵子受精。女性生殖道裡的液體能夠活化精子，讓精子的抽鞭式運動變得更加有力。

旅程中，精子也受到子宮收縮的幫助，使精子往身體上方移動。精液裡的前列腺素會刺激子宮收縮，女性在性高潮時也會產生子宮收縮。

卵子

濾泡一旦釋出卵母細胞（排卵時），卵母細胞就會被輸卵管內層細胞的波浪般運動推向子宮。在性行為後2小時左右，卵母細胞通常會在輸卵管的外側部份與精子結合。

受精過程

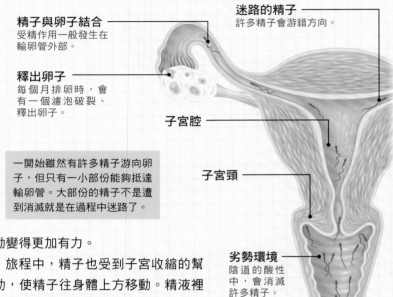

精子與卵子結合
受精作用一般發生在輸卵管外部。

釋出卵子
每個月排卵時，會有一個濾泡破裂、釋出卵子。

迷路的精子
許多精子會游錯方向。

子宮腔

子宮頸

劣勢環境
陰道的酸性中，會消滅許多精子。

一開始雖然有許多精子游向卵子，但只有一小部份能夠抵達輸卵管。大部份的精子不是遭到消滅就是在過程中迷路了。

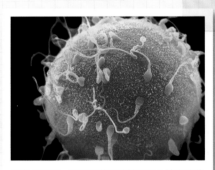

在性行為中，數以百萬計的精子在女性生殖道中力爭上游以尋找卵子。

與卵子相遇

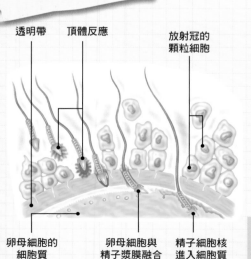

透明帶 **頂體反應** **放射冠的顆粒細胞**

卵母細胞的細胞質 **卵母細胞與精子漿膜融合** **精子細胞核進入細胞質**

在游向卵子的旅程中，女性生殖道裡的分泌物會去除掉精子的膽固醇，弱化它們的頂體膜，這個過程就稱為精子獲能。若沒有獲能，受精作用就無法產生。

當精子到達卵子附近時，它們會受到卵子的化學吸引。最後，當精子和卵子接觸時，頂體膜就會完全脫落；如此一來，頂體（精子中含有酵素的部份）裡的內容物就會釋放出來。

當精子細胞接近卵子時，它們就會釋出酵素。這些酵素能夠分解卵子的保護外層，讓一個精子進入卵子之中。

穿透

精子所釋放的酵素能突破保護卵子的卵丘細胞與透明帶。但過程中，至少要有100個頂體破裂，才能穿透卵子的重重保護、開出一條道路讓一個精子進入卵子之中。

在這種方式下，精子細胞要接近卵子就得要先犧牲自己，才能讓另一個精子成功穿透卵母細胞的細胞質。

受精

當一個精子進入卵母細胞後，2個細胞所具備的遺傳資料就開始融合。形成受精卵，並進一步進行分裂、形成胚胎。

一旦有精子穿透卵母細胞，卵母細胞中就會產生化學反應，讓其他精子無法再進入。

第二次減數分裂

當精子的細胞核進入卵母細胞後，就會重新啟動排卵時所開啟的核分裂（第二次減數分裂），形成一個單倍體卵母細胞與次級極體。

精子的細胞核與卵子幾乎是立刻融合以產生一個二倍體受精卵，其中包含來自母親與父親的遺傳材料。

性別的決定

在受精的那一刻，胎兒的性別就已經決定了，子代的性別是由精子（也就是父親）來支配的。

性別是由性染色體（X和Y）決定的，女性會貢獻一個X染色體，男性所提供的則可能是X或Y。讓卵母細胞（X）受精的精子可能含有X染色體或是Y染色體，因此會產生女性（XX）或男性（XY）的子代。

細胞分裂

在受精後數個小時，受精卵會經歷一連串的減數分裂，以產生一個稱為桑椹胚的細胞群。桑椹胚細胞每12～15小時會分裂一次，產生一個大約由100個細胞所組成的囊胚。

囊胚會分泌人類絨毛膜性腺激素，這種激素能防止黃體遭到破壞，從而維持黃體素的分泌。

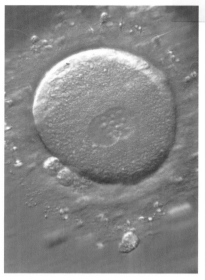

一旦精子穿透卵母細胞，2個細胞的細胞核就會融合在一起。1個二倍體胚胎於焉形成，其中包含母親與父親的基因。

植入與發展

受精後大約3天左右，囊胚就開始從輸卵管往子宮移動。

一般來說，囊胚是無法通過輸卵管的括約肌。然而，受到受精影響而逐漸升高的黃體素濃度能讓輸卵管的肌肉放鬆，使囊胚能繼續往子宮前進。

一個受損或是堵塞的輸卵管會讓囊胚無法通過，導致子宮外孕，這時胚胎會在輸卵管中開始發育。

多胞胎

在大部份的情況下，女性體內的其中一個卵巢每個月會釋出一顆卵子。

但2個卵巢偶爾會各自釋放出1顆卵子，這2顆卵子若是各自與精子結合的話，就會產生異卵雙胞胎。在這種情況下，2個胎兒會各自擁有自己的胎盤，負責養分的提供。

在更少數的情況下，1個受精卵會自然分裂成2個，形成2個胚胎，這就是同卵雙胞胎。這2個胚胎共享相同的基因，甚至從同一個胎盤中獲取營養。

受精後數小時，如果受精的卵母細胞沒有完全分裂，就會形成連體雙胞胎。

植入

囊胚一旦抵達子宮，就會植入變厚的子宮壁內層。囊胚所釋出的荷爾蒙，讓它不會被視為外來物而遭到排除。當囊胚安全植入子宮內層後，生命就開始孕育了。

瑕疵

大約有⅓的受精卵無法成功植入子宮。在那些成功植入子宮內膜的囊胚中，還是有不少胚胎的遺傳材料帶有缺陷，例如多了1個染色體。

在這些缺陷中有許多會導致胚胎在植入後很快就無法持續發展，這種情況甚至可能早在第一次月經沒來前就出現了，因此，女性甚至不會知道自己曾經懷孕過。

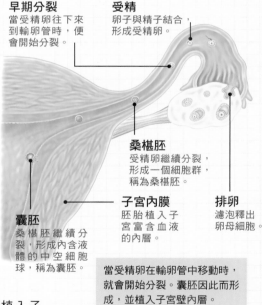

早期分裂
當受精卵往下來到輸卵管時，便會開始分裂。

受精
卵子與精子結合，形成受精卵。

桑椹胚
受精卵繼續分裂，形成一個細胞群，稱為桑椹胚。

子宮內膜
胚胎植入子宮富含血液的內層。

排卵
濾泡釋出卵母細胞。

囊胚
桑椹胚繼續分裂，形成內含液體的中空細胞球，稱為囊胚。

當受精卵在輸卵管中移動時，就會開始分裂。囊胚因此而形成，並植入子宮壁內層。

當受精卵抵達子宮後，會附著在子宮內膜上。豐沛的血液為胚胎提供養分，使其開始發展。

分娩如何發生

越接近懷孕後期，母親與胎兒都會出現生理上的變化。
荷爾蒙的刺激會讓子宮壁收縮，將胎兒與胎盤排出母體。

分娩的意思是「將胎兒產出」，這是懷孕的最後階段。分娩通常發生於最後一次月經算起的 280 天（40 周）左右。

胎兒從母體娩出的一連串生理活動統稱為分娩。

分娩開始

觸發分娩的確切訊息目前仍不清楚，但目前已經知道有許多因素對於分娩的發動，有著重要的影響。

在分娩前，胎盤分泌到母體血液中的黃體素濃度會達到高峰。黃體素是在懷孕期間維持子宮內膜的荷爾蒙，能抑制子宮平滑肌的收縮。

荷爾蒙的觸發

越接近懷孕晚期，子宮的內部空間就越狹窄，胎兒所能獲得的氧氣供應量也會越受限（因為胎兒成長的速度比胎盤快）。這會使胎兒的腦下垂體前葉分泌更多的促腎上腺激素。

如此一來，胎兒的腎皮質會受到刺激而產生化學信號（糖皮質素），以抑制胎盤分泌黃體素。

分娩前的荷爾蒙變化

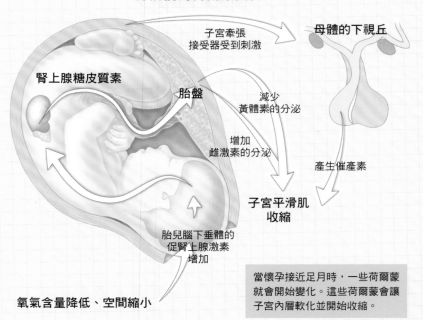

腎上腺糖皮質素

子宮牽張
接受器受到刺激

母體的下視丘

胎盤

減少
黃體素的分泌

增加
雌激素的分泌

產生催產素

子宮平滑肌
收縮

胎兒腦下垂體的
促腎上腺激素
增加

氧氣含量降低、空間縮小

當懷孕接近足月時，一些荷爾蒙就會開始變化。這些荷爾蒙會讓子宮內層軟化並開始收縮。

同時，胎盤分泌到母體血液中的雌激素也會達到高峰。這會讓子宮平滑肌裡形成更多的催產素受器（讓子宮對催產素更為敏感）。

收縮

最後，雌激素對子宮平滑肌細胞的刺激會大於黃體素對於子宮平滑肌細胞的抑制作用。

子宮內層會變軟，開始產生規律性的收縮。這些收縮就是所謂的布雷希式收縮，它可以幫助軟化子宮頸以準備生產，但孕婦常常將這些收縮誤認為分娩的開始。

分娩開始

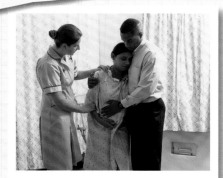

催產素觸發子宮收縮，將胎兒推向子宮頸。子宮頸會進一步拉長以刺激分泌更多的催產素。

當懷孕足月時，子宮頸的牽張受器會活化母體的下視丘，以刺激母體的腦下垂體後葉，讓它分泌催產素。胎兒的某些細胞也會開始分泌這種荷爾蒙。催產素的增加會觸發胎盤分泌前列腺素，這 2 種荷爾蒙便一起刺激子宮、使其收縮。

收縮加劇

由於黃體素濃度下降，子宮也開始軟化，因此子宮對於催產素的反應會更為敏感，子宮收縮也變得更強烈、更頻繁，於是開始出現分娩的規律性收縮。

子宮收縮越劇烈，催產素的分泌就旺盛，這種正向回饋機制讓子宮收縮越來越劇烈。分娩後，當子宮頸不再伸長、催產素濃度也下降時，這個反應鏈就會被打斷。

分娩的階段

分娩可分成 3 個階段：
子宮頸擴張、胎兒出生，以及胎盤娩出。

擴張

為了讓胎兒的頭部通過產道，子宮頸與陰道必須擴張到 10 公分左右。

當分娩開始時，子宮的上部會開始出現微弱但規律的收縮。

這些初期收縮大約每 15～30 分鐘出現一次，每次持續 10～30 秒左右。隨著分娩過程的進行，子宮收縮會變得越來越快，越來越強烈，子宮的下部也會跟著開始收縮。

隨著每次的收縮，胎兒的頭部就會被推向子宮頸，使子宮頸軟化、漸漸擴張。

最後，在懷孕期間保護胎兒的羊膜就會破裂，流出羊水。

固定

擴張階段是分娩階段中最長的部份，它可持續 8～24 小時之久。

在這個階段，胎兒開始下降到產道，並在下降時邊下降邊轉動，直到頭部固定、進入骨盆。

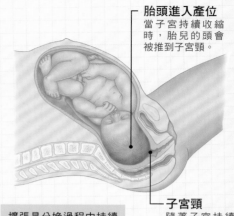

胎頭進入產位
當子宮持續收縮時，胎兒的頭會被推到子宮頸。

子宮頸
隨著子宮持續收縮，子宮頸會繼續擴張。

擴張是分娩過程中持續最久的階段，可長達 24 小時，子宮頸才會充分擴張好讓胎兒產出。

胎兒產出

當子宮頸完全擴張時，胎兒便準備好要娩出了，這時候媽媽會強烈地想要用力推擠胎兒，讓胎兒通過子宮頸。

分娩的第二階段是胎兒產出，這個階段從完全擴張一直持續到確實產出胎兒為止。

到了子宮頸完全擴張時，通常每隔 2～3 分鐘就會出現一次強烈的收縮，每次收縮持續約 1 分鐘。

推擠的渴望

這時候，媽媽會有一股強烈的欲望想要用腹部的肌肉用力推擠。

這個階段可持續 2 小時之久，但對有過生產經驗的婦女而言，這個階段會快上許多。

產出

當胎兒頭部的最大部份接近陰道時，就會出現著冠（胎兒先露部位出現）。在許多例子中，陰道會極度擴張以至於撕裂。

一旦胎兒的頭出來之後，其他的身體部位就很容易產出了。

當胎兒的頭先露出來，頭骨（最寬的直徑部份）會負責把子宮頸撐開。這種胎頭先露的方式讓胎兒甚至在尚未完全從母體產出時，就能呼吸了。

胎盤娩出

分娩的最後階段就是將胎盤娩出，這個階段從胎兒產出後可持續長達 30 分鐘之久。

當胎兒產出後，子宮的規律性收縮仍會持續。這些收縮會壓迫子宮血管，讓出血減少；這時候的收縮也會讓胎盤從子宮壁剝離。

胞衣

接著，只要輕輕拉扯臍帶就可以把胎盤與胎膜（胞衣）一起排出。所有的胎盤碎片一定要清除乾淨，以避免子宮繼續出血，造成產後感染。

在割斷的臍帶中，要算算有幾條血管，若是少了臍動脈，通常會導致嬰兒發生心血管疾病。

荷爾蒙濃度

胎盤一旦娩出後，母體血液中的雌激素與黃體素就會快速下降。在分娩後 4～5 個星期，子宮會變小很多，但仍會比未懷孕前來得大。

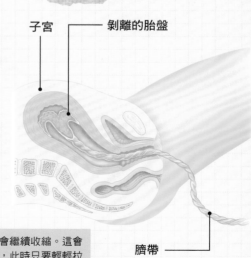

子宮　　剝離的胎盤

臍帶

在胎兒產出後，子宮會繼續收縮。這會讓胎盤從子宮壁剝離，此時只要輕輕拉動臍帶，就能將胎盤排出。

第八章

骨盆與下肢

　　骨盆與下肢承受了整個上半身的重量，對於平衡、姿勢與穩定度扮演著非常重要的角色。人類能夠用兩腳站立，全仰賴一個強而有力的肌肉網絡，這個肌肉網絡連結下半身的骨骼與關節，使它們充分發揮支撐作用，為身體提供一個穩固的支架。

　　本章將詳細描述下半身的骨骼、肌肉與血管，並解釋骨盆的重要性；它既是保護生殖器官、膀胱的框架，也是上半身與下半身之間的穩定連結。

骨盆的骨骼

凹盆狀的骨盆是由髖骨、薦骨與尾骨構成；是許多肌肉的附著處，也負責保護骨盆內的器官。

　　骨盆的骨頭形成一個環狀，連接脊椎與下肢，保護骨盆腔裡的臟器：生殖器官、膀胱。

　　骨盆骨是許多強壯肌肉的附著處，讓身體的重量能夠轉移到穩固的腿部。

骨盆的結構

　　凹盆狀的骨盆包含：髖骨、薦骨以及尾骨。髖骨在前側的恥骨聯合處連結在一起，這 2 個骨頭的後側連結到薦骨。尾骨是在骨盆後側、從薦骨往下延伸。

真假骨盆

　　骨盆被一個通過薦岬與恥骨聯合的想像面區分為 2 個部份：

◆ 上方的「假」骨盆呈喇叭形狀展開，支持著下腹部的臟器。

◆ 下方的是「真」骨盆。女性的真骨盆形成產道，胎兒就從這裡產出。

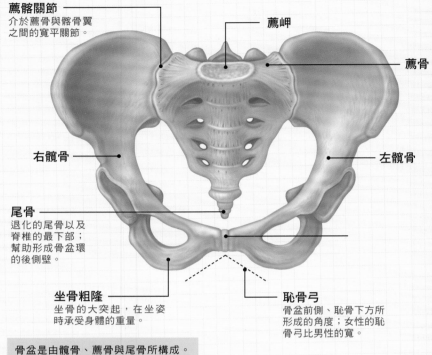

成年女性骨盆前視圖

薦髂關節
介於薦骨與髂骨翼之間的寬平關節。

薦岬

薦骨

右髖骨

左髖骨

尾骨
退化的尾骨以及脊椎的最下部；幫助形成骨盆環的後側壁。

坐骨粗隆
坐骨的大突起，在坐姿時承受身體的重量。

恥骨弓
骨盆前側、恥骨下方所形成的角度；女性的恥骨弓比男性的寬。

骨盆是由髖骨、薦骨與尾骨所構成。成年女性的骨盆如圖中所示，是為了分娩而形成的結構。

男、女骨盆的差異

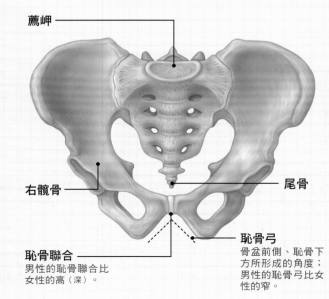

成年男性骨盆前視圖

薦岬

右髖骨

尾骨

恥骨聯合
男性的恥骨聯合比女性的高（深）。

恥骨弓
骨盆前側、恥骨下方所形成的角度；男性的恥骨弓比女性的窄。

　　男性與女性的骨骼在許多地方都不同，但骨盆的差異是最明顯的。

生理差異

　　男、女的骨盆差異可歸因於：生產的需要，以及一般而言，男性的體重比女性重，肌肉組織也比女性發達。其中一些顯著的差異為：

◆ **整體結構**：男性的骨盆比較重，骨骼也比較厚實。

◆ **骨盆入口**：女性的真骨盆「入口」是一個寬橢圓形，但男性的入口比較窄，形狀也呈心型。

◆ **骨盆腔**：女性真骨盆的「通道」大略呈圓柱形，男性的則逐漸往下變尖、變細。

◆ **恥骨弓**：位於骨盆前側的恥骨下方所形成的角度。女性的恥骨弓比較寬（約為100度以上），男性的恥骨弓則是少於90度。

　　法醫和人類學家可以利用這些骨骼差異，以及其他的細微表徵來判斷骨骸的性別。

男性的骨盆與女性的不同，男性的較重，也較為厚實。男性的恥骨弓比女性狹窄，恥骨聯合比女性深。

髖骨

2個髖骨在前側融合，後側則與薦骨相連。
髖骨由3塊骨頭組成：髂骨、坐骨與恥骨。

2塊髖骨構成了骨盆的大部份，於前側融合，後側則與薦骨相接。

結構

髖骨又大又強壯，因為它負責傳遞腿部與脊椎間的力量。髖骨和大部份的骨頭一樣，是許多肌肉、韌帶的附著處，因此髖骨上有許多隆起或凹凸不平處。

髖骨是由3塊骨頭融合而成：髂骨、坐骨與恥骨。以兒童來說，這3塊骨頭靠軟骨連結在一起；到了青春期，這3塊骨頭才融合在一起，在兩側形成髖骨。

特色

髖骨的上緣是由寬闊的髂嵴所形成。下緣是坐骨粗隆，也就是坐骨的突起。

閉孔位於髖骨下方、靠近髖臼，髖臼是容納股骨（大腿骨）頭的地方。

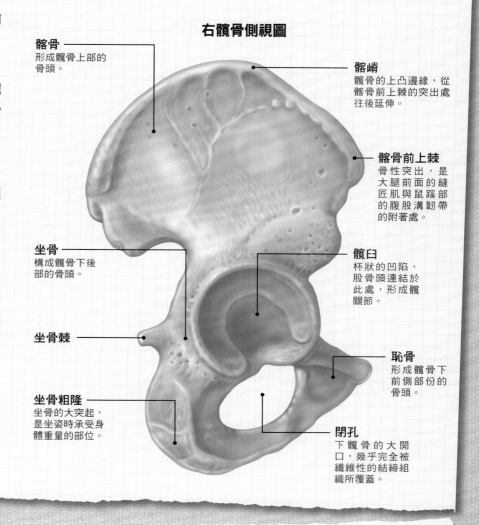

右髖骨側視圖

髂骨 形成髖骨上部的骨頭。

髂嵴 髖骨的上凸邊緣，從髂骨前上棘的突出處往後延伸。

髂骨前上棘 骨性突出，是大腿前面的縫匠肌與鼠蹊部的腹股溝韌帶的附著處。

坐骨 構成髖骨下後部的骨頭。

髖臼 杯狀的凹陷，股骨頭連結於此處，形成髖關節。

坐骨棘

恥骨 形成髖骨下前側部份的骨頭。

坐骨粗隆 坐骨的大突起，是坐姿時承受身體重量的部位。

閉孔 下髖骨的大開口，幾乎完全被纖維性的結締組織所覆蓋。

女性的骨盆腔

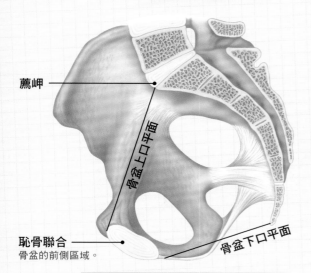

右側骨盆的外側視圖

薦岬

骨盆上口平面

骨盆下口平面

恥骨聯合 骨盆的前側區域。

> 骨盆腔的前側是恥骨聯合，後側是薦骨與尾骨，尾骨在分娩時會往後移動。

分娩時，胎兒會通過骨盆腔，穿過骨盆上口再從骨盆下口出來。因此女性的骨盆腔大小非常重要。

三角形

從切面上來看，骨盆腔幾乎呈三角形：短前壁是由恥骨聯合構成，較長的後壁則是由薦骨與尾骨組成。

骨盆上口的直徑約有11公分長，這就是所謂的產科直徑。由於骨盆上口是橢圓形的，因此左右兩側較寬。

分娩時的變化

一般說來，骨盆下口會比上口大一點，尤其是在懷孕後期，連結骨盆骨頭的韌帶會因荷爾蒙的影響而拉長，此時的骨盆下口會變得更大一點。

尾骨與薦骨間的關節也會變得比較鬆，好讓尾骨能往後移，以免在分娩時擋住胎兒的通道。

骨盆的韌帶與關節

骨盆的骨頭是由關節連接在一起,而關節又藉著韌帶形成穩固的構造。
骨盆的韌帶是身體中最強韌的。

　　骨盆負責把體重轉移到腿部,以及支撐住腹腔臟器,因此,需要強壯的結構,才能扮演好這個角色。

　　骨盆本身雖然厚實且強壯,但整體的穩定度卻仍需仰賴許多將骨盆骨頭連結在一起的強韌韌帶。

骨盆的結構

　　骨盆是由髖骨、薦骨與尾骨組成。這些骨頭之間有關節,骨盆韌帶就負責固定這些關節,讓這些骨頭不會因為受力而分開。

前視圖

　　骨盆韌帶的名稱一般都由它們所連結的2個部位來決定。

　　從前面看,最明顯的有:

◆ 髂腰韌帶
◆ 前薦髂韌帶
◆ 薦棘韌帶
◆ 前縱韌帶

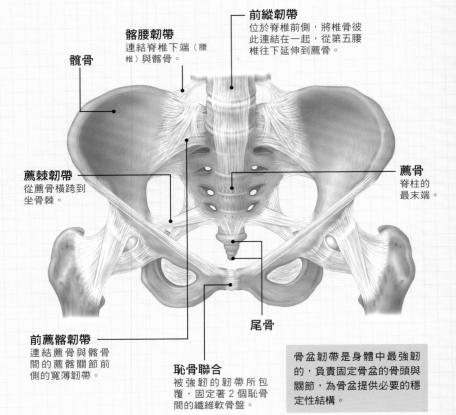

髂腰韌帶
連結脊椎下端(腰椎)與髂骨。

前縱韌帶
位於脊椎前側,將椎骨彼此連結在一起,從第五腰椎往下延伸到薦骨。

髖骨

薦棘韌帶
從薦骨橫跨到坐骨棘。

薦骨
脊柱的最末端。

前薦髂韌帶
連結薦骨與髂骨間的薦髂關節前側的寬薄韌帶。

恥骨聯合
被強韌的韌帶所包覆,固定著2個恥骨間的纖維軟骨盤。

尾骨

骨盆韌帶是身體中最強韌的,負責固定骨盆的骨頭與關節,為骨盆提供必要的穩定性結構。

後側骨盆韌帶

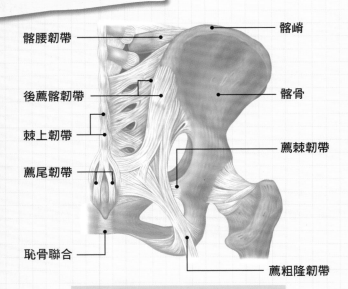

髂腰韌帶

髂嵴

後薦髂韌帶

髂骨

棘上韌帶

薦棘韌帶

薦尾韌帶

恥骨聯合

薦粗隆韌帶

在骨盆後側有數條韌帶,每條韌帶都讓關節兩端的骨頭連接的更加緊密。

　　從骨盆的後面看,可看到有那些韌帶負責固定骨盆後側的骨頭。

韌帶的功能

　　跨越於薦髂關節的後薦髂韌帶往下、往內從髂骨延伸到薦骨,這個韌帶比相對較窄的前薦髂韌帶更強壯。為了讓兩側的髂骨與薦骨能夠緊密地連結,後薦髂韌帶承受了許多張力。

　　大而有力的薦粗隆韌帶從薦骨往下延伸到凹凸不平的坐骨粗隆,與位於它前側的薦棘韌帶共同抵抗體重施加在薦骨上的旋轉力量。

　　正如前縱韌帶負責鞏固脊柱前側一樣,強韌的棘上韌帶則將脊椎的棘突連結在一起,以穩固脊椎的後側。棘上韌帶的末端則形成薦尾韌帶。

骨盆的關節

骨盆是一個環形骨，承受著身體的重量。
骨頭的接合處就是骨盆關節，靠骨盆韌帶束在一起。

骨盆是由髖骨、薦骨與尾骨連結而成，連接這些骨頭的關節和手肘或膝關節不同，它們並無法自由活動。

骨盆韌帶將骨盆的關節牢牢地綁在一起，形成一個堅固的結構。

薦髂關節

骨盆中最大、也最重要的關節，位於薦骨與髂骨間。這個關節必須很強壯，因為它承受載著身體的重量。在薦髂關節表面的骨頭有著不規則的凹痕，這讓骨頭能相互扣住，使薦髂關節更加穩定。

然而，讓薦髂關節保持穩固的主要原因是強韌的後薦髂韌帶與骨間韌帶。這些韌帶將薦骨懸吊在 2 塊髂骨之間，並承受著上半身的重量。

關節運動

薦髂關節屬於滑膜關節，雖然手肘、肩膀與膝蓋也都是滑膜關節，但和手肘、肩膀或膝蓋關節不同，薦髂關節必須非常穩固，因此它的活動範圍很有限。

薦髂關節與韌帶的切面

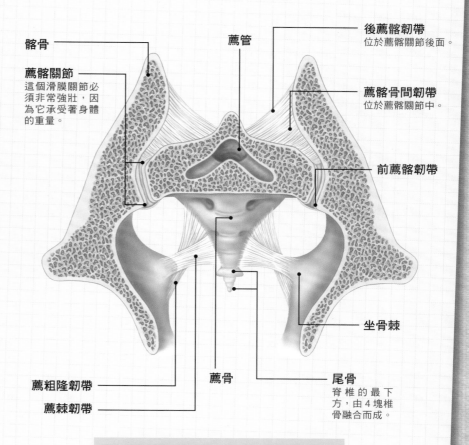

髂骨

薦髂關節
這個滑膜關節必須非常強壯，因為它承受著身體的重量。

薦管

後薦髂韌帶
位於薦髂關節後面。

薦髂骨間韌帶
位於薦髂關節中。

前薦髂韌帶

坐骨棘

薦粗隆韌帶

薦棘韌帶

薦骨

尾骨
脊椎的最下方，由 4 塊椎骨融合而成。

因為薦髂關節的活動非常有限，骨盆才能保持穩固。兒童的薦髂關節或許能做出小幅度的轉動，但隨著年齡的增長，薦髂關節的活動力就會降低。

恥骨聯合

恥骨上枝

恥骨聯合與
恥骨上韌帶

閉孔膜

恥骨下枝

恥骨下韌帶

恥骨聯合連接 2 個恥骨，2 個恥骨被韌帶固定著，骨頭的表面則包覆著軟骨組織。

恥骨聯合是骨盆前方、2 塊恥骨間的關節，是個非常強壯、穩固的關節，它讓 2 個恥骨幾乎無法活動。

軟骨

恥骨聯合是一個軟骨關節，也就是 2 個骨頭的表面被一層透明軟骨所覆蓋，且由纖維韌帶串連在一起。

盤狀結構

在恥骨聯合的 2 塊骨頭間有纖維軟骨，纖維軟骨中有個小空腔。女性的恥骨聯合腔通常會比男性寬。

恥骨聯合這個關節（尤其是它的彈性纖維軟骨）就像避震器一樣，能在骨盆受到突如其來的衝力或腿部傳來的巨大力量時，作為緩衝，以減少骨頭斷裂的機率。

骨盆底肌肉

是支持腹部與骨盆臟器的重要結構，也幫忙控制排便與排尿。

骨盆底肌肉在支持腹腔與骨盆臟器上扮演著重要角色。在懷孕期間，這些肌肉協助承載日漸長大的胎兒，分娩時，骨盆底肌肉也在子宮頸擴張時支撐著胎兒的頭部。

肌肉

骨盆底的肌肉附著在環狀的骨盆內側，往下、斜向延伸，形成一個漏斗狀。

提肛肌是骨盆底的最大肌肉，是一塊寬薄的肌肉，由 3 塊肌肉組成：

◆ **恥骨尾骨肌**：提肛肌的主要部份。

◆ **恥骨直腸肌**：與另一邊的恥骨直腸肌連在一起，在直腸周圍形成一個 U 形的懸吊組織。

◆ **髂骨尾骨肌**：提肛肌的後部纖維。

提肛肌的後方還有個次要肌肉——尾骨肌（坐骨尾骨肌）。

骨盆壁

骨盆腔可分成前壁、後壁以及 2 個側壁。

前壁由 2 個恥骨與恥骨聯合組成，後壁由薦骨、尾骨以及部份的髂骨構成，2 個側壁則是覆蓋著髖骨的閉孔內肌。

女性骨盆膈的上視圖

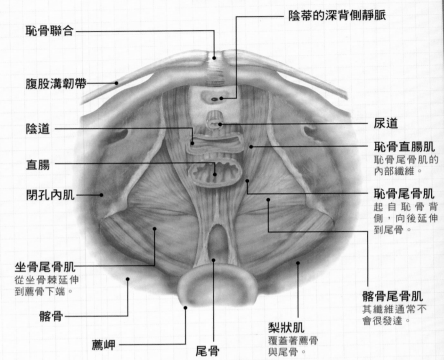

- 恥骨聯合
- 陰蒂的深背側靜脈
- 腹股溝韌帶
- 陰道
- 直腸
- 閉孔內肌
- 尿道
- **恥骨直腸肌** 恥骨尾骨肌的內部纖維。
- **恥骨尾骨肌** 起自恥骨背側，向後延伸到尾骨。
- **坐骨尾骨肌** 從坐骨棘延伸到薦骨下端。
- 髂骨
- 薦岬
- 尾骨
- **髂骨尾骨肌** 其纖維通常不會很發達。
- **梨狀肌** 覆蓋著薦骨與尾骨。

骨盆底肌肉就是所謂的骨盆膈。提肛肌是其中最重要的肌肉，負責拉提肛門，因此命名為提肛肌。

會陰體

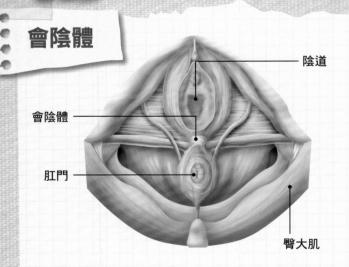

- 陰道
- 會陰體
- 肛門
- 臀大肌

儘管會陰體只是個隱藏的小區域，但卻是個非常重要的構造，支撐著上方的骨盆腔器官。

會陰體是個纖維組織的小團塊，位於骨盆底，就在肛管的前方，這裡是許多骨盆底肌肉與會陰肌肉的附著處，因此有許多成對的肌肉能夠彼此拉動，這種動作通常是由骨頭負責的。會陰體也有支撐骨盆內部器官的功用。

會陰切開術

分娩時，會陰體可能會因為受到拉扯，或是胎兒頭部通過骨盆底而受損。如果陰道後壁沒有會陰體的支撐，可能會造成陰道脫垂。

為了避免會陰體在生產過程中受損，婦產科醫生可能會施以會陰切開術。這種刻意切開陰道口後方肌肉的作法能讓陰道口擴大，避免會陰體受到損害。

骨盆底的開口

由骨盆底所形成的骨盆膈，幾乎是一整片連續的肌肉層，但其中有2個裂孔，可以讓重要的組織穿過。

由下往上看，骨盆底就像個漏斗。由於骨盆底肌的排列方式，使骨盆底形成2個主要開口：

◆ **肛裂孔**：這個開口讓直腸、肛管能夠通過骨盆底的肌肉層，連接到底下的肛門。恥骨直腸肌的U形纖維形成這個裂孔的後緣。

◆ **泌尿生殖裂孔**：在肛裂孔的前面有個為了尿道（將尿液從膀胱輸送到體外）而形成的開口。女性的陰道就在尿道後方，從這個開口通過骨盆膈。

骨盆底肌肉的功能

骨盆底的功能有：

◆ 支撐腹腔與骨盆腔內部器官。

◆ 幫助抵抗升高的腹部壓力，例如咳嗽或打噴嚏時。否則這些壓力會擠壓膀胱與大腸，造成尿液、排泄物的滲漏。

◆ 協助控制排便與排尿。

◆ 在上肢用力活動時（例如舉重），幫忙固定、支撐身體。

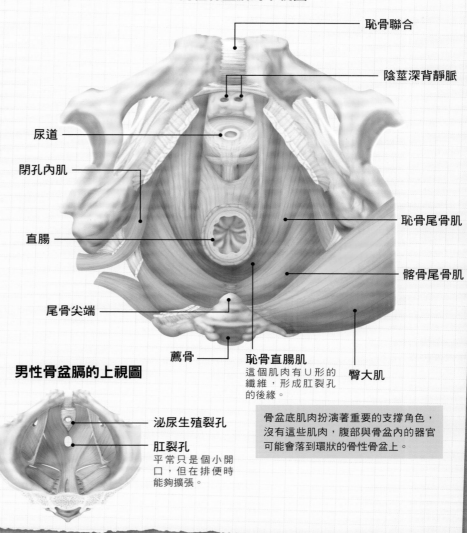

男性骨盆膈的下視圖

- 恥骨聯合
- 陰莖深背靜脈
- 尿道
- 閉孔內肌
- 直腸
- 恥骨尾骨肌
- 髂骨尾骨肌
- 尾骨尖端
- 薦骨
- 恥骨直腸肌 這個肌肉有U形的纖維，形成肛裂孔的後緣。
- 臀大肌

男性骨盆膈的上視圖

- 泌尿生殖裂孔
- 肛裂孔 平常只是個小開口，但在排便時能夠擴張。

骨盆底肌肉扮演著重要的支撐角色，沒有這些肌肉，腹部與骨盆內的器官可能會落到環狀的骨性骨盆上。

坐骨肛門窩

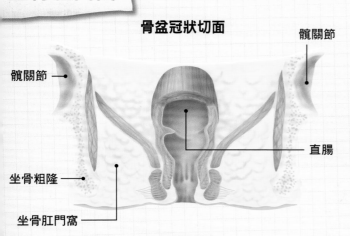

骨盆冠狀切面

- 髖關節
- 髖關節
- 直腸
- 坐骨粗隆
- 坐骨肛門窩

坐骨肛門窩為楔形，裡面有許多脂肪，最窄的部位在頂端，底部是最寬的。

坐骨肛門窩是骨盆膈外側與肛門周圍的皮膚所形成的凹陷部位。

坐骨肛門窩裡面佈滿了脂肪，結締組織束帶把這些脂肪隔成幾個部份，並且擔負起支撐的作用。坐骨肛門窩裡的脂肪就像是柔軟的填充物，順應著排便時肛門的大小與位置而變化。

感染

坐骨肛門窩可能會受到感染（坐骨肛門膿瘡或坐骨直腸膿瘡）。身體任何部位如果血液供應不足，就容易受到感染，坐骨肛門窩裡的脂肪組織就是一例。坐骨肛門窩若是受到感染可能會擴散到另一邊，感染的部位可能需要進行手術，以排出膿汁。

臀部肌肉

臀大肌是臀部肌肉中最大、最厚重的，這個強壯、厚實的肌肉讓人類得以站立。

臀部（或稱屁股）位於骨盆的後面。臀部的形狀是由幾塊大肌肉所構成的，這些肌肉幫助固定、活動髖關節。這些肌肉上還包覆著一層脂肪。

臀大肌

身體最大的肌肉之一，除了體積較小的臀中肌有⅓沒覆蓋到外，其他的臀部肌肉都覆蓋在臀大肌之下。臀大肌起於髂骨、薦骨和尾骨的後側，其肌肉纖維往下、往外呈45度連接於股骨；大部份的肌肉纖維集結於束帶中（髂脛束）。

動作

臀大肌的主要功能是從坐姿轉換成站姿時伸展（拉長）腿部。當腿部伸展時（如站立時），臀大肌會覆蓋著坐骨粗隆。坐骨粗隆是在坐姿中負責承載身體重量的結構。但我們坐著的時候並不會坐在臀大肌上，因為腿部屈曲時（向前彎曲），臀大肌會往上移動、遠離坐骨粗隆。

皮膚下的這個點★可以很容易地觸摸到。

髂嵴
突起的窄邊。

★臀肌腱膜
在臀中肌上面。

臀大肌
其粗厚的纖維形成臀部的隆凸部份。

髂脛束
由深筋膜形成的強壯、寬纖維束。

★髂骨前上棘

縫匠肌
身體中最長的肌肉，橫跨髖關節和膝關節。

闊筋膜張肌

股直肌

在走路的動作中，臀大肌並不會很活躍，但在劇烈的動作中，如跑步或上樓，臀大肌就會發揮很大的作用。

臀部表面解剖

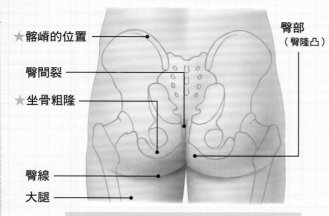

★髂嵴的位置

臀間裂

★坐骨粗隆

臀線

大腿

臀部
（臀隆凸）

我們所熟知的臀部形狀是由肌肉與脂肪所構成。臀線是介於屁股下端與大腿頂端的界線。

臀部覆蓋在骨盆的背面，約在髂嵴的高度到臀大肌的下緣之間。臀部的形狀主要是由此區的大塊肌肉，及一些脂肪所構成。

特性

臀部有幾個顯著的特徵：

◆ 臀間裂或臀溝將臀部分成兩半。

◆ 臀褶是由臀大肌的下緣所形成，上面通常有層脂肪。

◆ 臀線是位於臀褶底下的摺線，是屁股與大腿的分界線。

骨性標誌

除了體重過重的人之外，一般人的臀部骨性突起都可以在皮膚底下觸摸到：

◆ 沿著臀部上緣長邊可以觸摸到髂嵴。

◆ 可在臀部下方觸摸到坐骨粗隆。站著時，坐骨粗隆會被臀大肌蓋住。

◆ 尾骨的尖端能在臀溝上端觸摸到。

臀部較深層的肌肉

臀大肌底下的肌肉在走路時扮演著重要的角色，當腳部抬離地面時，這些肌肉負責維持骨盆的高度。

在臀大肌底下還有一些肌肉，這些肌肉負責穩定髖關節、活動下肢。

臀中肌與臀小肌

臀中肌與臀小肌位於臀大肌底下，是2塊扇形的肌肉，其纖維都往同一個方向延伸。

臀中肌就位在臀大肌底下，只有⅓左右沒有被臀大肌所覆蓋，它的纖維起於髂骨的外側表面，止端則位於股骨的大轉子（股骨的骨性突起）。

臀小肌就在臀中肌底下，形狀和臀中肌類似，其纖維也是起於髂骨、止於股骨的大轉子。

重要角色

臀中肌與臀小肌在走路的動作中都扮演著重要角色。這2塊肌肉負責在腳部離開地面時固定住骨盆的位置，使骨盆不會往側邊傾降。這讓沒有承受體重的那隻腳在向前擺動之前，不會碰觸到地面。

在臀部還有其他的肌肉，負責協助下肢在髖部做出的特定動作。這些肌肉包括：

◆ **梨狀肌**：其名稱源自於它的形狀。梨狀肌位於臀小肌下方，負責大腿的外轉動作，讓足部能向外轉動。

◆ **閉孔內肌、上孖肌與下孖肌**：這3塊肌肉一起構成一個複合三頭肌，其位置

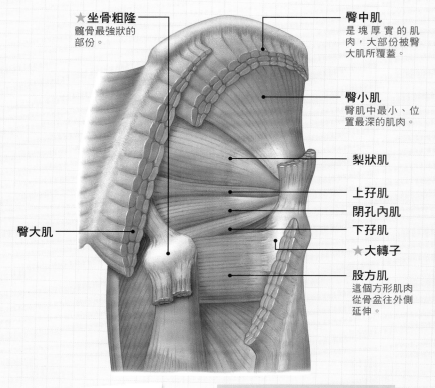

★**坐骨粗隆** 髖骨最強狀的部份。

臀中肌 是塊厚實的肌肉，大部份被臀大肌所覆蓋。

臀小肌 臀肌中最小、位置最深的肌肉。

梨狀肌

上孖肌

閉孔內肌

下孖肌

★**大轉子**

股方肌 這個方形肌肉從骨盆往外側延伸。

臀大肌

> 皮膚下的這個點★可以很容易地觸摸到。

> 這群深層肌肉負責大腿的外轉動作、穩定髖關節。主要肌肉是臀中肌與臀小肌。

就在梨狀肌下方。這3塊肌肉能將大腿往外轉動，且固定住髖關節。

◆ **股方肌**：這個短而厚實的肌肉負責大腿的外旋動作，並協助穩定髖關節。

臀部的滑囊

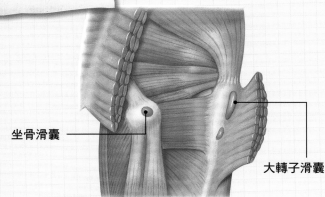

坐骨滑囊

大轉子滑囊

> 臀部包含3組主要的滑囊，這些滑囊幫助緩和骨頭與肌腱彼此之間的活動。

滑囊是個含有液體的小囊，有點像是沒有裝滿水的水瓶。在身體的許多地方，只要有2個結構（通常為骨頭與肌腱）彼此做規律性的活動，就可以找到滑囊的蹤影。

保護

滑囊介於這樣的結構之間，讓它們不會磨損。

在臀部有3個滑囊群：

◆ **大轉子滑囊**：這些大的滑囊介於臀大肌的厚實的上段纖維及股骨的大轉子之間。

◆ **坐骨滑囊**（如果有）：介於臀大肌的下段纖維與坐骨粗隆之間。

◆ **臀肌股骨囊**：位於腿部的外側，介於臀大肌和股外側肌之間。

髖關節

是強壯的球窩關節，連接下肢與骨盆。
在身體的關節中，能做出的活動僅次於肩關節。

在髖關節中，股骨頭端的「球」，牢牢地嵌在髖骨髖臼的「窩」裡。

關節面（骨頭彼此相接的面）被一層保護用的透明軟骨包裹著，這層透明軟骨組織非常光滑。髖關節是個滑膜關節，意思是此關節的活動會有一層薄薄的滑液來潤滑，這層滑液位於關節面的滑膜腔中。滑液是由滑膜所分泌的。

髖臼唇

髖關節的深窩是由髖臼形成，由於髖臼唇的存在，使得這個凹窩的深度更深了。髖臼唇讓髖關節更加穩固，使球狀的股骨頭能深嵌在髖關節中。

髖臼的關節面有軟骨包覆著，它並不是個連續的碗形結構，也不是環狀，而是一個馬蹄形構造。在髖臼的下端有個縫隙稱為髖臼切跡，髖臼唇就橫跨於髖臼切跡上。髖臼這個馬蹄形結構的中空處有脂肪組織做為緩衝。

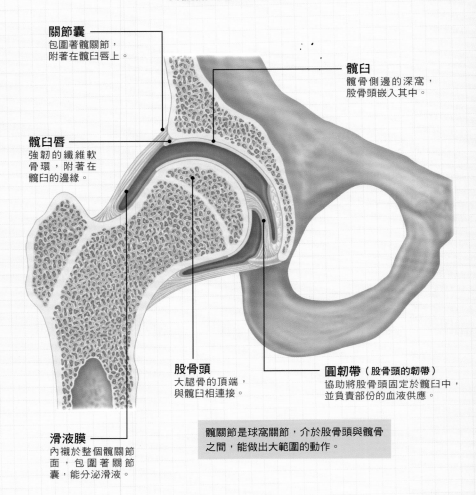

右髖關節橫切面

關節囊
包圍著髖關節，附著在髖臼唇上。

髖臼唇
強韌的纖維軟骨環，附著在髖臼的邊緣。

髖臼
髖骨側邊的深窩，股骨頭嵌入其中。

股骨頭
大腿骨的頂端，與髖臼相連接。

圓韌帶（股骨頭的韌帶）
協助將股骨頭固定於髖臼中，並負責部份的血液供應。

滑液膜
內襯於整個髖關節面，包圍著關節囊，能分泌滑液。

> 髖關節是球窩關節，介於股骨頭與髖骨之間，能做出大範圍的動作。

髖關節的血液供應

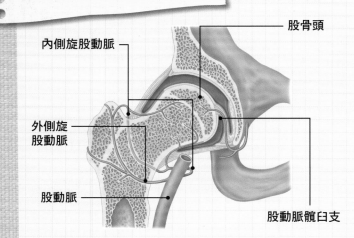

股骨頭

內側旋股動脈

外側旋股動脈

股動脈

股動脈髖臼支

> 髖關節的血液來源主要有 2 個：旋股內側動脈、旋股外側動脈，以及延伸到股骨頭的動脈。

髖關節的血液供應主要有 2 個：

◆ **旋股內側動脈與旋股外側動脈**：這 2 條動脈從股骨頸延伸到股骨頭。

◆ **延伸到股骨頭的動脈**：從髖臼通過圓韌帶（股骨頭的韌帶）延伸到股骨頭。

股骨頭缺血性壞死

髖部的血液供應在臨床上有重要的意義。兒童的股骨頭血液有一大部份是來自通過圓韌帶的動脈。

這條動脈如果受損，那麼可能會因為血液供應不足而導致股骨頭缺血性壞死（沒有獲得足夠的血液供應而造成組織壞死）。這個損害特別容易出現在 3 ～ 9 歲的兒童身上，還可能導致髖部與膝蓋疼痛。

髖關節的韌帶

髖關節被厚實的纖維囊包裹、保護著。纖維囊很有彈性，能讓髖關節做出大範圍的動作，且有數條強韌的韌帶強化髖關節的功能。

髖關節從髖臼的邊緣往下延伸到股骨頸，上頭的韌帶則是關節囊的增厚部份。這些韌帶順著螺旋路徑從髖骨一直延伸到股骨，韌帶的名稱是根據所附著的骨頭而定，包括：

- ◆ 髂股韌帶
- ◆ 恥股韌帶
- ◆ 坐股韌帶

活動與穩定性

髖關節的球窩關節特性讓它擁有很大的活動性，其活動範圍僅次於肩關節。與肩關節不同的是，髖關節必須很穩固，因為它是承受身體重量的主要關節。髖關節能夠進行的活動有：

- ◆ **屈曲**：向前彎曲，膝蓋往上。
- ◆ **伸展**：使腿部向後彎曲到身體後方）。
- ◆ **外展**：把腿部向外側移動。
- ◆ **內收**：將腿部往身體中線移動。
- ◆ **旋轉**：當腿部屈曲時，轉動幅度達到最大。

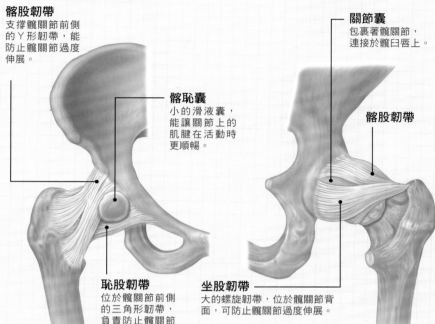

右髖骨前視圖

髂股韌帶
支撐髖關節前側的 Y 形韌帶，能防止髖關節過度伸展。

髂恥囊
小的滑液囊，能讓關節上的肌腱在活動時更順暢。

恥股韌帶
位於髖關節前側的三角形韌帶，負責防止髖關節過度外展。

右髖骨後視圖

關節囊
包裹著髖關節，連接於髖臼唇上。

髂股韌帶

坐股韌帶
大的螺旋韌帶，位於髖關節背面，可防止髖關節過度伸展。

> 纖維性關節囊包住髖關節，還有數條韌帶加以強化，這些韌帶從髖骨往下延伸到股骨。

人工髖關節

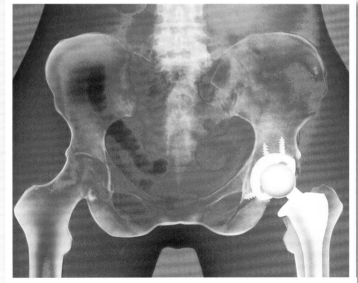

從這張 X 光圖可以看到左側的人工髖關節，它的構造包括一個插入骨盆的塑膠襯杯，和固定於股骨的金屬材料。

髖關節是第一個成功發展出人工關節的部位，首次完整的人工髖關節置換手術於 1963 年，由奇昂里爵士完成。

一般來說，髖關節非常穩固，但卻很容易因外傷或是關節炎而受損，導致嚴重的活動不便。進行人工髖關節置換手術後，能大幅改善髖部的活動度，並減輕疼痛。

在手術時，受損的股骨頭與股骨頸是以金屬材料來取代，並以特殊的骨水泥將這些金屬替材固定於股骨中。髖骨的髖臼則用塑膠襯杯來取代，並以骨水泥黏合於骨盆。

現在，人工髖關節的使用年限大約為十年，因此不太適合年輕、活動量大的患者。希望人工髖關節的技術與材料能夠更加進步，讓更多人能夠受惠。

股骨

是身體裡最長、最重的骨頭。
成年男性的股骨長約45公分,約佔身高的¼。

股骨有個長而粗厚的骨幹,兩端各有個擴大的頭端。股骨上端與骨盆相連,形成髖關節;下端則與脛骨和髕骨相接,形成膝關節。

上端

股骨的上端包括:

◆ **頭**:股骨頭是個近乎球狀的突起,形成髖關節這個球窩關節中的「球」。

◆ **頸**:股骨頸是股骨的狹窄部位,將股骨頭與股骨幹連接在一起。

◆ **大轉子與小轉子**:股骨的突出處,也是肌肉的附著點。

骨幹

股骨的骨幹稍微彎曲成弓形,後側表面有些凹陷。大部份的骨幹都是圓柱形,切開會呈圓形截面。

下端

股骨的下端是 2 個膨大的骨性突起:內側髁與外側髁。這 2 個骨突具有光滑、彎曲的表面,與脛骨、髕骨相連,形成膝關節。當膝蓋彎曲時,可以看到股骨髁的形狀。

股骨從髖關節延伸到膝蓋,是身體中最長的骨頭,且非常強壯。

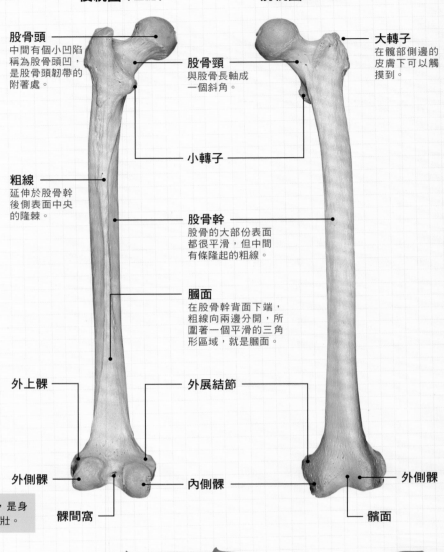

後視圖(左腿)

股骨頭
中間有個小凹陷稱為股骨頭凹,是股骨頭韌帶的附著處。

粗線
延伸於股骨幹後側表面中央的隆棘。

外上髁

外側髁

髁間窩

股骨頸
與股骨長軸成一個斜角。

小轉子

股骨幹
股骨的大部份表面都很平滑,但中間有條隆起的粗線。

膕面
在股骨幹背面下端,粗線向兩邊分開,所圍著一個平滑的三角形區域,就是膕面。

外展結節

內側髁

前視圖(左腿)

大轉子
在髖部側邊的皮膚下可以觸摸到。

外側髁

髕面

股骨的內部結構

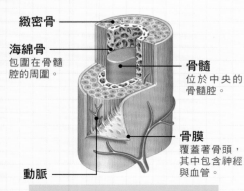

緻密骨

海綿骨
包圍在骨髓腔的周圍。

骨髓
位於中央的骨髓腔。

骨膜
覆蓋著骨頭,其中包含神經與血管。

動脈

長形骨的骨幹裡有海綿骨、緻密骨和中央骨腔,最外層包覆著骨膜。

股骨是身體中的長形骨,這種骨頭都有個長長的骨幹,以及 2 個擴展的頭端(或骨骺)。

骨膜

整個骨頭都被骨膜包覆著,其養分來源是骨頭裡負責供給營養的小動脈。

骨幹

股骨的骨幹呈管狀,是由強壯、密實的緻密骨構成。緻密骨包裹著黃色的骨髓,成人的骨髓是由脂肪細胞所組成。

骨骺

股骨 2 端的擴大端點是由表層的緻密骨包裹著中央的海綿骨。這個海綿骨的中央區域在結構上比外層的緻密骨來得疏鬆許多。此外,骨骺裡也沒有骨髓。

股骨的肌肉附著處

股骨是非常強壯的骨頭,許多負責活動髖關節與腿部的肌肉都附著在股骨上。

肌肉起端

有些肌肉的起端在骨盆骨,例如強壯的臀肌,這些肌肉會跨過髖關節、連接於股骨。當這些肌肉收縮時,就能讓髖關節活動,或讓腿部彎曲、伸直或是往側邊移動。

其他的肌肉起端就在股骨,往下越過膝關節,連接到脛骨或腓骨(這2個骨頭都是小腿骨),這些肌肉能讓膝蓋彎曲、伸直。

在攀爬或是從坐姿中站起的動作中,這些肌肉會一起活動腿部。

骨性突起

肌肉與骨頭的連接處會形成一個突起(或稱骨突)。如果這個肌肉很強壯,或是有數個肌肉附著於同一個位置,骨性突起就會很明顯。股骨就是其中一例。有肌肉附著的骨頭表面會變得較為凹凸不平,和中間的平滑表面不同。

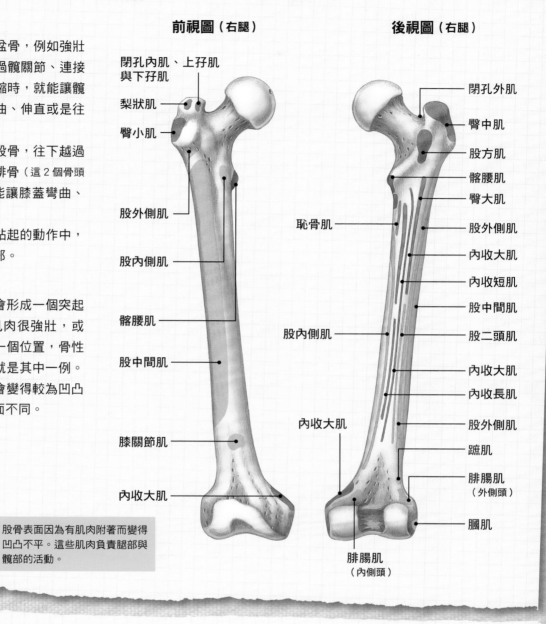

前視圖(右腿)

- 閉孔內肌、上孖肌與下孖肌
- 梨狀肌
- 臀小肌
- 股外側肌
- 股內側肌
- 髂腰肌
- 股中間肌
- 膝關節肌
- 內收大肌

後視圖(右腿)

- 閉孔外肌
- 臀中肌
- 股方肌
- 髂腰肌
- 臀大肌
- 股外側肌
- 內收大肌
- 內收短肌
- 股中間肌
- 股二頭肌
- 內收大肌
- 內收長肌
- 股外側肌
- 蹠肌
- 腓腸肌(外側頭)
- 膕肌

- 恥骨肌
- 股內側肌
- 內收大肌
- 腓腸肌(內側頭)

股骨表面因為有肌肉附著而變得凹凸不平。這些肌肉負責腿部與髖部的活動。

股骨骨折

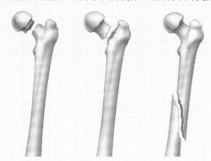

股骨頸骨折　　轉子間骨折　　股骨幹骨折

轉子間骨折與股骨頸骨折常因為年長者跌倒而出現,而股骨幹骨折則是嚴重的創傷導致。

股骨頸(股骨的狹窄部位,連接股骨頭與股骨幹)的骨折相當常見。

髖部骨折

股骨頸骨折常被認為是髖部骨折,年齡較長的人(尤其是60歲以上)較容易發生,且通常是因為輕微的摔倒所造成。股骨頸骨折比較常出現在女性身上,這是因為女性在更年期後較容易有骨質疏鬆、或是骨頭變細的情況。

轉子間骨折

骨頭的斷折線出現在大、小轉子之間,也好發於年長女性。

股骨幹骨折

由於股骨很強壯,因此股骨幹骨折比較少見。常是因為嚴重的創傷所造成,例如車禍,其復原時間可能要好幾個月。

脛骨與腓骨

脛骨與腓骨共同組成小腿的骨骼架構。
脛骨比腓骨大且強壯，這是因為
脛骨必須承載身體的重量。

脛骨的大小僅次於股骨，形狀也和典型的長形骨一樣，有著長長的骨幹和膨大的 2 端。脛骨位在腓骨旁，位在小腿內側，上、下 2 端都與腓骨相連。

脛骨髁

脛骨上端擴大成內側髁與外側髁，與股骨髁在膝關節處相連接。和上端比起來，脛骨的下端凸出較不明顯。脛骨的下端與距骨（踝骨）及腓骨的下端相連。

腓骨

是一個長窄形骨頭，它不像脛骨那麼強壯；位於脛骨外側，且與脛骨相連。腓骨不是膝關節的一部份，但它是支撐腳踝的重要角色。

腓骨的骨幹為長窄形，上面有凹溝與隆嵴，因為腓骨是腿部肌肉的主要附著處。

脛骨與上方的股骨相連，和下面的腳踝，及側邊的腓骨也有連接。較細的腓骨幫助形成踝關節。

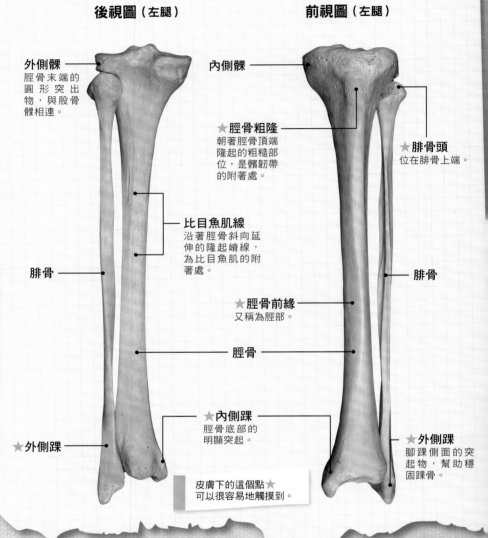

後視圖（左腿）

外側髁
脛骨末端的圓形突出物，與股骨髁相連。

比目魚肌線
沿著脛骨斜向延伸的隆起嵴線，為比目魚肌的附著處。

腓骨

★ **外側踝**

前視圖（左腿）

內側髁

★ **脛骨粗隆**
朝著脛骨頂端隆起的粗糙部位，是髕韌帶的附著處。

★ **腓骨頭**
位在腓骨上端。

★ **脛骨前緣**
又稱為脛部。

腓骨

脛骨

★ **內側踝**
脛骨底部的明顯突起。

★ **外側踝**
腳踝側面的突起物，幫助穩固踝骨。

皮膚下的這個點★可以很容易地觸摸到。

脛骨與腓骨的橫切面

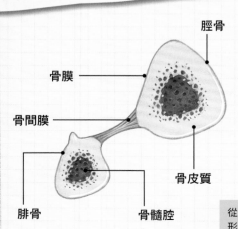

脛骨

骨膜

骨間膜

骨皮質

腓骨

骨髓腔

從橫切面來看，脛骨與腓骨的骨幹呈三角形。這 2 個骨頭藉由骨間膜連在一起。

脛骨與腓骨的骨幹橫切面略呈三角形。脛骨的直徑比腓骨大上許多，這是因為脛骨是小腿的主要負重骨。腓骨的作用像是支柱，它增加小腿負重時的穩定度。

長形骨

脛骨與腓骨擁有典型的長形骨構造，厚實的外層包圍著海綿狀的骨髓腔。其中空結構讓這 2 個骨頭能以最少的材料（緻密的皮質骨）提供最大的力學強度。

這 2 個骨頭的形狀雖然是天生的，但在幼年期及進入成年期時，會因為肌肉發展時的拉扯而有些變化。這麼一來，骨頭的隆嵴（例如比目魚肌線和粗隆）就會形成。

脛骨與腓骨的外部都包覆著骨膜（強韌的結締組織層），這層骨膜從脛骨的外側邊緣、腓骨的內側邊緣融合成骨間膜。

脛骨與腓骨的韌帶

脛骨與腓骨周圍的韌帶除了將這2塊骨頭連在一起外，也將它們和其他的腿部骨頭連在一起。

韌帶是強韌的纖維帶，它們將骨頭綁在一起。在脛骨與腓骨的周圍有數條韌帶，將脛骨與腓骨與其他的腿部骨頭綁在一起。

近（上）端

介於腓骨頭與脛骨外側髁底之間的上關節就位在膝蓋下方。這個關節被纖維關節囊包裹、保護著，還有脛腓前韌帶與脛腓後韌帶加以固定。

腓骨頭前韌帶從腓骨頭的前面跨到脛骨外側髁的前方。位於腓骨頭後面的腓骨頭後韌帶和腓骨頭前韌帶很類似，它從腓骨頭延伸到脛骨外側髁的後側。

其他的韌帶則把這2塊小腿骨連接到股骨。在這些韌帶中，最強韌的就是膝關節的內側副韌帶與外側副韌帶了，它們從股骨往下延伸，與下方的脛骨、腓骨相連。

遠（下）端

脛骨與腓骨下端的關節讓這2個骨頭無法隨意移動。腓骨與脛骨之間有纖維韌帶將2塊骨頭緊緊綁在一起，以維持踝關節的穩定。此處的主要韌帶有前下脛腓韌帶與後下脛腓韌帶。腳踝周圍的其他韌帶，則將脛骨與腓骨和其他的足部骨頭綁在一起。

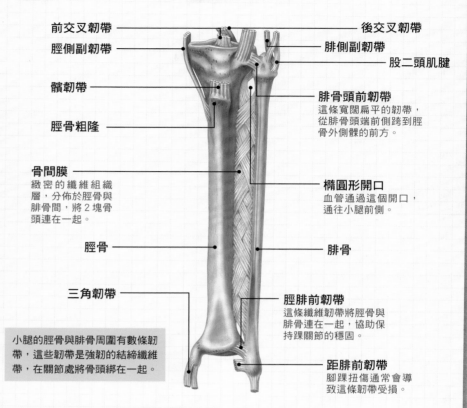

左腿前視圖（含韌帶）

- 前交叉韌帶
- 脛側副韌帶
- 髕韌帶
- 脛骨粗隆
- 骨間膜
  緻密的纖維組織層，分佈於脛骨與腓骨間，將2塊骨頭連在一起。
- 脛骨
- 三角韌帶
- 後交叉韌帶
- 腓側副韌帶
- 股二頭肌腱
- 腓骨頭前韌帶
  這條寬闊扁平的韌帶，從腓骨頭端前側跨到脛骨外側髁的前方。
- 橢圓形開口
  血管通過這個開口，通往小腿前側。
- 腓骨
- 脛腓前韌帶
  這條纖維韌帶將脛骨與腓骨連在一起，協助保持踝關節的穩固。
- 距腓前韌帶
  腳踝扭傷通常會導致這條韌帶受損。

小腿的脛骨與腓骨周圍有數條韌帶，這些韌帶是強韌的結締纖維帶，在關節處將骨頭綁在一起。

骨間膜

緻密的骨間膜從脛骨的邊緣延伸到腓骨，將脛骨與腓骨連在一起。

脛骨與腓骨的骨折

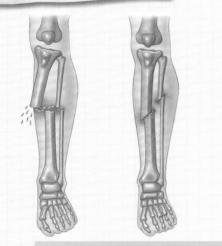

脛骨與腓骨可能在多個部位發生骨折，這些骨折通常是因為運動或車禍造成的。

由於脛骨骨幹很靠近皮膚表層，所以是最容易發生骨折的骨頭。發生骨折時，皮膚會被穿破，血管也會受損。

運動傷害

脛骨最脆弱的部位是在中間到下面⅓的處。這部位的骨折可能發生於有身體接觸的運動或是滑雪，車禍也可能造成此部位的骨折。

脛骨的皮質（外表面）也有可能出現壓力性骨折，這種骨折可能出現在長途行走後，身體不夠強健的人特別容易發生這種情況。

腓骨骨折

如果受到嚴重的外傷，不僅會發生脛骨骨折，就連腓骨也可能折斷。

最常見的腓骨骨折處大約是在外側踝上方2～6公分的腓骨下端。腓骨骨折往往和踝關節骨折脫位有關。

膝關節與髕骨

膝蓋是介於股骨末端與脛骨頂端之間的關節。膝蓋的前面有髕骨（膝蓋骨），它的凸狀表面很容易在皮膚下方觸摸到。

膝蓋是介於股骨下端和脛骨上端間的關節，腓骨並不屬於膝關節的一部份。

結構

膝蓋是一個滑膜關節，在關節腔中有層滑膜，會分泌滑液來潤滑關節。

雖然膝蓋常被認為是單一的關節，事實上，它是身體中最複雜的關節，是由3個關節共同組成的，這3個關節共用一個總關節腔。這3個關節為：

◆ **介於髕骨和股骨下端的關節**：這個關節屬於平面關節，它讓骨頭能夠左右滑動。

◆ **位於股骨外側髁、內側髁（股骨的球形端點）與脛骨上端的2個關節**：屬於樞紐關節，讓骨頭能做出類似門鉸鏈的動作。

膝蓋的穩定度

雖然股骨髁與脛骨上端並沒有完美地嵌在一起，但膝蓋仍算是相當穩固的關節。膝關節的穩定性與周圍的肌肉、韌帶有很大的關係。

> 膝蓋是一個滑膜關節（有黏稠滑液潤滑的關節），是個穩固但複雜的關節，且很容易受傷。

膝蓋的矢狀面

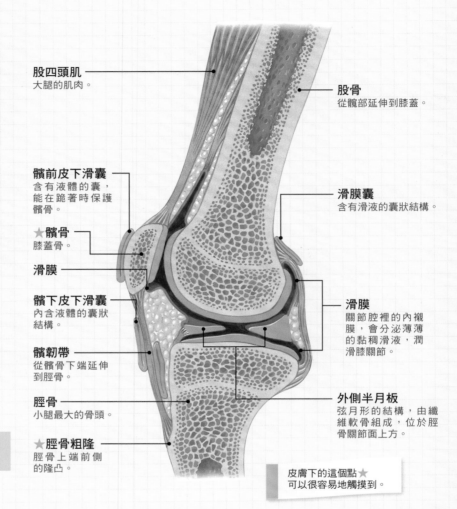

股四頭肌
大腿的肌肉。

股骨
從髖部延伸到膝蓋。

髕前皮下滑囊
含有液體的囊，能在跪著時保護髕骨。

滑膜囊
含有滑液的囊狀結構。

★髕骨
膝蓋骨。

滑膜

滑膜
關節腔裡的內襯膜，會分泌薄薄的黏稠滑液，潤滑膝關節。

髕下皮下滑囊
內含液體的囊狀結構。

髕韌帶
從髕骨下端延伸到脛骨。

脛骨
小腿最大的骨頭。

外側半月板
弦月形的結構，由纖維軟骨組成，位於脛骨關節面上方。

★脛骨粗隆
脛骨上端前側的隆凸。

> 皮膚下的這個點★可以很容易地觸摸到。

膝蓋表面解剖

做膝蓋檢查時能發現它的許多構造。由於骨性部位就在皮膚底下，特別容易觸摸到。

只要輕輕觸摸皮膚就可以摸到膝蓋的許多結構，在彎曲膝蓋的情況下更容易觸摸到這些構造。

髕韌帶

髕骨的輪廓很容易看出來，它的表面也很容易觸摸到。在髕骨底下有髕韌帶，這條強韌的纖維帶從髕骨往下延伸到脛骨前側。

股骨內側髁與股骨外側髁分別位在髕骨兩側，就在髕骨後方。脛骨粗隆（脛骨上端前側的隆起處）就在髕骨下面，這個結構也很容易觸摸到。

動脈

在膝蓋背面有一個凹陷處，稱為膕窩。在膝蓋彎曲時輕輕按壓這個部位，將能感覺到膕動脈這條大動脈的脈搏。

膝蓋內部結構——半月板

弦月形的纖維軟骨,位於脛骨的關節面,就像是避震器一樣,防止股骨滑向側面。

由上往下看脛骨的上表面,可清楚看到2個C形的半月板。

半月板的英文名稱來自希臘文中的「弦月」,它們是位於脛骨關節面上的強韌的纖維軟骨,因股骨髁的嵌入讓半月板變得深而穩固。

避震器

半月板也像是膝蓋裡的「避震器」,防止膝關節左右滑動。

半月板的結構

膝蓋的2個半月板從橫切面來看外緣較寬,呈楔形。半月板的中央部位逐漸變成細薄的游離邊緣。膝蓋橫韌帶讓2個半月板於前側彼此相連,半月板的外側緣則牢牢連接在關節囊上。

連接

內側半月板與脛側副韌帶相連,這個結構在臨床上有著重要的意義,因為脛側副韌帶如果在接觸型的運動中受傷,半月板也可能會受損。

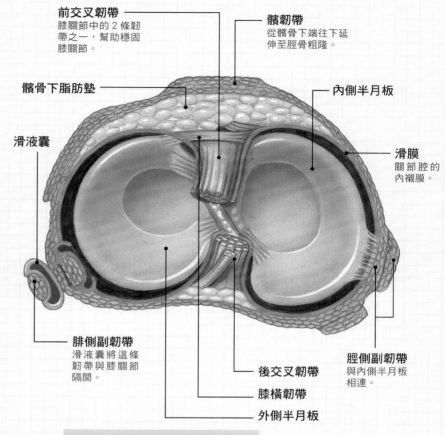

膝蓋(脛骨平臺)上視圖

- **前交叉韌帶** 膝關節中的2條韌帶之一,幫助穩固膝關節。
- **髕骨下脂肪墊**
- **滑液囊**
- **髕韌帶** 從髕骨下端往下延伸至脛骨粗隆。
- **內側半月板**
- **滑膜** 關節腔的內襯膜。
- **腓側副韌帶** 滑液囊將這條韌帶與膝關節隔開。
- **後交叉韌帶**
- **膝橫韌帶**
- **外側半月板**
- **脛側副韌帶** 與內側半月板相連。

膝蓋裡有2個C形的半月板,是強韌的纖維軟骨,股骨髁便是嵌入其中。

髕骨

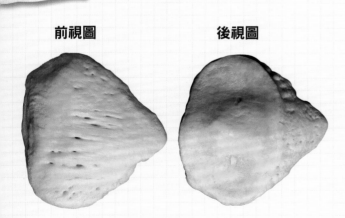

前視圖　　**後視圖**

髕骨位於膝蓋前側,形狀扁平,外側的凸起很容易在皮膚底下觸摸到。

髕骨位於強壯的股四頭肌肌腱中,是身體中最大的種子骨。種子骨是發展於肌腱裡的骨頭,可保護肌腱,避免肌腱在通過長形骨末端時產生磨損、撕裂。

構造

扁平狀的髕骨前側有個凸面,在皮膚底下就可以觸摸到。在髕骨與皮膚間有個滑液囊,能在跪姿中幫助減少摩擦、保護髕骨。

軟骨

髕骨的後側包覆著平滑的軟骨,且與股骨下端相連,形成一個滑膜關節。

強壯的股四頭肌連接到髕骨的上緣,髕韌帶則從髕骨的下緣往下延伸到脛骨粗隆。

膝蓋的滑液囊與韌帶

只有部份的膝關節是包覆在關節囊中，它的穩定度是靠韌帶來維持的。
膝關節的周圍有滑液囊，這些滑液囊讓膝關節在活動時能夠很順滑。

膝關節的骨頭和髖關節不同，它們的嵌合方式並不是特別穩固。正因為這樣，膝關節的穩定性大多仰賴周圍的許多韌帶與肌肉。

膝蓋的關節腔被纖維囊所包覆，根據韌帶和關節囊的關係，支撐膝蓋的韌帶可分成 2 部份：

囊外韌帶

位於關節囊的外面，負責防止小腿在膝蓋處向前彎曲，或是過度伸展。囊外韌帶包括：

◆ **股四頭肌腱**：從股四頭肌延伸而來，支撐著膝蓋的前側（圖中未顯示）。

◆ **腓側（外側）副韌帶**：這條強韌的韌帶將股骨外側下端與腓骨頭端連在一起。

◆ **脛側（內側）副韌帶**：這條強韌的扁平韌帶從股骨內側下端延伸到脛骨。它的強度比腓側副韌帶差，較容易受損。

◆ **膕斜韌帶**：這條韌帶加強了膝關節囊的背側（圖中未顯示）。

◆ **膕弓狀韌帶**：這條韌帶也是強化膝蓋背側的韌帶（圖中未顯示）。

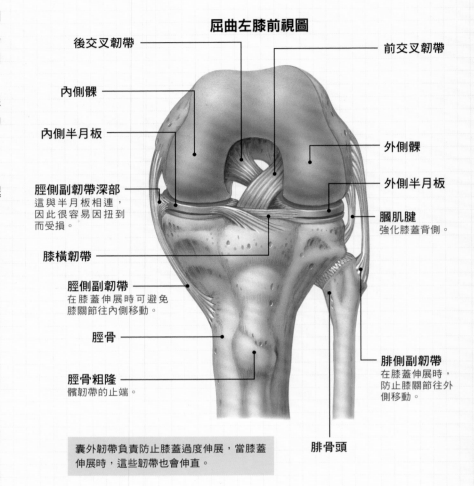

屈曲左膝前視圖

後交叉韌帶
內側髁
內側半月板
脛側副韌帶深部
這與半月板相連，因此很容易因扭到而受損。
膝橫韌帶
脛側副韌帶
在膝蓋伸展時可避免膝關節往內側移動。
脛骨
脛骨粗隆
髕韌帶的止端。

前交叉韌帶
外側髁
外側半月板
膕肌腱
強化膝蓋背側。
腓側副韌帶
在膝蓋伸展時，防止膝關節往外側移動。
腓骨頭

囊外韌帶負責防止膝蓋過度伸展，當膝蓋伸展時，這些韌帶也會伸直。

囊內韌帶

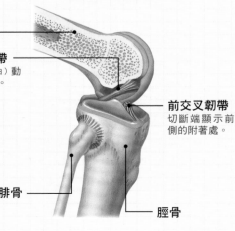

囊內韌帶側視圖

股骨
後交叉韌帶
在屈曲（彎曲）動作中會繃緊。
前交叉韌帶
切斷端顯示前側的附著處。
腓骨
脛骨

囊內韌帶（交叉韌帶）形成一個十字，負責防止膝蓋發生前後脫位，並穩固彼此相接的骨頭。

囊內韌帶將脛骨連接到股骨上，它們位於膝關節中央，能防止膝蓋向前、向後脫位。

交叉（十字）韌帶

囊內 2 條主要韌帶是交叉韌帶（或稱十字韌帶），名稱的來源是因為它們交叉成一個十字形。

◆ **前交叉韌帶**：這條韌帶是 2 條交叉韌帶中較不強壯的，在膝蓋彎曲時會呈現鬆弛狀態，膝蓋伸直時則會繃緊。

◆ **後交叉韌帶**：這條韌帶在屈曲（彎曲）動作中會拉緊，當膝蓋在屈曲動作中要承受重量時（例如下坡的時候），它也是保持膝蓋穩固的重要韌帶。

膝蓋的滑液囊

膝蓋的滑液囊是含有滑液的小囊。在膝關節活動時，這些滑液囊會彼此滑動，保護膝蓋的內部結構、減少摩擦。

滑液囊是含有滑液的小囊，位於經常相互移動的兩個結構之間（通常為骨頭與肌腱）。滑液囊能保護這些結構，避免它們受到磨損與撕裂。

膝蓋周圍有許多滑液囊，能在膝蓋活動時保護肌腱，或是讓覆蓋於髕骨上的皮膚能順暢地移動。

髕上囊

膝關節周圍的滑液囊與關節腔（介於關節面之間且含有液體的腔隙）相連。髕上囊的位置在膝蓋關節腔的上方，介於股骨下端與強壯的股四頭肌間。

髕前囊與髕下囊

這些滑液囊位於髕骨和髕韌帶周圍。當膝蓋在活動時，髕前囊讓覆蓋在髕骨上的皮膚能在髕骨表面自由地滑動。髕下淺囊與髕下深囊位於髕韌帶下端周圍，此處也是髕韌帶與脛骨粗隆的連接處。

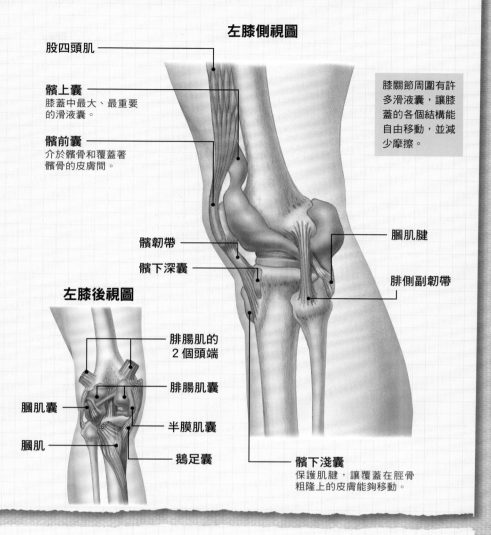

左膝側視圖

股四頭肌

髕上囊
膝蓋中最大、最重要的滑液囊。

髕前囊
介於髕骨和覆蓋著髕骨的皮膚間。

膝關節周圍有許多滑液囊，讓膝蓋的各個結構能自由移動，並減少摩擦。

髕韌帶

髕下深囊

膕肌腱

腓側副韌帶

左膝後視圖

腓腸肌的2個頭端

腓腸肌囊

半膜肌囊

鵝足囊

膕肌囊

膕肌

髕下淺囊
保護肌腱，讓覆蓋在脛骨粗隆上的皮膚能夠移動。

膝關節檢查

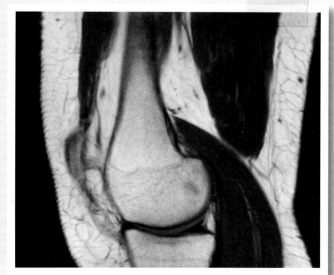

MRI是檢視關節複雜結構的利器，上圖中，構成膝關節的骨頭和周圍的肌肉組織清晰可見，

膝關節是很容易因外傷或關節炎而受損的構造。在確定膝關節的損傷程度時，除了臨床診察外，通常還需要進一步的檢查。

X光檢查

不同部位的膝蓋X光攝影（或許還需將染料注射到關節腔中，以進行關節腔攝影檢查）在呈現膝蓋的骨頭狀況與半月板是否異常時，可能會很有幫助。

核磁共振攝影

核磁共振攝影（MRI）對於檢視膝蓋的疾患有非常大的幫助。這種非侵入性的掃描能顯示膝蓋周圍的軟組織，以及膝蓋的骨頭問題，常用來取代關節腔X光攝影。

關節鏡檢查

膝蓋檢查的另一種方法是在關節內視鏡中使用小攝影機來進行關節腔攝影。過程中，通常需要麻醉，醫師在檢查時就能切除受損的組織，不必另外再進行手術。

大腿肌肉

大腿主要是由大肌肉群所構成，這些肌肉負責活動髖部與膝關節，是身體中最強壯的肌肉。

大腿的肌肉可分成 3 個基本群：位於股骨前側的前側肌群、位在股骨後面的後側肌群，以及分佈於股骨內側與骨盆之間的內收肌群。

前側肌群

構成大腿前側的肌肉負責屈曲髖部、伸展膝蓋。這些動作都是將腿往上抬，以及在走路時讓腿部向前跨的相關動作。

前側肌群的肌肉包括：

◆ **髂腰肌**：這個大肌肉有部份起自骨盆，另一部份則從腰椎延伸出來。它的肌肉纖維連接到股骨上端的小轉子。在負責屈曲大腿、向上與向前抬起膝蓋的肌肉中，髂腰肌是最強壯的。

◆ **闊筋膜張肌**：這個肌肉的止端是強韌的結締組織帶（髂脛束），從大腿外側往下延伸到膝蓋下方的脛骨。

◆ **縫匠肌**：身體中最長的肌肉，它像一條扁平的帶子，從骨盆的髂骨前上棘往下延伸、跨越大腿。縫匠肌越過髖部與膝關節，最後連接到脛骨頂端的內側。

◆ **股四頭肌**：有 4 個頭端。

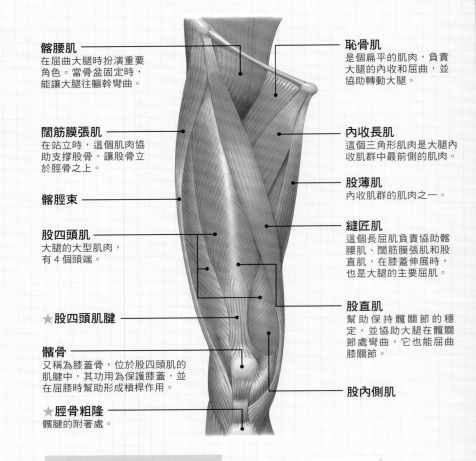

髂腰肌
在屈曲大腿時扮演重要角色。當骨盆固定時，能讓大腿往軀幹彎曲。

闊筋膜張肌
在站立時，這個肌肉協助支撐股骨，讓股骨立於脛骨之上。

髂脛束

股四頭肌
大腿的大型肌肉，有 4 個頭端。

★ **股四頭肌腱**

髕骨
又稱為膝蓋骨，位於股四頭肌的肌腱中，其功用為保護膝蓋，並在屈膝時幫助形成槓桿作用。

★ **脛骨粗隆**
髕腱的附著處。

恥骨肌
是個扁平的肌肉，負責大腿的內收和屈曲，並協助轉動大腿。

內收長肌
這個三角形肌肉是大腿內收肌群中最前側的肌肉。

股薄肌
內收肌群的肌肉之一。

縫匠肌
這個長屈肌負責協助髂腰肌、闊筋膜張肌和股直肌，在膝蓋伸展時，也是大腿的主要屈肌。

股直肌
幫助保持髖關節的穩定，並協助大腿在髖關節處彎曲，它也能屈曲膝關節。

股內側肌

髂腰肌、闊筋膜張肌以及股直肌是髖部的主要屈肌，幫助產生行走動作中的前擺階段。

皮膚下的這個點★可以很容易地觸摸到。

股四頭肌

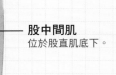

股外側肌
是股四頭肌中最大的。

股直肌肌腱
肌腹已經切除，以顯示底下的結構。它的英文名稱是來自拉丁文，意思是「直」。

股四頭肌是個伸肌，在跑步、跳躍與攀爬動作中，都會發揮作用。從坐姿中起身時，它能幫助伸直膝蓋。

股中間肌
位於股直肌底下。

股內側肌
覆蓋著大腿內側。

這個有 4 個頭端的大肌肉是構成大腿主體的肌肉，也是身體中最強壯的肌肉之一。股四頭肌包含 4 個主要部份，這 4 個部份的肌腱結合在一起形成強壯的股四頭肌腱。股四頭肌腱的止端連接於髕骨頂端，繼續往下延伸變成髕腱，再延伸到脛骨頂端的前側。股四頭肌負責膝蓋的伸直動作。

股四頭肌的 4 個部份為：

◆ **股直肌**：這個縱肌覆蓋於股四頭肌的其他部份上，幫助屈曲髖關節、伸直膝蓋。

◆ **股外側肌**：股四頭肌中最大的部位。

◆ **股內側肌**：位於大腿內側。

◆ **股中間肌**：位在大腿中間、股直肌底下。

股中間肌的少數幾條小纖維往下通到膝蓋的關節囊。當膝蓋伸直時，能讓關節囊的皺摺不會卡住。

大腿後側肌肉

膕旁肌能伸展髖部、屈曲膝蓋，但它們無法同時完全伸展髖部和膝蓋。

股二頭肌

有 2 個頭端。長頭起於骨盆的坐骨粗隆，短頭起於股骨後側。厚實的股二頭肌肌腱在膝蓋外側後方清晰可見，且很容易觸摸到，尤其是當膝蓋彎曲以對抗阻力時，更是明顯。

半腱肌

和股二頭肌一樣，半腱肌的起端也位於骨盆的坐骨粗隆。半腱肌的名稱來自它的長肌腱，它大約從總長度2/3的地方開始變成肌腱，這個肌腱連接於脛骨上端的內側。

半膜肌

起自附著於骨盆坐骨粗隆的扁平膜狀組織，延伸於大腿背側，位置深入半腱肌底下。半膜肌最後會連接到脛骨上端的內側。

大腿後側的 3 塊大肌肉通稱為膕旁肌，這 3 塊肌肉為：股二頭肌、半腱肌以及半膜肌。

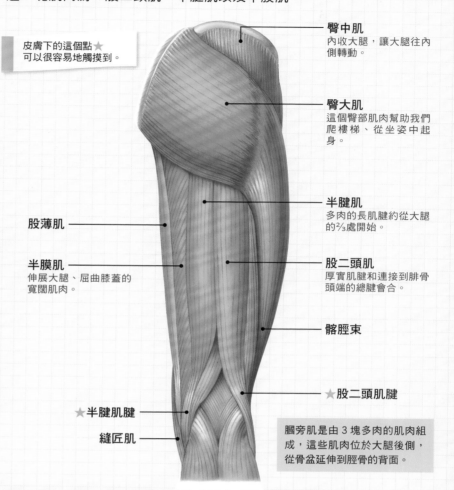

皮膚下的這個點★可以很容易地觸摸到。

臀中肌
內收大腿，讓大腿往內側轉動。

臀大肌
這個臀部肌肉幫助我們爬樓梯、從坐姿中起身。

半腱肌
多肉的長肌腱約從大腿的2/3處開始。

股二頭肌
厚實肌腱和連接到腓骨頭端的總腱會合。

髂脛束

★股二頭肌腱

股薄肌

半膜肌
伸展大腿、屈曲膝蓋的寬闊肌肉。

★半腱肌腱

縫匠肌

膕旁肌是由 3 塊多肉的肌肉組成，這些肌肉位於大腿後側，從骨盆延伸到脛骨的背面。

內收肌群

足球員很容易發生鼠蹊部傷害（內收肌肉拉傷），這是因為踢球的動作會讓大腿跨過身體中線。

大腿內側的肌肉稱為內收肌群，它們能內收大腿，意思是讓下肢朝身體的中線移動，就像騎馬時用大腿夾緊馬的身體。這些肌肉的起端在骨盆的坐骨粗隆，最後則連接到股骨的好幾個地方。內收肌群的肌肉包括：

◆ **內收長肌**：這是一塊大的扇形肌肉，位於其他內收肌肉的前面，其肌腱可以在鼠蹊部觸摸到。

◆ **內收短肌**：是塊較短的肌肉，位於內收長肌底下。

◆ **內收大肌**：這塊大的三角形肌肉，同時具有內收肌肉及膕旁肌的功能。

◆ **股薄肌**：是塊帶狀肌肉，垂直往下延伸於大腿內側（圖中未顯示）。

◆ **閉孔外肌**：這塊小肌肉位於內收肌群的最深處。

騎馬時用大腿夾緊馬身的動作就是由內收肌群負責的。運動時，這個肌群很容易扭傷，常造成鼠蹊部受傷。

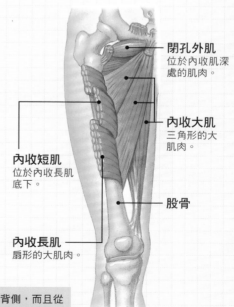

閉孔外肌
位於內收肌深處的肌肉。

內收大肌
三角形的大肌肉。

內收短肌
位於內收長肌底下。

股骨

內收長肌
扇形的大肌肉。

膕旁肌的肌腱位於大腿背側，而且從膝蓋後方很容易觸摸到。膕旁肌拉傷是從事跑步運動者常見的傷害。

小腿肌肉

小腿有 3 個肌肉群，分別負責支持、屈曲腳踝與足部；伸展腳趾、並協助在腳跟支撐體重。

小腿的肌肉可分成 3 個肌肉群：位於脛骨前面的前側肌肉群、位於小腿外側的外側肌群，以及後側肌群。

前側肌群

小腿的前側肌群包括：

◆ **脛骨前肌**：可以沿著脛骨邊緣的皮膚下方觸摸到。

◆ **伸趾長肌**：位於脛骨前肌底下，連接到 4 個腳趾的外側。

◆ **第三腓骨肌**：不是每個人都有，當它出現時，可能會與伸趾長肌合在一起。第三腓骨肌最後連接於第五蹠骨。

◆ **伸拇長肌**：這個細長的肌肉往下延伸，連接到大拇趾末端。

前側肌群的動作

這些肌肉的動作都很類似，負責背曲足部。意思是當前側肌群收縮時，它們會屈曲腳踝，讓腳趾往上、腳跟往下。

> 在走路時，小腿的前側肌群會拉抬腳趾。在足部往前移動時，小腿前側肌群的拉抬動作能讓腳趾不會在地上拖行。

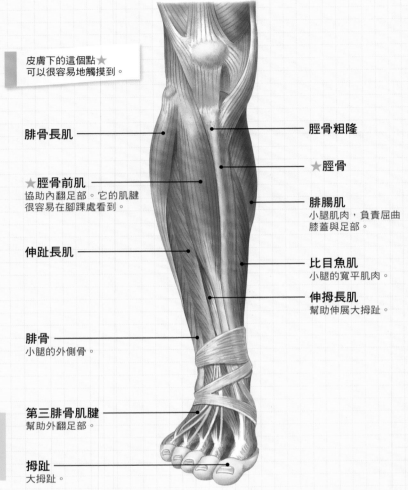

皮膚下的這個點 ★ 可以很容易地觸摸到。

腓骨長肌

★脛骨前肌
協助內翻足部。它的肌腱很容易在腳踝處看到。

伸趾長肌

腓骨
小腿的外側骨。

第三腓骨肌腱
幫助外翻足部。

拇趾
大拇趾。

脛骨粗隆

★脛骨

腓腸肌
小腿肌肉，負責屈曲膝蓋與足部。

比目魚肌
小腿的寬平肌肉。

伸拇長肌
幫助伸展大拇趾。

小腿的外側肌肉

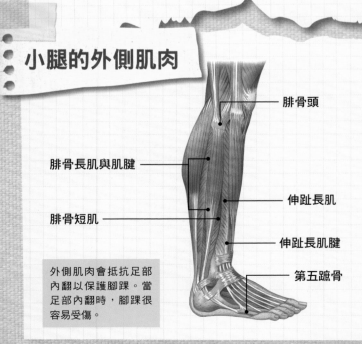

腓骨頭

腓骨長肌與肌腱

腓骨短肌

伸趾長肌

伸趾長肌腱

第五蹠骨

> 外側肌肉會抵抗足部內翻以保護腳踝。當足部內翻時，腳踝很容易受傷。

小腿的外側肌群位於較小的小腿骨（腓骨）旁邊，這個肌群包含：

◆ **腓骨長肌**：是 2 個外側肌中較長的，位置也較淺。起於腓骨上部的頭端，往下延伸到腳底。

◆ **腓骨短肌**：正如其名字所示，這個肌肉是塊短肌肉，位於腓骨長肌底下。起端在腓骨下部，它有一個寬肌腱，這條肌腱會往下延伸，連接到足部第五蹠骨的基部。

外側肌群的動作

這 2 塊肌肉一起讓足部蹠曲，也就是讓腳趾朝下、且外翻；在外翻動作中，腳底會面向外側。實際上，由於踝關節在腳底內翻（腳底朝內上翻）時最為脆弱，因此外側肌群也會抵抗內翻動作，以幫助支撐腳踝。

小腿的後側肌群

後側肌群構成了小腿的肌肉團塊。這些肌肉強壯、厚實，能擔負屈曲足部、支撐身體重量的責任。

　　位於小腿後側的肌肉形成了小腿最大的肌肉群。小腿後側肌群又稱為「小腿肌」，這個肌群還可進一步分為淺層肌與深層肌。

淺層小腿肌

　　後側肌群的淺層肌肉構成了小腿的厚實肌肉團塊，這是人類獨有的特色，因為我們是用兩腳站立。後側肌群的淺層肌肉有：

◆ **腓腸肌**：這個大而厚實的肌肉位於最淺層。形狀很特殊，2 個頭端分別起自股骨的內側髁與外側髁。腓腸肌的纖維主要為縱向分佈，以便達到跑步與跳躍動作中所需的快速與強烈收縮。

◆ **比目魚肌**：是個大且強壯的肌肉，位於腓腸肌底下。比目魚肌的名稱由來是來自它的形狀，因為看起來很像比目魚。比目魚肌的收縮對於在站立時保持身體平衡，有著重要的影響。

◆ **蹠肌**：並非每個人都有，即使存在，也是塊很小、很薄的肌肉。由於蹠肌在小腿中的地位比較不重要，因此有時候醫師會用它來代替受損的手部肌腱。

腓腸肌、比目魚肌和蹠肌共同協助，於踝關節處屈曲足部。小的蹠肌是這 3 塊肌肉中最弱的。

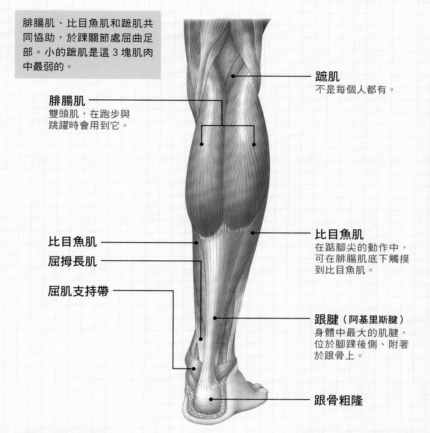

蹠肌
不是每個人都有。

腓腸肌
雙頭肌，在跑步與跳躍時會用到它。

比目魚肌

屈拇長肌

屈肌支持帶

比目魚肌
在踮腳尖的動作中，可在腓腸肌底下觸摸到比目魚肌。

跟腱（阿基里斯腱）
身體中最大的肌腱，位於腳踝後側、附著於跟骨上。

跟骨粗隆

淺層肌肉的動作

　　這些肌肉具有蹠曲足部的作用，意思是拉抬腳跟、讓腳趾朝下點。蹠曲足部需要藉由強壯的肌肉來完成，因為行走、跑步以及跳躍時，腳跟必須抬起，以腳趾來支撐全身的重量。

　　腓腸肌和比目魚肌擁有一個共同的肌腱，這個肌腱就是大又強健的阿基里斯腱，這條肌腱從小腿下緣往下延伸到腳跟。

小腿的深層肌肉

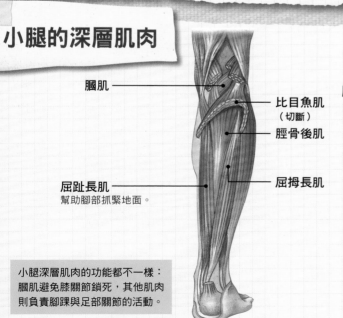

膕肌

比目魚肌
（切斷）

脛骨後肌

屈趾長肌
幫助腳部抓緊地面。

屈拇長肌

小腿深層肌肉的功能都不一樣：膕肌避免膝關節鎖死，其他肌肉則負責腳踝與足部關節的活動。

由 4 個肌肉共同組成了小腿的深層肌肉：

◆ **膕肌**：是個薄的三角形肌肉，位於膝蓋後側的膕窩中。膕肌有個特殊的功用，它能稍微轉動膝關節防止膝關節鎖死，使得伸直的腿能夠彎曲。

◆ **屈趾長肌**：有長長的肌腱，往下通到 4 個腳趾外側，使它們能向下彎曲或是屈曲。

◆ **屈拇長肌**：儘管這條肌肉只連接到大拇趾，但它具有非常大的力量。屈拇長肌的長肌腱延伸於大拇趾基部的種子骨，在走路與跑步時負責讓腳步離開地面或是躍起。

◆ **脛骨後肌**：是小腿深層肌肉中位置最深的。是足部內翻動作中的主要肌肉，在這個動作中，足部會移動，腳底才能朝內翻。

腿部的深筋膜

位於皮下組織底下，形成強韌的環形鞘包覆在肌肉、骨頭與血管周圍。腿部深筋膜將腿部分隔成 3 個區域。

筋膜是指身體中包覆、連結肌肉等構造的結締組織。

腿部深筋膜位於皮下組織底下、肌肉的上方，是包裹腿部的膜狀鞘。腿部深筋膜也是腿部構造的分隔線，它沿著腿部往下延伸，最後連接於骨頭，將大腿與小腿分隔為幾個區域。

髂脛束

腿部深筋膜在大腿外側變得更為強韌厚實，形成強韌的縱向束帶，這條束帶就是髂脛束。匯入髂脛束的除了闊筋膜張肌外，強壯的臀大肌有部份也連接到髂脛束。

隱靜脈開口

是大腿深筋膜中的縫隙，長約 3.75 公分，寬約 2.5 公分，這個開口讓大隱靜脈能通過，並將靜脈血液送到股靜脈中。

靜脈血液回流

腿部深筋膜的其中一項功能是像「肌肉幫浦」，協助靜脈血液回流。由於腿部深筋膜很強韌、比較沒有彈性，因此能在肌肉收縮時束緊膨凸的團塊。如此一來，肌肉就會對具有閥門的腿部深靜脈加壓，將靜脈血往上推送。

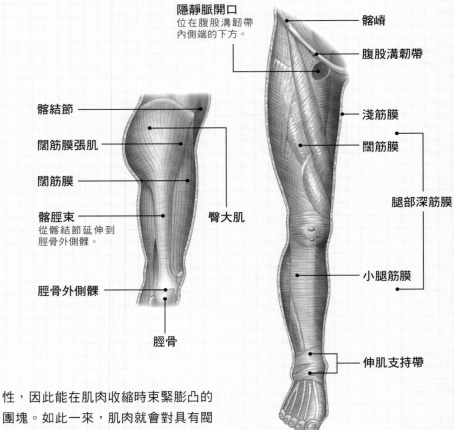

隱靜脈開口
位在腹股溝韌帶內側端的下方。

髂結節

闊筋膜張肌

闊筋膜

髂脛束
從髂結節延伸到脛骨外側髁。

脛骨外側髁

脛骨

臀大肌

髂嵴

腹股溝韌帶

淺筋膜

闊筋膜

腿部深筋膜

小腿筋膜

伸肌支持帶

右邊的腿部前視圖顯示大腿的深筋膜（闊筋膜）及小腿的深筋膜（小腿筋膜）。左邊的側視圖則可看到髂脛束。

大腿腔室

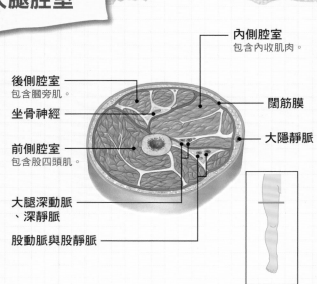

內側腔室
包含內收肌肉。

後側腔室
包含膕旁肌。

坐骨神經

前側腔室
包含股四頭肌。

大腿深動脈、深靜脈

股動脈與股靜脈

闊筋膜

大隱靜脈

深筋膜形成的隔線往下延伸到股骨。這些隔線將大腿分隔成 3 個腔室，每個腔室包含一個肌群，各腔室的肌肉負責類似的動作，其神經、血管的支配也大致相同，這些區域為：

◆ **前側腔室**：包含屈曲髖部與伸展膝蓋的肌肉，主要的神經、血管為股神經與股動脈。

◆ **內側腔室**：又稱為內收肌肉區，它包含負責內收大腿（讓大腿往中線移動）的肌肉。這些肌肉由閉孔神經支配，由深股動脈與閉孔動脈供應養分。

◆ **後側腔室**：包含強壯的膕旁肌，負責伸展髖部及屈曲膝蓋。支配這些肌肉的神經、血管為坐骨神經及深股動脈。

闊筋膜包覆著腿部，並包裹著肌肉、骨骼與血管。腿部還有往下延伸到股骨的結締組織層。

小腿的腔室

小腿深筋膜又稱為小腿筋膜，是個厚實的膜狀鞘，將小腿的肌肉、動脈、靜脈分隔成前側腔室、外側腔室及後側腔室。

小腿深筋膜（小腿筋膜）連接到膝蓋下方的脛骨前側，及內側邊緣，並和骨膜（包裹著骨頭的強韌膜狀組織）相連。小腿上部的小腿筋膜頗為厚實，為肌肉的附著處；往下方延伸，就會越來越薄，但在腳踝處會形成一條強韌、厚實的橫向支持帶。

小腿筋膜形成的分隔線從深筋膜連接到下方的腓骨，將小腿區分成3個腔室：前側腔室、外側腔室與後側腔室。

前側腔室

包含背曲（腳背往上）足部、伸展（伸直）腳趾的肌肉。

外側腔室

位於腓骨旁，包含2塊肌肉，負責蹠曲（腳尖往下）足部、外翻足部（腳底面向外側）。

後側腔室

被肌間橫隔分隔為深層與淺層。此區的強壯肌肉負責屈曲足部、在行走時形成主要的前推力。支配此區肌肉的神經、血管為脛神經和脛後動脈。

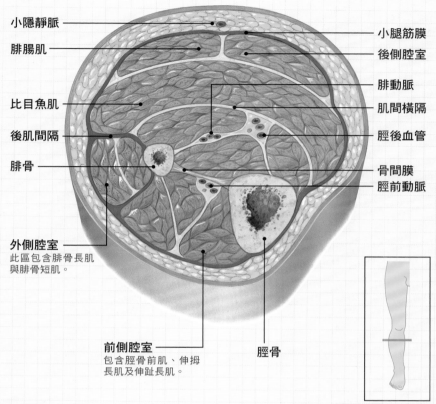

小隱靜脈
腓腸肌
比目魚肌
後肌間隔
腓骨
外側腔室
此區包含腓骨長肌與腓骨短肌。

小腿筋膜
後側腔室
腓動脈
肌間橫隔
脛後血管
骨間膜
脛前動脈

前側腔室
包含脛骨前肌、伸拇長肌及伸趾長肌。

脛骨

小腿的每個腔室各自包含特別的肌肉。後側腔室被肌間橫隔進一步分成2部位。

支持帶

在腳踝附近，深筋膜會形成幾條厚實的橫向束帶稱為伸肌支持帶。這些束帶很強韌，當足部姿勢改變時，能夠把底下的肌腱牢牢地固定於腳踝上。

腔室症候群

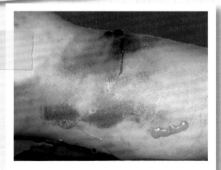

腔室症候群是由於下肢組織受傷、腫脹所造成。嚴重時，需以手術降低腔室內的壓力。

小腿的深筋膜和它所形成的隔膜非常地強韌，且具有支持作用；但較不具彈性，這種特性在一般情況下是好事。然而，當小腿受傷時（如骨折），深筋膜不具彈性的特點反而會對小腿造成傷害。

創傷

如果小腿腔室中的軟組織因外傷而腫脹、出血，強韌的深筋膜中隔將使腫脹的組織無法向外擴展。如此一來，腔室（通常為前側腔室）內的壓力就會升高。

過高的腔室壓力會壓迫到腔室的內部結構，使肌肉在收縮時感到疼痛。壓力若繼續上升，靜脈中的血液將無法從腔室流出。

情況最嚴重時，甚至連動脈中的血液都無法通過，導致足部沒有脈搏。必要時，需進行稱為肌膜切開術的手術，醫師會把患部的深筋膜切開，以降低腔室內的壓力。

腿部的動脈

下肢的血液供給來自起源於骨盆的外髂動脈。這些動脈往下延伸，其分支延伸到肌肉、骨頭、關節以及皮膚。

下肢的動脈網絡負責將血液輸送至下肢的組織，從主要動脈分出的小動脈，將營養送到各關節與肌肉。

動脈

◆ **股動脈**：腿部的主要動脈，主要分支是股深動脈。在穿過內收大肌的縫隙（內收肌裂孔），進入膕窩（膝蓋後方）前，它的一些小分支負責運送血液給周圍的肌肉。

◆ **股深動脈**：大腿的主要動脈，分出數條分支，有膝關節動脈、外膝關節動脈，及 4 條穿通動脈。

◆ **膕動脈**：從股動脈接續而來，沿著膝蓋後側往下延伸，分出分支供應血液到膝關節。之後，分出脛前動脈與脛後動脈。

◆ **脛前動脈**：提供血液給小腿前側腔室，朝下延伸到足部，變成足背動脈。

◆ **脛後動脈**：分佈於小腿後側，和腓動脈一起將血液輸送到小腿背側與外側腔室。

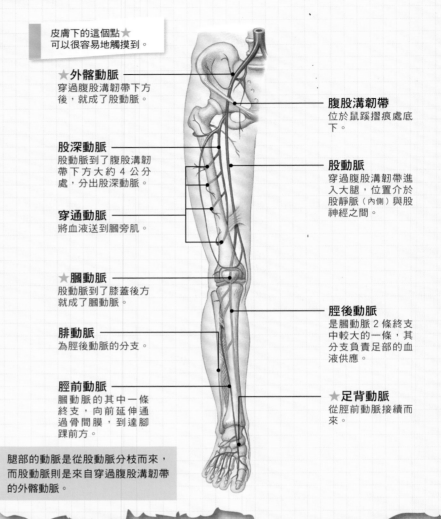

皮膚下的這個點★可以很容易地觸摸到。

★外髂動脈
穿過腹股溝韌帶下方後，就成了股動脈。

股深動脈
股動脈到了腹股溝韌帶下方大約 4 公分處，分出股深動脈。

穿通動脈
將血液送到膕旁肌。

★膕動脈
股動脈到了膝蓋後方就成了膕動脈。

腓動脈
為脛後動脈的分支。

脛前動脈
膕動脈的其中一條終支，向前延伸通過骨間膜，到達腳踝前方。

腹股溝韌帶
位於鼠蹊摺痕處底下。

股動脈
穿過腹股溝韌帶進入大腿，位置介於股靜脈（內側）與股神經之間。

脛後動脈
是膕動脈 2 條終支中較大的一條，其分支負責足部的血液供應。

★足背動脈
從脛前動脈接續而來。

腿部的動脈是從股動脈分枝而來，而股動脈則是來自穿過腹股溝韌帶的外髂動脈。

膝蓋周圍的動脈

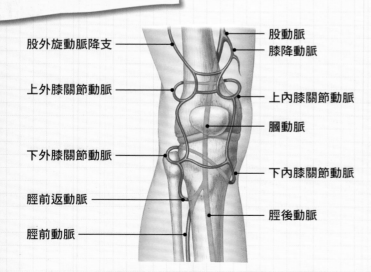

股外旋動脈降支

上外膝關節動脈

下外膝關節動脈

脛前返動脈

脛前動脈

股動脈

膝降動脈

上內膝關節動脈

膕動脈

下內膝關節動脈

脛後動脈

負責輸送血液到膝蓋周圍的動脈，形成一個動脈網絡，將股動脈與膕動脈的終支連結在一起。

膕動脈在膝蓋後方分出數條分支，分佈於膝關節周圍並與股動脈的其他分支及脛前動脈、脛後動脈形成吻合。這些大大小小的動脈形成一個動脈網絡，好讓血液可以繞過主要動脈——膕動脈送到腿部各處。在膝蓋彎曲過久時，或是主要動脈窄化、堵塞時，就展現了這個動脈網絡的重要性。

膕動脈的脈搏

在鼠蹊部可以感受到股動脈的脈搏，在膝蓋後面則能感覺到膕動脈的跳動。但因為膕動脈的位置深入到膝蓋後側的組織當中，因此要感覺到它的脈搏會比較困難些。在做腿部檢查時，通常會屈膝，讓膕窩的筋膜與肌肉放鬆，才能感覺到膕動脈的脈搏。如果膕動脈的脈搏很微弱或是完全感覺不到，就表示股動脈可能變窄或是發生堵塞了。

足部的動脈

其分佈模式和手部類似，這些足部小動脈所形成的動脈弓相互連結、分出分支到腳趾兩側，為足底帶來豐沛的血流。

足部的血液是由脛前動脈與脛後動脈的終支所提供。

足部背面

脛前動脈通過腳踝前面，成了足背動脈。足背動脈越過腳背，朝第一、第二腳趾間的縫隙延伸；到了這裡，足背動脈會分出一條深支，這條深支會與足底的動脈會合。分佈於腳背的足背動脈分支互相連結、形成一個動脈弓，並分出其他分支到腳趾。

醫師在進行檢查時，可以在脛骨前肌肌腱的腳背處觸摸到足背動脈的脈搏。由於足背動脈就位於皮膚底下，只要血管健康，應該很容易就可以感受到它的脈動。

足部底面

足部底面有著豐富的血液供應，這些血液來自脛後動脈的分支。當脛後動脈進入腳底時，會分成 2 個分支：

◆ **足底內側動脈**：是脛後動脈 2 條分支中比較小的。它為大拇趾肌肉提供血液，且分出更小的分支到其他腳趾。

◆ **足底外側動脈**：比足底內側動脈大上許多，彎繞於蹠骨底下，形成足底深弓。

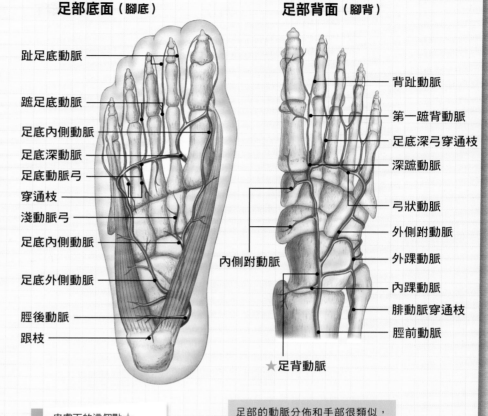

足部底面（腳底）

- 趾足底動脈
- 蹠足底動脈
- 足底內側動脈
- 足底深動脈
- 足底動脈弓
- 穿通枝
- 淺動脈弓
- 足底內側動脈
- 足底外側動脈
- 脛後動脈
- 跟枝

足部背面（腳背）

- 背趾動脈
- 第一蹠背動脈
- 足底深弓穿通枝
- 深蹠動脈
- 弓狀動脈
- 外側跗動脈
- 外踝動脈
- 內踝動脈
- 腓動脈穿通枝
- 脛前動脈
- 內側跗動脈
- ★ 足背動脈

皮膚下的這個點 ★ 可以很容易地觸摸到。

足部的動脈分佈和手部很類似，足底的血液供應更是豐沛。

足背動脈的深支與足底動脈弓的內側端會合，讓足背與足底的動脈血管連結在一起。

動脈造影

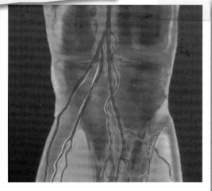

動脈造影是用來找出動脈堵塞的確切位置。在進行動脈造影前，醫護人員會把顯影劑注射到患者的血管中，讓血管能在 X 光片中清楚地顯現出來。

利用動脈造影就能檢視動脈狀態。進行動脈造影時要先將顯影劑注射到動脈中，拍攝一系列的 X 光片，以呈現顯影劑是如何流到整個動脈系統。如果將顯影劑注射到大腿上部的股動脈，那就能研究腿部的動脈系統，呈現出堵塞、窄化的部位，也能看到膕動脈瘤的腫塊情形。

若需進行手術，就可以先做動脈造影來檢視動脈的狀況，但還有其他比較不具侵入性的方法，可以用來檢查腿部的血流情況，像是都卜勒超音波掃描、核磁共振造影等，都是較為舒適且較低風險的檢查方法。

動脈粥狀硬化

影響腿部血液流通狀態的常見病症就屬動脈粥狀硬化，或稱動脈硬化；這種病症通常是抽菸引起的。罹患腿部動脈硬化可能會在運動時，發生小腿肌肉痙攣性疼痛，但休息幾分鐘後，就會舒緩。這種疼痛是因為動脈窄化，導致肌肉的血液供應減少所造成的。

腿部的靜脈

負責下肢靜脈引流的血管可分成淺層與深層，把這2組靜脈串連起來的是穿通靜脈。

在腿部的皮下組織中，有2條主要的淺層靜脈：大隱靜脈與小隱靜脈。

大隱靜脈

身體中最長的靜脈，有時候醫師會用它來取代心臟等部位的受損血管。大隱靜脈起自足背靜脈弓內側，順著腿部往上朝鼠蹊部延伸。

往上延伸時，大隱靜脈會通過內側踝的前方，到了膝蓋，則延伸到股骨內側髁的後面，穿過鼠蹊部的隱靜脈開口，匯入股靜脈。

小隱靜脈

這條較小的淺層靜脈起自足背靜脈弓的外側，通過外側踝的後面，沿著小腿背面的中央延伸。來到膝蓋時，就匯入膕深靜脈。

分支靜脈

大隱、小隱靜脈一路上接收了許多小靜脈送來的血液，這2條靜脈也會彼此吻合在一起。

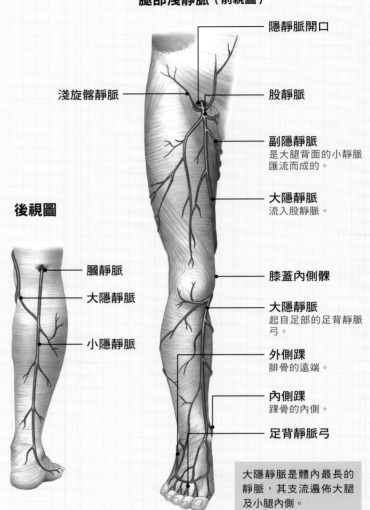

腿部淺靜脈（前視圖）

- 隱靜脈開口
- 淺旋髂靜脈
- 股靜脈
- 副隱靜脈
  是大腿背面的小靜脈匯流而成的。
- 大隱靜脈
  流入股靜脈。
- 膝蓋內側髁
- 大隱靜脈
  起自足部的足背靜脈弓。
- 外側踝
  腓骨的遠端。
- 內側踝
  踝骨的內側。
- 足背靜脈弓

後視圖

- 膕靜脈
- 大隱靜脈
- 小隱靜脈

大隱靜脈是體內最長的靜脈，其支流遍佈大腿及小腿內側。

瓣膜與靜脈幫浦

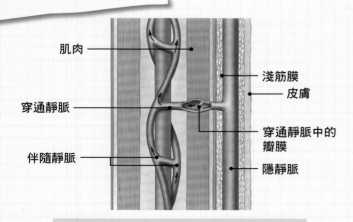

- 肌肉
- 淺筋膜
- 皮膚
- 穿通靜脈
- 穿通靜脈中的瓣膜
- 伴隨靜脈
- 隱靜脈

具有瓣膜的穿通靜脈在協助靜脈幫浦運轉上，扮演著重要角色。這些瓣膜讓血液能夠返回心臟。

「腿部的靜脈血管分佈」指的是淺層靜脈的血液經過穿通靜脈流到深層靜脈。接著，包圍在這些深層靜脈周圍的小腿肌肉（靜脈幫浦）會把靜脈血液往上送。

靜脈血管和動脈不同，靜脈中有瓣膜可以防止血液回流。這些瓣膜對於腿部靜脈來說非常重要，因為它們能確保當小腿肌肉收縮時，靜脈中的血液會被往上推送以回到心臟，而不是回流到淺層靜脈中。

靜脈曲張

如果穿通靜脈裡的瓣膜受損，那麼靜脈中的血液就可能會回流到血壓較低的淺層靜脈中。如此一來，這些淺層靜脈就會擴張、扭曲變形。造成靜脈曲張的原因包括遺傳、懷孕、肥胖，以及腿部深層靜脈的血栓性疾病（異常栓塞）。

腿部的深層靜脈

延伸於腿部動脈周圍，其分佈模式和動脈很類似。深層靜脈負責把腿部的血液送回心臟；因此，淺層靜脈會經由穿通靜脈將血液引流到深層靜脈。

儘管腿部的深層靜脈通常被描述成單一靜脈，但事實上，在腿部動脈的兩側有成對的靜脈通過，這些靜脈稱為伴隨靜脈，在身體各個地方都可以發現它們的蹤影。

深層靜脈

主要的深層靜脈有：

◆ **脛後靜脈**：由足底內側靜脈與足底外側靜脈會合而成。延伸到膝蓋時，腓靜脈會從外側匯入，接著再與脛前靜脈會合，形成膕靜脈。

◆ **脛前靜脈**：由足背靜脈延續而來，往上延伸、通過小腿前側。

◆ **膕靜脈**：位於膝蓋後側，膝關節周圍的小靜脈將血液送到此靜脈中。

◆ **股靜脈**：由膕靜脈延續而成，沿著大腿往上延伸，接收來自淺層靜脈的血液，繼續往上延伸到鼠蹊部，成為骨盆的外髂靜脈。

> 腿部的深層靜脈比淺層靜脈擁有更多的瓣膜。深層靜脈通常會成對出現，分佈的路徑也和腿部動脈相同。

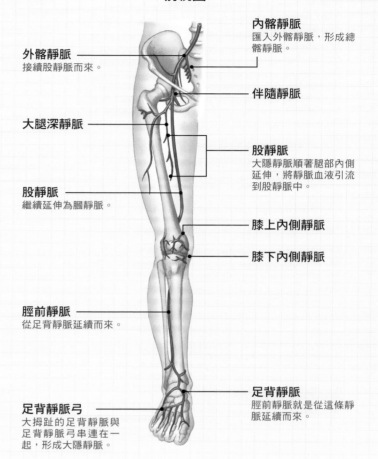

腿部深靜脈前視圖

內髂靜脈
匯入外髂靜脈，形成總髂靜脈。

外髂靜脈
接續股靜脈而來。

伴隨靜脈

大腿深靜脈

股靜脈
大隱靜脈順著腿部內側延伸，將靜脈血液引流到股靜脈中。

股靜脈
繼續延伸為膕靜脈。

膝上內側靜脈

膝下內側靜脈

脛前靜脈
從足背靜脈延續而來。

足背靜脈
脛前靜脈就是從這條靜脈延續而來。

足背靜脈弓
大拇趾的足背靜脈與足背靜脈弓串連在一起，形成大隱靜脈。

深層靜脈栓塞

長途飛行時的久坐，據信可能導致深層靜脈栓塞。因此，乘客最好能夠做些腿部的伸展運動。

腿部的深層靜脈栓塞是相當常見的疾病，通常和深層靜脈中的血流遲滯有關，造成的原因有很多，包括：

◆ **長期臥床**：這種情況會增加深層靜脈栓塞的風險。因此，術後的病患、產後的婦女最好儘快起床走動。

◆ **長時間不活動**（例如**長途飛行**）：這種情況很容易造成腿部深層靜脈栓塞。

◆ **腿部骨折**：這會提高腿部深層靜脈栓塞的風險。

◆ **懷孕或是腹部出現異常腫塊**：這些情況會妨礙腿部的靜脈回流，導致深層靜脈中的血流遲滯現象。

深層靜脈栓塞在臨床上的意義在於，它們可能導致肺栓塞，因為腿部深層靜脈的血栓若是破裂，血栓碎片會隨著血液流到肺部。在某些情況下，肺栓塞甚至會致命。

腿部神經 ❶

坐骨神經是腿部的主要神經，也是身體中最大的神經；
其分支支配著髖部的肌肉、大腿的多數肌肉，以及小腿、足部的所有肌肉。

坐骨神經是由脛神經與總腓神經組成。這些神經由結締組織束在一起，形成一個寬的神經帶，延伸在整個大腿後側。

起端與路徑

坐骨神經起自脊柱基部的薦叢神經網絡，通過坐骨大孔，向下延伸到臀大肌底下，並彎繞於臀部（介於股骨的大轉子和骨盆的坐骨粗隆中間）。

坐骨神經通過股二頭肌長頭底下離開臀部，進入大腿，延伸於大腿背側的中間，再分出分支到膕旁肌（股二頭肌、半腱肌與半膜肌合稱膕旁肌）。接著在膝蓋分出脛神經、總腓神經。

於較高處分支

有些坐骨神經會在較高的位置分出脛神經與總腓神經。在這種情況下，總腓神經可能會從梨狀肌上方通過，甚至穿過梨狀肌。

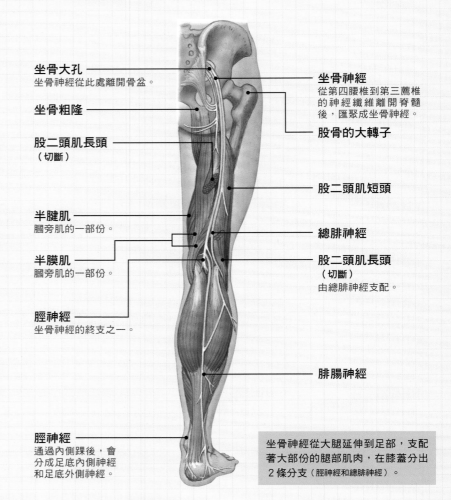

坐骨大孔
坐骨神經從此處離開骨盆。

坐骨粗隆

股二頭肌長頭
（切斷）

半腱肌
膕旁肌的一部份。

半膜肌
膕旁肌的一部份。

脛神經
坐骨神經的終支之一。

脛神經
通過內側踝後，會分成足底內側神經和足底外側神經。

坐骨神經
從第四腰椎到第三薦椎的神經纖維離開脊髓後，匯聚成坐骨神經。

股骨的大轉子

股二頭肌短頭

總腓神經

股二頭肌長頭
（切斷）
由總腓神經支配。

腓腸神經

坐骨神經從大腿延伸到足部，支配著大部份的腿部肌肉，在膝蓋分出 2 條分支（脛神經和總腓神經）。

坐骨神經與針劑注射

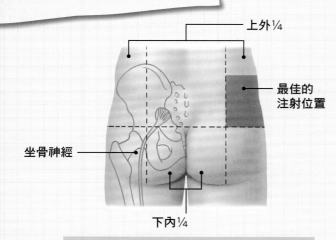

上外¼

最佳的注射位置

坐骨神經

下內¼

針劑注射時常常會選擇臀部。如果打針的位置是在臀部的上外¼處，就可安全地避開坐骨神經。

針劑注射時常會選擇臀部，這是因為臀部有著大塊肌肉。

但在這個部位進行注射時，對於坐骨神經的位置與分佈路徑，必須有正確的認識。如果針頭刺到坐骨神經，很可能會造成坐骨神經受損，嚴重影響腿部功能的發展。

如果把臀部分成 4 個象限，坐骨神經是位於下面的象限中。因此，臀部唯一適合進行肌肉注射的安全地點是在上外¼處。

其他位置

負責針劑注射的人都要知道，臀部的外上方才能做為注射位置。和臀部比起來，也有很多人喜歡選擇大腿外側，因為這個部位比較不會損害到重要的結構。

坐骨神經終支

總腓神經、脛神經是坐骨神經分出的 2 條終支，
總腓神經支配腿部前側，脛神經支配腿部後側的肌肉與皮膚。

總腓神經在大腿下⅓處離開坐骨神經，往下延伸於小腿外側，在膝蓋下方分出 2 條分支神經。

神經分支

總腓神經的 2 條分支為：

◆ **腓神經淺枝**：位於小腿外側、支配小腿的外側腔室。會再分出小的神經支，以支配周圍的肌肉。

◆ **腓深神經**：分佈於脛骨、腓骨之間的骨間膜前側，通過腳踝後進入足部。

這 2 條神經也支配膝關節、小腿外側，以及足部上面的皮膚。

損傷

總腓神經分佈於小腿外側，它的位置就在皮膚底下，很靠近腓骨頭端。因此，總腓神經很容易受傷，特別是腓骨發生骨折時。總腓神經可說是腿部最常受損的神經了。

總腓神經分出 2 條神經分支來支配小腿內側與外側；在某些地方總腓神經很靠近皮膚，因此很容易受損。

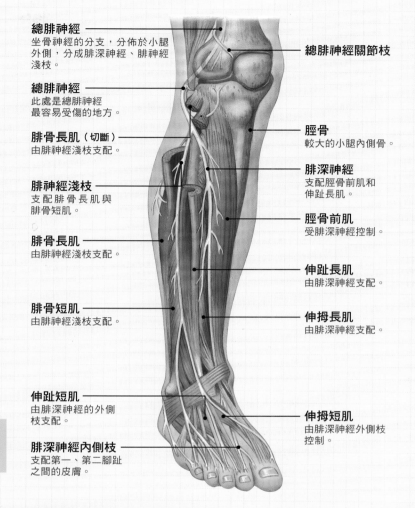

總腓神經
坐骨神經的分支，分佈於小腿外側，分成腓深神經、腓神經淺枝。

總腓神經
此處是總腓神經最容易受傷的地方。

腓骨長肌（切斷）
由腓神經淺枝支配。

腓神經淺枝
支配腓骨長肌與腓骨短肌。

腓骨長肌
由腓神經淺枝支配。

腓骨短肌
由腓神經淺枝支配。

伸趾短肌
由腓深神經的外側枝支配。

腓深神經內側枝
支配第一、第二腳趾之間的皮膚。

總腓神經關節枝

脛骨
較大的小腿內側骨。

腓深神經
支配脛骨前肌和伸趾長肌。

脛骨前肌
受腓深神經控制。

伸趾長肌
由腓深神經支配。

伸拇長肌
由腓深神經支配。

伸拇短肌
由腓深神經外側枝控制。

脛神經

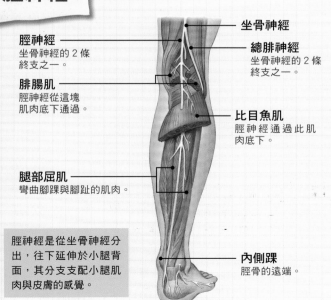

脛神經
坐骨神經的 2 條終支之一。

腓腸肌
脛神經從這塊肌肉底下通過。

腿部屈肌
彎曲腳踝與腳趾的肌肉。

脛神經是從坐骨神經分出，往下延伸於小腿背面，其分支支配小腿肌肉與皮膚的感覺。

坐骨神經

總腓神經
坐骨神經的 2 條終支之一。

比目魚肌
脛神經通過此肌肉底下。

內側踝
脛骨的遠端。

脛神經是坐骨神經 2 條終支裡，較大的神經分支；支配腿部的屈肌。這些屈肌負責彎曲關節，而不是伸直關節。

脛神經的腿部分佈路徑

脛神經起自大腿下⅓處，這裡的膕旁肌是由它支配的。接著脛神經與總腓神經分開，沿著腿部背面往下延伸，其路徑為：

◆ 脛神經通過膕窩（膝蓋後面的凹槽），分佈於膕動脈旁。

◆ 往下延伸到腓腸肌和比目魚肌底下。

◆ 到達小腿後側腔室，在此分出分支來支配小腿的屈肌。

◆ 到了腳踝後會分佈於內側踝後面，接著分出足底內側神經和足底外側神經。

分支

脛神經有 2 條皮神經支負責支配皮膚：腓腸神經（小腿）和內跟骨神經（腳跟）。

腿部神經 ❷

皮神經負責支配皮膚的感覺。
腿部有數條皮神經，大多是從主要神經分出，
這些主要神經有：坐骨神經、股神經，以及脛神經。

皮神經支配皮膚。腿部的皮神經位於皮下組織中，通常是由支配肌肉、關節的較大神經所分支出來的。

大腿的神經

大腿的皮神經包括：

◆ **髂腹股溝神經**：支配大腿前內側區域。

◆ **生殖股神經**：支配腹股溝韌帶中央區域下的一小部份皮膚。

◆ **外側皮神經**：支配大腿外側。

◆ **閉孔神經**：這條神經的分支支配大腿內側。

◆ **內側與中間皮神經**：大腿前側非髂腹股溝神經所支配的區域。

◆ **後側皮神經**：支配大腿背面及膕窩區域。

小腿與足部

下列神經是從坐骨神經、股神經分枝出來的：

◆ **隱神經**：支配小腿前側與內側。

◆ **外側皮神經**：支配小腿的前上部與外側。

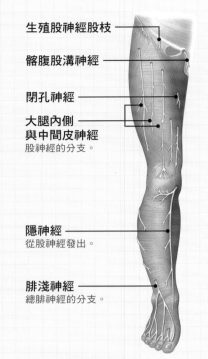

生殖股神經股枝

髂腹股溝神經

閉孔神經

大腿內側
與中間皮神經
股神經的分支。

隱神經
從股神經發出。

腓淺神經
總腓神經的分支。

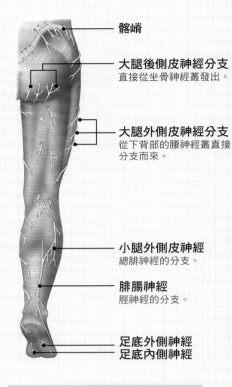

髂嵴

大腿後側皮神經分支
直接從坐骨神經叢發出。

大腿外側皮神經分支
從下背部的腰神經叢直接分支而來。

小腿外側皮神經
總腓神經的分支。

腓腸神經
脛神經的分支。

足底外側神經
足底內側神經

◆ **腓淺神經**：支配小腿下方外側，及足部背面。

◆ **腓腸神經**：支配小腿背面的下方外側，及足部外側邊緣與小趾。

◆ **足底內側神經與足底外側神經**：支配腳底。

◆ **脛神經**：支配腳跟。

腿部的皮神經負責將腿部皮膚的感覺神經脈衝送到大腦，這些皮神經是從坐骨神經與股神經分枝出來的。

皮節

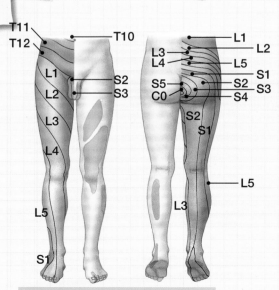

腿部皮膚可以劃分出不同的感覺區域，每個區域都和特定的單段脊髓有關。

皮節是指由單一脊神經（因此也包含單段脊髓）負責支配的皮膚區域。這些部位的皮膚感覺可能由 2 個以上的皮神經負責。

分佈模式

如果把人體想像成四肢著地的跪姿，就比較容易了解四肢的皮節分佈模式。

腰椎區域（第一～第五腰椎）發出的脊神經大都支配腿部前側。

在腰椎區域下面的薦椎區域（第一～第五薦椎）所發出的脊神經，則支配腿部背面與臀部。

從尾椎區域發出的最下方脊神經，則支配和尾巴相關的部位。

測試

醫師能藉由測試這些部位的感覺，來確認相關部位的脊神經是否健全。然而，皮節與皮節間通常會有重疊；此外，每個人的皮節分佈模式也不盡相同。

股神經

從第二、第三、第四腰椎的脊神經分出，分佈於骨盆，往下延伸到大腿前側，支配著強壯的股四頭肌、腿部前側及內側的皮膚。

腰叢神經是由腰椎發出的脊神經所形成的神經網絡，股神經便是起自腰叢神經的大神經。

股神經延伸於股動脈、股靜脈外側，從腹股溝韌帶底下穿過，進入大腿前側。但與股動脈、股靜脈不同，股神經並不位於保護性的股鞘中。

分支

股神經在腹股溝韌帶下方約 3～4 公分處會分出終支。這些神經分支支配著下肢的許多結構：

◆ **脛骨前肌**：股神經有個重要的角色——為大腿前側的肌肉提供神經刺激。股四頭肌的 4 塊肌肉都是由股神經支配。恥骨肌與縫匠肌也受股神經的控制。

◆ **髖關節與膝關節**：股神經分出關節枝到這 2 個關節，位置就在髖關節與膝關節之間。

◆ **大腿前側的皮膚**：股神經的皮支支配此處的皮膚感覺資訊。

◆ **膝蓋下方的皮膚**：這個部位是由股神經的另一個大皮支（隱神經）支配。隱神經和股動脈一起從膝蓋往下延伸到腳趾。

當腰椎區的脊神經根受到壓迫時，例如椎間盤突出，股神經所支配的結構就可能受到影響。

由於股神經所支配的肌肉是負責活動髖部與膝蓋，因此，當股神經受壓迫時，走路就會受到影響；大腿前側的皮膚也可能會失去感覺（痲痹）。

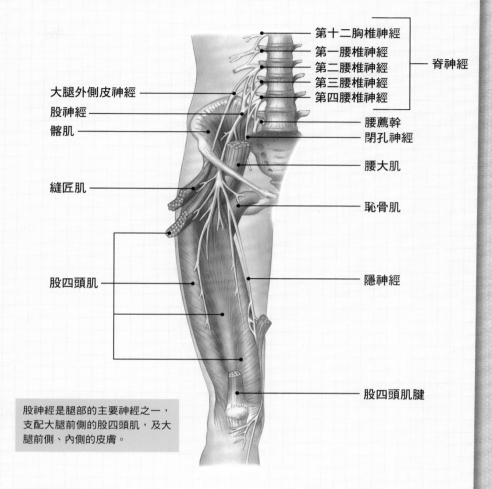

大腿外側皮神經
股神經
髂肌
縫匠肌
股四頭肌

第十二胸椎神經
第一腰椎神經
第二腰椎神經　脊神經
第三腰椎神經
第四腰椎神經
腰薦幹
閉孔神經
腰大肌
恥骨肌
隱神經
股四頭肌腱

股神經是腿部的主要神經之一，支配大腿前側的股四頭肌，及大腿前側、內側的皮膚。

閉孔神經

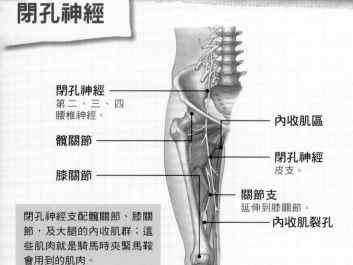

閉孔神經
第二、三、四腰椎神經。
髖關節
膝關節

內收肌區
閉孔神經
皮支。
關節支
延伸到膝關節。
內收肌裂孔

閉孔神經支配髖關節、膝關節，及大腿的內收肌群；這些肌肉就是騎馬時夾緊馬鞍會用到的肌肉。

閉孔神經和股神經都起自腰叢神經。閉孔神經位於腰大肌中，和閉孔動脈、閉孔靜脈一起往下，通過骨盆的閉孔。

通過閉孔後，閉孔神經就進入大腿內側的內收肌區，這部位的肌肉負責內收大腿（將大腿往身體中央拉近）。

在內收肌區中，閉孔神經所支配的結構有：

◆ 除了內收大肌下部外的所有內收肌肉。

◆ 經由皮支來支配大腿下部內側的皮膚。

◆ 髖關節與膝關節。支配膝關節的小神經分支，穿過內收肌裂孔（內收大肌裡面的縫隙）到達膝關節。

腳踝

介於脛骨、腓骨下端，以及距骨這個足部大骨頭上的關節，屬於樞紐關節。

　　脛骨與腓骨這2個小腿骨的下端在腳踝處形成了一個深凹槽。滑輪狀的距骨上表面就嵌在這個凹槽中。由於腳踝處的骨頭形狀，以及腳踝的強韌韌帶，使得踝關節非常穩固。這個特點對於負責承載身體重量的主要關節——腳踝而言是非常重要的。

踝關節

　　踝關節的關節面（骨頭間彼此相接、相互滑動的表面）包覆了一層平滑的透明軟骨，軟骨外又包覆著薄薄的滑膜，滑膜能分泌黏液潤滑踝關節。

　　踝關節的關節面由下列結構組成：

◆ **外側踝的內側**：腓骨的膨大下端。這個結構有一個面（凹陷處）與距骨上表面的外側相連。

◆ **脛骨下端底面**：形成踝關節凹槽的上蓋，並與距骨相連。

◆ **內側踝的內側**：脛骨下端的突起，在距骨上表面內側滑動。

◆ **距骨滑車**：其名稱是來自如滑車般的形狀。這個距骨上部的結構嵌在踝關節中，與脛骨、腓骨的下端相連。

左腳踝（前視圖）

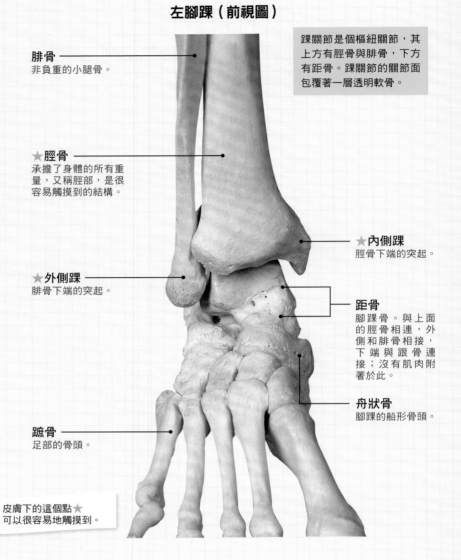

踝關節是個樞紐關節，其上方有脛骨與腓骨，下方有距骨。踝關節的關節面包覆著一層透明軟骨。

腓骨
非負重的小腿骨。

★ **脛骨**
承擔了身體的所有重量，又稱脛部，是很容易觸摸到的結構。

★ **內側踝**
脛骨下端的突起。

★ **外側踝**
腓骨下端的突起。

距骨
腳踝骨。與上面的脛骨相連，外側和腓骨相接，下端與跟骨連接；沒有肌肉附著於此。

舟狀骨
腳踝的船形骨頭。

蹠骨
足部的骨頭。

> 皮膚下的這個點★可以很容易地觸摸到。

踝關節的活動

背曲

蹠曲

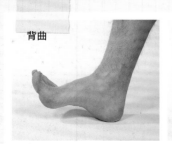
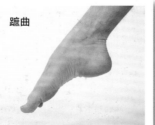

踝關節是一個樞紐關節，只能在一個平面上動作。在背曲動作中，腳趾會往上拉，但是在蹠曲動作中，腳趾會被往下推。

　　儘管足部能做出許多動作，但其靈活度是來自足部，以及腳踝下方的其他關節。踝關節本身是個樞紐關節，只能讓距骨在平面上轉動。由此看來，踝關節較像是肘關節。

　　因此，在腳踝處的足部會受到限制有：

◆ **背曲**：足部向上、腳跟往下點，腳趾往上。因此這個動作會受到腳踝背側的跟腱（阿基里斯腱）拉住足部的限制。

◆ **蹠曲**：背曲動作的反向動作；在此動作中，腳趾會往下點。這個動作會受腳踝前側的肌肉與韌帶的限制。

　　由於腳踝的骨頭形狀以及腳踝韌帶的影響，踝關節在做背曲與蹠曲動作時會穩固許多。

腳踝的韌帶

有許多強壯的韌帶幫助腳踝這個重要的負重關節維持穩固。

由於踝關節承載著身體的重量，因此必須具備一定的穩定度。這樣的穩定度是藉由腳踝周圍的強壯韌帶來維持的，但這些韌帶仍然讓腳踝保有必要的靈活度。

踝關節和大部份的關節一樣，都包覆在強韌的纖維囊中。儘管這個纖維囊的前後兩側相當薄，但左右兩邊有強壯的腳踝韌帶予以強化。

內側韌帶

又稱為三角韌帶，是個非常強韌的結構，從脛骨內側踝的尖端向外呈扇形分佈。內側韌帶通常分為 3 個部份，每個部份的名稱都以所連接的骨頭來命名：

◆ **脛距前韌帶、脛距後韌帶**：這部位緊貼在骨頭上，將上方的脛骨與下方的距骨內側連在一起。

◆ **脛舟韌帶**：位置較淺，分佈於脛骨與舟骨（足部的骨頭）間。

◆ **脛跟韌帶**：這條強壯的韌帶就在皮膚底下，從脛骨延伸到腳跟的載距突（跟骨的突起）。

在外翻動作中（足部向外側上翻），內側韌帶會一起支撐踝關節。

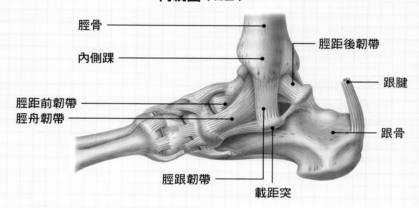

側視圖（右腳）

脛骨 —
腓骨 —
距腓後韌帶 —
跟腓韌帶 —
跟骨 —
距骨
距腓前韌帶
腓骨肌的肌腱

內視圖（右腳）

脛骨 —
內側踝 —
脛距前韌帶 —
脛舟韌帶 —
脛跟韌帶
載距突
脛距後韌帶
跟腱
跟骨

外側韌帶

和內側韌帶比起來，外側韌帶沒那麼強壯，它是由 3 條韌帶組成：

◆ **距腓前韌帶**：從腓骨外側踝延伸到距骨。

◆ **跟腓韌帶**：從外側踝的頂端往下延伸到跟骨的側面。

◆ **距腓後韌帶**：這是條厚實且較為強壯的韌帶，從外側踝向後延伸到後方的距骨。

腳踝傷害

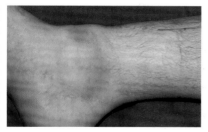

如果足部向外扭，就可能造成波特氏骨折。這種骨折會導致距骨扭曲、腓骨骨折，內側韌帶也會撕裂。

腳踝受傷頗為常見，腳踝是所有主要關節中最容易受傷的關節。

最常發生的傷害就是扭傷。腳踝扭傷會導致至少一條以上的腳踝韌帶因過度伸展而產生纖維撕裂。運動員是最容易發生腳踝扭傷的族群。腳踝扭傷通常是由於負重的那隻腳突然扭到，導致腳部內翻。腳踝扭傷最容易影響到踝關節的外側韌帶，因為外側韌帶是較為脆弱的韌帶。

波特氏骨折

如果足部突然用力向外扭，就可能造成波特氏骨折。這時扭曲的距骨會造成腓骨斷裂，而強壯的內側韌帶會因過度伸展，而使內側韌帶從脛骨的內側踝處撕裂。情況嚴重時，脛骨末端甚至有可能斷裂。

足部骨骼

人類的足部共有26塊骨頭：7個較大的不規則跗骨、5根成為足部長端的蹠骨，以及14根形成腳趾的趾骨。

足部的跗骨相當於手腕的腕骨，但是跗骨有7塊，腕骨則有8塊。跗骨的排列方式和腕骨有些不同，這種排列方式反映出手部與足部的不同功能。

跗骨

跗骨是由下列結構組成：

◆ **距骨**：與脛骨、腓骨在踝關節處相連，承載著從脛骨轉移而來的身體重量。距骨的形狀使它能把重量往後、往下擴散，並往前分散到足部前側。

◆ **跟骨**：大塊的腳跟骨。

◆ **舟狀骨**：較小的骨頭，其名稱來源是因為形狀像條船。舟狀骨有個突起，稱為舟狀骨粗隆，如果太突出，可能會摩擦到鞋子而造成疼痛。

◆ **骰骨**：形狀像個小方塊，位於足部外側，底面有一個凹溝，肌肉的肌腱就從這個凹溝通過。

◆ **三個楔形骨**：名稱根據其位置而定，分別為內側、中間與外側楔形骨。內側楔形骨是其中最大的。

足部的跗骨屬於短形骨，其功用是承載身體重量並協助足部運動（行走、跑步）。

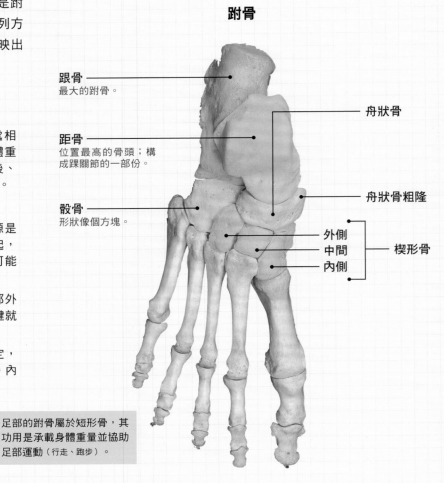

跗骨

跟骨
最大的跗骨。

距骨
位置最高的骨頭；構成踝關節的一部份。

骰骨
形狀像個方塊。

舟狀骨

舟狀骨粗隆

外側
中間　　**楔形骨**
內側

跟骨（腳跟骨）

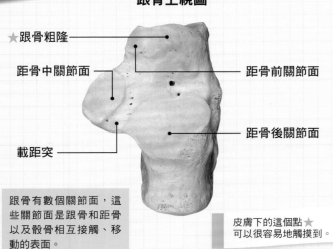

跟骨上視圖

★跟骨粗隆

距骨中關節面

距骨前關節面

距骨後關節面

載距突

跟骨有數個關節面，這些關節面是跟骨和距骨以及骰骨相互接觸、移動的表面。

皮膚下的這個點★可以很容易地觸摸到。

跟骨是足部最大的骨頭，腳跟皮膚下的突起就是跟骨，很容易就可以觸摸到。由於跟骨是把體重從距骨轉移到地面的骨頭，因此它必須夠大、夠強壯。

關節面

這個大的不規則骨頭有數個關節面，這些關節面與上方的距骨，以及前面的骰骨形成關節。

跟骨的內側面有個突起，稱為載距突，這個結構支撐距骨的頭端。載距突上有個凹溝，肌肉的長肌腱就從這個凹溝通過。

後側面

跟骨的背面有個凹凸不平的突起，稱為跟骨粗隆，粗隆的內側突起在站立時會和地面接觸。

跟骨後側面上方一半處有個隆棘，強壯的阿基里斯腱就連接於此。

蹠骨與趾骨

足部的小長形骨，包含基部、骨幹與頭端。

和手部的掌骨一樣，足部也有 5 根蹠骨。雖然每根蹠骨的結構都和掌骨很類似，但是蹠骨的排列方式卻和掌骨略為不同。主要原因在於大拇趾和其他腳趾位於同一個平面，不像手部的大拇指和其他手指為對向。

蹠骨

每根蹠骨都有一個長骨幹和膨大的兩端，分別為基部與頭端。蹠骨基部在足部的中間與附骨相連接。蹠骨的頭端則與相對應的趾骨相連。

蹠骨從最內側到外側分別為第一～第五蹠骨，第一蹠骨位於大拇趾的後面，比其他的蹠骨短，但比其他蹠骨強壯，與大拇趾的第一趾骨相連。

趾骨

腳趾的趾骨和手指的指骨很類似。足部共有 14 根趾骨，大拇趾有 2 根趾骨，其餘的 4 個腳趾各有 3 根。

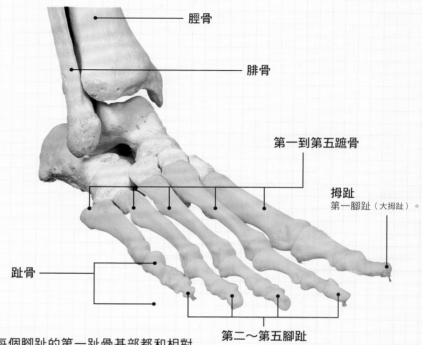

足部側視圖

- 脛骨
- 腓骨
- 第一到第五蹠骨
- 拇趾
  第一腳趾（大拇趾）。
- 趾骨
- 第二～第五腳趾

每個腳趾的第一趾骨基部都和相對應的蹠骨頭端相連。大拇趾的趾骨比其他 4 個腳趾的趾骨更厚實。

足部的蹠骨能在站立時讓足部保持穩定。趾骨則在活動時保持足部穩固。

足部的種子骨

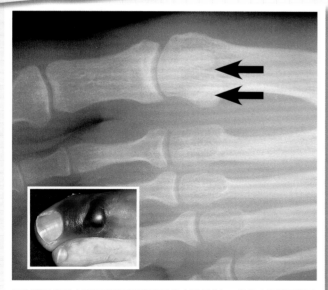

可以從 X 光片中清楚看到足部的種子骨（箭頭處）。這些小骨頭可能因為重物掉下來壓在大拇趾上而受損（左下角）

足部是身體中擁有種子骨的部位。

保護功能

種子骨是位於肌腱中的骨頭。當肌腱通過長形骨的端點時，種子骨可以保護肌腱，讓肌腱不會受到磨損或撕裂。

足部種子骨的位置

足部的 2 個種子骨位於第一蹠骨頭端底下，位在屈拇短肌的 2 個頭端之中，種子骨承載著身體的重量，尤其是走路腳趾往上時。

在其他腳趾的屈肌肌腱裡可能也會出現種子骨。

種子骨的發展

種子骨在出生前就已經開始發展了，在幼年後期逐漸骨化。當種子骨骨化後，就可以從足部 X 光片中看到它們。但是足部的種子骨會與第一蹠骨的頭端重疊在一起。

這些小骨頭可能會因為足部受重壓而受損，例如有重物掉下來壓在大拇趾上，種子骨就可能破裂。

足部的韌帶與足弓

足部的骨骼排列方式特殊，使得它們能形成橋梁般的足弓。
這些骨頭是藉由數條強壯的韌帶來支撐的。

足部的主要支撐韌帶位於足部骨頭的底面（蹠面）。其中 3 條最明顯的韌帶為：

◆ **跟舟足底韌帶**（或稱彈簧韌帶）：從載距突往前延伸到舟狀骨的背面，是形成足部縱弓的重要結構。

◆ **足底長韌帶**：從跟骨底側向前延伸到骰骨（外側）以及蹠骨（足部骨骼）的基部。幫助維持足部的足弓結構。

◆ **跟骰足底韌帶**（或稱足底短韌帶）：位於足底長韌帶底下，它從跟骨底面的前側向前延伸到骰骨。

其他韌帶

還有其他多條韌帶支撐足部，並將長長的蹠骨與趾骨串連在一起。跨越足部背面與底面的多條韌帶將蹠骨與跗骨相連，也讓蹠骨彼此之間能夠串在一起。

足部韌帶（蹠面觀）

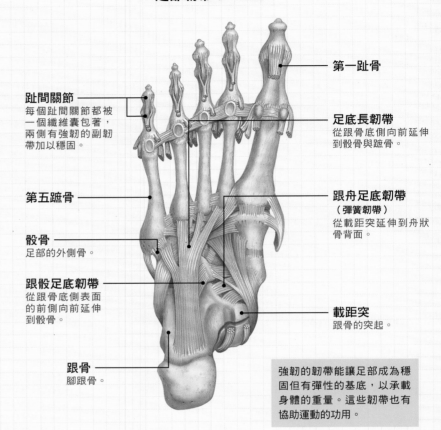

趾間關節
每個趾間關節都被一個纖維囊包著，兩側有強韌的副韌帶加以穩固。

第五蹠骨

骰骨
足部的外側骨。

跟骰足底韌帶
從跟骨底側表面的前側向前延伸到骰骨。

跟骨
腳跟骨。

第一趾骨

足底長韌帶
從跟骨底側向前延伸到骰骨與蹠骨。

跟舟足底韌帶
（彈簧韌帶）
從載距突延伸到舟狀骨背面。

載距突
跟骨的突起。

強韌的韌帶能讓足部成為穩固但有彈性的基底，以承載身體的重量。這些韌帶也有協助運動的功用。

足部關節

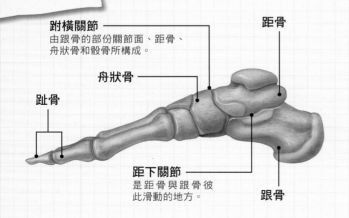

跗橫關節
由跟骨的部份關節面、距骨、舟狀骨和骰骨所構成。

舟狀骨

趾骨

距骨

距下關節
是距骨與跟骨彼此滑動的地方。

跟骨

足部骨頭間的關節讓足部的後端與前端之間能夠活動自如。當我們行走於凹凸不平的路面上時，這種足部運動就非常重要。

踝關節讓足部只能上下活動。足部的其他活動，例如外翻（足部面朝外）或內翻（足部向內翻）動作，則是在踝關節下面的跗橫關節以及距下關節發生的。

◆ **跗橫關節**：這個複雜的關節是由部份的跟骨關節面、距骨、舟狀骨，以及骰骨關節面構成。需要進行足部截肢時，就是從這個關節切斷的。

◆ **距下關節**：距骨與跟骨彼此滑動的關節面。

足部中的其他關節

還有許多小的滑膜關節位於足部中，這些關節都是足部骨頭互相接觸的地方。然而，這些關節通常都被強韌的韌帶連結著，只能做小幅度的活動。

介於趾骨之間的關節讓腳趾能夠活動，但是趾骨的活動範圍比手部的指骨小很多。

足部的足弓

人類的足部具備特殊的構造：骨頭排列成有如橋梁般的拱狀結構。
這讓足部具有足夠的彈性來應付凹凸不平的路面，又能承載身體的重量。

從腳印就可看出足部的足弓形狀。我們會發現，只有腳跟、足部外緣、蹠骨頭底下的腳掌，以及腳趾尖端才會留下痕跡。足部的其他地方則不會貼在地面上。

3 個足弓

足部有 2 個沿著長軸延伸的縱弓（內側與外側），以及 1 個橫跨足部的橫弓：

◆ **內側縱弓**：高度比較高，也是較為重要的足弓。組成內側縱弓的骨骼包括跟骨、距骨、舟狀骨、3 個楔形骨，以及前 3 個蹠骨。距骨頭端負責支撐這個足弓。

◆ **外側縱弓**：高度較低、較平坦，在站立時，這個足弓的骨頭會貼於地上。外側縱弓是由跟骨、骰骨，以及第四與第五蹠骨組成。

◆ **橫弓**：橫跨足部，兩側各由縱弓支撐。橫弓是由蹠骨基部、骰骨以及 3 個楔形骨構成。

形成足部內側縱弓的骨頭

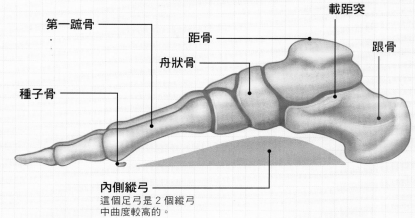

第一蹠骨　種子骨　距骨　舟狀骨　載距突　跟骨

內側縱弓
這個足弓是 2 個縱弓中曲度較高的。

形成足部外側縱弓的骨頭

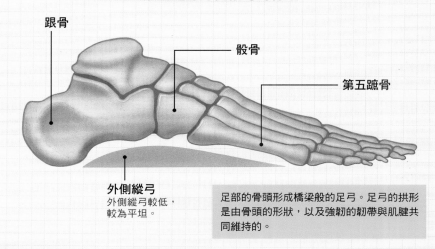

跟骨　骰骨　第五蹠骨

外側縱弓
外側縱弓較低，較為平坦。

足部的骨頭形成橋梁般的足弓。足弓的拱形是由骨頭的形狀，以及強韌的韌帶與肌腱共同維持的。

足部的負重作用

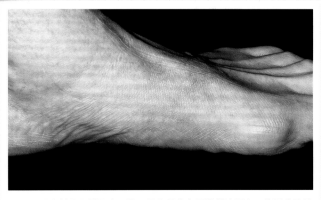

扁平足的人其內側縱弓會下陷，因此足底會平貼於地面上。若因扁平足而導致足部疼痛，才需要進行矯治。

身體的重量會從脛骨往下傳到距骨，再往下、往後傳導至跟骨，並且往前傳到第二到第五蹠骨頭端以及位於第一蹠骨底下的種子骨。在這些端點之間，體重會被具有「彈性」的足部縱弓與橫弓吸收，因此足弓的功能就像是避震器一樣。

蹠骨頭端

以往認為，身體的重量是由腳跟以及第一與第五蹠骨頭端所形成的三腳架來支撐的。但現在已經知道所有蹠骨的頭端都和承載體重有關，而且長途行走確實可能造成第二蹠骨頭端發生「應力性」骨折。

在扁平足（腳底縱弓較平坦）中，內側縱弓的下陷程度是從距骨頭端下降到舟狀骨與跟骨之間。從扁平足的腳印可看出，患者的整個腳底都和地面接觸。

上足部的肌肉

許多與足部活動有關的肌肉都位於小腿，而不在足部；這讓肌肉可以更強壯、更有力，
如果這些肌肉是侷限在足部的小小空間中，那將難以產生這麼大的功效。

為了能夠帶動足部的骨頭與關節，
腿部的肌肉都有著長長的肌腱。這些
肌腱在抵達足部的骨頭前，必須先穿
過腳踝關節。在踝關節處有好幾條支
持帶，將這些肌腱固定在腳上。如果
少了這些支持帶，肌腱就會像弓弦一
樣，筆直延伸到附著處，而不是順著
踝關節的高低起伏分佈在腳上。

足部支持帶

這個區域有 4 個主要的支持帶：

◆ **伸肌上支持帶**：就在踝關節上
方，負責固定伸肌的長肌腱。

◆ **伸肌下支持帶**：位於踝關節下
面，負責固定伸肌肌腱。

◆ **腓骨肌支持帶**：位在腳踝外側。
它分成上下 2 部份，負責固定長
長的腓骨肌腱。

◆ **屈肌支持帶**：位於腳踝內側，負
責固定通過內側踝下方並延伸到
足底的長屈肌腱。

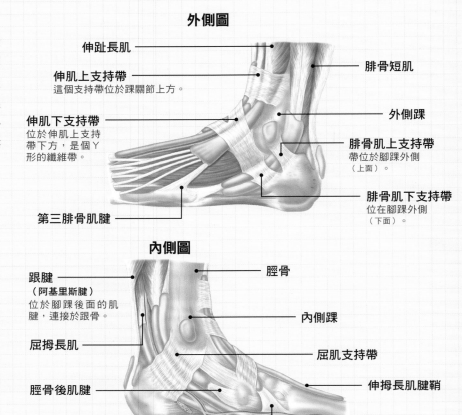

外側圖

伸趾長肌
伸肌上支持帶
這個支持帶位於踝關節上方。
伸肌下支持帶
位於伸肌上支持帶下方，是個 Y 形的纖維帶。
第三腓骨肌腱
腓骨短肌
外側踝
腓骨肌上支持帶
帶位於腳踝外側（上面）。
腓骨肌下支持帶
位在腳踝外側（下面）。

內側圖

跟腱
（阿基里斯腱）
位於腳踝後面的肌腱，連接於跟骨。
屈拇長肌
脛骨後肌腱
脛後動脈與脛後神經
脛骨
內側踝
屈肌支持帶
伸拇長肌腱鞘
脛骨前肌腱

小腿肌肉有長長的肌腱與足部的骨頭相連，這些肌腱就像是木偶操縱線，被纖維束帶牢牢固定住。

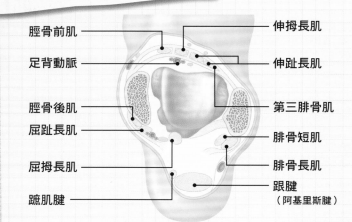

脛骨前肌
足背動脈
脛骨後肌
屈趾長肌
屈拇長肌
蹠肌腱
伸拇長肌
伸趾長肌
第三腓骨肌
腓骨短肌
腓骨長肌
跟腱
（阿基里斯腱）

潤滑的腱鞘能保護肌腱，讓它們在活動時能更為順暢，不會磨損或撕裂。這些肌腱都位於支持帶底下。

因為小腿的肌肉控制著
足部與腳趾的活動，因此
這些肌肉的長肌腱都在腳
踝的骨頭上來回活動，且
都位於潤滑的腱鞘裡。

伸肌

在腳踝前側有長長的伸
肌。伸趾長肌和第三腓骨
肌共用一個滑膜鞘。負責
讓足部與腳趾向下彎曲的
長屈肌腱則位在內側踝後

方。外側踝後面有腓骨肌
的長肌腱，跟腱則連接於
跟骨上。

腿部的血管與神經也必
須越過踝關節。醫師必須
了解這些結構與腳踝的相
關位置，因為腳踝很容易
發生骨折、扭傷與脫位，
因此，腳踝周圍的結構就
很容易受到損傷。

足背的肌肉

足部肌肉雖然不是特別強壯，但在伸展腳趾方面卻有著重要功用。
當足部朝上時，通常就會用到伸趾短肌。

位於足部的大部份肌肉（內在肌）都在腳底。腳背只有 2 塊肌肉：伸趾短肌和伸拇短肌。

背面的肌肉

- ◆ **伸趾短肌**：正如它的名字所示，是條負責伸展（伸直或上拉）腳趾的短肌肉。起自跟骨的上表面，以及伸肌下支持帶。這塊肌肉可分成 3 部份，每部份都有一個肌腱連接到相對應的長伸肌腱，最後連接於第二、第三與第四腳趾。

- ◆ **伸拇短肌**：這塊短肌肉其實是伸趾短肌的一部份，它往下連接到腳拇趾，因此稱為伸拇短肌。

肌肉動作

這兩塊肌肉共同協助伸肌腱伸展前 4 根腳趾。雖然它們的動作並不是特別有力，但當足部朝上（或背曲）時，伸展腳趾的動作就必須仰賴它們。因為在這個姿勢中，長的伸肌是無法發揮作用的。

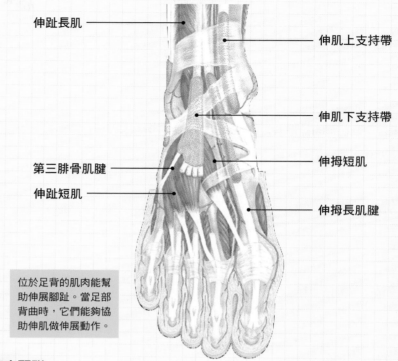

伸趾長肌
伸肌上支持帶
伸肌下支持帶
第三腓骨肌腱
伸趾短肌
伸拇短肌
伸拇長肌腱

位於足背的肌肉能幫助伸展腳趾。當足部背曲時，它們能夠協助伸肌做伸展動作。

臨床關聯

足背是身體中容易積聚過多組織液（水腫）的地方之一，如果出現這種情況，醫生很容易就可以發現。但是醫師必須先瞭解伸趾短肌與伸拇短肌的肌腹位置，以免誤以為是水腫。

足部表面解剖

脛骨前肌
內側踝
外側踝
脛骨前肌腱
足背動脈
伸拇長肌腱
伸趾長肌腱

足背的皮膚比足底的薄，這表示足背的骨性標誌很容易就可以確認出來，有利於研究。

表面解剖學或活體解剖學是指有關完整活體於靜止，與活動狀態下的研究。足部是表面解剖的理想範例，因為這個部位的皮下脂肪相對較少，又有許多骨性標誌與突出的肌腱，這表示其中有許多適合研究的地方。

骨性標誌

這個區域最明顯的骨性標誌就是內側踝與外側踝，它們是踝關節兩側的突起。而足部本身的最明顯標誌則是舟狀骨粗隆，這個標誌可以在足部的內側觸摸到。

肌腱

有許多長肌腱通過踝關節並延伸於足部，因此，在踝關節和足部都可以看到並觸摸到它們；其中最清楚的就是足背上的伸肌腱。當足部背曲時，伸肌腱就會凸起。

脈搏

足部的另一個重要標誌是可以感覺到足背動脈脈搏的地方。這個位置通常位於腳踝前面，介於內側踝與外側踝中間。醫生可能會在這裡找尋這個動脈的脈搏，以檢視足部的血液循環狀況。

足底肌肉

和足部的骨頭、關節有關的許多運動都是由小腿的肌肉所控制，但還是有很多完全位於足部的內在肌。

在足底共有 4 層內在肌，這些內在肌與外在肌配合，因應站立、行走、跑步以及跳躍時的不同需求。此外，內在肌也幫忙支撐足部的骨性弓狀結構，讓我們能站在斜坡或凹凸不平的地面上。

第一層肌肉

位置最淺，就在厚厚的足底腱膜底下。這一層肌肉包括：

◆ **外展拇肌**：位於足底的內側緣，可外展大腳趾（拇趾）。外展的意思是讓大拇趾朝著遠離身體中線的方向移動。也能屈曲或是向下彎曲大拇趾。

◆ **屈趾短肌**：這個多肉的肌肉位於足底的中央，連接到外側的 4 根腳趾。收縮時，與它相連的 4 根腳趾就會屈曲。

◆ **外展小趾肌**：位在足底外側緣，能外展、屈曲小趾。

這些肌肉和手部的相應肌肉很類似，但動作不像手部肌肉那麼重要，這是因為腳趾的活動範圍不像手指那樣寬闊。

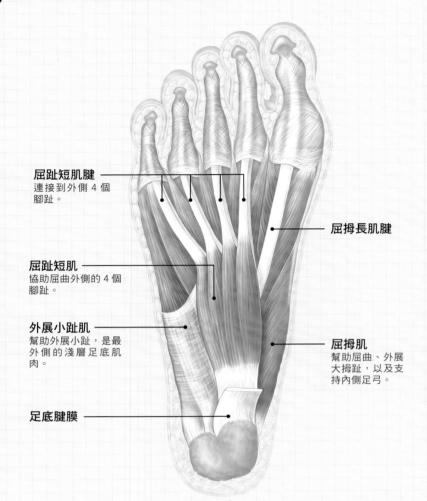

屈趾短肌腱
連接到外側 4 個腳趾。

屈拇長肌腱

屈趾短肌
協助屈曲外側的 4 個腳趾。

外展小趾肌
幫助外展小趾，是最外側的淺層足底肌肉。

屈拇肌
幫助屈曲、外展大拇趾，以及支持內側足弓。

足底腱膜

足底的第一層肌肉幫助腳趾屈曲、外展以及內收。足底的肌肉從深到淺共分為 4 層。

足底腱膜

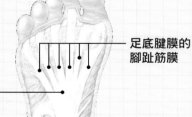

足底腱膜的腳趾筋膜

足底腱膜
纖維結締組織形成的三角形區域。

足底腱膜之外側筋膜
（蹠趾韌帶）

足底的皮膚很厚，且還包覆著一層避震的脂肪墊。在這層組織底下有層堅韌的結締組織稱為足底腱膜。

足底腱膜是足底筋膜的中央部份增厚而成，這層結締組織包裹在足底肌肉的周圍。足底腱膜包含數條強韌的纖維組織帶，這些纖維帶延伸在足底的長軸並連接到每一個腳趾。此外，足底腱膜也和包覆它的皮膚，以及位於它下方的深層組織相連接。

足底腱膜是層強韌的結締組織。「足底」指的是足部的底面，就像「掌側」是指手部的掌面一樣。

足底較深層肌肉

足底的肌肉共有 4 層；其中有三層位在足底。
這些足底肌肉共同合作，幫助維持骨性足弓的穩定性。

在足底的淺層內在肌肉底下還有其他 3 層的足底肌肉。這些肌肉對於足部在靜止和運動狀態下的穩定，及彈性有很大的影響。

雖然足部的深層肌肉有各自的負責動作，但主要角色還是共同合作，以維持足部骨性足弓的穩固。

足底的第二層肌肉

足底的第二層肌肉包括一些外在肌的肌腱，及一些內在肌。

位於第二層的肌肉與肌腱有：

◆ **蹠方肌**（或稱副屈肌）：這個寬的方形肌肉起自腳跟兩側的 2 個頭端。蹠方肌的遠端連接到屈趾長肌的肌腱邊緣，當屈趾長肌腱屈曲腳趾時，蹠方肌會將它往後拉，好讓這個肌腱保持穩定。

◆ **屈拇長肌和屈趾長肌的肌腱**：這些肌腱先圍繞在內側踝周圍，接著進入足底的第二肌肉層。

◆ **四個蚓狀肌**：名稱來自如蚯蚓般的形狀，這 4 條肌肉起於屈趾長肌的肌腱。它們和手部的蚓狀肌

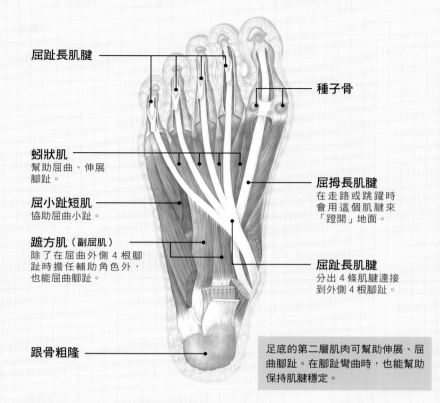

屈趾長肌腱

種子骨

蚓狀肌
幫助屈曲、伸展腳趾。

屈小趾短肌
協助屈曲小趾。

蹠方肌（副屈肌）
除了在屈曲外側 4 根腳趾時擔任輔助角色外，也能屈曲腳趾。

跟骨粗隆

屈拇長肌腱
在走路或跳躍時會用這個肌腱來「蹬開」地面。

屈趾長肌腱
分出 4 條肌腱連接到外側 4 根腳趾。

足底的第二層肌肉可幫助伸展、屈曲腳趾。在腳趾彎曲時，也能幫助保持肌腱穩定。

很類似。這些肌肉是在長肌腱屈曲腳趾時負責伸展（伸直）腳趾，這可以幫助腳趾在走路或跑步時不會彎曲。

第三與第四層肌肉

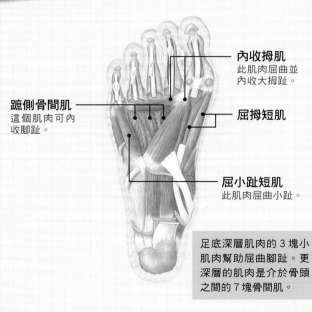

內收拇肌
此肌肉屈曲並內收大拇趾。

蹠側骨間肌
這個肌肉可內收腳趾。

屈拇短肌

屈小趾短肌
此肌肉屈曲小趾。

足底深層肌肉的 3 塊小肌肉幫助屈曲腳趾。更深層的肌肉是介於骨頭之間的 7 塊骨間肌。

足底的第三層肌肉深入屈肌腱底下，這一層肌肉是由 3 塊小肌肉組成：

◆ **屈拇短肌**：這是一塊短肌肉，負責屈曲大腳趾。屈拇短肌起自骰骨和外側楔形骨，接著分成 2 部份。這 2 部份各有一條肌腱連接到大腳趾的基部。足部的 2 個種子骨就位於這 2 條肌腱之中。

◆ **內收拇肌**：起自 2 個頭端，分別是斜頭與橫頭。它們合在一起後連接到大拇趾的基部。

◆ **屈小趾短肌**：沿著足部的外側緣延伸到小趾，幫助小趾彎曲。

足底的第四層肌肉

是足底最深層的肌肉，稱為骨間肌，意思是「骨頭之間」的肌肉。足底骨間肌和手部的骨間肌不同，手部的骨間肌共有 8 塊，但足底骨間肌只有 7 塊。其中 4 塊的背側骨間肌（圖中未顯示）負責外展腳趾，其它 3 塊蹠側骨間肌負責內收腳趾。

第九章

血液循環

　　血液在全身上下流動，成為一個非常有效率的傳輸系統。我們生存所需的必要元素，像是：氧氣、重要營養素，以及荷爾蒙等，都是經由血液運送到每個器官與組織的。同時，身體所產生的有害廢棄物也是藉由血液的載運排出體外。

　　在本章，你可以探索身體最大的血管網絡、發現血液成份、如何讓我們不受疾病的侵襲。本章也將探尋身體中負責控制血壓，以及讓血液能夠凝結成塊的生存必備機制。

實驗室的技術人員正在檢查存放在
血庫中的血袋。

血液循環概述

在我們的身體中有 2 套血管網絡：肺循環負責心臟與肺臟之間的血液運輸；體循環則把血液傳送到肺部以外的所有組織。

血液的循環系統可分為：

◆ **體循環**：載送血液往返於身體所有組織之間的血管。

◆ **肺循環**：將血液運送到肺臟以獲得氧氣，並釋出二氧化碳的血管。

體循環動脈系統

將血液從心臟運送到身體的各個組織，使各組織能獲得養分。肺臟所送出的含氧血會先送到心臟，再進入主動脈。主動脈會依序將血液送到上肢、頭部、軀幹，以及下肢。這些大的血管分支會分出較小的血管，接著又進一步分出更小的血管，如此不斷地分枝，最後由最細小的血管（小動脈）把血液送到微血管中。

肺循環

心臟每次跳動時，血液就會從右心室經由肺循環（輸送缺氧血）進入肺部。經過多次的動脈分枝後，血液會通過肺臟肺泡中的微血管重新獲得氧氣。最後，血液會流入 4 條肺靜脈。這些血液將被送到心臟的左心房，再從左心室唧送到身體各處。

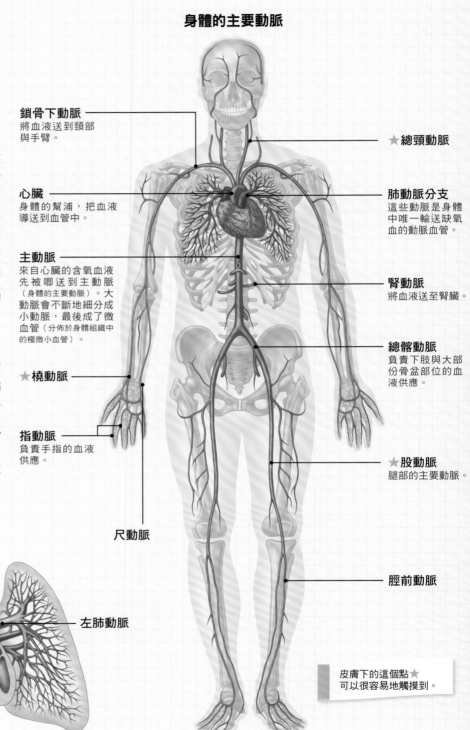

身體的主要動脈

鎖骨下動脈
將血液送到頸部與手臂。

心臟
身體的幫浦，把血液導送到血管中。

主動脈
來自心臟的含氧血液先被唧送到主動脈（身體的主要動脈）。大動脈會不斷地細分成小動脈，最後成了微血管（分佈於身體組織中的極微小血管）。

★ **橈動脈**

指動脈
負責手指的血液供應。

尺動脈

★ **總頸動脈**

肺動脈分支
這些動脈是身體中唯一一輸送缺氧血的動脈血管。

腎動脈
將血液送至腎臟。

總髂動脈
負責下肢與大部份骨盆部位的血液供應。

★ **股動脈**
腿部的主要動脈。

脛前動脈

皮膚下的這個點★可以很容易地觸摸到。

主動脈弓

右肺動脈

左肺動脈

肺循環是指血液在心臟與肺臟之間的循環。在肺臟中，血液會獲得氧氣並釋出二氧化碳。

體循環中的動脈系統將血液從心臟運到各個組織，帶著氧氣和營養素的血液便流到身體各處。

靜脈系統

體循環的靜脈系統將來自身體各組織的血液送回心臟。
這些血液會藉由肺循環重新獲得氧氣，之後再次進入體循環。

靜脈源自於細小的小靜脈，這些接收微血管血液的小靜脈相互結合，成了大的靜脈管，最後則形成 2 條主要的集合靜脈：上腔靜脈與下腔靜脈。這 2 條主要靜脈會將血液引流到心臟。任何時候，靜脈系統中所容納的血液量約為血液總量的65%。

差異

體循環的靜脈系統和動脈系統有很多相似之處。然而，兩者之間還是存在著一些重要差異：

◆ **血管壁**：動脈的血管壁通常比較厚，以便因應動脈血液所產生的較大壓力。

◆ **深度**：大部份的動脈都位於身體深處，如此方能保護動脈血管，防止它們受損。但許多的靜脈都位於淺層，大多在皮膚底下。

◆ **門靜脈系統**：胃與腸道所送出的靜脈血液不會直接返回心臟。它會先進入肝門靜脈系統，這個靜脈系統中的血液會先通過肝臟，然後才返回體循環。

◆ **差異**：儘管每個人的體循環動脈系統的分佈模式大都一樣，但靜脈系統的模式卻有很大的差別。

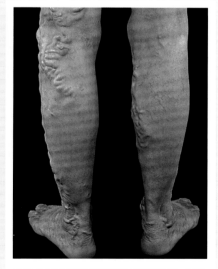

靜脈曲張是指淺層靜脈擴張或扭曲變形，這種情況最容易出現在腿部的淺層靜脈血管。靜脈曲張是由於靜脈瓣膜機能不全所導致。

身體的主要靜脈

淺顳靜脈

顏面靜脈

外頸靜脈

內頸靜脈

上腔靜脈
2 條主要的靜脈之一，將來自其他靜脈的缺氧血運送到心臟的右心房。

鎖骨下靜脈

肺靜脈分支
這些靜脈是身體中唯一輸送含氧血的靜脈血管。

肱靜脈

頭靜脈

腎靜脈

下腔靜脈

總髂靜脈

外髂靜脈

指靜脈

股靜脈

大隱靜脈
腿部的 2 條淺層靜脈之一，負責引流足部的血液。

膕靜脈

足背靜脈弓

靜脈系統將來自身體各組織的血液送回心臟。這些血液在肺臟再次充氧後，將經由肺靜脈返回心臟。

血液的功能

血液運送賦予細胞生命的氧氣，以及細胞發揮機能時必需的所有重要養分。此外，血液也將身體組織所產生的廢棄物載運出去。

血液約佔人體總重量的 8 ％左右。人體的血液含量主要取決於體型，雖然每個人的血液總量有很大的出入，但成年男性平均約有 5 公升左右的血液。成年女性的血液總量約為 4 公升；六歲兒童的血液總量是 1.6 公升左右，而新生兒只有 0.35 公升左右的血液量。

血液循環

血液是在一個封閉的血管系統中循環流動的，這個血管系統是由動脈、微血管與靜脈組成，身體中的組織與器官便是藉由這個複雜的網絡來運送血液的。

任何時候，成年男性的血液循環中各部位的平均血液量如下：

◆ **動　脈**：1,200 毫升
◆ **微血管**：　350 毫升
◆ **靜　脈**：3,400 毫升

由此可知，大部份的血液都在靜脈中流動，微血管中的血流量非常少。

靜脈中的血液其顏色比較深，這是因為靜脈血中所含的氧氣相對較少。含氧血來自心臟，在動脈中流動，它的顏色為鮮紅色。微血管中的血液（當我們不小心割到手指時所看到的血液）的顏色稍微比動脈血暗一點。

動脈的內部

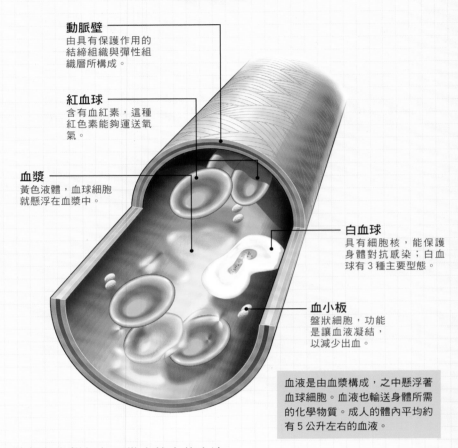

動脈壁
由具有保護作用的結締組織與彈性組織層所構成。

紅血球
含有血紅素，這種紅色素能夠運送氧氣。

血漿
黃色液體，血球細胞就懸浮在血漿中。

白血球
具有細胞核，能保護身體對抗感染；白血球有 3 種主要型態。

血小板
盤狀細胞，功能是讓血液凝結，以減少出血。

血液是由血漿構成，之中懸浮著血球細胞。血液也輸送身體所需的化學物質。成人的體內平均約有 5 公升左右的血液。

血液如何形成

這張偽色顯微圖片顯示出骨髓中，尚未發展成熟的紅血球與白血球。所有血球細胞都是由單一型態的祖細胞衍生出來，這過程稱為造血作用。

大部份的血球細胞都是在骨髓（骨頭中央的軟組織）中製造的，這個過程稱為紅血球生成。有些血球細胞也在脾臟（腹部左上角的大型器官）中製造。

兒童的血球細胞主要是在長形骨（手臂與腿部的骨頭）的骨髓中製造的；成年人的血球細胞則大部份是在較為扁平的骨頭中製造，例如骨盆的骨頭。

血液的形成非常快。骨髓每 24 小時就能製造出億萬個新的紅血球。血球的生成速度如此快速，是因為血球細胞的老化速度非常快；紅血球平均只能存活 80～120 天左右，每秒鐘大約就有 2 億個紅血球細胞死亡。

血液的成份

體循環中的血液並不是單一的物質，它是由數種成份組合而成的：紅血球、白血球與血小板，每一種血球細胞都有其特殊功用。

血液成份主要是淺黃色的液體，稱為血漿，而不同的血球細胞則懸浮在血漿中。血漿是一種包含不同化學物質的黏稠液體，它在身體各個不同部位之間流動。血漿的成份為：

◆ **蛋白質**：約 7%
◆ **鹽 分**：佔 0.9%
◆ **葡萄糖**：約 0.1%。

血漿中的主要蛋白質稱為白蛋白、球蛋白以及纖維蛋白原。身體中的各組織就是靠這些蛋白質來提供養分的。此外，它們也是保護身體、不受疾病侵襲的重要角色。纖維蛋白原是血液凝結功能的重要成份，它會在身體受傷時變成纖維蛋白的網狀物質，幫助身體止血。

葡萄糖是身體的主要能源，鹽分則是身體最重要的礦物質。由於血漿中含有鹽分，血液才會有鹹味。

紅血球細胞

血液裡有 3 種血球細胞：紅血球、白血球以及血小板。紅血球是血液中最常見的血球細胞，含有血紅素。血紅素是種含鐵的化學物質，能與肺臟中的氧氣結合。

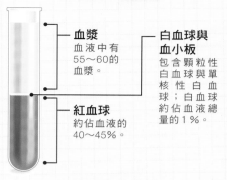

主要血液成份

- **血漿**
  血液中有 55～60 的血漿。
- **紅血球**
  約佔血液的 40～45%。
- **白血球與血小板**
  包含顆粒性白血球與單核性白血球；白血球約佔血液總量的 1%。

每個紅血球的直徑約為 7.2 微米（0.0072毫米），我們的身體中含有約 2.5 兆個紅血球，每一立方毫米的血液中就含有 5 百萬個紅血球細胞。

流血時會發生什麼事

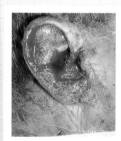

耳朵流血可能是很嚴重的情況，因為它意謂著腦部也可能受到損傷。但也有可能只是耳朵表面受傷。醫師必須評估傷口的狀況並進行適當的治療。

割破皮膚時，就會開始流血。大部份的割傷傷口都很小，因此只會從微血管流出少量的血。出血情況很快就會停止，如果在傷口上加壓，止血的速度會更快。

能止血的原因主要在於血液有自然凝結的能力。稱為纖維蛋白的串狀物質會形成一個網狀結構堵住出血點，以阻止血液的流失。

如果傷口造成靜脈或動脈受損，這時情況就比較嚴重。靜脈是相當大的血管，一旦被割破，往往會冒出頗為大量的血液。在出血處加壓或許能止住靜脈出血，但通常需要進行手術。

更嚴重的情況是動脈破裂，因為在短時間內就會有大量的血液從動脈流出。如果沒有適時在傷口上緊緊按壓，傷者可能會在幾分鐘之內因失血過多而死亡。

大量失血之所以會迅速導致死亡，是因為身體（尤其是大腦）需要持續不斷的血液供應才能維持運作。如果沒有充足的血液，就無法帶來足夠的氧氣，細胞就會迅速死亡。

人們捐贈的血液可用於手術或是在大量失血後的輸血。還可以從血液中單獨分離出紅血球，並加以濃縮。

白血球與血小板

白血球的數量遠比紅血球少。兒童每 1 立方毫米的血液中約含 1 萬個左右的白血球，成年人的白血球數遠比兒童的少。

白血球是重要的防禦成員，能保護身體不受疾病侵襲。白血球可分成：

◆ **嗜中性白血球**：對抗細菌與黴菌的感染。

◆ **嗜酸性白血球**：幫助身體抵禦寄生蟲，且能產生過敏反應。
◆ **淋巴球**：對抗傳染病的防線。
◆ **單核白血球**：能吞噬血液中的入侵分子。
◆ **嗜鹼性白血球**：可以吞噬入侵者，但目前對它的了解並不多。

血小板是非常小的細胞，與血液的凝結功能有關，每 1 立方毫米的血液中約有 25 萬個。當血管受損或破裂時，黏稠的血小板會相互黏合（和纖維蛋白黏一起）幫助堵住缺口、達到止血的效果。

這個白血球是 T 淋巴球（或 T 細胞），它的外面有特殊的微絨毛（毛狀結構），是免疫系統的重要成員。

血液如何循環

血液循環系統載著血液往返於身體的各個組織之間，以維持細胞的生存並讓細胞能夠正常運作。此外，血液也將荷爾蒙傳送到身體各處。

血液循環的作用在於提供血液到各個組織，並將能量、養分及氧氣運送到細胞。此外，血液循環也把組織所產生的廢棄物帶走，並將這些廢棄物送到腎臟或肺臟，以便排出體外。

血液循環是心臟把血液連續打送到動脈系統所形成的循環體系。動脈會分成越來越小的血管，最小的動脈血管（小動脈）會把血液送到微小的微血管。微血管通過身體的組織並和最小的靜脈（小靜脈）吻合（結合）。

幾條小靜脈匯合形成靜脈，再次把血液送回心臟。回到心臟的血液會被送到肺臟，再次進行加氧。

動脈與靜脈藉由網狀的微血管連接在一起。這個微血管網絡長達15萬公里以上，它是動脈系統與靜脈系統交換氧氣與養分的地方。

缺氧血液

內頸靜脈與外頸靜脈
延伸於頸部；將大腦、頭皮、頭部、臉部，以及頸部的血液導出。

鎖骨下靜脈
把頸部與手臂的血液導回心臟。

肺動脈
將心臟的缺氧血送到肺臟。

上腔靜脈
將頭部、頸部、手臂與胸部的血液送回心臟。

下腔靜脈
負責引流下半身的血液。

股靜脈
引流大腿的靜脈血；接著變成外髂靜脈。

大隱靜脈
身體中最長的靜脈；把足部、小腿與膝蓋的血液引流到股靜脈。

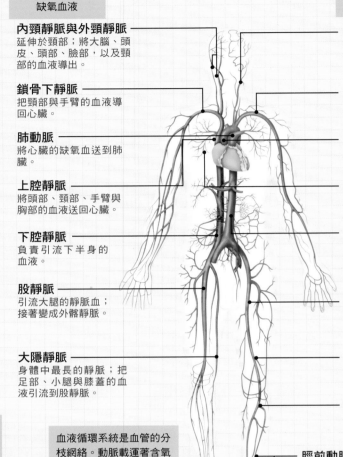

含氧血液

總頸動脈
供應血液到頭部、腦部的2條動脈之一。

腋動脈
供應血液到頭部與腦部的成對動脈。

主動脈弓
從心臟的左心室發出後所形成的彎曲。

肺靜脈
把含氧血從肺臟送回心臟。

主動脈
是身體最大的動脈，起於心臟並分出分枝到頭部、手臂、軀幹與腹部。

總髂動脈
供應血液到骨盆與下肢，分出外髂動脈與較小的內髂動脈。

股動脈
起自外髂動脈，通過大腿變成膕動脈。

膕動脈
源於股動脈，繼續往下延伸到小腿後側。

脛前動脈與脛後動脈
膕動脈的分支，負責小腿的血液供應；之後分成蹠動脈（足部）與腳趾動脈。

血液循環系統是血管的分枝網絡。動脈載運著含氧血液（紅色）到身體各組織，靜脈則把組織的缺氧血液（藍色）送回心臟。

血壓

血壓是指血液對於動脈系統的單位區域所施加的壓力。血壓的測量單位是毫米汞柱（用於英國與美國）或是千帕斯卡（用於其他歐洲國家）。

血壓是以2個數值來表示，例如：150/110。第一個或較高的數值代表心臟收縮時，動脈所承受的壓力，稱為收縮壓。第二個數值或是較低的數值是心臟舒張時的動脈壓力，稱為舒張壓。

舒張壓在臨床上具有較重要的意義，特別是評估高血壓時，因為收縮壓較易受到其他因素的影響，如焦慮等。測量血壓時會把連接於檢壓裝置的膨脹式壓脈袋，環繞在手臂上部。

高血壓至少對好幾百萬人造成影響，多數情況下，高血壓的形成原因不明。然而，由於高血壓會提高心血管疾病或中風的風險，因此，高血壓的檢測與治療非常重要。

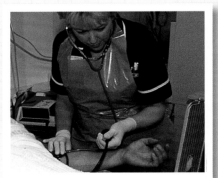

一名醫師正在測量患者上手臂的血壓。這個身體部位的理想血壓數值應該要低於140/90毫米汞柱。

身體各處的血流量

血流量是指血液在血液循環系統、身體某個器官或單一血管於單位時間內的流量。

血管中的血液流量會受到血管兩端的壓力差，以及血液流動時所受阻力的影響。

血壓最高的地方在心臟附近的血管，也就是主動脈與肺動脈。隨著血液遠離心臟，血壓也會跟著下降。然而，在壓力與阻力這2個參數中，對血流量影響較大的是阻力。成人血液循環系統中的總血流量，在休息狀態下約為5公升／分鐘，這個數值又稱為心臟輸出量。

根據每個組織的需求，流到各個組織的血液量也會受到精準的控制。當組織在活動時，所需要的血流量可能會比靜止狀態下多出20～30倍。但是心臟的輸出量頂多只能增加4～7倍。

既然身體無法增加總血流量，只好藉由監測機制來掌控個別組織的血流量。監測機制會根據各組織當下的需求來分配血液，將血液重新引導到當時需要大量養分或氧氣的組織。

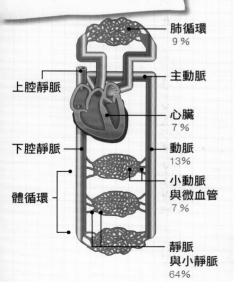

當動脈破裂時，血液會從傷口大量湧出，這是因為動脈中的血液是由心跳所產生的壓力打送出來的。靜脈血並沒有受到加壓，因此，流動速度較為緩慢。

靜脈血液流量

心跳所產生的驅動力並不會傳到細小的微血管；因此，靜脈也不會出現脈搏。

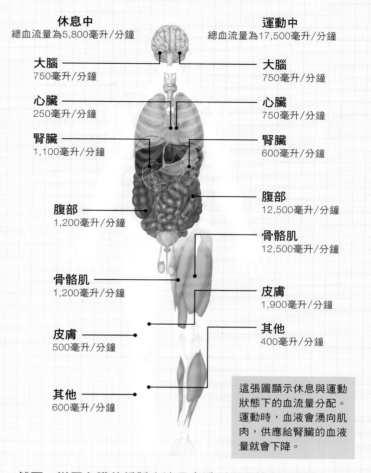

休息中
總血流量為5,800毫升／分鐘

大腦
750毫升／分鐘

心臟
250毫升／分鐘

腎臟
1,100毫升／分鐘

腹部
1,200毫升／分鐘

骨骼肌
1,200毫升／分鐘

皮膚
500毫升／分鐘

其他
600毫升／分鐘

運動中
總血流量為17,500毫升／分鐘

大腦
750毫升／分鐘

心臟
750毫升／分鐘

腎臟
600毫升／分鐘

腹部
12,500毫升／分鐘

骨骼肌
12,500毫升／分鐘

皮膚
1,900毫升／分鐘

其他
400毫升／分鐘

這張圖顯示休息與運動狀態下的血流量分配。運動時，血液會湧向肌肉，供應給腎臟的血液量就會下降。

然而，送回心臟的靜脈血流量會受到幾項機制的影響：腿部與手臂肌肉的收縮、靜脈瓣膜的作用，以及單純的呼吸過程，這些機制都有助於將靜脈血液「吸往」胸部。

血液容量的分配

肺循環
9%

主動脈

上腔靜脈

心臟
7%

下腔靜脈

動脈
13%

小動脈與微血管
7%

體循環

靜脈與小靜脈
64%

血液循環系統可分成：肺循環與體循環。這張圖顯示身體各部位的血液分配情況。

血液以心臟為起點，透過2個網絡循環於身體各處，最後再返回心臟。

體循環

體循環的血液量約佔總血液量的84%，也就是說，絕大部份的血液都在體循環系統中。然而，微血管床這個進行養分與廢棄物交換的重要場所，其血液量卻只有7%。在這些細小的血管中，血液會和組織進行密切接觸。微血管壁具滲透性，能讓血液中的化學分子進入組織中。同樣的，組織所產生的化學物質也可以從微血管壁擴散到血液中，運送出去。

肺循環

肺循環將血液所載運的二氧化碳送到肺部，肺部的氧氣也藉機進入血液中。經由靜脈返回心臟右側的血液再次被送出，經由肺動脈進入肺臟。在肺臟中，肺動脈會分成細小的小動脈，再細分為微血管，遍佈於肺部組織中。接著，肺靜脈再把富含氧氣的血液送回心臟。

血液如何運輸

血管是指身體中負責載送血液的管狀結構。動脈將來自心臟的血液運送到身體組織。靜脈則是把身體組織的缺氧血液送回心臟。

血管的種類

血管的大小會因載運的血液量而有所不同;因此,最大的血管就位在最靠近心臟處。身體所需的血液會經由主動脈送出。主動脈會分出較小的動脈,延伸到各個器官,到達器官後,又會分成更小的血管。

最小的動脈會把血液送到微血管,在微血管中,氧氣與養分會被細胞所吸收,而細胞所產生的二氧化碳與廢棄物質也會進入血液中。離開組織的血液會匯流到靜脈,靜脈再把血液送到更大的靜脈,最後聚集到最大的上腔靜脈與下腔靜脈,再由這2條靜脈將血液送回心臟。回到心臟的血液會被送入肺臟,於肺臟進行重新注氧後,再返回血液循環系統。

動脈與小動脈

血液受壓而離開心臟,因此動脈有著厚實的肌肉壁,這個肌肉壁是由數層結構(被膜)構成。包圍在中央管腔(內腔)周圍的是血管內膜,它包含:內皮細胞、結締組織以及稱為內彈性層的組織。中層(中膜)由平滑的肌肉細胞及數層彈性組織(彈力蛋白)構成。血管壁的外層(外膜)是堅韌的纖維結締組織。

最大的動脈從心臟發出,由於動脈含有極高比例的彈性組織,因此又稱為彈性動脈或傳導動脈。這個特性使得動脈能在充滿血液時擴張,也可以再次收縮,藉此將血液推送到較小的動脈中。

小動脈

直徑介於0.01~0.3公釐之間的動脈稱為小動脈。最大的小動脈也包含前述的三層結構,但它們的中膜是由散亂的彈性纖維組成。最小的小動脈沒有外膜,只有一層螺旋形的肌肉細胞包裹著一層內皮細胞層。從小動脈流入微血管的血液量是由交感神經控制的,它會讓肌肉細胞收縮,藉此壓縮或擴大小動脈的內腔。

典型的動脈結構

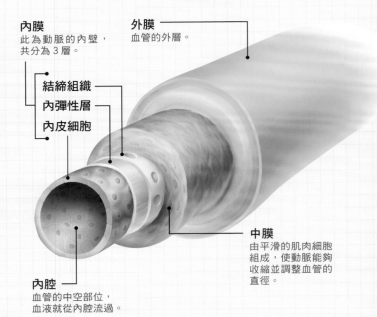

內膜
此為動脈的內壁,共分為3層。

外膜
血管的外層。

結締組織
內彈性層
內皮細胞

中膜
由平滑的肌肉細胞組成,使動脈能夠收縮並調整血管的直徑。

內腔
血管的中空部位,血液就從內腔流過。

脈搏

當心臟跳動時,血液所產生的衝擊力會從左心室傳到主動脈,形成一股壓力波,往下傳遞到所有動脈。從靠近皮膚的動脈可以感受到這股壓力波,稱為脈搏。最容易感覺到脈搏的地方就是手腕的橈動脈,以及頸部的總頸動脈。

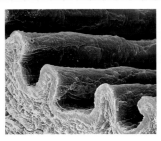

從這張彩色電子顯微影像可看出動脈內層的橫切面。血管內壁(黑色部位)位於右上方,高彈性內壁(粉紅色)因動脈的收縮而形成皺摺。

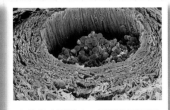

在這條小動脈中,可清楚看到紅血球於血管內腔(圖中央)通過。小動脈的外面包裹著結締組織(黃色部份)。

醫師通常會在患者的手腕上測量脈搏。脈搏對應到心跳,健康成人的脈搏在休息狀態下,平均約為60~80次/分鐘。

靜脈與微血管

靜脈是把缺氧的血液從身體各處送回心臟的血管。
微血管在所有組織的靜脈與動脈之間形成一個微血管網絡。

靜脈

靜脈的結構和動脈非常相似，但靜脈通常比較大，血管壁也比較薄；此外，靜脈的肌肉組織比較少，彈性組織與膠原組織也較少，但靜脈血管還是能夠壓縮和擴張。小靜脈（最小的靜脈）將來自微血管的血液匯集起來，把血液送到較大的靜脈，最後流入最大的靜脈。來自下肢的靜脈血液流入下腔靜脈，下腔靜脈再把血液送回心臟的右心房。上半身的血液則匯流到上腔靜脈，由上腔靜脈送回右心房。

大部份的靜脈都有單向的瓣膜，這些瓣膜讓血液只能朝著一個方向流動。靜脈瓣膜是半月瓣，由 2 個半圓形的瓣膜組成，這種瓣膜在下肢的靜脈中很容易發現。

靜脈的血壓很低。靜脈中的血液流動都是靠骨骼肌來推送的，包圍在靜脈周圍的骨骼肌收縮時，會擠壓靜脈中的血液。直徑小於 1 公釐的靜脈，以及位於較多肌肉活動（例如胸腔與腹腔）的靜脈沒有瓣膜，這些靜脈只能靠著肌肉收縮來維持血液的流動。

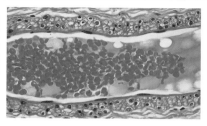

在這個靜脈內腔中可以看到紅血球。紅血球含有可輸送氧氣的血紅素。

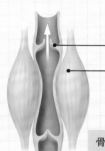

肌肉放鬆　　**肌肉收縮**

靜脈
靜脈中的防逆流瓣膜將靜脈分成幾個區段，以避免血液回流。

單向瓣膜
在瓣膜的引導下，血液會朝著箭頭方向流動。

骨骼肌
當骨骼肌收縮時，會擠壓靜脈，讓血液能從一個瓣膜流向另一個瓣膜。

骨骼肌收縮會幫助靜脈把血液送回心臟。肌肉收縮時會擠壓靜脈的彈性血管壁，迫使瓣膜打開。

微血管的種類

微血管至少有 3 種：

◆ **連續型微血管**：由單一的長形內皮細胞彎曲成管狀所成的。

◆ **多孔型微血管**：由 2 種以上的內皮細胞組成，這些內皮細胞具有很多孔隙，尤其是靠近細胞的接合處，孔數特別多。

◆ **不連續型微血管**：又稱為竇樣微血管或血管竇，這種微血管是由許多具有大孔隙的細胞所形成。

連續型微血管的滲透性最低，液體藉由胞吐與胞吞作用在周圍組織之間傳遞。在多孔型微血管與竇樣微血管中，化學物質比較容易通過薄的細胞膜。多孔型微血管普遍存在於內分泌腺與腎臟；竇樣微血管則出現在肝臟與脾臟。

多孔型微血管的結構

內皮細胞
微血管的內壁只有 1 個細胞的厚度。

內腔
微血管的內腔寬度能讓紅血球通過。

內皮細胞核

基底膜
包覆著內皮層的膜。

細胞間隙
能讓液體通過。

窗孔
細胞中的孔隙，能讓血液中的物質迅速進入組織中。

昏厥

昏厥（昏倒）是一種暫時失去意識的現象，這種現象是因為大腦的血液供應量減少所引起。處在空氣不流通的環境、突然站起、以同一個姿勢站立太久、突然移動頭部使得頸部動脈中的血流不順暢、或是情緒上的反應等，都可能造成昏厥。此外，心臟輸出的血液量不足也可能導致昏倒，例如心臟病、心律不整或是心臟瓣膜的疾病。

昏厥可能發生於任何年紀、任何人身上，不論你是否健康、體型是否肥胖；但年紀大的人較容易出現。在失去意識前，患者可能會感到輕微頭痛，覺得噁心想吐，皮膚也可能變得蒼白，且手腳冰冷。

站立太久以致昏倒是由於血液都集中於腿部。此時只要彎曲腿部就能讓血液恢復流通。

血液是如何凝結的

血液繞行於身體各處，若是血管床出現受損，就必須迅速將缺口堵住，以免失血過多，這個過程就稱為止血。

血液能流動於健康的血管中，部份是因為血液稍微具備天然的抗凝功能。但如果血管壁出現破裂，就會出現一連串的化學反應來止血。如果沒有這些止血作用，即便是極微小的傷口也會導致大量失血而死亡。

止血作用牽涉到許多血液的凝固因子，這些因子除了存在於血漿中外，血小板和受損的細胞也會釋放出一些化學物質來幫助凝血。

止血階段

止血作用可分成 3 個主要階段，這些階段在受傷後會迅速、接連的出現：

◆ **血管收縮**：第一階段，受損血管收縮，這能在短時間內明顯減少血液流失。

◆ **形成血小板栓子**：血管受損會導致血漿裡的血小板變得黏稠，且相互黏著，也會黏在血管壁上。

◆ **血液凝結（形成血凝塊）**：接著，網狀的纖維蛋白束會強化血小板的凝血功能。紅血球和白血球會陷入這個纖維網中，形成第二種止血栓或血液凝塊。

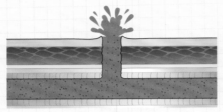
受傷

當血管受損時，血液會從血液循環系統中流失，造成血容量降低。此時，止血作用就會發揮功效，以防止失血過多。

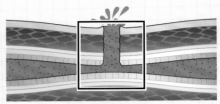
第一階段

止血作用的第一階段是血管收縮，受損的血管會收縮以減少血流量。

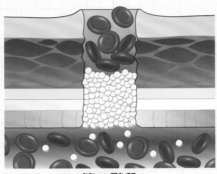
第二階段

形成血小板栓子。血小板（白色）彼此黏著以暫時堵住血管壁的破洞。

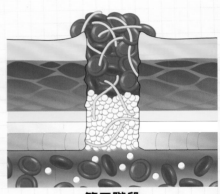
第三階段

最後，血液凝塊形成；血球細胞會陷入纖維網中（圖中的黃色束狀物）堵住血管破洞，直到它完全修復為止。

血液凝塊如何形成

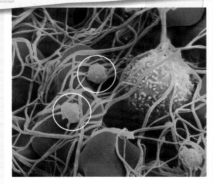

從這張顯微影像中可以看到，在形成血液凝塊的過程中，纖維蛋白束所形成的網狀結構網羅了許多紅血球。圖中也顯示血液凝塊中還包括了白血球（黃色）與血小板（圈起處）。

血液凝塊的形成非常複雜，其中涉及 30 多種不同的化學物質。其中一些化學物質稱為凝血因子，這些物質能強化血液的凝結功能，其他的化學物質稱為抗凝血因子，具有抑制血液凝結的功效。

凝血過程是由一連串複雜的生化反應所開啟的，其中包含 13 種凝血因子。最後會形成一種複雜的化學物質，稱為凝血酶原活化子。這種成份能催化凝血酶原的血漿蛋白，使它轉變成凝血酶（較小蛋白質）。接著，凝血酶會催化血漿中的纖維蛋白原，使它們聚合在一起形成纖維蛋白網。這個網狀結構會網羅血球細胞，並堵住血管壁的破洞。

凝血過程包含這麼多的化學步驟，意謂著血液凝塊必須嚴密控制。之所以需要嚴格控管，是因為不必要的血液凝塊十分危險，如果堵住了主要器官的血管，將導致嚴重後果。

血液凝塊的收縮與修復

在血液凝塊形成後大約30～60分鐘，凝塊中的血小板會收縮（就像肌肉一樣，血小板含有 2 種收縮蛋白，稱為肌動蛋白與肌球蛋白）。血小板的收縮會把纖維蛋白束拉在一起，讓受傷的組織邊緣聚攏，協助傷口密合。

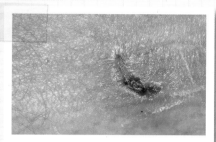

在這裡可以看到在皮膚表面有個結痂，疤痕組織會出現在傷口中的一端。

血液凝塊是暫時的，在凝塊收縮的同時，周圍的組織會分開以便修補血管壁。

纖維蛋白分解作用

一旦組織癒合（大約在兩天後），負責固定血液凝塊的纖維蛋白網就會溶解。這個稱為纖維蛋白分解作用的過程是在纖維蛋白分解酵素的催化下產生的。該酵素則由血漿中的纖維蛋白溶解酶原形成。

在形成血液凝塊的過程中，纖維蛋白溶解酶原會和凝塊混合在一起，且功能會受到抑制，直到癒合過程，才會被活化。因此，大部份的纖維蛋白分解酵素都受限於凝塊之中。

正常情況下，體內的凝血作用與纖維蛋白分解作用會維持在平衡狀態。

血小板

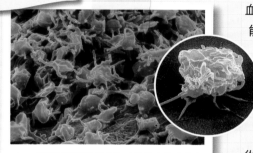

（左）這張電子顯微影像顯示受損血管壁的表面，聚集了活化的血小板群。（右）活化的血小板。在活化的狀態中，血小板的細胞壁會發展出延伸物（偽足），從圖中也可以看到這些偽足。

血小板是細胞質的碎片，這些碎片能在血液循環體系中存活10天。

它們是由骨髓中一種稱為巨核細胞的超大細胞所形成的。嚴格說來，血小板並不是細胞，因為它們並沒有細胞核，所以也無法分裂。

從電子顯微影像可看到血小板的 3 個部份：

❶ 血小板外膜是層糖蛋白層，這使得血小板只會黏著於受損的組織上。此外，這個外膜也含有大量的磷脂質，這種成分在血液凝結過程中具有多重的功用。

❷ 細胞溶質（細胞膜裡的溶液）含有收縮蛋白（包括肌動蛋白和肌球蛋白）、微絲以及微管，這些都是血液凝塊收縮的重要成分。

❸ 血小板顆粒含有多種止血活化成分，這些成分會在血小板受到活化時釋放出來。這些成分是重要的聚合媒介，能吸引更多的血小板來到傷口處。因此，血小板栓子的形成是一種自我續存的過程。

臨床使用

臨床上所使用的抗凝血藥物，主要是為了防止未受損的血管中出現血液凝塊（血栓）。大的血塊可能會堵塞血管，導致組織無法獲得足夠的血液而壞死。

香豆素被廣泛用於毒鼠藥中。老鼠吃了含有香豆素的食物後，會因為血液無法凝結，導致失血過多而死亡。

肝素這類抗凝血藥物是經由靜脈注射（非口服），其他（例如香豆素）則屬於口服藥物。這 2 種藥物各有不同的作用模式：香豆素需要48～72小時才能產生效果，肝素則是立刻就能發揮功效。

肝素是臨床上最常使用的抗凝血藥物，特別是進行心血管手術的病人，以及接受輸血的患者。香豆素通常用於心律不整（心跳不規律）的患者。

阿斯匹靈會阻礙血小板聚合，以及血小板栓子的形成。每天服用75～150毫克的阿斯匹靈有助於防止腦血管阻塞或心血管疾病。

血友病

血友病是種遺傳性血液疾病的總稱，患者體內缺乏某種凝血因子。最常見的（85%）是 A 型血友病，是因為缺乏第八凝血因子所造成的。這種疾病的症狀是自發性肌肉與關節疼痛出血。最著名的 A 型血友病例是英國維多利亞女王家族，這個家族中有許多男性成員都罹患這種疾病。

A 型血友病的治療方式是透過注射人類血漿來獲得缺乏的凝血因子。無法產生第八或第九凝血因子（B 型血友病）的血友病患者也可以藉由基因工程療法，以獲取缺少的凝血因子。

血液如何使我們免於疾病侵襲

血液除了將養分運送給各個組織、帶走廢棄物外，它還含有許多抵抗感染的免疫成分。

血液是體內的重要防禦液體。它在循環系統中不斷循環流動，隨時準備對抗任何可能出現的微生物威脅。

骨髓

所有的血液細胞都是從骨髓（骨腔中的膠狀物質）發展出來的，各種類型的血液細胞都是由幹細胞衍生而成，也就是說，幹細胞能發展成紅血球、血小板，以及免疫系統中的白血球。

細胞會移動到身體的其他部位，像是脾臟或胸腺（位於頸部），在這些地方發展成其他型態的細胞。

淋巴系統

淋巴系統能促進免疫功能。淋巴系統中流動著淋巴液這種混合液，和運輸血液的血液循環系統不同的是，淋巴系統載運的是白血球。

在微血管中，液體與小分子受到壓力而進入細胞之間的空隙。這種液體就稱為組織液，組織被組織液包圍並從其中獲得養分。組織液會流入淋巴系統，在淋巴系統中循環，最後回到血液中。淋巴系統中的液體不是被泵送出去的，而是藉由淋巴管周圍的肌肉擠壓，讓管內的液體得以流動。

抵禦感染

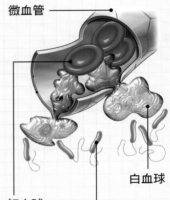

微血管　紅血球　入侵的病毒　白血球

當身體受到細菌感染時，就會發出相關的化學訊號通知白血球離開微血管，以攻擊入侵的細菌。

病毒

由於病毒非常小（直徑只有0.00001毫米），因此能進入呼吸道與胃腸道。血液能把抗體運送到患部，以對抗病毒。

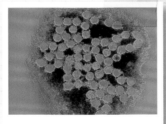

圖中的鼻病毒是造成感冒的病毒。血液會輸送抗體以抵禦這類型的病毒。

單細胞入侵者

吞噬白血細胞會找出細菌和原蟲，進而吞下（吞噬作用）將它們消滅。

入侵的微生物會產生吸引吞噬細胞的因子，將吞噬細胞引到感染部位。接著吞噬細胞就會用抗體來包圍入侵的微生物，並且吞掉它們。

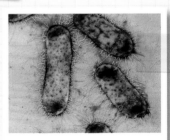

大腸桿菌與食物中毒有關。血液中的吞噬細胞能吞掉這種微生物。

多細胞入侵者

蠕蟲是寄生蟲，在溫暖的國家較為常見。血液中的特化白血球——嗜酸性白血球會攻擊入侵的寄生蟲。嗜酸性白血球的英文名稱（eosinophils），是來自它們接觸到曙紅這種實驗用染料時會染成紅色。

鉤蟲這類寄生蟲常出現在腸道，血液中的嗜酸性白血球會攻擊其中某些入侵者。

真菌

真菌能侵入潮濕、溫暖的人體部位，如腳趾間的縫隙。身體會透過血液把抗體送到患部，試著反擊這些入侵者，這種方式就是免疫反應的一部份。

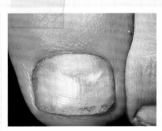

身體會產生抗體來對付許多真菌類的感染。這些抗體是經由血液輸送到受感染部位的。

血液的防禦成份

有些傳染病雖然會打破身體的防線，
但血液中還有許多成份能成功反擊大部份的入侵者。

血液中對抗傳染病的成份有：

◆ **吞噬細胞**：微生物如果進入體內，它必定會遇到特化的白血球，也就是中性多形核白血球與單核白血球。這些白血球的功用就是吞掉（吞噬作用）侵入的粒子，並透過細胞內的消化過程來分解它們。吞噬細胞不只存在於血液中，它們也會穿過血管進入組織中，以攻擊入侵的微生物。在這2種吞噬細胞中，多形核白血球的壽命較短，單核白血球除了存活較久外，還能轉變成巨噬細胞。巨噬細胞會在入侵的微生物周圍形成一個發炎區域，避免它們擴散開來。只要找到適當時機，巨噬細胞就會吞掉這些微生物。

◆ **淋巴細胞**（有3種）：

T細胞：能有效攻擊病毒。病毒學家將它們分成幾種類型：輔助型T細胞、抑制型T細胞、細胞毒性T細胞、過敏媒介T細胞。所有類型的T細胞會組合在一起，試著摧毀入侵的病毒。

B細胞：會產生抗體來對抗微生物。

殺手細胞與自然殺手細胞：能辨識被病毒佔據而變成「細胞工廠」的體內細胞，並加以摧毀。

◆ **干擾素**：由受病毒感染的細胞以及T細胞所產生的化學物質組成。干擾素會隨著血液流動，活化自然殺手細胞，以抵禦病毒。

◆ **補體**：這種血液成份含有約20種的蛋白質。當組織受

感染時，這些蛋白質會共同合作以對抗細菌，並在感染部位形成發炎的情況。

◆ **急性期蛋白**：這些血液蛋白能攻擊某些細菌，並在感染初期消滅細菌。

◆ **嗜酸性白血球**：特化的白血球細胞，能夠對抗蠕蟲。這種白血球會與某些蠕蟲結合，並釋出有毒蛋白質來抑制牠們的活性。

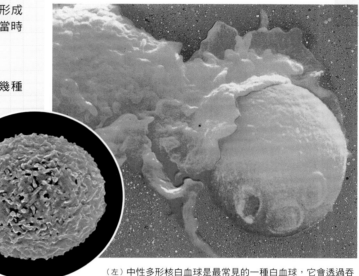

（左）中性多形核白血球是最常見的一種白血球，它會透過吞噬作用來攻擊入侵的有機體。（上）淋巴細胞（藍色）藉由吞噬作用吞掉一個酵母孢子（黃色）。淋巴細胞一般會用酵素來攻擊入侵者，而不是藉著吞噬作用來消滅它們。

血液抗體

抗體是血液的重要成份，屬於免疫球蛋白的複雜分子，是專門對抗感染的。免疫球蛋白有許多類型，像是：

◆ **G型免疫球蛋白**（IgG）：約佔血液中所有免疫球蛋白的¾左右，能中和某些微生物所產生的毒素。

這張電腦圖呈現出抗體的結構。抗體能與外來細胞或毒素結合，並中和它們。

◆ **M型免疫球蛋白**（IgM）：約佔血清免疫球蛋白的¹/₁₄，能活化補體，讓補體攻擊外來細胞。

◆ **A型免疫球蛋白**（IgA）：佔血液免疫球蛋白的¹/₅左右，主要經由血液到達口腔、呼吸道以及腸道等較易受病菌侵襲的區域。是種抗菌分泌物，可防止微生物穿透黏膜表層。

◆ **E型免疫球蛋白**（IgE）：被認為是身體用來對抗蠕蟲的防線之一，它會形成防禦性發炎。不幸的是，患有過敏症的人，常常會產生過量的E型免疫球蛋白。對過敏患者來說，這種免疫球蛋白會造成不當的發炎，這種發炎情況與氣喘、花粉熱及過敏性皮膚反應等症狀有關。

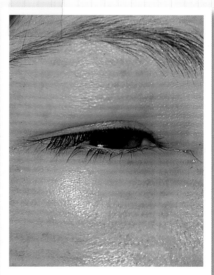

在某些情況下，身體會產生過量的E型免疫球蛋白，這會讓身體產生過敏反應的症狀。

什麼是血壓？

心臟必須用夠大的壓力才能把血液打出去，好讓血液把氧氣、養分送往各個組織。血壓受到嚴密監控且維持在最佳範圍內。

血液是藉由心臟的跳動離開心臟的，心臟每次收縮時，就會送出約70毫升的血液。儘管流經主動脈根部的血液流量，既不連續又有落差，但通過微血管的血流卻很平順，且連綿不斷。

彈性動脈

血液之所以能夠連續地流動，是因為動脈並非硬邦邦的圓管。相反的，動脈血管具有彈性，能像橡皮筋一樣擴張、收縮。因此，當心臟收縮時，血液進入動脈的速度會比離開微血管床快；動脈中的血流量就會增加，動脈壁也因此擴張了。

當心臟舒張時，儲存在動脈中的血液就會因為擴張的動脈壁收縮了，而送往微血管。

平順的血流

動脈血管的彈性，讓血液在樹狀的血管結構中能夠順暢地流動。雖然動

脈壓會隨著每次的心跳而產生波動，但如果動脈是堅硬、不具彈性的血管，那麼動脈壓的波動將會更大（這就好像水龍頭開開關關時，從橡膠水管流出的水流也會忽大忽小一樣）。微血管內的血流最好能保持平穩，因為微血管的管壁只有一個細胞厚，巨大的壓力變化將導致微血管受損。

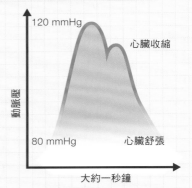

動脈壓在每次心跳時所產生的變化約為80（舒張壓）到120（收縮壓）毫米汞柱。其間的差異（40毫米汞柱）就稱為脈壓。

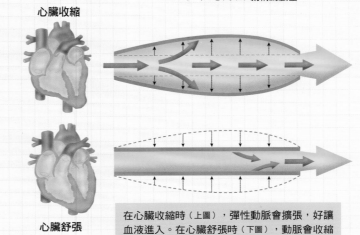

心臟收縮

心臟舒張

在心臟收縮時（上圖），彈性動脈會擴張，好讓血液進入。在心臟舒張時（下圖），動脈會收縮並將血液平穩地向前推送。

如何測量血壓

醫師用血壓計來測量血壓，其步驟如下：

❶將血壓計的膨脹式壓脈袋包裹在患者的上臂，並加以充氣，如此可堵住肱動脈的血流。

❷讓壓脈袋裡的空氣慢慢釋出，醫師此時會把聽診器放在壓脈袋的「下游」，以聽取血液流過肱動脈時的脈搏聲，並記錄當時的壓力（收縮壓）。

❸當壓脈袋釋出更多空氣時，血液會再次平順地通過動脈，血液湧向動脈的聲音就會消失，這個壓力就稱為舒張壓。

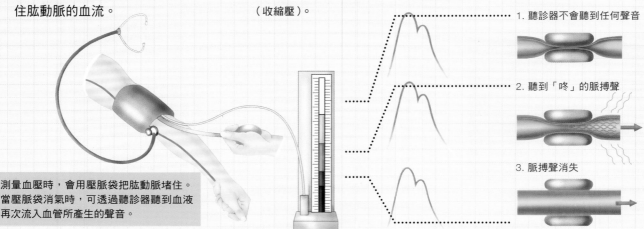

測量血壓時，會用壓脈袋把肱動脈堵住。當壓脈袋消氣時，可透過聽診器聽到血液再次流入血管所產生的聲音。

1. 聽診器不會聽到任何聲音

2. 聽到「咚」的脈搏聲

3. 脈搏聲消失

血壓由什麼決定？

$$血壓 \quad = \quad 心臟輸出量 \quad \times \quad 周邊血管阻力$$

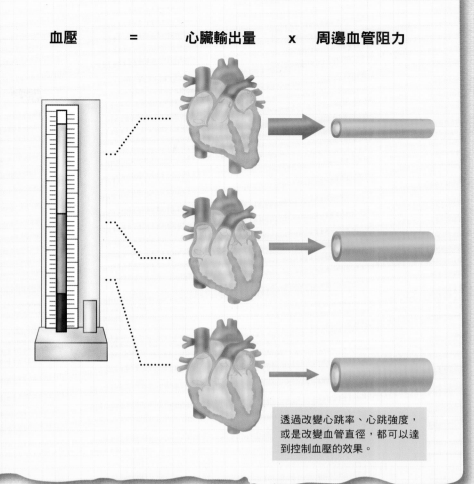

簡單來說，血壓是由心臟的輸出量與周邊血管阻力相乘的結果。

- ◆ **心臟輸出量**：心臟每分鐘送往全身各處的血液量。舉例來說，一個健康的成年男性心跳率約為70下／分鐘。每次心室收縮，會送出約70毫升的血液（稱為心搏量）。因此，心臟輸出量就是4,900毫升／分鐘。

- ◆ **周邊血管阻力的總和**：血液在身體流動時所遇到的阻力。血液流經的血管直徑對於阻力會有很明顯的影響，血管的直徑減半就會讓阻力增加16倍。

血液量的重要性

經由靜脈返回心臟的血液循環，是個封閉的系統，且心臟每次收縮後，血液也不會被打出體外。因此，血液的循環流動量也決定了血壓的高低。例如在嚴重出血時，血流量就顯得很重要了。

透過改變心跳率、心跳強度，或是改變血管直徑，都可以達到控制血壓的效果。

如何控制血壓？

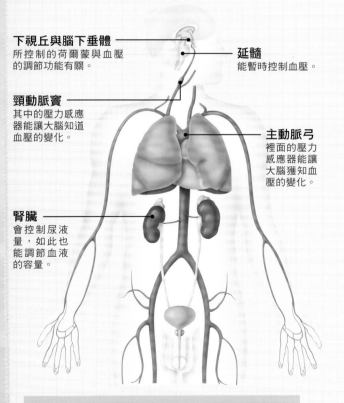

下視丘與腦下垂體
所控制的荷爾蒙與血壓的調節功能有關。

延髓
能暫時控制血壓。

頸動脈竇
其中的壓力感應器能讓大腦知道血壓的變化。

主動脈弓
裡面的壓力感應器能讓大腦獲知血壓的變化。

腎臟
會控制尿液量，如此也能調節血液的容量。

身體中有許多結構都和血壓的短期、長期調節功能有關。

身體控制血壓的方法有3種：藉由改變心臟的收縮強度或收縮率來調整心臟輸出量；改變血管的直徑與彈性以調節總周邊血管阻力；或是改變血液量。

短期控制

有2種機制可以短時間控制血壓：

- ◆ **神經控制**：動脈中的血壓感應器會透過神經把訊息送到延髓，延髓會計算血壓是否需要修正。如果需要修正，就會送出神經訊號到心臟，調節心跳的速率與強度；也會送出訊號到血管，以調整血管的直徑。

- ◆ **化學控制**：血液中的化學物質，有許多能限縮或擴張血管。

長期控制

長時間來看，要控制血液量需透過作用於腎臟的化學物質。如果血壓下降，腎臟會濃縮尿液量以保存體內的水分，進而增加血液流量。

過多的壓力可能導致延髓這個腦區的功能失常，進而形成高血壓。

大腦如何控制血壓

延髓就位在脊髓上面,它持續監控著動脈壓;
能傳送神經訊號到心臟與血管,以修正血壓的變化。

感壓接受器是個特化的壓力感應器,不斷地測量動脈中的血壓。感壓接受器是神經末端,位於動脈壁中,即便動脈壁產生非常微小的擴張,它也能偵測到。這些壓力感應器位在主動脈弓、頸動脈竇。

感壓接受器

感壓接受器末端是神經纖維的一部份,這些神經纖維會往上延伸到延髓。主動脈感壓接受器的傳入纖維形成主動脈神經,連接到迷走神經(第十腦神經),接著進入延髓,最後連接到一個稱為孤立束核的區域。

頸動脈感壓接受器的傳入纖維形成頸動脈竇神經,連接到舌咽神經(第九腦神經),最後同樣連接到延髓的孤立束核。

感壓反射解剖

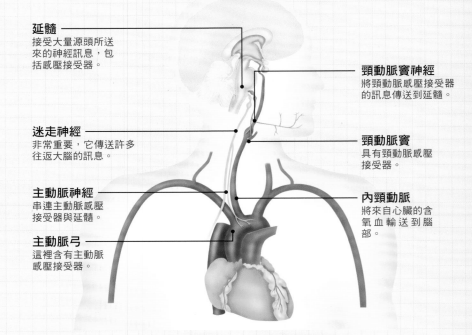

延髓
接受大量源頭所送來的神經訊息,包括感壓接受器。

迷走神經
非常重要,它傳送許多往返大腦的訊息。

主動脈神經
串連主動脈感壓接受器與延髓。

主動脈弓
這裡含有主動脈感壓接受器。

頸動脈竇神經
將頸動脈感壓接受器的訊息傳送到延髓。

頸動脈竇
具有頸動脈感壓接受器。

內頸動脈
將來自心臟的含氧血輸送到腦部。

感壓接受器位在主動脈弓和頸動脈竇,這 2 個結構透過神經纖維與延髓相連。

感壓接受器的反應

壓力感受神經對血壓升高時的反應

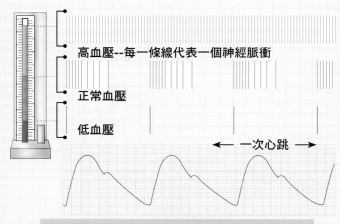

高血壓--每一條線代表一個神經脈衝

正常血壓

低血壓

← 一次心跳 →

壓力感受神經纖維會把動脈壁的擴張轉換成電子活動。當壓力升高時,神經活動也會增加。

由於血液是藉由心臟的搏動而流動於動脈中,並不是持續不斷地流入動脈,因此,壓力感受神經也不是永遠維持相同的活動率。

這是因為在心臟收縮時,動脈壁會擴張,使得壓力感受神經密集發出一連串的神經脈衝,傳送到延髓。但當心臟舒張時,動脈壁不再擴張,感壓接受器也就不會反應。

重要的是,許多感壓接受器會在正常的血壓下變得活躍,使它們能在血壓下降時把訊息傳送給延髓(藉由減少神經脈衝的方式)。但如果神經在休息時不活動的話,就沒辦法把血壓下降的資訊即時通知延髓了。

感壓接受器的特性

並不是所有感壓接受器的特性都相同:

◆ 有些感壓接受器會對低血壓產生反應,但其他的接受器只有在動脈壓很高時才有所動作。

◆ 不同感壓接受器所能偵測的壓力範圍,也有很大的差異。

◆ 感壓接受器的敏感度會隨著動脈壓的變動率而改變,這個參數被認為具有重要意義,因為它讓大腦能預先對壓力變化做出應變。

延髓的角色

　　壓力感受神經延伸到延髓中一個稱為孤立束核的結構。孤立束核在控制自主神經方面扮演著重要的角色，其中也包括（但不限於）血壓的控制。如果孤立束核受損（例如中風後），可能會造成致命的後果。

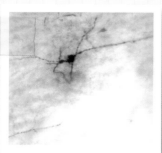

孤立束核的神經元顯微影像。孤立束核負責接收來自感壓接受器的資訊。圖中的黑色橢圓結構就是含有細胞核的細胞體。

孤立束核的角色

　　孤立束核所接收的資訊不只來自感壓接受器，也包括位於心臟、胃腸道、肺臟、食道與舌頭的接受器。孤立束核的神經元不只是把各種傳入的資訊分派出去，它也會考量其他來源的訊息，以計算出正確的血壓。

孤立束核神經元在動脈壓增加時的反應

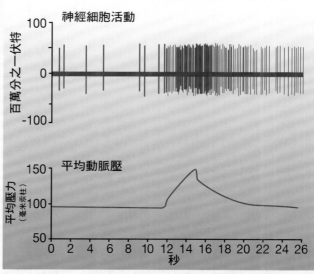

上面的記錄顯示，孤立束核神經元的電子活動。當動脈壓升高時（下圖），神經元的激發率也會增加。

感壓反射路徑

感壓反射路徑

- 延髓
- 孤立束核
- 脊髓
- 動脈擴張
- 感壓接受器　血壓升高
- 心臟　降低心跳率、減少心臟收縮強度。

感壓反射藉由降低心跳率與心跳強度來修正升高的動脈壓；此外，它還會讓動脈放鬆，藉此降低血壓。

在極大的壓力下，下視丘所發出的神經會抑制感壓反射。這種機制可能是高血壓的成因之一。

　　如果動脈壓升高，感壓接受器會對動脈壁的擴張做出反應，它會送出一連串的神經脈衝到孤立束核。

　　在正常情況下，孤立束核會送出神經脈衝到心臟，告訴心臟降低收縮率與收縮強度，以試著修正升高的血壓。此外，它也會傳送神經脈衝給動脈，告訴動脈要變得更有彈性。如此一來就能降低心臟輸出量，並且減少動脈中的血流阻力。在這2個效果的配合下，血壓就能降低。

重啟感壓反射

　　感壓反射負責把血壓維持在生理學家所說的「固定點」。固定點就好比是中央控溫系統的溫度設定；要改變感壓反射的固定點，就如同設定控溫系統的溫度一樣。身體改變感壓反射固定點的方法有2種：改變感壓接受器的反應門檻（周邊重啟），另一種是改變延髓神經元的敏感度（中央重啟）。

周邊重啟

　　如果壓力多次維持在升高的階段，感壓接受器就會習慣新的壓力，並認為這是正確的。長時間下來，感壓接受器就無法將血壓準確反應給大腦了。

中央重啟

　　當我們處於高壓環境時，負責調節感壓反射的孤立束核神經元會受到強烈抑制，使血壓上升。這種情況對我們的祖先來說是有好處的，因為它讓人類在遭遇侵略時能做好打或逃的準備。然而，這種神經機制卻可能是現代社會高血壓發生率如此高的原因之一。我們在日常生活中所承受的壓力，可能會讓血壓的固定點升高（至少對某些人是如此），進而導致高血壓的發生。

第十章

身體系統

　　人體好比一個極為複雜的機器，包含許多系統以絕佳的效率運作著。每個系統都有自己的角色與功能，但所有的系統卻又能緊密地連結在一起，相互合作以確保身體能夠運作順暢。當所有系統都能有效運作時，體內環境就能保持穩定，讓我們得以完成日常的活動，並進一步的成長與發展。

　　本章將解釋身體中每個系統的運作方式，並闡述所有部位相互依賴的特性。

放大了27,000倍的肌肉纖維
切面顯微影像，顯示出纖細
的縱向肌原纖維。

骨骼

由骨頭與軟骨組成,重量約為身體的¹⁄₅;
有200多塊骨頭支撐、保護著我們的身體。

人體骨骼前視圖

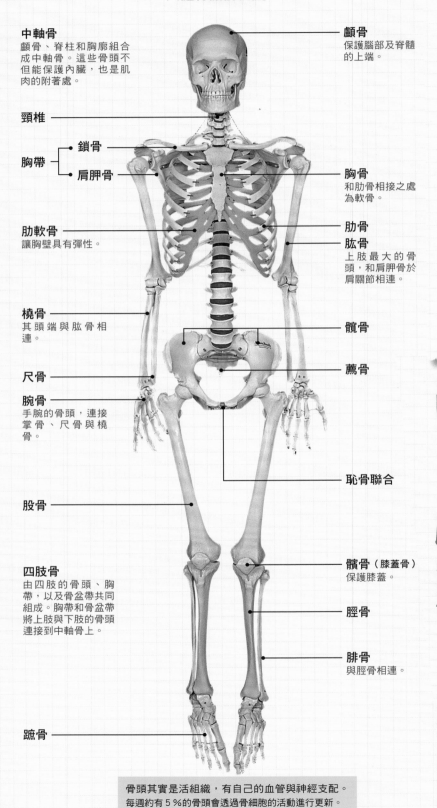

中軸骨
顱骨、脊柱和胸廓組合成中軸骨。這些骨頭不但能保護內臟,也是肌肉的附著處。

頸椎

胸帶 — 鎖骨
— 肩胛骨

肋軟骨
讓胸壁具有彈性。

橈骨
其頭端與肱骨相連。

尺骨

腕骨
手腕的骨頭,連接掌骨、尺骨與橈骨。

股骨

四肢骨
由四肢的骨頭、胸帶,以及骨盆帶共同組成。胸帶和骨盆帶將上肢與下肢的骨頭連接到中軸骨上。

蹠骨

顱骨
保護腦部及脊髓的上端。

胸骨
和肋骨相接之處為軟骨。

肋骨
肱骨
上肢最大的骨頭,和肩胛骨於肩關節相連。

髖骨

薦骨

恥骨聯合

髕骨(膝蓋骨)
保護膝蓋。

脛骨

腓骨
與脛骨相連。

骨頭其實是活組織,有自己的血管與神經支配。
每週約有5％的骨頭會透過骨細胞的活動進行更新。

骨骼為身體中的其他組織提供了一個穩固,但具彈性的架構。軟骨的彈性比骨頭大,身體中可活動的地方都能找到軟骨。

骨頭的功能

骨頭有許多功用,包括:

◆ **支撐**:站立時,骨頭會支撐身體,讓柔軟的內臟維持在原有的位置。

◆ **保護**:腦部與脊髓受到顱骨與脊柱的保護,心臟與肺臟則受到胸廓的保護。

◆ **活動**:身體各處的肌肉附著於骨頭上,才能讓我們產生動作。

◆ **儲存礦物質**:鈣、磷離子儲存於骨頭中,需要時,可提取出來。

◆ **生成血液細胞**:有些骨頭的骨髓腔(如胸骨)是產生紅血球細胞的地方。

骨頭的形成

骨骼在胎兒期就開始成形了,在整個兒童期中仍持續成長。6週左右的胎兒其骨骼是由纖維膜與透明軟骨組成;在懷孕期間,這些結構會慢慢轉變成骨頭。從胎兒出生一直到青春期結束,骨頭的重量與長度都持續成長,其構造也會進行重組。

這張胎兒影像顯示骨頭的初期發展狀態。骨頭的深色末端是主要的骨化中心,它會產生新的骨細胞。

骨頭標誌與特徵

每塊骨頭的形狀都是為了因應它的功能。
骨頭上的標記、脊線與切迹都和相連接的結構有關。

多年來，解剖學家已經為骨頭上的許多特徵命名。利用這些名稱，就能清楚、準確地描述某塊骨頭在臨床上的重要特性。

突起

骨頭表面的突起通常是肌肉、肌腱、韌帶的連接處，又或者是形成關節的地方。例如：

◆ **髁**：位於關節的圓形突起（如膝蓋處的股骨髁）。

◆ **上髁**：骨髁上的隆起（如肱骨下端在肘關節處的隆起）。

◆ **嵴**：骨頭的凸起脊線（如骨盆骨的髂嵴）。

◆ **結節**：骨頭的小隆起（像是肱骨頂端的大結節）。

◆ **線**：骨頭的長窄形脊線（如脛骨背面的比目魚線）。

凹窩與凹溝

骨頭上的凹陷處、凹洞與溝槽常是血管、神經通過骨頭，或是從骨頭周圍經過的地方。

特徵

骨頭的凹陷或溝槽包括：

◆ **窩**：骨頭的碗狀淺凹（如肩胛骨的棘下窩，或是髂骨的髂窩）。

◆ **孔**：骨頭的孔洞，能讓血管或神經通過（如顱骨的頸靜脈孔；內頸靜脈就是從這個孔離開顱骨的）。

◆ **切迹**：骨頭邊緣的凹陷處（如部份髂骨所形成的坐骨大切迹）。

◆ **溝**：骨頭上的凹槽或瘦長的凹陷處，這個結構標示出骨頭上的血管或神經的分佈路線（如肱骨背面的橈神經斜溝）。

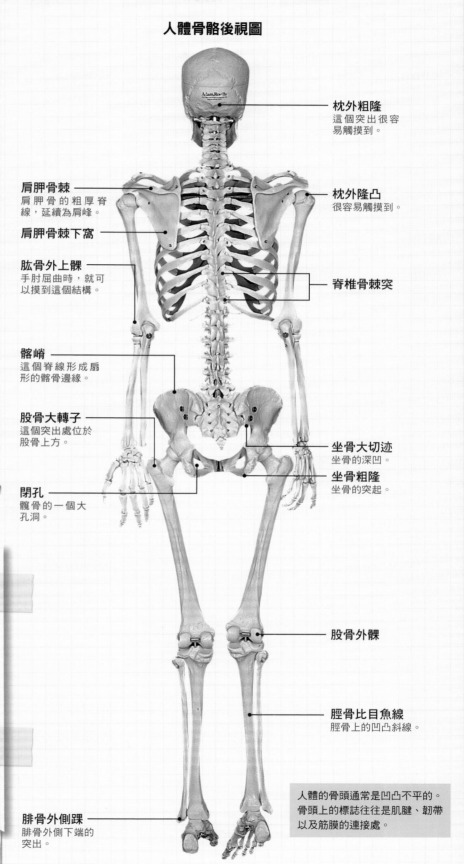

人體骨骼後視圖

枕外粗隆
這個突出很容易觸摸到。

枕外隆凸
很容易觸摸到。

肩胛骨棘
肩胛骨的粗厚脊線，延續為肩峰。

肩胛骨棘下窩

肱骨外上髁
手肘屈曲時，就可以摸到這個結構。

脊椎骨棘突

髂嵴
這個脊線形成扇形的髂骨邊緣。

股骨大轉子
這個突出處位於股骨上方。

坐骨大切迹
坐骨的深凹。

坐骨粗隆
坐骨的突起。

閉孔
髖骨的一個大孔洞。

股骨外髁

脛骨比目魚線
脛骨上的凹凸斜線。

腓骨外側踝
腓骨外側下端的突出。

人體的骨頭通常是凹凸不平的。骨頭上的標誌往往是肌腱、韌帶以及筋膜的連接處。

骨頭如何形成

骨頭是活的組織，會不斷地更新。骨頭負責產生動作，裡面也含有骨髓與重要的礦物質。

骨頭是堅硬的組織，也是骨骼架構的基礎。它們是活體組織，其構造、形狀會透過「成長」與「再吸收」過程不斷地更新。

骨基質

骨頭是由鈣化的基質所組成，骨細胞就在骨基質中。骨基質是具彈性的膠原纖維，氫氧基磷灰石（一種鈣鹽）的結晶就沉積在膠原纖維中。在骨基質裡可以找到 3 種主要的骨細胞：

◆ **造骨細胞：**負責形成骨頭

◆ **破骨細胞：**負責吃掉骨頭

◆ **骨細胞：**完全成熟的骨細胞

一生中，「形成骨頭」及「吃掉骨頭」的細胞能讓骨基質不斷地獲得更新。

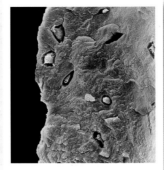

造骨細胞是形成骨頭的細胞。這張顯微影像顯示造骨細胞（不規則的橢圓狀組織）被它們所製造出來的骨基質所包圍。

骨骼支撐

骨頭與骨頭藉由韌帶在關節處串連在一起，附著於骨頭上的肌肉則讓骨頭能夠活動；因此，骨頭才能成為活動時的槓桿。

由許多骨頭組成的複雜結構為身體中柔軟、脆弱的組織提供了保護性的架構，但這個架構也讓身體具有極大的彈性與活動力。

此外，骨頭裡有骨髓，這種柔軟的脂肪性物質負責產生大部份的血球細胞。

骨頭也是儲存鈣和磷的地方，這 2 種礦物質是許多身體機能的重要基石。

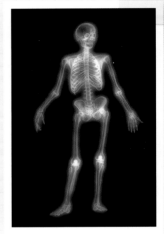

骨頭是骨骼的基礎，保護著脆弱的身體器官，也是讓身體能夠活動的重要構造。

骨組織的結構

骨組織可分為 2 種：緻密骨（皮質骨）及海綿骨（鬆質骨）。

緻密骨

形成所有骨頭的外層。某些部位的緻密骨非常厚實，能承受極大的壓力。緻密骨有許多管道與通道，神經、血管和淋巴管就藉由這些管道延伸於骨頭上。

緻密骨的結構單位（骨單位）是長形的圓筒構造，這些圓筒構造與骨頭的長軸平行。骨單位是由骨基質的骨板（中空管）以同心圓的方式排列而成。

相鄰骨板中的膠原纖維呈對向分佈；如此可以強化骨頭，讓骨頭在受到扭轉時也不易折斷。每個骨單位所需的養分都由血管供應，支配骨單位的神經纖維則延伸於中央的哈式管。

支配骨膜（骨頭周圍的膜狀組織）的血管與神經是透過弗克曼氏管與骨頭中央管、骨髓腔（含有骨髓的腔道）的神經、血管相連接。

成熟的骨細胞位於骨板間的小腔室中（骨隙）。

海綿骨

大部份的骨頭內部都是由海綿骨構成。海綿骨比緻密骨輕，密度也比緻密骨低，因為海綿骨中有許多腔隙。骨髓就分佈在這些腔隙中。海綿骨中的骨性結構所形成的交叉網絡，稱為骨小樑。

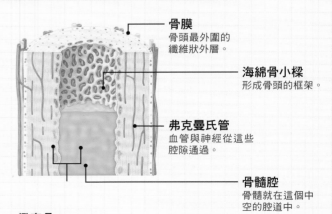

骨膜
骨頭最外圍的纖維狀外層。

海綿骨小樑
形成骨頭的框架。

弗克曼氏管
血管與神經從這些腔隙通過。

骨髓腔
骨髓就在這個中空的腔道中。

緻密骨
由佈滿骨隙的骨板組成。

骨頭並不是實心的構造，在骨頭堅硬的成份之間有許多空隙。根據這些空隙的大小與分佈方式，可將骨頭分成緻密骨與海綿骨。

骨頭的形成過程

人體的骨骼是由許多骨頭所組成，包括顱骨（扁平骨）、四肢（長形骨）等；每塊骨頭各有其功能。

骨頭的形成在胚胎期就已經展開了，且一直持續到20歲左右。骨頭的發展從骨化中心開始，骨化中心一旦鈣化，骨頭就不會再拉長了。

長形骨

人體中最長的骨頭就是上肢與下肢骨。每塊長形骨都由3個部份構成：

◆ **骨幹**：中空的骨體，由緻密骨組成。

◆ **骨骺**：位於骨頭的兩端；是骨頭與骨頭的連接處。

◆ **骨骺板（生長板）**：由海綿骨組成，骨頭就從此處開始拉長。

保護性膜狀組織

整個骨頭都包覆在2層骨膜中。

這個膜狀組織的外層是由纖維性結締組織構成；內層則含有造骨細胞與破骨細胞，這些細胞能讓骨頭不斷地進行更新。

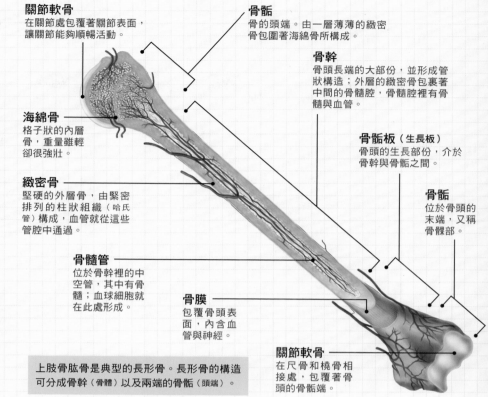

關節軟骨
在關節處包覆著關節表面，讓關節能夠順暢活動。

海綿骨
格子狀的內層骨，重量雖輕卻很強壯。

緻密骨
堅硬的外層骨，由緊密排列的柱狀組織（哈氏管）構成，血管就從這些管腔中通過。

骨髓管
位於骨幹裡的中空管，其中有骨髓；血球細胞就在此處形成。

骨骺
骨的頭端。由一層薄薄的緻密骨包圍著海綿骨所構成。

骨幹
骨頭長端的大部份，並形成管狀構造；外層的緻密骨包裹著中間的骨髓腔，骨髓腔裡有骨髓與血管。

骨骺板（生長板）
骨頭的生長部份，介於骨幹與骨骺之間。

骨骺
位於骨頭的末端，又稱骨骺部。

骨膜
包覆骨頭表面，內含血管與神經。

關節軟骨
在尺骨和橈骨相接處，包覆著骨頭的骨骺端。

上肢骨肱骨是典型的長形骨。長形骨的構造可分成骨幹（骨體）以及兩端的骨骺（頭端）。

骨頭的發展

新生兒的長形骨

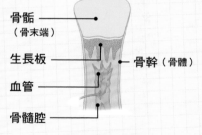

骨骺（骨末端）
生長板
血管
骨髓腔
骨幹（骨體）

兒童的長形骨

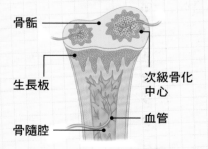

骨骺
生長板
骨隨腔
次級骨化中心
血管

新生嬰兒的骨幹幾乎已經是成熟的骨頭，然而骨頭的兩端卻還是軟骨結構。到了兒童期，位於骨頭兩端的次級骨化中心會形成新的骨頭。

骨骼的發展從胚胎期就展開了，並持續20年左右。骨骼的發展過程很複雜，它受到基因的控制；過程中也會因為內分泌、生理與生物因素而有所調整。

胚胎期的原始胚胎組織會形成骨骼樣板；隨著胚胎逐漸成長，會漸漸發展成軟骨（柔軟的彈性結締組織），每個骨頭也開始逐漸成形。

骨化

接著，正常的骨頭就從這些樣板中逐漸成形，這個過程稱為骨化。骨化有2種：胎兒的初期成骨細胞直接發生骨化（膜內骨化）；另一種則是經由軟骨間接骨化成骨骼（軟骨內骨化）。

緻密骨的形成是從骨幹開始，又稱為初級骨化中心。軟骨內的造骨細胞會分泌一種稱為類骨質的凝膠狀物質，在礦鹽的作用下會逐漸硬化，形成骨頭。軟骨細胞會因此而死亡，且被造骨細胞所取代。

長形骨的骨化過程繼續進行，最後只剩下骨頭端還包覆著一層薄薄的軟骨。這個軟骨（骨骺板）是骨頭的第二個生長點，它能持續成長到青春期的後期。

骨化中心的發展程序有一定的模式，因此專家能藉由骨化的程度來判斷骨骼的年齡。

成熟骨

一旦骨骼的長度達到極限，骨幹、生長板和骨骺會完全骨化，融合成連續骨。從此之後，骨骼就無法再拉長了。

骨頭是如何自我修復的

儘管骨頭在青春期後期就停止生長了，但它其實是非常動態的組織。
骨頭會不斷地重新吸收與再生，因此它的結構會不斷地改變。

骨頭最驚人的特性，就是它能自我改造。這個過程稱為骨骼再造，它不只發生於骨頭的生長期，在一生中也會一直持續進行。

骨骼再造

在骨頭的形成過程中，骨頭會在骨化過程中隨機沈積。骨骼再造會持續進行，將骨頭排列整齊，使骨質能承受極大的力量。老廢的骨頭會被破骨細胞（噬骨細胞）吃掉，並由造骨細胞（成骨細胞）產生新的骨頭。

骨質再吸收

破骨細胞會分泌酵素來分解骨基質，還會分泌酸性物質把分解骨基質後所產生的鈣鹽轉變成可溶性的物質（能夠進入血液中）。

破骨細胞的活動發生於骨骺生長區之後，這讓膨大的骨頭兩端不會超出長形骨幹的寬度。破骨細胞也會在骨頭中發揮作用，以便清理長形的管狀空間來容納骨髓。

荷爾蒙調節

破骨細胞會重新吸收骨質，造骨細胞則是產生新的骨質，以維持骨頭的結構。這個過程會受到荷爾蒙、生長因子與維生素D的影響。

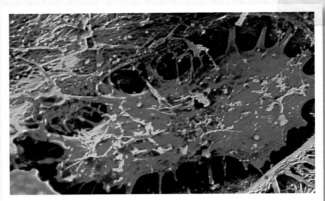

造骨細胞（圖中的橘色細胞）會分泌稱為類骨質的物質。類骨質能硬化成骨頭。圖中的骨頭可能在骨骼再造過程中被破骨細胞重新吸收。

在兒童期，骨頭的形成比破壞更重要，這樣一來骨頭才能逐漸成長。然而，一旦骨骼逐漸成熟後，造骨與破骨的過程就會趨於平衡，骨頭的成長也會漸漸變慢。

長形骨

骨骼再造對於支撐四肢的長形骨尤為重要。這些長形骨的兩端比中間的骨幹還要寬，使得關節處的骨頭能更為強壯。

當破骨細胞破壞了老舊的骨骺膨大端後，在生長區裡面的造骨細胞就會創造出新的骨骺。

破骨細胞在骨頭中清理出一個管狀空間後，造骨細胞就會緊接在後，形成一層新骨。

骨骼再造的速度

骨骼再造並不是一個均一的過程。身體各處的骨骼再造速度都不一樣。骨骼再造往往發生於承受最大壓力的骨頭中。這表示承受較大壓力的骨頭較容易進行再造。以股骨（腿部的負重骨）為例，它的骨質大約5～6個月就能有效更新。

使用率較低的骨頭（例如因受傷導致腿部癱瘓）就比較容易被重新吸收，因為該部位的破壞過程會比重建還活躍。

（上）承受較多壓力的骨頭能不斷重建。以股骨為例，每6個月就能有效更新。（右）骨骼重建對長形骨尤為重要，長形骨的兩端比中間還寬。

鈣質調節

骨骼再造不只是改變骨頭的結構，也幫助調節血液中的鈣離子濃度。鈣質是維持神經傳輸、細胞膜形成，以及血液凝結機能的必需元素。

身體中大約99%的鈣質都儲存在骨頭中。當血液中的鈣離子濃度太低時，副甲狀腺素就會刺激破骨細胞，讓骨頭中的鈣質釋放到血液中。如果血液中的鈣離子濃度太高，降鈣素就會抑制破骨細胞重新吸收骨質，以減少骨頭釋出的鈣質。

骨骼修復

如果骨頭承受的力量超出所能承受的範圍，就會產生骨折。
斷裂後的骨頭必須經過骨骼新生與再造才能痊癒。

骨折後所仰賴的就是骨骼再造中的骨骼修復機制。

骨折

當骨頭受到超過它所能承受的壓力時，就會折斷。

骨折可能是自發性的，或是長期受壓而導致斷裂。老年人比較容易出現骨折，因為他們的骨頭比較沒有彈性，骨質密度也比較低。骨骼修復主要可分成 4 個階段：

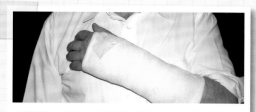

石膏能固定肢體，有助於骨頭的痊癒。為了讓斷裂的骨頭末端能準確地接合，這種固定方法十分重要。

❶ 形成血液凝塊

骨頭的斷折會造成患部血管（主要是骨頭的保護膜，也就是骨膜的血管）破裂。

當骨膜的血管出血時，骨折處就會出現血液凝塊，造成骨折後常見的血腫。缺乏養分的骨細胞很快就會開始壞死，骨折處也會感到劇烈的疼痛。

骨折會造成該處的血管破損，形成血塊。骨膜中的神經也會受損，導致劇烈疼痛。

❷ 纖維軟骨性骨痂形成

幾天後，骨折周圍的血管和細胞會侵入骨折處。一些細胞會發展成纖維母細胞，在骨頭碎片間形成膠原纖維網絡。其他的細胞會變成軟骨母細胞，分泌軟骨基質。

這個介於斷裂骨頭兩端的修復組織區就是所謂的纖維軟骨性骨痂。

血管與細胞侵入骨折處，產生膠原纖維與軟骨基質，形成纖維軟骨性骨痂。

❸ 形成硬骨性骨痂

造骨細胞與破骨細胞會往患部移動，並在纖維軟骨性骨痂內迅速增生。

在纖維軟骨性骨痂中的造骨細胞會分泌類骨質，將纖維軟骨性骨痂變成硬骨性骨痂。

硬骨性骨痂是由骨折處外圍的外骨痂，以及骨頭斷片間的內骨痂組成。

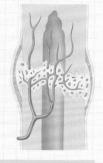

造骨細胞與破骨細胞會在纖維骨痂中增生。造骨細胞會分泌類骨質，硬化的類骨質則會形成硬骨性骨痂。

❹ 骨骼再造

通常在骨折後 4～6 個星期，新的骨頭就會完全形成。

新骨頭一旦形成後，就會慢慢重建，形成緻密骨與海綿骨。

根據骨折的類型以及肢體的個別功能（需要負重的肢體需要較長的恢復期），整個痊癒過程大約需要數個月之久。

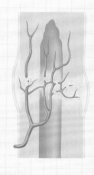

當新的骨頭形成後，破骨細胞會重新改造它。如此一來，硬骨性骨痂就會變得平整，骨頭也能恢復原本的結構。

骨頭的傷害

如果骨折的情況太嚴重，骨頭可能無法自行修復。這樣一來，可能需要用骨釘來固定骨頭。

某些骨折程度非常嚴重的情況，可能會讓骨頭本身的正常修復過程無法發揮作用。例如：粉碎性骨折，或是找不到斷裂的骨頭碎片，導致斷裂骨頭間的距離過大而無法癒合。

上述情況，可能需要用到螺絲、骨釘、骨板或骨線來固定骨頭，好讓骨頭能恢復原有的修復機制。

此外，也可以從患者的其他骨頭取出一小段來進行移植，如此可幫助形成新的骨頭。如果受傷太過嚴重，就可能需要進行截肢手術。

關節的類型 ❶

關節位於 2 個或 2 個以上的骨頭的接合處。
有些關節能夠活動，使身體能做出動作，
有些則是緊密連接著骨頭，
達到保護、支持身體的功用。

根據骨頭之間的組織，可將人體的關節分成 3 種類型：纖維關節、軟骨關節以及滑液關節。

纖維關節

所連結的 2 塊骨頭，是透過膠原蛋白（一種蛋白質）連接在一起的。膠原纖維所連結的關節不太能夠活動，通常是在骨頭彼此之間不應移動的地方，例如顱骨。

軟骨關節

軟骨關節的骨頭末端包覆著透明的（像玻璃一樣）軟骨，骨頭之間則是藉由強韌的纖維軟骨連接在一起，整個關節都包覆在纖維囊中。

軟骨關節無法做出很多活動，但是在受到壓力時能夠「放鬆」，因此可讓身體構造（例如脊柱）具有某些彈性。

滑膜關節

身體大部份的關節都是滑膜關節，這種關節能讓骨頭與骨頭順暢地活動。滑膜關節的骨頭包覆著透明軟骨，骨頭之間還有滑液隔開。關節腔裡有滑膜，而且整個關節都包覆在纖維囊中。

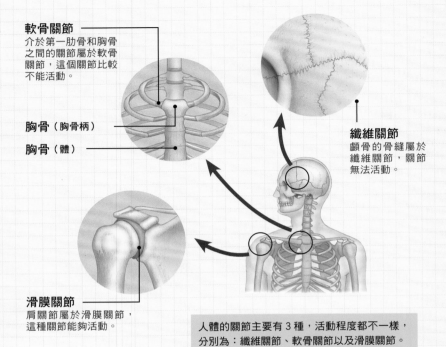

軟骨關節
介於第一肋骨和胸骨之間的關節屬於軟骨關節，這個關節比較不能活動。

胸骨（胸骨柄）
胸骨（體）

纖維關節
顱骨的骨縫屬於纖維關節，關節無法活動。

滑膜關節
肩關節屬於滑膜關節，這種關節能夠活動。

人體的關節主要有 3 種，活動程度都不一樣，分別為：纖維關節、軟骨關節以及滑膜關節。

關節的功能性分類

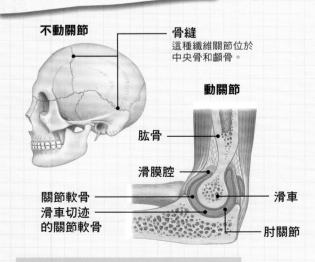

不動關節

骨縫
這種纖維關節位於中央骨和顱骨。

動關節

肱骨

滑膜腔

關節軟骨
滑車切迹的關節軟骨

滑車

肘關節

手肘是動關節，可做出許多活動。手肘關節的關節囊讓關節能夠自由地做出大幅度的伸展。

上述的關節分類是根據構成關節的組織結構而定的。

但關節還可以根據其功能來分類。關節最重要的功能是讓骨頭能夠活動，或是讓骨頭無法移動。從這個觀點來看，可將關節分成 3 種類型：

◆ **不動關節**：不具活動性的關節。這種關節主要位於中軸骨，此處的骨頭主要是負責支撐與保護，而不是活動。例如顱骨的纖維關節（骨縫）就屬於不動關節。

◆ **少動關節**：可稍微活動的關節。這種關節通常位於需要具備某些彈性，但不適合做出大幅度活動的地方。例如：脊椎關節或是前臂的纖維骨間膜，都屬於少動關節。

◆ **動關節**：能自由活動的關節。這種關節大多出現在四肢，因為四肢必須靈活並能做出大範圍的活動。髖關節、肩關節，以及肘關節都屬於這類關節。

纖維關節與軟骨關節

在人體骨骼中扮演著重要的角色。這2種關節和遍佈身體且活動自如的滑膜關節不同，其主要功能是幫助身體維持穩定。

纖維關節的骨頭只藉由長膠原纖維來連結；這種關節並沒有軟骨，也沒有充滿滑液的關節腔。由於結構的因素，使得纖維關節處的骨頭無法做出許多活動。但根據膠原纖維的長度，有些纖維關節還是可以做出些微的活動。

纖維關節群

還可將纖維關節進一步細分為3種：

◆ **骨縫**：骨縫的意思為「接合縫」，它是強韌的纖維關節，位於相互連接的顱骨之間。骨縫的短膠原纖維讓骨頭無法左右移動，但如果受到壓力，骨縫還是能讓顱骨做出些微的彈跳。顱骨中的這些固定式纖維關節，讓脆弱的腦部組織獲得良好的保護。

◆ **韌帶連結**：這種關節的骨頭是透過纖維結締組織來連結的，每個關節的纖維長度都不一樣。這種關節又稱為骨間膜，常出現在前臂和小腿，且都是由2根骨頭構成，並由2根骨頭一起做出動作。韌帶的連結纖維通常比骨縫的纖維長，因此能做出少許活動。

◆ **嵌合關節**：非常特別的一種纖維關節，人體唯一的嵌合關節就位於牙槽。嵌合關節的溝槽裡有個釘狀隆起，藉由

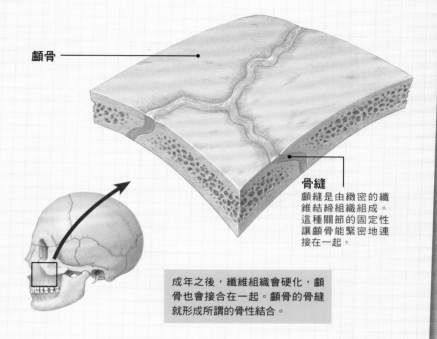

顱骨

骨縫
顱縫是由緻密的纖維結締組織組成。這種關節的固定性讓顱骨能緊密地連接在一起。

成年之後，纖維組織會硬化，顱骨也會接合在一起。顱骨的骨縫就形成所謂的骨性結合。

纖維組織（例如牙周韌帶）加以固定。正常情況下，嵌合關節通常不太能活動，但在咀嚼時，必須做出些微活動，以調整咬合壓力。

軟骨關節

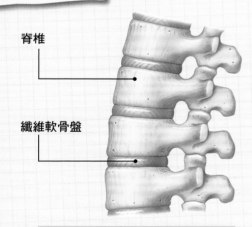

脊椎

纖維軟骨盤

脊椎關節中具有纖維軟骨盤，這些結構就像是避震器一樣。這種強韌的關節讓脊椎能做出小幅度的動作。

軟骨關節的骨頭末端包覆著透明軟骨。在某些情況下，骨頭與骨頭間會有一塊強韌的纖維軟骨板。軟骨關節通常包覆在纖維囊中。

軟骨關節有2類：

◆ **原發軟骨關節**：這種軟骨關節的骨頭兩端藉由透明軟骨板相連在一起。可在兒童身上、正在發展中的長形骨上看到。此外，成人的第一肋骨與胸骨之間也有原發軟骨關節。

◆ **續發軟骨關節或「聯合」**：這種關節的骨頭之間有個強韌的纖維軟骨板。這種關節很強壯，但是活動力不大，通常做為避震之用。續發軟骨關節出現在脊柱中，每個脊椎都包著一層透明軟骨，且透過彈性纖維軟骨盤串連在一起。

關節的類型 ❷

滑膜關節是人體中最常見的關節，在相連的骨頭之間有個充滿滑液的關節腔。和纖維關節、軟骨關節不同的是，滑膜關節的構造能讓骨頭自由地活動，這也是為什麼四肢的許多關節都是滑膜關節。

特性

所有滑膜關節所具有的共同特點：

◆ **關節腔**：滑膜關節的明顯特徵是──相連的骨頭間有個關節腔。關節腔裡有滑液。

◆ **滑膜**：是個結締組織層，上面佈滿血管。關節腔中除了被軟骨包覆的骨頭末端外，其餘的地方都覆蓋著滑膜。

◆ **滑液**：位於關節腔中，是由滑膜所分泌的液體。健康的關節裡有層濃厚、黏稠的滑液，具有潤滑的作用。

◆ **關節軟骨**：透明、有彈性且稍微呈海綿狀的組織，能像避震器一樣保護骨頭，有助於減少骨頭活動時的磨損。

◆ **關節囊**：包覆在關節周圍的強韌纖維囊，具有保護關節的功能。從關節上、下方的骨膜（骨頭的保護膜）延續而來。

滑膜關節概略圖

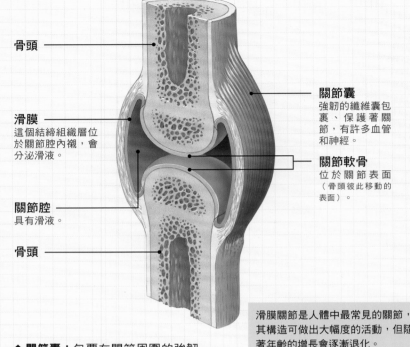

骨頭

滑膜
這個結締組織層位於關節腔內襯，會分泌滑液。

關節腔
具有滑液。

骨頭

關節囊
強韌的纖維囊包裹、保護著關節，有許多血管和神經。

關節軟骨
位於關節表面（骨頭彼此移動的表面）。

滑膜關節是人體中最常見的關節，其構造可做出大幅度的活動，但隨著年齡的增長會逐漸退化。

滑膜關節的穩定度

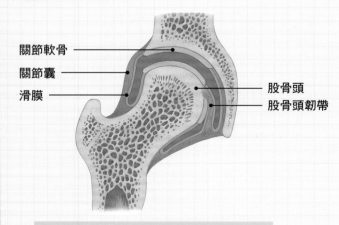

關節軟骨

關節囊

滑膜

股骨頭

股骨頭韌帶

滑膜關節能自由地活動，是因為關節周圍的韌帶與肌肉讓它們能夠保持穩固。此外，關節的形狀對於關節的穩定度也有很大的影響。

為了保持穩固、避免脫位，滑膜關節需仰賴 3 個重要因素：骨頭表面的形狀、是否有韌帶，以及周圍肌肉的張力。

◆ **關節表面**：在某些例子中，關節表面的形狀對於關節的穩定度，有著重要影響。舉例來說，髖關節的杵臼關節就讓髖關節的穩定度大幅提升。

◆ **韌帶**：韌帶能支持並強化滑膜關節的關節囊，還能避免關節過度活動，有助於關節的穩定。然而，除了韌帶之外，如果關節沒有其他的結構支撐，那麼韌帶就很容易因為過度伸展而受損。

◆ **肌肉張力**：對於滑膜關節而言，周圍肌肉的張力是影響其穩定度的最重要因素。即使是在肌肉放鬆時，肌肉纖維的稍微收縮都能讓滑膜關節保持穩固。這是因為肌肉能把關節的兩端連結在一起，也在做完動作後讓關節回復到原位。

滑膜關節的種類

雖然所有的滑膜關節在結構上有許多共同性，但還是可以細分成 6 類。其中的差異點就在於表面的形狀，以及所能做出的活動類型。

平面關節

關節的表面是平整的，通常只能在一個平面上運動。位於肩胛骨和鎖骨之間的肩峰關節，以及脊椎關節突之間的關節都屬於平面關節。

樞紐關節

就像是門的鉸鏈一樣，關節表面只能在一個平面上圍繞著一個軸心活動。肘關節就是最典型的範例，這個關節只能做屈曲（彎曲）和伸展（伸直）的動作。

車軸關節

關節中的一個骨頭的圓形或圓錐形突起，會嵌入另一個骨頭的套管或骨環中。只能做旋轉動作，如寰椎和樞椎的活動，使得頭部能左右轉動。

杵臼關節

將球形的關節嵌入一個杯形的骨頭凹窩中，是活動範圍最廣的關節，能做出各種方向的運動。髖關節與肩關節都屬於杵臼關節。

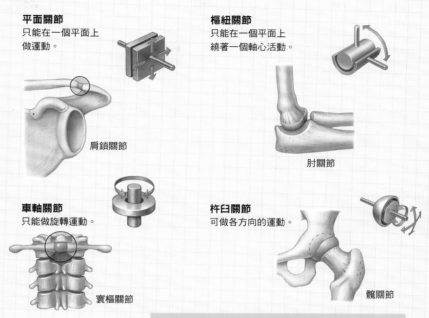

平面關節
只能在一個平面上做運動。

肩鎖關節

樞紐關節
只能在一個平面上繞著一個軸心活動。

肘關節

車軸關節
只能做旋轉運動。

寰樞關節

杵臼關節
可做各方向的運動。

髖關節

每種滑膜關節所能做出的運動都不一樣，有的只能在一個平面上活動，有的則能在多個平面上活動。

鞍狀關節

關節面能在 2 個不同的平面上活動，例如第一掌骨與手腕的大多角骨連接處（大拇指基部）就屬於鞍狀關節。

髁狀關節

關節面為橢圓形，能做出多種運動：屈曲、伸展、左右移動，以及環行運動，手指的指節（或稱掌指關節）就屬於髁狀關節。

滑膜關節的退化

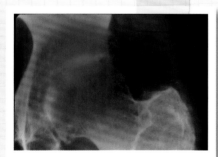

從這張髖部 X 光片可以清楚看到骨關節炎所產生的關節退化現象。圖中的股骨頭端幾乎直接接觸到骨盆（粉紅色部份）了。

滑膜關節的構造使它們能在人類的一生中，承受相當大的壓力。然而，我們常常可以看到長久下來，滑膜關節所出現的受損、退化情況。滑膜關節的退化性改變就是所謂的骨關節炎，是現代人常見的關節疾病。

骨關節炎

在骨關節炎中，包覆著關節面的保護性軟骨因為長期摩擦而逐漸變得凹凸不平。軟骨變薄、磨損後，就無法有效減少摩擦、潤滑關節了。如此一來，關節活動就會變得不順暢，活動時也會有疼痛感。如果關節長期承受受壓力，或是曾經發生關節病變或受傷，那麼就容易產生骨關節炎。

儘管老化不是骨關節炎的唯一成因，但這種疾病的確在老年人身上比較常見，而且最容易出現在需要負重的關節上。

肌肉類型

肌肉主要有 3 種：自主活動的骨骼肌、控制內臟的平滑肌，以及讓心臟保持跳動的心肌。

人體中最為人熟知的肌肉就是骨骼肌（又稱為橫紋肌或隨意肌）。許多骨骼肌都能從皮膚底下看到其輪廓。隨意肌受意識控制，可以在反射動作中產生收縮（例如膝反射，輕輕敲打髕腱就能讓膝蓋伸直）。

結構

每塊骨骼肌的肌肉纖維都包裹在結締組織中（肌外膜），這些肌束膜將肌肉纖維分成一束束的肌束。肌束中的肌肉纖維又被肌內膜包裹著。整塊肌肉則藉由強韌的纖維帶（肌肉的肌腱）附著於骨頭上。

功能

骨骼肌有許多功用，能強力收縮產生巨大的力量，例如提重物。此外，骨骼肌還可以用較小的力量做些細緻的動作，例如撿起一根羽毛。骨骼肌的另一項特色就是它很容易疲累，這種情況在運動後尤其明顯。相較於能夠無時無刻、毫不停歇的心臟，骨骼肌在收縮後需要一段時間的休息。

骨骼肌的結締組織鞘

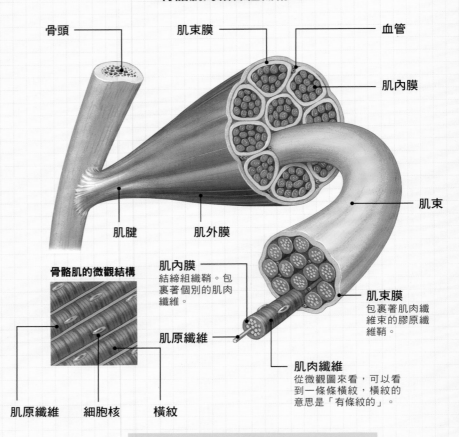

骨頭　肌束膜　血管　肌內膜　肌束　肌腱　肌外膜

肌內膜　結締組織鞘。包裹著個別的肌肉纖維。

肌束膜　包裹著肌肉纖維束的膠原纖維鞘。

肌原纖維

肌肉纖維　從微觀圖來看，可以看到一條條橫紋，橫紋的意思是「有條紋的」。

骨骼肌的微觀結構

肌原纖維　細胞核　橫紋

每塊骨骼肌都是由沿著肌肉長端分佈的肌肉纖維、結締組織、神經與血管共同組成。

平滑肌（不隨意肌）

平滑肌的微觀結構

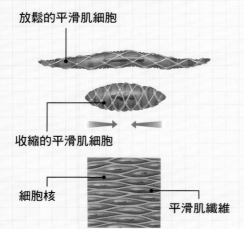

放鬆的平滑肌細胞

收縮的平滑肌細胞

細胞核　平滑肌纖維

透過顯微鏡來觀察，平滑肌不像骨骼肌一樣，具有橫紋，因此才稱為平滑肌。它又稱為不隨意肌，因為它的活動不受意識的控制。

平滑肌的位置

平滑肌位於人體中空結構的壁層中，例如腸子、血管與膀胱等。在這

平滑肌細胞以緩慢、同步的方式收縮，收縮的速度比骨骼肌慢多了。

些部位中，平滑肌會調節內腔（中央腔隙）的大小，並在某些器官上產生波浪般的蠕動（腸子與輸尿管）。皮膚裡也有平滑肌，這裡的平滑肌會控制毛髮；而眼球中的平滑肌則是控制晶狀體的厚度，及瞳孔的縮放。

神經系統

平滑肌是由自律神經控制的，自律神經和身體內部環境的調控有關，也會對壓力做出反應。和骨骼肌不同的是，平滑肌能長時間持續地收縮。

骨骼肌的形狀

雖然所有的骨骼肌都是由肌束（或肌纖維群）構成，但肌束的排列方式卻有所不同。這差異在身體各處形成了各種形狀的骨骼肌。

有關肌肉形狀的描述有許多種：

◆ **扁平狀**：肌肉可能呈現扁平但寬闊的形狀，例如腹壁上的腹外斜肌。這類肌肉的覆蓋面積廣，有時候會連接到腱膜（寬闊的結締組織層）。

◆ **紡錘狀**：許多肌肉都是紡錘形，圓形的肌腹會朝兩端逐漸變細。位於上臂、有多個頭端的肱二頭肌與肱三頭肌都屬於這種類型。

◆ **羽狀**：肌肉的形狀類似羽毛，因此稱為羽狀肌。它們可能是單羽狀（例如伸趾長肌）、雙羽狀（像是股直肌）、或是多羽狀（例如三角肌）。多羽狀肌肉就像是許多羽毛緊密排列在一起。

◆ **環狀**：又稱為括約肌，它們圍繞在身體的開口處，收縮時能使開口閉合。位於臉部的環狀肌──眼輪匝肌負責閉合眼睛。

◆ **匯聚型**：肌肉形狀為扇形，肌肉纖維的起端範圍廣泛，最後匯聚到窄小的肌腱上。有些匯聚型肌肉會呈三角形，胸大肌就屬於此種類型。

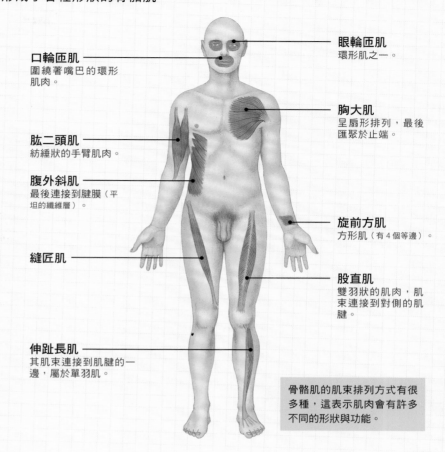

口輪匝肌
圍繞著嘴巴的環形肌肉。

肱二頭肌
紡錘狀的手臂肌肉。

腹外斜肌
最後連接到腱膜（平坦的纖維層）。

縫匠肌

伸趾長肌
其肌束連接到肌腱的一邊，屬於單羽肌。

眼輪匝肌
環形肌之一。

胸大肌
呈扇形排列，最後匯聚於止端。

旋前方肌
方形肌（有4個等邊）。

股直肌
雙羽狀的肌肉，肌束連接到對側的肌腱。

骨骼肌的肌束排列方式有很多種，這表示肌肉會有許多不同的形狀與功能。

功能

肌束的排列方式會影響肌肉的活動與力量。當肌肉收縮時，可縮短到放鬆時的70%左右。長形且具平行纖維的肌肉（例如腿部的縫匠肌），雖然能大幅縮短，但收縮力不大。

當肌肉需要的收縮力大於收縮幅度時，該肌肉可能就會由許多纖維緊密排列在一起，再匯聚到止端上。這就是多羽狀肌肉的排列方式，例如肩膀上的三角肌就屬於此種類型。

心肌

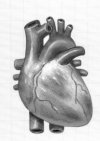

心肌的微觀結構

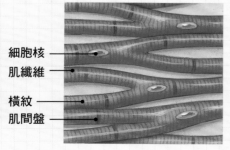

細胞核
肌纖維
橫紋
肌間盤

心肌的功能是將血液打送出去，心肌這個不隨意肌會產生節律性、自發性的收縮。

心肌是種特殊的橫紋肌，只出現在心臟，及連接心臟的大血管壁，像是主動脈和上腔靜脈上。

厚實的心臟壁（心肌層）幾乎都是由心肌構成。心臟壁的肌肉纖維排列成特殊的螺旋狀，使得血液能隨著心臟收縮時所產生的收縮波擴散出去。

儘管心肌也屬於橫紋肌的一種，但卻不像骨骼肌一樣受意識的控制，而是由自律神經來掌控。心肌的肌肉纖維很特殊，呈分枝狀，纖維連結處有特化的肌間盤。

收縮率

儘管健康心臟的收縮率是由支配心臟的神經來控制的，但心肌能自發性收縮，不需要神經從外部傳送訊息來觸發。因此，即使心臟從人體中取出，在短時間內，它還是能持續收縮。

肌肉如何收縮

肌肉構成身體重量的一半左右。它們不斷地運作，不管是連結骨骼、使心臟跳動、或是讓食物通過腸道，都需要肌肉的活動。

肌肉是種能夠收縮的組織。肌肉的主要型態為：隨意肌和不隨意肌。隨意肌（骨骼肌）可藉由意識來控制其收縮，這種類型的肌肉與部份的骨頭相連，以產生肢體的活動。

不隨意肌

無法藉由意識控制，是由特殊的神經系統所控制，通常位於身體的非骨頭部位。舉例來說，心臟就屬於不隨意肌，它的跳動不受意識的控制。

隨意肌

可移動骨頭的肌肉又稱為橫紋肌，透過顯微鏡來看，這種肌肉組織上面具有一條條的橫紋。隨意肌是由纖維束緊密排列而成，每個纖維由單一的長形多核細胞組成，從肌肉的一端延伸到另一端。每個肌纖維包含許多細長的纖維絲，稱為肌原纖維。肌原纖維是由 2 種細小且相互重疊的蛋白絲（肌動蛋白絲與肌球蛋白絲）組成，使得肌原纖維呈條紋狀。相鄰的肌原纖維束會排在一起，因此，整個肌纖維會呈現條紋狀。

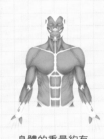

身體的重量約有一半為肌肉。

這張彩色電子顯微影像顯示出骨骼肌的結構。紅色粗線把肌節（收縮單位）隔開。這些肌節是由肌球蛋白絲（粉紅色）與肌動蛋白絲（黃色）組成。

肌肉結構

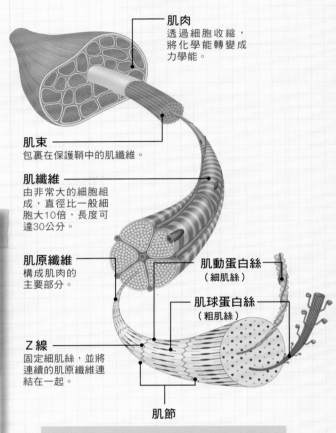

肌肉
透過細胞收縮，將化學能轉變成力學能。

肌束
包裹在保護鞘中的肌纖維。

肌纖維
由非常大的細胞組成，直徑比一般細胞大10倍，長度可達30公分。

肌原纖維
構成肌肉的主要部分。

肌動蛋白絲（細肌絲）

肌球蛋白絲（粗肌絲）

Z 線
固定細肌絲，並將連續的肌原纖維連結在一起。

肌節

肌肉是由許多肌肉細胞構成。肌肉細胞會排列成束，稱為肌束，每個肌纖維可進一步細分成肌原纖維。一段肌原纖維稱為肌節，是肌肉的收縮單位，也是肌肉的功能性單位。從這張圖可看到骨骼肌在肉眼以及顯微鏡下的結構。

肌肉收縮

當肌肉受到神經脈衝的刺激時，它就會收縮，此時肌纖維中會發生複雜的化學反應。每個小肌節中會有一組肌絲，其中較細的肌動蛋白絲會連接肌節的兩端。介於肌動蛋白絲之間的粗的肌球蛋白絲則位於肌節的中間。

當肌球蛋白絲獲得能量時（通常是由儲存於肌肉中的肝糖，或稱動物性澱粉所提供的能量），它們會和肌動蛋白絲形成化學連結，這些連結會持續不斷地瓦解與重組。如此一來，肌球蛋白絲和肌動蛋白絲就會像棘輪一般的運作，使整個肌節變得較短、較粗。

當肌肉不再受到刺激，這個化學反應就會停止。肌絲之間不再產生化學連結，肌肉也就跟著放鬆了。

拮抗肌的收縮會把肌絲拉開，這是受到乙醯膽鹼這種的化學物質的刺激，乙醯膽鹼由神經末梢釋出，並由肌肉的特殊受區接收。只要乙醯膽鹼繼續刺激這些受區，肌肉就會保持在收縮狀態。

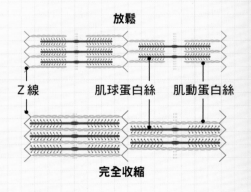

放鬆

Z 線　　肌球蛋白絲　　肌動蛋白絲

完全收縮

肌球蛋白絲與肌動蛋白絲所形成的化學連結會迅速地破壞與重組，其運作方式就像棘輪一樣，使得肌肉得以收縮。

不隨意肌如何活動

人體有 2 種不隨意肌：平滑肌能讓眼睛聚焦、讓食物通過消化道；心肌則負責讓心臟跳動。

平滑肌

平滑肌與心肌都不受意識的控制，能產生自主性的收縮。它們都受自律神經的神經脈衝控制。

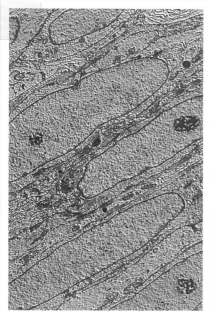

從這張偽色電子顯微影像可以看到包裹著子宮內壁的平滑肌細胞。它們負責在分娩時使子宮肌肉收縮。

人體的許多部位都有平滑肌，除了最為人所熟知的腸道外，還有肺臟、膀胱以及性器官等，都有平滑肌的存在。平滑肌是由紡錘狀的細胞組成，平均長度不到 1 毫米。

細胞排列方式

平滑肌細胞是梭形（兩端細尖）的單核細胞，排列成束後藉由一種功能類似水泥的物質連結在一起。這些細胞束會形成較大的束狀結構或是扁平層，透過結締組織相互連結。和橫紋肌比起來，平滑肌的排列方式較為鬆散，收縮的模式同樣都是藉由肌絲運動（位於細胞壁中）來達成。

一般說來，平滑肌的收縮速度比橫紋肌緩慢，且收縮的範圍也不一定遍佈整個肌肉。

典型的平滑肌運動就發生於腸道。腸道中的某一段肌肉通常會先收縮，然後放鬆，此時，另一段肌肉才開始收縮，進而形成一個收縮波，傳遍整塊肌肉，稱為蠕動。這種運動可讓食

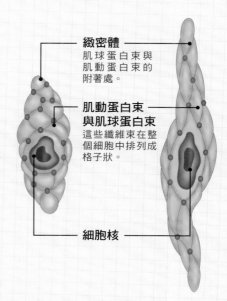

收縮　　　　　　　　放鬆

緻密體
肌球蛋白束與肌動蛋白束的附著處。

肌動蛋白束與肌球蛋白束
這些纖維束在整個細胞中排列成格子狀。

細胞核

平滑肌包覆著身體中的結構，例如食道、膀胱、子宮與血管等。平滑肌細胞的收縮速度雖然較為緩慢，卻較省力，且能維持較長的收縮時間。

物通過消化道、進入胃，通過小腸與大腸。

心肌

心肌只出現在心臟，其結構介於橫紋肌與平滑肌之間。透過顯微鏡來觀察可發現心肌具有橫紋，細胞比橫紋肌短，形狀也較偏向盒子狀。大部份心肌細胞的末端會分岔，這些分岔會和周圍的細胞形成連結。進而形成一個具有彈性，且活動一致的纖維網絡，這樣的結構使心臟成為一個強韌的器官。

心肌必須非常強壯，才能完成它的任務。一生中，心臟的平均跳動次數超過20億次，且送出55萬噸的血液。心跳是由電子脈衝所控制的，這讓心臟能夠穩定且規律的收縮。

這張光學顯微影像顯示出組成心肌的個別纖維。圓形結構是細胞核，與肌纖維形成直角的深色線條（圈白處）是肌間盤。這些結構具有低電阻的特性，因此心肌纖維的收縮可以迅速傳遍整個肌肉。

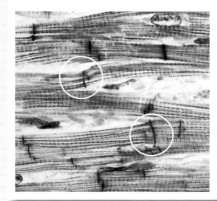

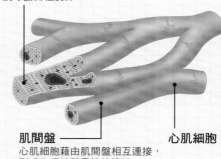

滑動的肌絲
肌動蛋白細肌絲與肌球蛋白粗肌絲。

肌間盤
心肌細胞藉由肌間盤相互連接，形成生理性與電性的連結。

心肌細胞

心肌細胞不像骨骼肌細胞那樣拉長。肌間盤這種蛋白質會把鄰近的心肌細胞緊密地連在一起。胞橋小體則形成細胞間的連結，使得電子訊號能在細胞之間傳遞。

皮膚與指甲

皮膚、毛髮與指甲共同組成了人體的皮膚系統。
皮膚的功能包括調節溫度以及抵禦微生物。

皮膚覆蓋著人體，其表面積約有1.5～2平方公尺。皮膚重約4公斤，佔人體重量的7％左右。

皮膚的雙層結構

皮膚有2層：表皮與真皮。

◆ **表皮**：皮膚的雙層結構中較薄的組織，是個強壯的外層，負責保護下面的真皮。表皮由多層細胞組成，最內層的是活的立方體細胞，這些細胞會迅速分裂，向外形成表皮的其他各層。

當這些細胞抵達表皮外層時，它們就會死亡，且變得扁平，接著便經由摩擦而產生「蛻皮」。表皮沒有自己的血液供應來源，它的養分是透過下方真皮層的豐沛血液擴散而來的。

◆ **真皮**：是較厚的皮層，位於表皮底下，受到表皮的保護。真皮是由具有彈性纖維的結締組織，和膠原纖維所構成；前者能保持真皮的延展性，後者能讓真皮具有一定的強度。真皮含有許多血管以及無數的感覺神經末梢。皮膚系統中的許多重要結構也都在真皮層中，包括：毛囊、油脂（皮脂）腺以及汗腺。

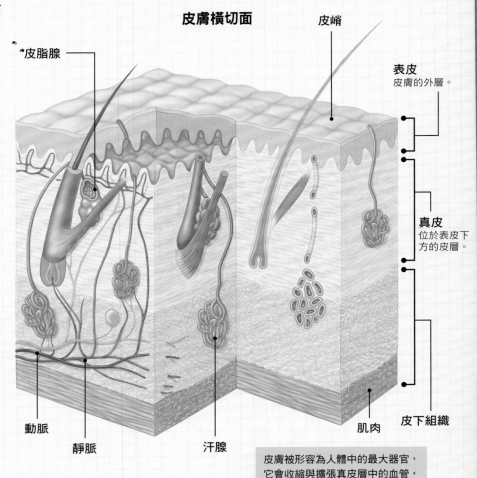

皮膚橫切面

皮脂腺　　皮峭

表皮
皮膚的外層。

真皮
位於表皮下方的皮層。

動脈　　靜脈　　汗腺　　肌肉　　皮下組織

皮膚被形容為人體中的最大器官，它會收縮與擴張真皮層中的血管，以協助調節體溫。

皮膚的顏色

皮膚的顏色差異甚大，不只是不同種族有著不同的膚色；即使同種族的人們，膚色也有些差異。

3種色素

皮膚的顏色取決於3種色素：黑色素、胡蘿蔔素，以及血紅素。黑色素所呈現的顏色範圍從紅色、褐色到黑色，是由特化細胞——黑色素細胞所構成，位於表皮的下層結構。雖然人類的膚色差異甚大，但所有種族卻都有著相同數量的黑色素細胞。和淺膚色的人種比起來，膚色較深的人種其黑色素細胞會產生較多、顏色較深的黑色素。

胡蘿蔔素是一種橘色色素，是從胡蘿蔔這類蔬菜中吸收而來的。胡蘿蔔素會累積在表皮的最外層，在手掌、腳底處最為明顯。位於真皮層血管中的血紅素會讓皮膚看起來紅潤，當皮膚中的黑色素較少時，效果更是明顯。

每個人的皮膚顏色都不相同，特別是不同種族的人，膚色差異更大。這是因為3種含量不同的皮膚色素所造成。

指甲

人類的指甲等同於其他動物的蹄或爪子。它們形成一個堅硬的保護層，保護脆弱的手指和腳趾。此外，指甲也是抓或刮等動作中的工具。

指甲位於手指與腳趾的末端背側表面，覆蓋著每根手指或腳趾的末端指骨。

組成結構

指甲的組成包括：

◆ **指板**：每個指甲都由堅硬的角蛋白板（和頭髮中的角蛋白相同）所構成，會從根部不斷生長。

◆ **指甲皺襞**：除了指甲最遠端的自由邊外，指甲的外緣都被皮膚皺襞（指甲皺襞）所包覆。

◆ **自由邊**：在指甲的最遠端，指甲會與底下的表面分開，形成一個自由邊。指甲的自由邊會延伸到多長，端看個人的喜好以及指甲的磨損程度。

◆ **指甲根**（甲基質）：指甲根位於指甲的基部，在指甲及指甲皺襞底下。這部位最靠近皮膚，堅硬的角質蛋白就是在這裡經由細胞分裂產生的。如果指甲根遭到破壞，指甲就無法生長了。

◆ **月牙**：指甲上偏白的半月形區域，位於指甲基部，在這裡可以透過指甲看到指甲根。

◆ **薄膜**（外皮前緣）：覆蓋著指甲近端，並延伸到指甲板上，以協助保護指甲根，防止指甲根遭到微生物的感染。

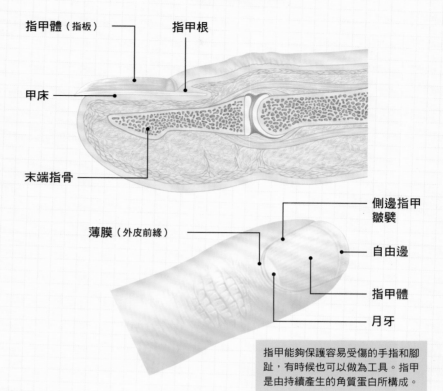

指甲的橫切面

指甲體（指板）　指甲根
甲床
末端指骨
薄膜（外皮前緣）
側邊指甲皺襞
自由邊
指甲體
月牙

指甲能夠保護容易受傷的手指和腳趾，有時候也可以做為工具。指甲是由持續產生的角質蛋白所構成。

生長

手指甲的生長速度比腳趾甲快了許多。如果在手指甲的月牙上做個記號，三個月左右它就能長到指甲的自由邊。但是腳趾甲月牙上的記號可能需要兩年才能來到自由邊。要讓指甲維持正常的成長速度，並且長出正常、健康的粉紅色指甲，指甲的根部需有良好的血液供應。指甲看起來呈現粉紅色是因為真皮層中有大量的血管。指甲的生長速度大約是每天長0.1公釐。但如果指甲受傷了，生長速度就會加快。

乾癬

乾癬是種惱人的皮膚問題，大約有2％的人會有這個困擾。乾癬的成因不明，但某些乾癬病例與遺傳有關。乾癬往往發生於青春期，生活壓力或受到感染也會造成乾癬進一步惡化。

細胞堆積

乾癬的主要特徵是表皮（皮膚最外層）基部的細胞以極快的速度增生。這會造成表皮層細胞堆積，形成紅色的鱗狀碎屑。

對許多人來說，乾癬只是一個偶爾復發的難纏問題；但對某些人而言，卻是會讓人變得衰弱的嚴重疾病，它會攻擊身體的其他部位（例如關節）。

異常指甲

乾癬常常會對指甲造成影響。常見的症狀是指甲遠端的指板與甲床分離（甲床剝離），以及指甲增厚並出現表面隆脊（指甲永久性病變）。

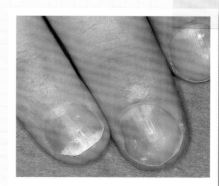

乾癬會讓指甲出現某些典型的變化。有乾癬問題的指甲可能會出現凹痕、變厚並隆起，並有可能從甲床剝離。

皮膚如何保護身體

皮膚是個重要的器官，它覆蓋著整個身體表面。
在保護身體上，扮演許多重要角色；也幫助控制體溫。

　　皮膚是人體中最大的器官，重約
2.5～4.5公斤，覆蓋面積約有2平
方公尺。

皮膚的解剖結構
　　皮膚由2層組織組成：表皮與真
皮。
　　表皮是皮膚的保護性外層，最外層
（角質層）約佔表皮層厚度的¾左右。

角蛋白
　　表皮的細胞會產生角蛋白（一種纖維
性蛋白質，也出現在毛髮與指甲中），底下
的細胞會不斷分裂，將角蛋白逐漸往
外推展。
　　當表皮的細胞向外移動時，它們的
角蛋白含量就會升高，且變得扁平、
然後死亡。這些死掉的細胞會不斷地
剝落，因此，每幾個星期表皮就能有
效更新。事實上，一個人一生中平均
會剝落大約18公斤的皮膚（以頭皮屑
或乾燥皮屑的形式掉落）。

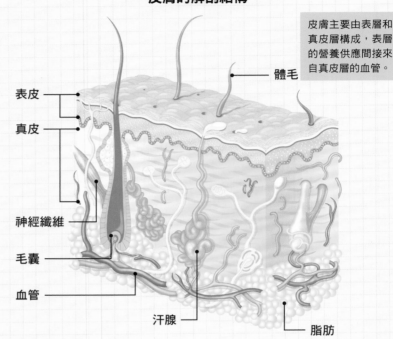

皮膚的解剖結構

皮膚主要由表層和
真皮層構成，表層
的營養供應間接來
自真皮層的血管。

表皮
真皮
體毛
神經纖維
毛囊
血管
汗腺
脂肪

皮膚的厚度
　　身體最常產生摩擦的部位擁有最厚
的表皮層，例如：腳底以及手掌。

真皮
　　皮膚的最內層，由膠原蛋白與彈性
纖維網絡組成。
　　真皮層中還包含了血管、神經、脂
肪小葉、毛根、皮脂腺，以及汗腺。

皮膚的角色

皮膚扮演了多項重要的角色，包括：

◆ **保護**：真皮層的膠原纖維讓皮膚具
有強度和抵抗力，以避免物體穿
透身體。

◆ **調節溫度**：皮膚藉由收縮與擴張真
皮層的血管來調節溫度。汗水的
產生也有助於身體的降溫。

◆ **抵禦細菌感染**：皮膚表面原本就有
大量的微生物存在。這些微生物
會對抗有害的細菌，防止它們侵
入體內。

◆ **對碰觸與疼痛很敏感**：真皮有著
密集的神經末梢網絡，對於疼痛
與壓力非常敏感。這些神經把有
關身體與周遭環境的重要訊息送

到腦部，讓腦部能做出適當的反
應，例如接觸到燙的東西時，腦
部會送出訊息，把手縮回。

◆ **防止水分過度流失**：真皮中的皮脂
腺會分泌一種稱為皮脂的物質，
這種油性物質能在皮膚上形成有
效的防水層。真皮中的膠原纖維
也能鎖住水分。

◆ **抵抗紫外線**：皮膚中的黑色素（由
表皮層中的黑色素細胞產生）有如過
濾層一樣，將太陽產生的有害紫
外線擋在身體外。

◆ **製造維生素D**：當皮膚接觸到陽光
時，就能產生維生素D，這種物
質可幫助身體吸收鈣質。

皮膚在調節體溫上扮演著重要角色。汗腺所製
造出的鹼性溶液，在蒸發時，會降低身體的溫
度。

皮膚顏色

皮膚的顏色主要取決於黑色素的多寡。這種色素的產生能夠保護皮膚，讓皮膚不會因為太陽所產生的有害放射線而受到傷害。

皮膚的顏色受到多項因素的綜合影響，例如皮膚的厚度、血液循環，以及色素沈積。

色素

某些部位的皮膚非常薄、血液循環也很好，因此皮膚顏色看起來就會比較深（例如嘴唇），這是因為血液中的血紅素讓皮膚呈現出紅色。

一般說來，黑色素的形成會影響膚色的深淺。這種色素是由表皮層中的黑色素細胞所產生。

深色皮膚的人擁有較高比例的黑色素細胞，因此，皮膚中的黑色素就會比較多。

陽光曝曬

當皮膚接觸到陽光中的紫外線時，它們就會產生較多的黑色素。

隨著黑色素的增加，皮膚顏色會變深，並形成一個濾網，擋住太陽所產生的有害放射線。

雀斑是太陽對皮膚所造成的另一項結果。長出雀斑的地方就代表該處集結了許多產生黑色素的細胞。

曬傷

如果突然曝曬到強烈的陽光，皮膚就來不及製造黑色素以擋住陽光中的有害放射線。

一旦曬傷，皮膚就會變得紅腫，且有刺痛感。若是在紫外線下曝曬過久，可能會對皮膚細胞造成永久性的傷害，造成皮膚老化，有時還會導致皮膚癌的產生。

膚色較深的人較少出現皮膚癌，這就是黑色素能夠保護皮膚的證明。

皮膚的顏色主要取決於黑色素生成細胞的數量。白化症患者的皮膚中沒有黑色素細胞，因此，他們的膚色非常白。

當黑色素生成細胞受到陽光的刺激時，它們會變得更活躍，製造出更多的黑色素，膚色也因此變得更深，以阻擋有害的放射線。

皮膚修復

當皮膚被切開後（例如進行手術），只要把皮膚縫起來，傷口就能自動癒合。

但如果傷口中失去某些皮膚組織，長出新皮膚的過程就會比較複雜。

傷口附近的皮膚細胞會和下方的細胞分離，並移到受傷部位且擴大體積。

傷口周圍的其他細胞會迅速分裂，以取代流失的細胞。

最後，從傷口各邊移到受傷部位的細胞會結合在一起。一旦包覆住整個傷口後，細胞就不再移動了。

隨著上皮細胞的分裂，傷口也會持續癒合，皮膚的厚度也會恢復正常。

受傷部位　細胞擴大

細胞分裂

細胞遷移

細胞結合

細胞分裂

皮膚受傷時，傷口周圍的細胞會移動到受傷部位，不斷地分裂，直到把傷口完整包覆為止。

皮膚移植

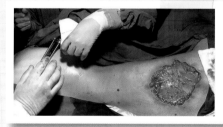

當皮膚受到嚴重傷害時，就需要進行皮膚移植。這項手術需要把身體其他部位的皮膚移植到患部。

如果皮膚嚴重受損，例如遭到三度灼傷時，就需要進行適當的處理與治療。這是因為受傷區域過大，以至於皮膚在自行修復之前很容易受到感染。

皮膚移植

所謂的皮膚移植手術是指從身體的其他地方取得一塊好的皮膚，並將此塊皮膚置換到患部。醫師通常會從多肉的部位截取一塊皮膚，例如大腿或是臀部。

接著，會把取下的皮膚移植到傷口上。隨著這些新的皮膚細胞不斷地增生與連結，傷口就會漸漸癒合。

現在醫學界正在發展新的療法，其中包括在實驗室中培養皮膚細胞。透過這項技術，培植出來的皮膚將可做為移植手術之用。

指甲如何生長

指甲是皮膚外層的延伸，在一生中會不斷地生長。除了保護作用外，指甲也是健康上的指標。

和頭髮一樣，指甲也是皮膚的衍生物，形成身體外層的一部份。每片指甲就像是皮膚表皮的鱗狀衍生物一樣，覆蓋著手指與腳趾的末端。

指甲的解剖結構

指甲是扁平的彈性結構，當胎兒發展到三個月時，指甲就從手指與腳趾尖端的上表面長出。

每片指甲都由下列構造組成：

◆ **指甲體**：又稱為指板，是指甲主要的外露部份。

◆ **自由邊**：這部位的指甲通常會超出指尖。

◆ **側邊指甲皺襞**：這是位於指甲兩側的皮膚凸起。由於表皮細胞的分裂速度比指甲細胞的快，

因此皮膚會往指甲上面凸出，在表皮與指甲間產生皺摺。

◆ **外皮前緣**（薄膜）：這是角質化（死亡）皮膚所形成的皺摺，覆蓋著部份指甲，保護指甲的生長部位。

◆ **月牙**：指甲略為不透明的部位，形狀呈新月形，有些地方可能會被薄膜蓋住。

◆ **下甲床**：位於指甲自由邊下方的皮膚。這裡有很多神經，這就是為什麼有異物（例如木屑）刺入時，會產生強烈的疼痛感。

◆ **指甲根**：又稱為甲基質，是指甲的近端部份（最靠近皮膚的地方），位置就在薄膜下方的溝槽中。

◆ **甲床**：整片指甲底下的部份。

指甲外觀結構

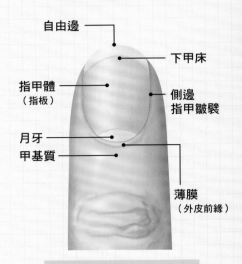

- 自由邊
- 下甲床
- 指甲體（指板）
- 側邊指甲皺襞
- 月牙
- 甲基質
- 薄膜（外皮前緣）

指甲是由堅硬的角蛋白形成的弧形板所構成。甲基質位於月牙底下，是指甲的生長中心。

死後的指甲

有人認為指甲與頭髮在人死後仍然會繼續生長。然而，人一旦死亡，身體的每個細胞就會停止運作。

人們常常誤以為指甲在人死亡後，還會繼續生長一段時間。

人們會產生這種迷思是可以理解的，因為人死後，指甲周圍的皮膚會乾掉並且從指板皺縮、分離。這看起來就像是指甲長度變長一樣；此外，指甲薄膜往後退縮也會讓指甲看起來變得比較長。

但事實上，身體的每個細胞在死亡時就會停止生長，指甲細胞當然也不例外。

易碎的指甲

指甲具有很強的滲透性，能鎖住的水分是同重量皮膚所能保留的100倍。由於這項特性的緣故，使得指甲能限制進入指尖的水分量。

指甲所吸受的水分最後會因為蒸發而消失，指甲也會隨之變乾，回復原有的大小。

如果指甲經常浸泡在水中、然後變乾，將會使指甲變得脆弱，造成指甲碎裂。

常擦指甲油、去光水等溶劑，也會讓指甲變得很容易碎裂。

指甲的功用

儘管我們的指甲不像人類先祖的指甲那樣強壯，但它們還是有許多重要的功能。

保護作用

和皮膚、頭髮一樣，指甲也是由角蛋白這種強韌的蛋白質所構成。指甲就像避震器一樣，能保護手指與腳趾的尖端。

此外，手指甲也是很好用的一項工具，比如要解開鞋帶、撿拾小東西或抓癢時，都會用到指甲。

指甲的構造能強化手指的活動，例如抓癢。此外，還能保護手指與腳趾的敏感尖端。

儘管指甲中沒有神經，但它們就像絕佳的「天線」一樣，這是因為指甲埋藏在敏感的組織中，當指甲接觸到任何東西時，這些組織都能偵測到指甲所受到的碰撞。

指甲的生長速度

指甲從根部長到手指尖端，最多需要6個月的時間，但在溫暖的季節就會長得比較快。

指甲的生長部位有：

- **生長基質**：位於指甲根底下，之中的表皮細胞富含角蛋白，且會分裂，這些角蛋白會變厚形成指甲。
- **甲床**：就在指板底下；指甲就是附著在甲床上的。

生長速度

平均而言，指甲從基部長到指尖大約需要3～6個月的時間。手指甲平均以每週0.5公釐的速度成長；但在夏天，指甲會長得比較快。一般認為這是因為夏天血液循環較快，細胞分裂的速度也加快了。手指甲的生長速度大約比腳趾甲快4倍，原因至今未明。

有趣的是，如果一個人慣用右手，他右手大拇指的指甲會比左手大拇指的指甲長得快。

手指橫切面

- 甲床
- 指板
- 指甲生長基質
- 皮膚
- 指骨

指甲受損通常會讓指甲的生長速度變快，直到指甲復原為止；但如果是指甲根部受損，指甲就會停止生長。

多數人的手指甲和腳趾甲都會因為磨損或修剪而保持在較短的長度。如果沒有修剪或是磨損，指甲可以長到相當長的長度。

指甲問題與損傷

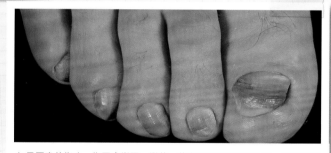

如果罹患黃指症，指甲會變厚、變黃。黃指症和足部腫脹有關，或是因甲狀腺疾病所引起。

指甲透露出許多個人的健康訊息。

血液供應

指甲通常呈現出粉紅色澤，這是因為指甲底下的皮膚有豐沛的血液供應，

在手術中，麻醉醫師可觀察患者的指甲來判斷氧氣供應是否正常。這也是為什麼在進行手術之前，醫護人員會要求患者將指甲油卸除。如果患者的指甲轉白、甚至變成藍色，那就表示患者沒有獲得足夠的氧氣。

指甲問題

指甲的狀態可協助醫師診斷許多種疾病。

所有的指甲都出現溝槽，可能顯示這個人在數個月之前患有嚴重疾病。這是因為生病會讓指甲的生長速度變慢，使指甲根部長出一條條隆起，這些隆起會隨著指甲的生長而向外推。

類似的情況還包括向後彎的變形指甲，這種現象可能表示患者有貧血（缺乏鐵質）的情形。

手指甲的顏色也透露出很多訊息。舉例來說，灰白不透明的指甲可能表示肝臟硬化，指甲中出現白色橫紋可能是輕微砷中毒的徵兆。

指甲損傷

其他像是指甲顏色轉為藍黑色，或是整片脫落等較為嚴重的變化，通常是因為甲床受到損害所造成。只要指甲根部沒有受損，指甲就能自行修復並且繼續生長。

（左）裂開的湯匙狀指甲顯示患者有匙狀指甲症。這是貧血的徵兆，通常是因為細胞缺乏鐵質所造成。（右）腳趾甲向內生長通常是因為指甲剪的太短。這會造成指甲向皮肉裡生長，導致發炎與感染。

毛髮

毛髮的類型主要有 2 種：柔細毛與永久毛。
永久毛主要出現在男性身上，只有永久毛才有所謂的髓質層，
且受到男性荷爾蒙（睪固酮）的影響。

人體表面覆蓋著無數的毛髮。在這些毛髮中，最明顯的就是頭髮、陰毛以及腋下的腋毛。沒有毛髮的部位包括嘴唇、乳頭、外陰部的一部份、手掌以及腳底。

儘管人類的毛髮不像其他哺乳動物能幫助身體保持溫暖，但仍具有以下功能：

◆ 能感覺到有小型物體或昆蟲接近
◆ 保護頭部以及為頭部隔熱
◆ 遮蔽眼睛
◆ 性徵的表現

毛髮的結構

毛髮是由許多具彈性的堅硬蛋白質束（角蛋白）組成。從真皮層的毛囊長出，但會從表皮（皮膚外層）的毛孔冒出體表。

每個毛囊都有個膨大端，稱為毛球，毛球會從微血管群獲得養分以滋養生長中的毛幹根部。毛髮是直的或捲的，是由毛幹的形狀來決定，毛幹的橫切面越圓，毛髮就越直。

每根毛髮是由 3 個同心層所構成：

◆ 髓質層
◆ 皮質層
◆ 表皮層

毛髮的外觀結構

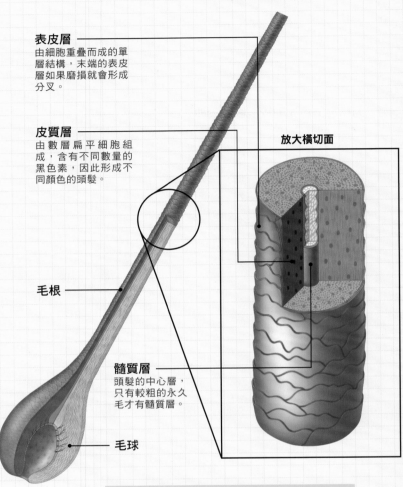

表皮層
由細胞重疊而成的單層結構，末端的表皮層如果磨損就會形成分叉。

皮質層
由數層扁平細胞組成，含有不同數量的黑色素，因此形成不同顏色的頭髮。

毛根

放大橫切面

髓質層
頭髮的中心層，只有較粗的永久毛才有髓質層。

毛球

毛髮包含 3 層結構：表皮層是毛髮的外層；皮質層構成毛髮的主體；髓質層則是毛髮的中心。

毛髮的類型與分佈

眼睫毛是少數幾種男性、女性與兒童都有的永久毛。它們能防止異物跑到眼睛裡。

人類的毛髮有很多種類型，但主要有 2 種型態：

◆ **柔細毛**
◆ **永久毛**

柔細毛

指覆蓋在女性、兒童身體大部份區域的柔軟毛髮。柔細毛很短、很細，顏色也比較淡，因此，不會像永久毛那樣明顯。柔細毛的毛幹沒有髓質層。

永久毛

永久毛比柔細毛粗多了。頭髮、眼睫毛、眉毛，以及陰部與腋毛都是永久毛，成年男性的大部份體毛也屬於永久毛。永久毛的毛幹有髓質層。

永久毛的發展與生長會受到男性荷爾蒙（睪固酮）的影響。在病理上，如果女性體內的男性荷爾蒙過多，就會出現男性的毛髮型態（例如鬍鬚），稱為多毛症。

毛囊

毛髮從毛囊中長出，大部份的皮膚表面都有毛囊。
和毛囊有關的構造有：皮脂腺、神經末梢以及能讓毛髮豎起的微小肌肉。

無論毛囊位於體表的什麼地方，旁邊都會有皮脂腺。皮脂腺會分泌油性物質，稱為皮脂，經由皮脂管流入毛囊，再隨著生長中的毛幹到達身體表面。

皮脂的分泌量取決於皮脂腺的大小，皮脂腺的大小則受荷爾蒙濃度（特別是雄性激素）的影響。最大的皮脂腺位於頭部、頸部、胸部的背面與前側。

皮脂的作用在於軟化、潤滑皮膚與毛髮，讓皮膚不會過於乾燥。皮脂裡也含有殺菌物質，可保護皮膚與毛髮不受感染。

神經末梢

毛囊底部周圍有個微小的神經末梢網絡，毛髮底部的任何活動都會刺激到這些神經。毛髮若受到壓力導致彎曲，這些神經末梢就會活化，並傳送訊息到腦部。例如，有隻小蟲落在皮膚上，毛髮會因為小蟲的壓力而稍微彎曲，這個彎曲會開啟一連串的活動，在皮膚被叮咬前就先做出驅趕小蟲的反應。毛髮就是以這種方式來幫助我們產生觸覺的。

立毛肌

每個毛囊都附著了一塊微小的肌肉，

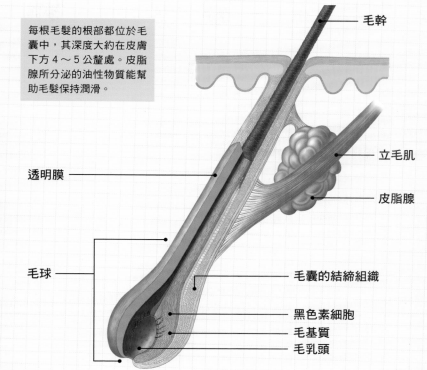

每根毛髮的根部都位於毛囊中，其深度大約在皮膚下方 4～5 公釐處。皮脂腺所分泌的油性物質能幫助毛髮保持潤滑。

毛幹

立毛肌

皮脂腺

透明膜

毛球

毛囊的結締組織

黑色素細胞
毛基質
毛乳頭

稱為立毛肌，意思是豎立毛髮的肌肉。當這個肌肉收縮時，會讓毛髮從原本略彎的狀態變成直立的狀態。

當身上有許多毛髮都呈現直立狀態時，就會出現所謂的雞皮疙瘩，這種現象通常是寒冷或是害怕所造成的。

這些肌肉的動作對多毛的哺乳動物比較有其意義，因為立毛肌的活動讓空氣不容易在這些哺乳動物的毛髮中流動，這樣就能幫助身體保持溫暖。

頭髮變細與禿頭

頭髮生長最快速的時間是在兒童期與成年期初期之間。大約到了 40 歲以後，毛囊便會開始老化，頭髮的生長速度也會開始走下坡。

由於新頭髮的生長速度跟不上掉落的速度，因此不論男性與女性，頭頂上的毛髮都會變細、甚至形成某程度的禿髮。當粗的永久毛被較不明顯、較柔軟的柔細毛取代時，也會導致毛髮變細。

禿頭的開始

真正的禿頭（通常稱為雄性禿）和上述情況不一樣，它和幾項因素有關：

◆ 家族遺傳

◆ 雄性激素的濃度

◆ 年齡增長

一般認為，造成禿髮的基因只會在成年之後開啟，但毛囊也會因為荷爾蒙的影響而產生變化。

頭髮異常變細或是不正常掉髮，可能和多種疾病或是治療方式有關，因此在診治時應多加留意。

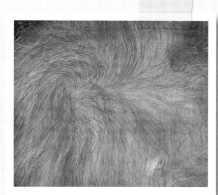

大約到了 40 歲之後，毛囊就會開始老化，頭髮的更新速度也會跟不上掉落的速度。較粗的永久毛會被較細小的柔細毛所取代。

毛髮如何生長

毛髮是皮膚的衍生物，是由強韌的蛋白質結構──角蛋白所組成。毛髮具有保護身體的功能，特別是頭皮，因此頭皮的毛髮最為茂密。

毛髮是哺乳動物的特色，對人類來說，也是保護身體的重要角色，能避免身體受傷、幫助身體保溫，以及防止身體受到陽光的傷害。

毛髮的結構

毛髮的結構很複雜，是由角蛋白纖維組成，角蛋白是種結構強韌的蛋白質，也存在於指甲和皮膚的外層。

每根毛髮都由 3 層同心的死亡角質（含有角蛋白）細胞所組成。這 3 層組織分別為髓質層、皮質層與表皮層。

髓質層（中心層）是由大細胞組成，含有柔軟的角蛋白，裡面有空氣將角蛋白做部份的區隔。皮質層是包圍在髓質層外的主體層，包含數層扁平、堅硬且含有角蛋白的細胞。

保護層

表皮層是毛髮的最外層，由單層的堅硬角蛋白細胞，像屋瓦一樣重疊而成的。

這個毛髮外層含有最多的角蛋白，可強化並保護毛髮，幫助毛髮內層保持緊密。當頭髮老化或是受損時，表皮層就容易磨損，使得皮質層與髓質層中的角蛋白纖維絲或是小纖維脫落，造成分叉。

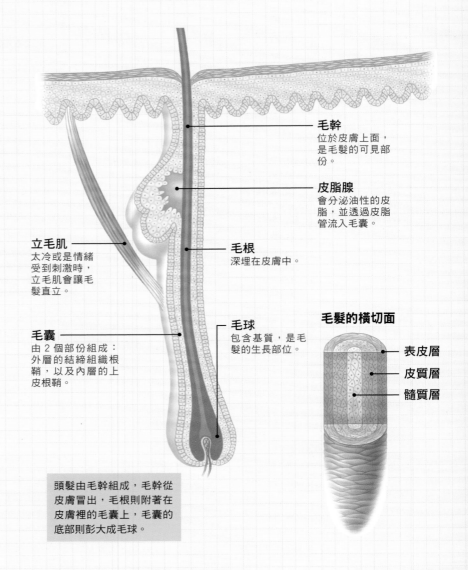

毛幹
位於皮膚上面，是毛髮的可見部份。

皮脂腺
會分泌油性的皮脂，並透過皮脂管流入毛囊。

立毛肌
太冷或是情緒受到刺激時，立毛肌會讓毛髮直立。

毛根
深埋在皮膚中。

毛囊
由 2 個部份組成：外層的結締組織根鞘，以及內層的上皮根鞘。

毛球
包含基質，是毛髮的生長部位。

毛髮的橫切面

表皮層
皮質層
髓質層

頭髮由毛幹組成，毛幹從皮膚冒出，毛根則附著在皮膚裡的毛囊上，毛囊的底部則膨大成毛球。

促使毛髮生長的原因

從這張電子顯微影像可以看到有 2 根毛幹從表皮層裡的毛囊中長出來。

每根毛髮可分成毛幹（外露部份）與毛根。毛根都源於皮膚表層的毛囊中。毛囊的基部則會膨大、形成毛球。

毛髮的生成

毛球包裹著一團性質類似的上皮細胞（毛基質），這些細胞會分裂並形成毛髮。毛球的養分來自真皮乳頭（真皮層的突出物）的密集微血管網絡。

刺激生長

真皮乳頭所傳送的化學訊號會刺激附近的毛基質細胞，使細胞分裂並生成毛髮。新的毛細胞產生後，舊的毛細胞就會被往外推，且融合在一起。它們會越來越角質化，然後死亡。因此，從頭皮延伸出來的毛髮雖然已經不是活細胞了，但由於毛根的細胞分裂仍然很活躍，因此毛髮還會以每天約0.3公釐的速度繼續生長。

毛髮的生長階段

毛髮有幾個生長階段。打亂毛髮均衡生長的因素，例如壓力或藥物，都會造成毛髮變細與稀疏。

毛髮具有一定的生長週期，其中包括成長期與休止期。在生長期間，毛根細胞會增生，形成毛髮，並且往外延伸。這個階段可持續 2～6 年左右。由於毛髮一年只成長將近 10 公分，因此任何一根毛髮都不太可能長到 1 公尺以上。

休止期

最後，細胞分裂會暫停（休止期），毛髮也會停止生長。毛囊會萎縮到原本長度的 ⅓，負責滋養新毛細胞的真皮乳頭會從毛球脫落。在休止期間，死掉的毛髮還不會掉落；當洗頭或是梳頭時，這些毛髮才會少量脫落。當新的週期開始，新毛髮開始生成時，舊的毛髮就會從毛囊脫落。

不同型態的頭髮

毛髮在每個生長階段的長度會依據其位置而有所不同，頭髮的生長期通常會持續 3 年，休息 1 或 2 年；眼睫毛的生長期則短許多，它會生長 30 天左右，再休息 105 天，然後掉落。在任何時候都有約 90% 的頭髮處於生長期。正常情況下，每天約有 100 根左右的頭髮會掉落。

頭髮的生長速度並非定速，在頭髮掉落或是被新的頭髮取代前，會經過成長期和休止期。

掉髮

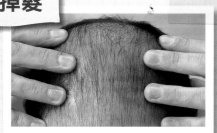

雄性禿是種常見的遺傳症狀。每根頭髮的生長期過於短暫，以至於還來不及從頭皮冒出就脫落了。

隨著年齡的增長，毛髮的生長速度也會減緩。這意謂著毛髮的替換速度跟不上掉落的速度，而且頭髮會變細，還會伴隨著局部性的禿髮，這種情況特別容易出現在男性身上。

早發性掉髮

生理變化所引起的雄性禿和脫髮性禿頭的情況不同。雄性禿是受到遺傳基因的影響，一般認為，這種情況是毛囊受到睪固酮的影響所造成的。每個毛囊的生長週期會變得很短暫，以至於有許多毛髮還來不及從毛囊長出就掉落了，而且這些毛髮都非常細。

可能也因為生活壓力打亂了正常的毛髮的掉落與更新週期，而造成毛髮變細與脫落。

毛髮的顏色與質感

毛髮的顏色取決於毛髮中的黑色素，黑色素是由毛球裡的黑色素細胞所產生，再轉移到皮質層。

深色毛髮含有和皮膚中一樣的真正黑色素，但金髮或紅髮中的黑色素則含有硫與鐵。灰色或白色頭髮是因為黑色素的生成減少（受基因影響），以及毛幹中的空氣取代黑色素所造成。

成人大約有 12 萬根頭髮。紅頭髮的人其頭髮數量通常比較少，金髮的人則較為濃密。

身體所產生的角蛋白確切成份是由基因所決定的，因此會出現個體上的差異。由於角蛋白會決定毛幹的質感，因此每個人的毛髮質地有很大的差異。

滑順的圓柱形毛幹能形成直髮；橢圓型的毛幹產生波浪狀的毛髮；呈腎臟形狀的毛幹則形成捲髮。

毛髮的顏色與質地取決於基因，因此，每個人的髮色與毛髮質感會有很大的差別。毛髮的顏色受到黑色素成份的影響，質感則取決於角蛋白的成份。

周圍神經系統

是除了腦部與脊髓外的所有神經組織，主要的結構為腦神經與脊神經。

人體的神經系統可以分為中樞神經系統及周圍神經系統。

周圍神經系統的主要結構如下：

◆ **感覺受器**：特化的神經末梢，能接收有關溫度、觸碰、疼痛、肌肉伸展，以及味覺的訊息。

◆ **周圍神經**：將訊息來回傳送於中樞神經系統的神經纖維束。

◆ **運動神經末梢**：特化的神經末梢，能根據中樞神經系統傳來的訊息讓肌肉收縮。

分佈模式

周圍神經系統有 2 種類型：

◆ **腦神經**：從腦部發出，負責接收來自頭部與頸部的訊息，並且控制頭部與頸部。腦神經共有 12 對。

◆ **脊神經**：源自脊髓，每對神經都包含數千條神經纖維，以支配身體的其他部位。在 31 對脊神經中，有許多會先進入身體多個複合神經網絡中（例如支配上肢的臂叢神經），接著才變成周圍神經的一部份。

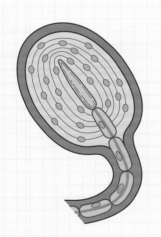

感覺神經的末梢要不是沒有包覆，就是包裹在囊包中。巴齊尼氏小體就是包覆在囊包裡的神經末梢。

主要的周圍神經

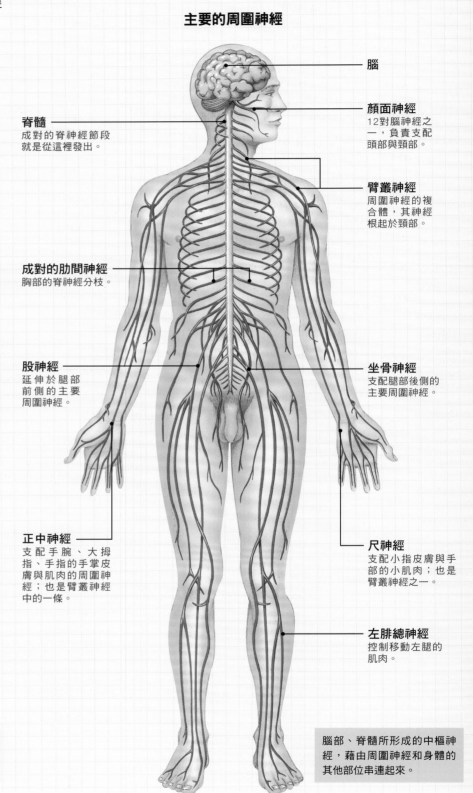

腦

顏面神經
12 對腦神經之一，負責支配頭部與頸部。

臂叢神經
周圍神經的複合體，其神經根起於頸部。

脊髓
成對的脊神經節段就是從這裡發出。

成對的肋間神經
胸部的脊神經分枝。

坐骨神經
支配腿部後側的主要周圍神經。

股神經
延伸於腿部前側的主要周圍神經。

尺神經
支配小指皮膚與手部的小肌肉；也是臂叢神經之一。

正中神經
支配手腕、大拇指、手指的手掌皮膚與肌肉的周圍神經；也是臂叢神經中的一條。

左腓總神經
控制移動左腿的肌肉。

腦部、脊髓所形成的中樞神經，藉由周圍神經和身體的其他部位串連起來。

周圍神經的構造

每條周圍神經都由個別的神經纖維組成；
有些神經纖維有髓鞘隔絕層，且包裹在結締組織中。

絕大部份的周圍神經其主體都含有3個結締組織保護層，如果沒有這些保護層，脆弱的神經纖維將很容易受到傷害。

◆ **神經內膜**：是層細緻的結締組織，包圍著周圍神經的最小單位，也就是軸突。這層組織也可能包裹在軸突的髓鞘外。

◆ **神經束膜**：是層結締組織層，包裹著一組集結成束、稱為神經束的神經纖維。

◆ **神經外膜**：周圍神經裡的神經束被強韌的結締組織集結在一起，這個外層就是神經外膜。神經外膜也包覆著血管，以便為神經纖維及其結締組織提供養分。

神經功能

大部份的周圍神經負責身體各處與中樞神經之間的訊息往返（感覺與運動資訊分開傳送），因此又稱為「混合」神經。

身體中的神經大多屬於混合神經，單純的感覺神經或單純的運動神經反而很少。

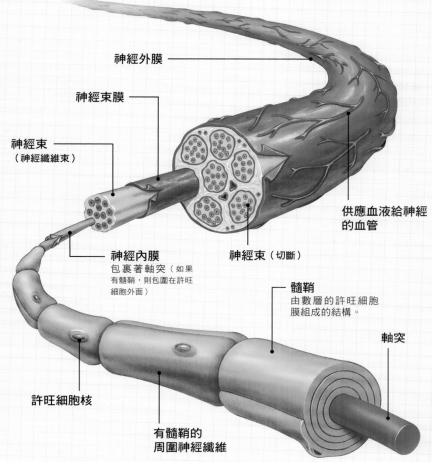

周圍神經纖維會集結成束狀，稱為神經束，包含感覺（傳入）與運動（傳出）纖維。

神經外膜

神經束膜

神經束
（神經纖維束）

神經內膜
包裹著軸突（如果
有髓鞘，則包圍在許旺
細胞外面）

神經束（切斷）

供應血液給神經
的血管

髓鞘
由數層的許旺細胞
膜組成的結構。

軸突

許旺細胞核

有髓鞘的
周圍神經纖維

運動神經末梢

這張顯微影像顯示出神經肌肉接合處。在圖片上方可以看到神經纖維與隨意肌之間的連結。

運動神經末梢是特化的神經纖維，其位置在肌肉纖維與分泌細胞上。它們透過周圍神經接受來自中樞神經的訊息，並將這些訊息再度傳送出去，使肌肉收縮或是讓細胞產生分泌物。如此一來，中樞神經就能控制身體的每個部位。

接合處

神經肌肉接合是指周圍神經的運動神經末梢與它所支配的隨意肌（橫紋肌或骨骼肌）相連接的地方。

在接合處，運動神經的軸突會像樹木一樣，形成多次分枝，以產生許多細小的末梢，分佈於肌肉纖維旁。

傳遞訊息

當電子訊號沿著神經纖維往下傳遞到神經肌肉接合處時，它會將運動神經末梢所釋出的化學物質（神經傳導物質）傳送到肌肉纖維。接著肌肉就會根據這個訊息做出收縮動作。

自律神經系統

自律神經系統為不受意識控制的身體部位提供神經支配。它可以細分為交感神經系統與副交感神經系統。

自律神經系統可分成 2 個部份：交感神經與副交感神經。這 2 個神經系統通常支配著相同的器官，但作用剛好相反。在這 2 個神經系統中，都是由 2 個神經元（神經細胞）構成一條傳遞路徑，從中樞神經延伸到該神經所支配的器官。

交感神經系統

交感神經對身體所產生的作用通常和「戰」或「逃」的反應有關。當身體處於興奮或是面臨危險時，交感神經就會變得更加活躍，使心跳加快、皮膚變得蒼白、身體容易出汗，血液也會湧向肌肉。

結構

交感神經的神經元細胞位於脊髓之中。這些細胞體所發出的纖維會從脊神經的腹根離開脊柱，穿過白交通支到達脊椎旁的交感神經鏈。

有些神經纖維會進入交感神經鏈，藉由傳導路徑上的第二個細胞連接在此；接著，經由灰交通支連接到脊神經腹側支。

交感神經幹的解剖結構

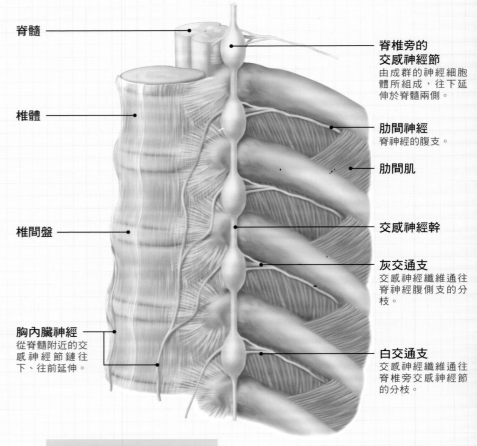

脊髓

椎體

椎間盤

胸內臟神經
從脊髓附近的交感神經節鏈往下、往前延伸。

脊椎旁的交感神經節
由成群的神經細胞體所組成，往下延伸於脊髓兩側。

肋間神經
脊神經的腹支。

肋間肌

交感神經幹

灰交通支
交感神經纖維通往脊神經腹側支的分枝。

白交通支
交感神經纖維通往脊椎旁交感神經節的分枝。

交感神經讓身體做好活動的準備。神經纖維經由靠近脊髓的神經節鏈離開中樞神經。

腎上腺髓質

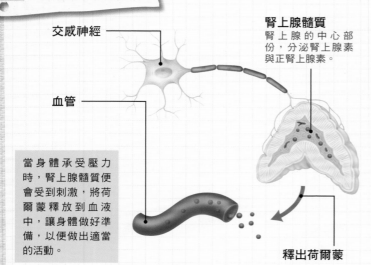

交感神經

血管

腎上腺髓質
腎上腺的中心部份，分泌腎上腺素與正腎上腺素。

當身體承受壓力時，腎上腺髓質便會受到刺激，將荷爾蒙釋放到血液中，讓身體做好準備，以便做出適當的活動。

釋出荷爾蒙

交感神經系統除了負責傳遞訊息，讓身體產生「戰」或「逃」的反應外，也負責刺激腎上腺髓質（腎上腺的內部組織）。

腎上腺髓質會分泌腎上腺素與正腎上腺素到血液中。這些荷爾蒙能對身體的許多部位產生影響，以強化交感神經的作用。

交感神經對腎上腺髓質的支配模式非常獨特。從中樞神經到腎上腺的傳導路徑中只有 1 個神經元，而不是 2 個。腎上腺髓質本身的作用似乎有如一個交感神經節一般，事實上它們也的確是從同樣的胚胎組織中發展而來的。

副交感神經系統

副交感神經系統是自律神經的一部份，在休息狀態下最為活躍。

副交感神經的結構和交感神經很類似。

細胞體的位置

在傳導路徑的 2 個神經元中，第一個神經元細胞體只存在於 2 個地方：

◆ **腦幹**：位於腦幹灰質的副交感神經細胞體纖維經由數條腦神經離開顱部。這些纖維共同形成了所謂的腦部副交感神經輸出。

◆ **脊髓的薦椎區**：源自副交感神經細胞體的薦部輸出，位於部份的脊髓中，並通過脊神經腹根。

由於所在的位置之故，副交感神經有時又稱為自律神經的顱薦系統；交感神經則稱為胸腰系統。

分佈模式

副交感神經的顱部輸出負責支配頭部，薦部輸出則支配骨盆。介於頭部與骨盆之間的部位（腹部與胸部臟器的大部份區域）則由迷走神經（第十腦神經）傳遞部份的顱部輸出纖維來支配。

> 副交感神經在身體處於休息時最為活躍，它的神經纖維會從腦部與脊髓的薦椎區離開中樞神經。

副交感神經系統所控制的器官

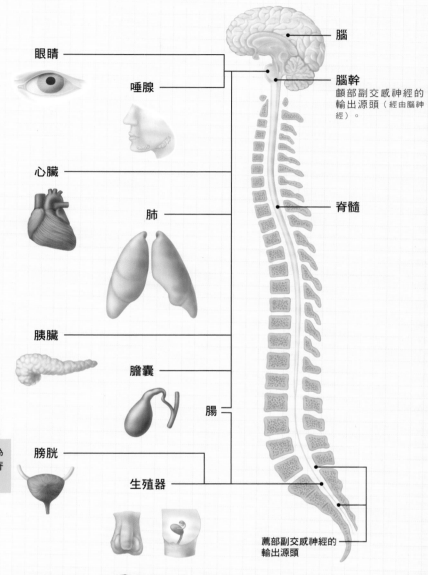

眼睛

唾腺

心臟

肺

胰臟

膽囊

腸

膀胱

生殖器

腦

腦幹
顱部副交感神經的輸出源頭（經由腦神經）。

脊髓

薦部副交感神經的輸出源頭

作用相反

交感神經讓身體做好面對壓力或危險的準備；副交感神經則幫助身體休息、消化食物，及保存體力。由於這些工作在很多情況下都是彼此排斥的，因此這 2 個神經系統常常會對身體產生相反的作用，包括：

◆ **心臟**：交感神經會讓心臟的跳動速度加快、增加心跳的強度；副交感神經則是降低心跳的速度與強度。

◆ **消化道**：交感神經會抑制消化功能、減少血液供應；副交感神經則會刺激消化道，讓它們更為活躍。

◆ **肝臟**：交感神經能促進肝臟中的肝糖分解，以產生能量；副交感神經則促進肝糖的形成。

◆ **唾腺**：交感神經會減少唾液的分泌，讓唾液變得較為濃稠；副交感神經則促進水狀唾液的分泌。

交感神經與副交感神經對於眼睛的作用剛好相反。前者會讓瞳孔擴大，後者則讓瞳孔縮小。

反射作用如何運作

不受意識控制的活動稱為反射動作。
當身體需要迅速做出自動反應時，反射動作就顯得特別重要。

中樞神經能進行高度複雜的任務，但並非所有工作都需要受到意識的控制。那些自動的反應就稱為反射動作，它們是身體受到某些感覺刺激時所做出的不須學習、且可預期的反應。

體反射

體反射會造成肌肉活動，或讓腺體分泌化學物質。

舉例而言，如果你摸到發燙的烤箱，你的手部疼痛受器就會送出神經脈衝給脊髓的神經元。這些神經元會傳遞訊息到相對應的手臂肌肉，告訴它們立刻把手抽回來。然而，當你把手抽回後，你的大腦才知道剛才發生了什麼事。

自主反射

我們不會意識到所有反射動作對我們身體所造成的影響。舉例來說，感壓反射能修正動脈血壓升高的情況，但是我們根本不知道它正在做這件事。

簡單的反射弧

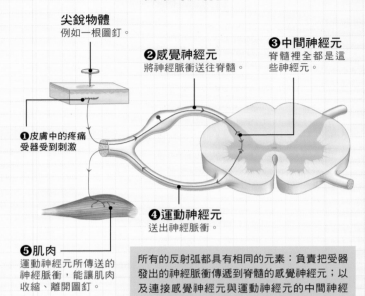

尖銳物體
例如一根圖釘。

❷感覺神經元
將神經脈衝送往脊髓。

❸中間神經元
脊髓裡全都是這些神經元。

❶皮膚中的疼痛受器受到刺激

❹運動神經元
送出神經脈衝。

❺肌肉
運動神經元所傳送的神經脈衝，能讓肌肉收縮、離開圖釘。

所有的反射弧都具有相同的元素：負責把受器發出的神經脈衝傳遞到脊髓的感覺神經元；以及連接感覺神經元與運動神經元的中間神經元。接著運動神經元會刺激相對應的肌肉，以便做出反應。

膝反射

醫生常常藉由「膝反射」來測試患者的下段脊髓功能是否健全。患者坐在高處，好讓雙腿能自然垂放、且不碰到地板。醫生輕敲髕肌腱（就在膝蓋骨下方），觀察是否有任何反應。

肌梭

對健康的人來說，輕敲髕肌腱會伸展股四頭肌。這個伸展是由稱為肌梭的肌肉結構來偵測的。肌梭會送出神經訊號給脊髓的神經元，神經元再送出神經脈衝到股四頭肌，告訴它們做出收縮動作（以抵消一開始的伸展動作），這能讓足部向前彈跳。此時，膕旁肌（股四頭肌的拮抗肌）的運動會受到抑制。

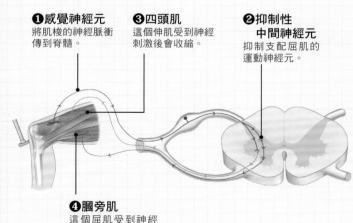

❶感覺神經元
將肌梭的神經脈衝傳到脊髓。

❸四頭肌
這個伸肌受到神經刺激後會收縮。

❷抑制性中間神經元
抑制支配屈肌的運動神經元。

❹膕旁肌
這個屈肌受到神經支配而放鬆。

當患者受到嚴重外傷時，醫師會對患者進行膝反射測試，以判斷他們的下段脊髓是否受損。

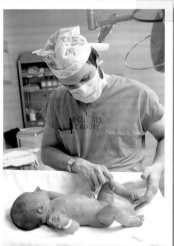

醫生輕撫一歲左右的嬰兒的腳底，以進行巴氏反射測試。隨著神經系統的發展，這個反射動作將會消失。

428

複合性反射

儘管有些脊髓反射（例如膝反射）較為簡單，牽扯到的神經細胞比較少；其實，在不受腦部控制下，脊髓能完成更複雜的動作。

如果右腳踩到一個尖銳的物體（例如圖釘），一個複合性反射（交叉伸肌反射）就會開啟，以便把腳收回，並把身體的重量轉移到左腿。

一開始，圖釘會刺激右腳皮膚中的疼痛受器，促使它們送出神經脈衝，經由傳入神經纖維傳到右側的脊髓。位於這半邊的脊髓神經元會送出神經訊號，經由傳出神經纖維送到相應的伸肌，要它們放鬆，並且要求相對應的屈肌做出收縮動作。

轉移重量

以上的動作能讓受傷的腿離開圖釘。然而，如果身體的重量沒有移轉到另一隻腿上，那你就會跌倒。

因此，右側脊髓的神經元會跨到左邊，接觸支配左腿肌肉的運動神經元，要求左腿的伸肌收縮、屈肌放鬆，讓左腿伸直，如此才能承受身體的重量。

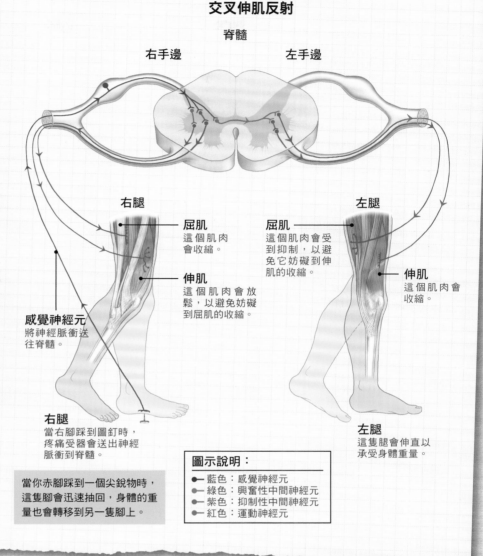

交叉伸肌反射

脊髓

右手邊　　　　　**左手邊**

右腿

屈肌 這個肌肉會收縮。

伸肌 這個肌肉會放鬆，以避免妨礙到屈肌的收縮。

感覺神經元 將神經脈衝送往脊髓。

右腿 當右腳踩到圖釘時，疼痛受器會送出神經脈衝到脊髓。

左腿

屈肌 這個肌肉會受到抑制，以避免它妨礙到伸肌的收縮。

伸肌 這個肌肉會收縮。

左腿 這隻腿會伸直以承受身體重量。

當你赤腳踩到一個尖銳物時，這隻腳會迅速抽回，身體的重量也會轉移到另一隻腳上。

圖示說明：
- ●— 藍色：感覺神經元
- ●— 綠色：興奮性中間神經元
- ●— 紫色：抑制性中間神經元
- ●— 紅色：運動神經元

習得反射

到目前為止，我們所討論的「反射」都是神經系統的「內建」作用。

然而，儘管我們生來就擁有一種與生俱來的能力，能學會如何走路；但卻必須有意識地努力學習開車、騎腳踏車，以及彈琴。

隨著時間的進展，這些新的動作就會像走路一樣，變成一種自動行為。舉例來說，對多數人而言，學習開車是一項相對較困難的經驗，但當你學會後，開車就變成一個自動化的動作，開車時也不必一直想著自己要做什麼。

同樣的，技術純熟的打字員毋需思索手指要放在什麼地方，他們每分鐘就可打出80個字。假設每個字平均由6個字母組成，那麼速度最快的打字員每秒敲擊鍵盤的次數可達到8次之多。

有人認為在學習的過程中，控制該項運動的相關神經元會改變彼此的連接模式：增加細胞間的重要連結，不必要的就會被捨棄。

鋼琴家能邊看樂譜邊不假思索地彈奏正確的琴鍵，這就是習得反射的一個例子。

身體如何感覺疼痛

疼痛不只是某些身體組織受損時的訊號，它也是對患者提出一項危險警訊。
止痛劑能夠舒緩痛苦，但事實上身體也有內建的疼痛抑制系統。

任何造成身體組織受損的事件（不論是物理性或化學性，前者如壓力或傷口，後者如接觸到酸性物質，或者是特別冷、特別熱等與溫度有關的情況），都會讓身體釋放出大量的化學物質，像是血清素與組織胺。

這些化學物質不但會讓組織出現發紅、腫脹等發炎反應，也能被游離神經末梢的特殊感覺細胞所偵測到。這種感覺細胞分佈於皮膚淺層，及一些內臟之中。由於這些感覺細胞會對有害物質形成反應，因此，又稱為傷害感受器。

疼痛神經脈衝

當感覺細胞感知到組織中的化學變化時，會送出神經脈衝到脊髓的轉運站。脊髓轉運站把這些神經脈衝送到腦幹與視丘中的較低階部位，再從此處遞送到較高階的腦部。較高階的腦區會分析所收到的資訊，將它們解讀為疼痛。在大部份的情況下，我們都會迅速遠離造成疼痛的源頭。

皮膚中的受器

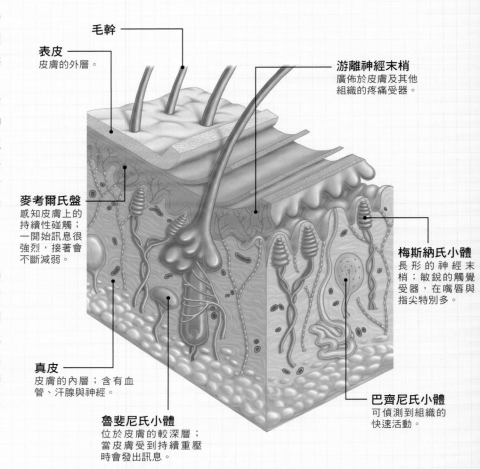

毛幹

表皮
皮膚的外層。

游離神經末梢
廣佈於皮膚及其他組織的疼痛受器。

麥考爾氏盤
感知皮膚上的持續性碰觸；一開始訊息很強烈，接著會不斷減弱。

梅斯納氏小體
長形的神經末梢；敏銳的觸覺受器，在嘴唇與指尖特別多。

真皮
皮膚的內層；含有血管、汗腺與神經。

巴齊尼氏小體
可偵測到組織的快速活動。

魯斐尼氏小體
位於皮膚的較深層；當皮膚受到持續重壓時會發出訊息。

疼痛的分類

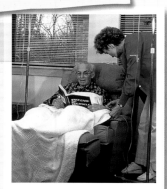

承受嚴重慢性疼痛的人，例如癌症病患，可能需要靜脈注射止痛劑。這種藥劑能抑制 C 纖維的神經脈衝，達到止痛的功效。

根據疼痛的感知速度，可將疼痛分成 2 類。第一類是尖銳的刺痛感，稱為急性疼痛。當組織受損時，腦部會立刻感知到這種疼痛，它的神經脈衝很快就會沿著特殊的神經纖維（纖維 A）傳遞到腦部，這種纖維有髓鞘結構，能加速神經脈衝的傳遞。

急性疼痛的目的在於引發立即性的下意識反應，好讓身體能迅速遠離危險；比如說，纖維 A 脈衝能將手抽離火舌。

一段時間後，急性疼痛漸漸消失，取而代之的是第二類的疼痛，也就是持續一陣陣的慢性疼痛。慢性疼痛的神經脈衝是由深層組織中的感覺受器所產生的，這種疼痛會順著無髓鞘的神經纖維（C 纖維）傳遞，它們的傳送速度比急性疼痛慢了 10 倍左右。

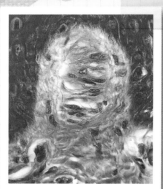

梅斯納氏小體（如圖中所示）會沿著有髓鞘的神經纖維傳遞訊息。急性的疼痛訊息就是沿著有髓鞘的纖維傳送到腦部的。

抑制疼痛

身體有 3 個疼痛舒緩系統，都是把疼痛脈衝擋在脊髓的神經脈衝轉運站或是較低階的腦區，讓它們無法到達高階腦區。

第一個、也是最簡單的疼痛舒緩系統，簡單地說就是「揉一揉就不痛了」。但這其實掩蓋了一連串的複雜活動。

有 2 條神經在脊髓轉運站相接，其接合處就稱為突觸。一條神經負責傳送感覺神經末梢所送出的訊息，另一條則將這些訊息從脊髓往上傳遞到腦部，神經學家將這種突觸視為一道閘門。正常情況下，閘門是關閉的，但強烈的神經脈衝（例如急性疼痛）會迫使它打開。

然而，突觸一次只對 1 種路徑開放。這就是為什麼傳遞速度較快的 A 纖維脈衝能比 C 纖維脈衝更快到達突觸，並且擋住 C 纖維脈衝，直到 A 纖維脈衝逐漸平息為止。但如果用力按揉疼痛的地方，所產生的 A 纖維脈衝就會再度率先抵達突觸，並阻斷速度較慢的 C 纖維脈衝。因此，持續隱隱發作的慢性疼痛就能獲得紓解。

化學性阻斷

第二個舒緩系統是以化學方法來阻斷神經脈衝的傳遞路徑。當腦部接收到疼痛訊號時，會產生腦內啡。這些化學物質是身體自行產生的止痛劑，能阻斷腦幹與視丘裡的受器，並擋住脊髓轉運站的閘門。海洛因和嗎啡具有止痛功效，就是因為它們能阻斷腦幹與視丘中的受器。

抑制

最後，腦部會送出神經脈衝到脊髓，以抑制脊髓轉運站中的疼痛訊號。這種效果在劇烈疼痛時最為顯著，比如一個士兵正奮力求生，或是一名運動員正努力把自己的能力推升到極限時所感受到的痛苦。

耐痛度

我們所感受到的疼痛程度取決於腦內啡（腦部產生的舒緩疼痛的化學物質）的濃度。運動會增加腦內啡的分泌，放鬆、保持樂觀的心態，以及睡眠也同樣能提高腦內啡的濃度。相反的，恐懼、沮喪、焦慮、缺乏運動以及專注於疼痛都會降低腦內啡的濃度。腦內啡的含量越低，所感受到的疼痛就越強烈。

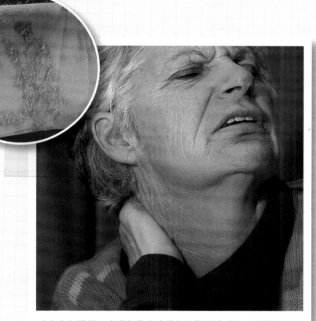

（左上）這個二度燙傷是由滾燙的油脂所造成的。這類傷害所造成的疼痛一開始是急性疼痛，數天後就會轉變成慢性疼痛。
（上）揉按疼痛部位是種潛意識的自然反應，特別是肌肉感到痠痛時。從生理上來說，這個揉按動作確實能有效舒緩不適。

轉移性疼痛

有時候身體出現疼痛感的部位其實並非疼痛的源頭，這類型的疼痛就稱為轉移性疼痛，像是橫膈膜所產生的疼痛可能會出現在肩膀頂端；心臟所產生的疼痛（如心絞痛）不是出現在胸部，而是在頸部與手臂內側。

有 2 種說法可以解釋這種現象。一是：源於相同胚胎架構的組織（也就是說，這些組織在胚胎期是從同一個組織部位發展而成的）常會共用同一個脊髓神經脈衝轉運站，因此，轉運站中某個部位的活動就會刺激到同一個轉運站中的其他部位。第二種解釋是，由於內臟會送出相當多的神經脈衝，有些會湧向保留給其他部位的傳遞路徑。

醫生在診斷內臟疾病時常會檢查患者是否出現轉移性疼痛。有時候患者會對這種做法感到訝異，他們或許無法理解為什麼醫生會在診斷時忽視他們覺得不舒服的地方。

耳朵出現轉移性疼痛是很常見的情況。原因通常和牙齒有關，例如膿腫或是阻生齒，或者是和咽喉有關（比如扁桃腺發炎）。

淋巴系統

由淋巴管與一些器官、身體各處的特化細胞所構成的網絡，是抵禦入侵微生物的重要部份。

淋巴系統是人們較不熟悉的循環系統，它和心血管系統共同合作，輸送全身各處的淋巴液。淋巴系統在身體抵禦疾病方面扮演著重要角色。

淋巴液

是種含電解質、蛋白質的透明水狀液體，由血液所形成、浸泡著身體的各個組織。淋巴球是與免疫系統有關的特化白血球細胞，位於淋巴液中，會攻擊、摧毀外來的微生物，讓身體保持健康。這就是所謂的免疫反應。

雖然淋巴系統負責輸送淋巴液，但淋巴液並不像血液一樣被打送到全身各地；相反地，淋巴液是藉由淋巴管周圍肌肉的收縮而流動的。

淋巴系統的組成結構

淋巴系統是由數種相關結構構成：

◆ **淋巴結**：分佈於淋巴管的路徑上，負責過濾淋巴液。

◆ **淋巴管**：小的毛細管，流向較大的淋巴管，最後會導入靜脈。

◆ **淋巴細胞**（淋巴球）：能形成身體的免疫反應。

◆ **淋巴組織**：分佈於身體各處，能儲存淋巴球，在免疫功能上扮演著重要角色。

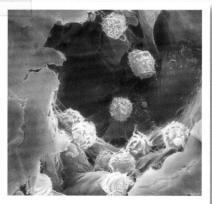

淋巴球是與免疫反應有關的特化白血球細胞，在這張偽色電子顯微影像中呈藍色。

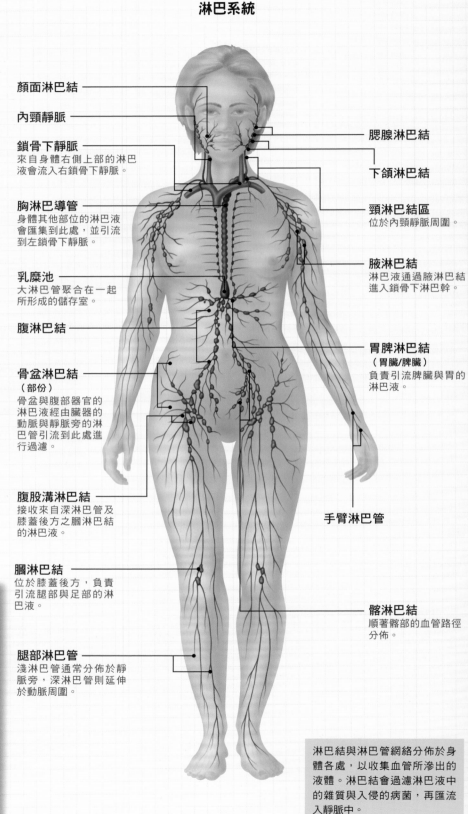

淋巴系統

顏面淋巴結

內頸靜脈

鎖骨下靜脈
來自身體右側上部的淋巴液會流入右鎖骨下靜脈。

胸淋巴導管
身體其他部位的淋巴液會匯集到此處，並引流到左鎖骨下靜脈。

乳糜池
大淋巴管聚合在一起所形成的儲存室。

腹淋巴結

骨盆淋巴結
（部份）
骨盆與腹部器官的淋巴液經由臟器的動脈與靜脈旁的淋巴管引流到此處進行過濾。

腹股溝淋巴結
接收來自深淋巴管及膝蓋後方之膕淋巴結的淋巴液。

膕淋巴結
位於膝蓋後方，負責引流腿部與足部的淋巴液。

腿部淋巴管
淺淋巴管通常分佈於靜脈旁，深淋巴管則延伸於動脈周圍。

腮腺淋巴結

下頜淋巴結

頸淋巴結區
位於內頸靜脈周圍。

腋淋巴結
淋巴液通過腋淋巴結進入鎖骨下淋巴幹。

胃脾淋巴結
（胃臟/脾臟）
負責引流脾臟與胃的淋巴液。

手臂淋巴管

髂淋巴結
順著髂部的血管路徑分佈。

淋巴結與淋巴管網絡分佈於身體各處，以收集血管所滲出的液體。淋巴結會過濾淋巴液中的雜質與入侵的病菌，再匯流入靜脈中。

淋巴結

淋巴結位於淋巴管路徑上,能過濾淋巴液裡的入侵微生物、受感染的細胞,以及其他外來粒子。

淋巴結是小的圓形器官,分佈於淋巴管的路徑中,其功用是過濾淋巴液。淋巴結的大小不一,但大都為豆狀,長度約為 1～25 公釐,周圍包裹著纖維被囊,常深處於結締組織中。

淋巴結的功用

組織中的淋巴管除了載送液體外,也包含其他物質,例如:破損的細胞碎片、細菌以及病毒。淋巴液緩緩流過淋巴結,與淋巴結裡的淋巴細胞接觸,淋巴細胞會吸收淋巴液中任何的硬質粒子,並辨識出外來微生物。為了防止這些粒子進入血液,建立身體對入侵的微生物的防禦網,淋巴結會先過濾淋巴液,再讓淋巴液進入靜脈。

有些淋巴結會群聚於身體的某些部位,它們的名稱就根據所在的位置與區域來命名(例如腋淋巴結就位在腋窩),或是依據淋巴結周圍的血管(例如主動脈淋巴結就位於主動脈這條身體的中央大動脈周圍),或它們從哪個器官接收淋巴液(例如肺臟中的肺淋巴結)。

淋巴結的構造

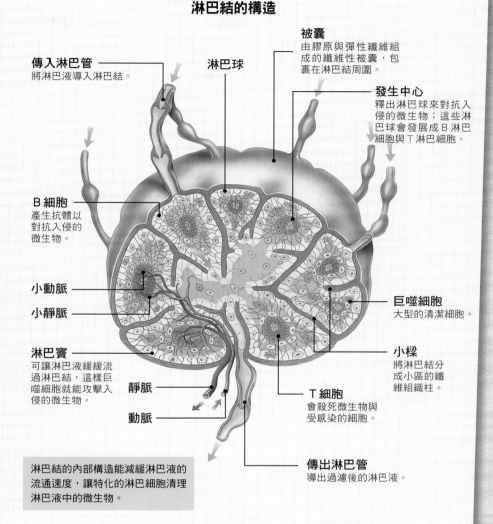

傳入淋巴管
將淋巴液導入淋巴結。

淋巴球

被囊
由膠原與彈性纖維組成的纖維性被囊,包裹在淋巴結周圍。

發生中心
釋出淋巴球來對抗入侵的微生物;這些淋巴球會發展成 B 淋巴細胞與 T 淋巴細胞。

B 細胞
產生抗體以對抗入侵的微生物。

巨噬細胞
大型的清潔細胞。

小動脈

小靜脈

淋巴寶
可讓淋巴液緩緩流過淋巴結,這樣巨噬細胞就能攻擊入侵的微生物。

小樑
將淋巴結分成小區的纖維組織柱。

靜脈

動脈

T 細胞
會殺死微生物與受感染的細胞。

傳出淋巴管
導出過濾後的淋巴液。

淋巴結的內部構造能減緩淋巴液的流通速度,讓特化的淋巴細胞清理淋巴液中的微生物。

淋巴管

動脈受到壓力才能將血液輸送到身體各處。這會造成血液中的某些液體與蛋白質從微小的毛細血管滲漏出去,進入細胞周圍的空隙。

在這些滲漏的液體中,有許多會返回微血管中,微血管再逐漸匯聚成靜脈,將血液送回心臟以進行下一次的循環。然而,還是有些殘留的液體(以及蛋白質),如果沒有微小淋巴管網絡,這些液體和蛋白質就會積聚在組織中。

淋巴液流入由小淋巴管聚合而成的淋巴管,這些較大的淋巴管最後連接在一起並形成主要的淋巴幹。淋巴幹集結成 2 個大淋巴導管:胸淋巴導管與右淋巴導管。這 2 條導管會流向心臟上方的大靜脈,將淋巴液與蛋白質導回血液之中。

這張光學顯微影像顯示出淋巴管中的一個瓣膜。瓣膜能讓淋巴液只朝著一個方向流動。

在細胞周圍的液體會流入毛細淋巴管,通過淋巴管中的瓣膜流向淋巴結。

組織液進入點
淋巴液在流入毛細淋巴管之前稱為組織液。

淋巴管瓣膜
限制淋巴液的流動方向。

淋巴細胞與淋巴引流管

淋巴細胞分成 B 淋巴細胞與 T 淋巴細胞；前者產生抗體，後者殺死受感染的細胞。
整個淋巴網絡最後會導入靜脈系統中。

全身各處四散著幾個互不相連的淋巴組織群，這些淋巴組織群在免疫系統上扮演著重要角色：

◆ **脾臟：**免疫細胞的增生大本營，能監控血液、找出其中的外來物質或受損細胞。

◆ **胸腺：**這個小腺體位於胸部，就在胸骨上部的後方。骨髓所產生的新淋巴球會跑到胸腺中，在此處發展成 T 細胞，這種細胞是重要的淋巴細胞。

◆ **胃腸道的淋巴組織：**通常位於腸道內層下方，以及嘴巴後方的淋巴組織環，和一些分佈於小腸末段腸壁、被稱為培氏斑的淋巴小結。這些淋巴組織是形成 B 淋巴細胞的地方，這種細胞是另一種重要的淋巴細胞。

腸壁擁有大量的淋巴組織，能幫助抵抗從口腔進入的微生物，並防止感染。

淋巴組織與器官

身體許多地方都有淋巴器官。在這些器官中，特化的細胞會吞噬淋巴液中的外來粒子。

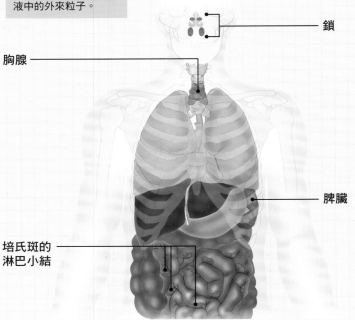

鎖

胸腺

脾臟

培氏斑的淋巴小結

淋巴球的功用

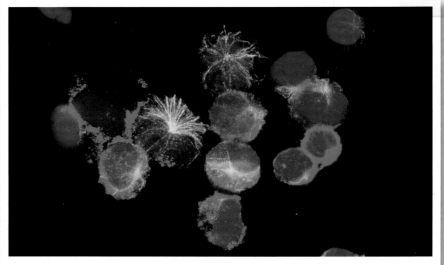

自然殺手細胞是種淋巴球，能殲滅癌細胞以及受病毒感染的細胞。

免疫系統的細胞稱為淋巴球，它能辨識外來的蛋白質，例如：出現在入侵微生物表面的蛋白質，或是移植器官細胞上的蛋白質。

當淋巴細胞偵測到異狀時，它們會增生，並發動免疫反應，一些淋巴細胞（T 細胞）會直接攻擊外來細胞，另一些淋巴細胞（B 細胞）會製造可附著於外來蛋白質上的抗體，讓外來細胞能被找到，並予以殲滅。

淋巴球是在骨髓裡製造，並隨血液循環流動。當它們隨著血液循環時，能快速發動免疫反應來對抗感染。

淋巴引流管

許多淋巴管串連成一個分佈於身體各個組織的網絡。
這些淋巴管聚合在一起，最後流入靜脈。

胸部的淋巴引流

在胸部的淋巴結中，臨床上最重要的是胸骨兩側的內乳淋巴結。它們接受乳房25%的淋巴液，因此，成為乳癌的可能擴散地。在胸腔中，最大群的淋巴結分佈於氣管底部，以及支氣管周圍。胸腔中其他的淋巴群則分佈於主要的血管附近。

上肢與下肢

四肢中有淺層與深層淋巴管。淺淋巴管分佈於靜脈周圍，而深淋巴管則伴隨在動脈旁邊。腋部的淋巴結接受來自整個上肢、肚臍以上的軀幹，以及乳房的淋巴液。腹股溝淋巴結接受淺淋巴管與深淋巴管的淋巴液。淋巴液從腹股溝淋巴結往上流到主動脈周圍的淋巴結，最後流入腰淋巴幹。

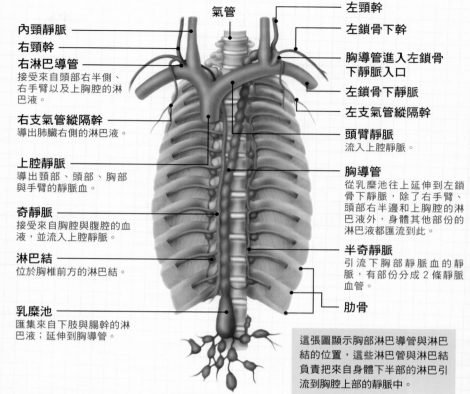

氣管

內頸靜脈

右頸幹

右淋巴導管
接受來自頭部右半側、右手臂以及上胸腔的淋巴液。

右支氣管縱隔幹
導出肺臟右側的淋巴液。

上腔靜脈
導出頸部、頭部、胸部與手臂的靜脈血。

奇靜脈
接受來自胸腔與腹腔的血液，並流入上腔靜脈。

淋巴結
位於胸椎前方的淋巴結。

乳糜池
匯集來自下肢與腸幹的淋巴液；延伸到胸導管。

左頸幹

左鎖骨下幹

胸導管進入左鎖骨下靜脈入口

左鎖骨下靜脈

左支氣管縱隔幹

頭臂靜脈
流入上腔靜脈。

胸導管
從乳糜池往上延伸到左鎖骨下靜脈，除了右手臂、頭部右半邊和上胸腔的淋巴液外，身體其他部份的淋巴液都匯流到此。

半奇靜脈
引流下胸部靜脈血的靜脈，有部份分成2條靜脈血管。

肋骨

> 這張圖顯示胸部淋巴導管與淋巴結的位置，這些淋巴管與淋巴結負責把來自身體下半部的淋巴引流到胸腔上部的靜脈中。

淋巴系統疾病

淋巴液藉由淋巴管的導送從身體各組織回到血液中，途中會通過一連串的淋巴結。這些淋巴結就像是過濾器一樣，濾除掉淋巴液裡的細胞碎片與微生物。來自身體各部位的淋巴液會通過特定的淋巴結，這個引流模式在癌症和感染的診斷、治療上具有極重要的臨床意義。

在癌症方面，淋巴結的引流模式可能會造成感染區域擴大，受影響的淋巴結也可能變得比較腫、甚至硬化，因此，醫生在觸診時就可以摸到。這種淋巴結腫大的情況出現時，醫生可能會懷疑是否為續發性腫瘤，這有利於找出原發性腫瘤的位置。瞭解淋巴引流模式也能幫助外科醫生在切除腫瘤時一併切除相關的淋巴結，或是避免腫瘤的進一步擴散。

皮膚的細菌感染可能導致淋巴管炎，這時，淋巴管本身也會受到感染並且發炎。受感染的淋巴管就分佈於皮膚底下，因此可在皮膚上看到一條條的紅線，觸摸這些紅線可能會有刺痛感。相關的淋巴結腫大、有疼痛感的淋巴管炎，這很有可能是受到鏈球菌感染。

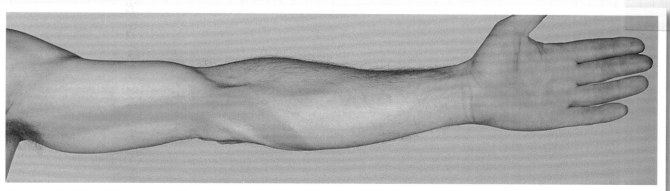

這位男性手臂內側的紅線是由淋巴管炎所造成的，是淋巴管受到感染所致。

區域淋巴引流

淋巴液從身體各部位經由一連串的淋巴結回到血液中。
瞭解淋巴引流模式對於監控癌症或感染的擴散情況是很重要的。

淋巴液是在淋巴系統中流動的液體。淋巴管的主要功用是收集多餘的組織液並將它們送回血液循環中。

來自身體各部位的淋巴液順著特定路徑回到血液循環系統,沿途會經過許多具過濾作用的淋巴結。

頭部與頸部的淋巴結

頭部與頸部的淋巴結是根據它們的位置來命名的。重要的淋巴結群包括:

◆ 枕淋巴結

◆ 乳突或耳後(耳朵後方)淋巴結

◆ 腮腺淋巴結

◆ 頰淋巴結

◆ 下頜下淋巴結(下顎底下)

◆ 頦下淋巴結(下巴的下方)

◆ 頸前淋巴結

◆ 淺頸淋巴結

◆ 位於頸部深處的其他淋巴結群,它們分佈於咽、喉及氣管周圍,以引流這幾個部位的淋巴液。

深頸淋巴結

上述這些淋巴結最後都匯流到頸部主要血管旁的一連串深頸淋巴結群。

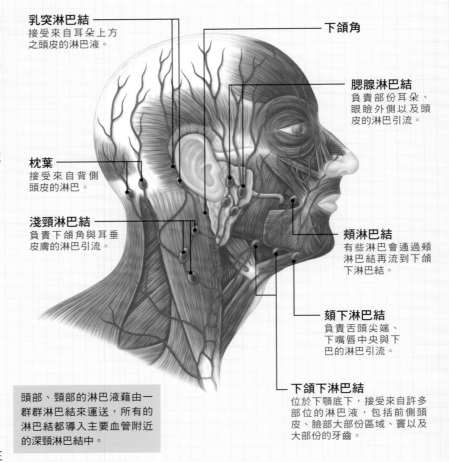

乳突淋巴結
接受來自耳朵上方之頭皮的淋巴液。

下頜角

腮腺淋巴結
負責部份耳朵、眼瞼外側以及頭皮的淋巴引流。

枕葉
接受來自背側頭皮的淋巴。

淺頸淋巴結
負責下頜角與耳垂皮膚的淋巴引流。

頰淋巴結
有些淋巴會通過頰淋巴結再流到下頜下淋巴結。

頦下淋巴結
負責舌頭尖端、下嘴唇中央與下巴的淋巴引流。

下頜下淋巴結
位於下顎底下,接受來自許多部位的淋巴液,包括前側頭皮、臉部大部份區域、竇以及大部份的牙齒。

頭部、頸部的淋巴液藉由一群群淋巴結來運送,所有的淋巴結都導入主要血管附近的深頸淋巴結中。

舌頭的淋巴引流

到上頸深淋巴結

到下頸深淋巴結

到下頜下淋巴結

到頦下淋巴結

舌頭的淋巴管有自己的引流模式。研究這個系統有助於治療舌部的惡性疾患(通常是抽菸所造成)。

外科醫生常常需要處理舌頭的惡性潰瘍問題。瞭解舌頭部位的淋巴管引流模式對於獲取此病症的擴散資訊將有很大的助益。

引流模式

舌部的淋巴液流向:

◆ 舌頭尖端上下二側的淋巴液會流入下巴下方的頦下淋巴結群。

◆ 舌頭兩側的淋巴液流入下頜下淋巴結群。

◆ 舌頭的中間部位的淋巴液會流入內頸靜脈旁、頸部深處的下頸深淋巴結。

◆ 舌頭後側上下二側的淋巴液會流入上頸深淋巴結。

腸淋巴引流

許多淋巴管與淋巴結共同組成胃腸淋巴引流系統，其路徑順著負責胃腸血液供應的胃腸動脈分佈。小腸的淋巴液會帶著從食物獲得的脂肪一起返回血液中。

大部份的腸子都包裹、懸掛在結締組織摺中，這個結締組織稱為腸繫膜。負責腸道血液供應的血管也分佈於這個腸繫膜，形成彼此相連的弓狀動脈，延伸到腸道的各個部位。

淋巴結的位置

接受腸淋巴液的淋巴結是位於腸繫膜的幾個部位：

◆ 腸壁旁邊

◆ 弓狀動脈之間

◆ 上、下腸繫膜動脈周圍

這些腸繫膜淋巴結群有時候會根據與腸子的相關位置，或是鄰近的動脈來命名。來自腸壁的淋巴液會依次經過這些淋巴結，最後注入主動脈這條中央大動脈旁的主動脈前淋巴結。

脂肪的吸收

除了一般功用外，來自小腸的淋巴液還有另一項功能，那就是輸送從食物中獲得的脂肪。

小腸內層含有許多微絨毛，這些微小的黏膜突起物大幅增加腸道的表面積，以幫助小腸吸收養分。

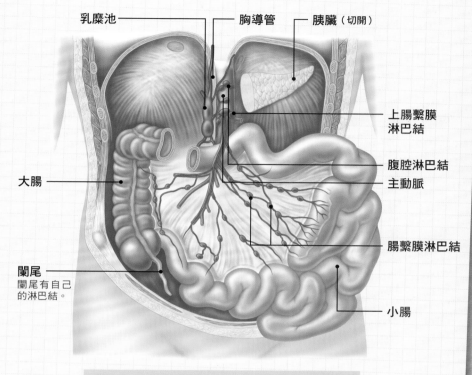

胃腸系統的淋巴結都位於腸繫膜中。腸繫膜是個皺摺層，包裹著大部份的腸子。

乳糜池 — 胸導管 — 胰臟（切開）
大腸 —
闌尾 —
闌尾有自己
的淋巴結。
上腸繫膜淋巴結
腹腔淋巴結
主動脈
腸繫膜淋巴結
小腸

中央管

在每個微絨毛中都有一個中央淋巴管，稱為乳糜管。乳糜管的作用是運送從食物中吸收而來的脂肪粒子，這些脂肪粒子太大了，以至於無法進入微血管。

淋巴系統會把這些脂肪和其他的淋巴液一起送到血液中。

胃的淋巴引流

膽囊 —
肝淋巴結 —
胰臟 —
胃網膜淋巴結（右）—
腹腔淋巴結
脾淋巴結
脾臟
胃淋巴結（左）

胃臟有 4 個主要淋巴結群：胃淋巴結、脾淋巴結、胃網膜淋巴結，以及腹腔淋巴結。

和腸子一樣，胃的淋巴引流模式也是順著動脈的路徑。

四個淋巴結群

接受胃淋巴液的淋巴結由 4 個主要淋巴結群構成：

◆ **左、右胃淋巴結**：接受來自左、右胃動脈供應區域的淋巴液。它們分佈於胃小彎旁。

◆ **脾淋巴結**：位於胃臟左側的脾門。這些淋巴結接受來自胃短動脈供應區的淋巴液。

◆ **左、右胃網膜淋巴結**：位於胃大彎旁，接受來自左、右胃網膜動脈供應區域的淋巴液。

上述這些淋巴結群所接收的胃淋巴液會繼續流到腹腔淋巴結。

身體如何產生汗液

在運動、壓力以及高溫下，汗腺就會分泌汗液。
汗液是由2種腺體所產生，這2種腺體都位於皮膚的真皮層。

我們的身體會不斷地產生汗液。這個過程是身體排除多餘體熱的主要方法。

身體所產生的汗液量會受到情緒與活動程度的影響。在壓力、高溫以及運動的情況下，也會產生汗液。

汗腺

汗液是由汗腺產生。這些腺體和神經末梢、毛囊一樣都位於皮膚的真皮層中。平均而言，每個人身上約有260萬個汗腺。除了嘴唇、乳頭和外陰部外，全身上下的皮膚都有汗腺的分佈。

汗腺是由細胞形成的捲曲、中空的管狀長腺體。在真皮層中盤繞捲曲的部份就是汗液產生的地方。汗腺的長管狀部份是它的導管，通到皮膚外表面的開口（毛孔）。交感神經的神經細胞就連接到汗腺。

汗腺的種類

汗腺分為2種：

◆ **小汗腺**：是2種汗腺中數量最多的，遍佈於全身各處，尤其以手掌、腳底以及額頭最多。小汗腺從出生後就相當活躍。

◆ **大汗腺**：大多分佈於腋窩，以及外陰部周圍。一般說來，其開口位於毛囊而不是毛孔。大汗腺比小汗腺大，到了青春期才開始變得活躍。

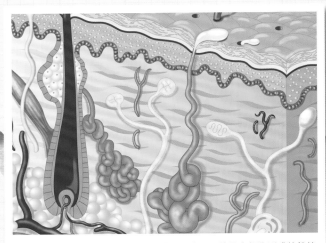

汗液是由汗腺產生，這種腺體位於真皮層中。汗腺是由細胞形成的盤繞長管腺體，連接到皮膚表面的毛孔。

汗液的產生

小汗腺受到刺激時，腺體內層的細胞會分泌一種類似血漿的液體，但是這種液體不含脂肪酸與蛋白質。這種液體通常呈水狀，含有高濃度的鈉離子和氯離子，以及少量的鉀離子。

這種液體源自於細胞間的空隙（細胞間質），由真皮層中的血管（微血管）提供水分。

這個液體會從汗腺的捲曲部份往上通過直的導管。汗腺所排出的汗液量取決於汗液的分泌速度。

◆ **低排汗量**：在休息狀態與涼爽的環境中，汗腺不會受到太多刺激，因此不會產生汗液。汗腺直導管的細胞有時間可以重新吸收大部份的水分與鹽類，所以沒有那麼多的液體可以從皮膚表面排出。

這種汗液的成份與它的主要來源成份不同：它的鈉離子和氯離子含量較少，但鉀離子含量比較多。

◆ **高排汗量**：在高溫或是運動時，汗液的排放量就會增多。位於汗腺直管處的細胞來不及重新吸收分泌物中的水分、鈉離子與氯離子。因此會有很多汗液到達皮膚表面，它的成份也和原始的分泌物很類似。

大汗腺汗液

大汗腺產生汗液的方式與小汗腺相似，不同之處在於，大汗腺的汗液含有脂肪酸與蛋白質。因此，大汗腺的汗液比小汗腺的濃稠，顏色也偏向乳黃色。

氣味

汗液本身沒有味道，但如果大汗腺汗液中的蛋白質與脂肪酸經由毛髮與皮膚上的細菌代謝，惱人的氣味就會產生。市面上的體香劑可用來消除這種特殊的體味。

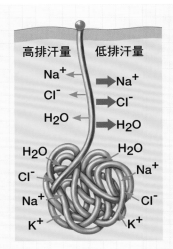

H_2O	水	Na^+	鈉離子
K^+	鉀離子	Cl^-	氯離子

汗液的成份會根據溫度與活動程度而有所不同。如果汗液分泌量很低，汗液裡的鹽分也會比較少。

汗液的功用

當汗液蒸發時，多餘的體熱也會隨之發散出去。
在炎熱的天候下，汗腺1個小時就能產生3公升的汗液。

汗液的作用是讓身體降溫。當皮膚表面的汗液蒸發到大氣中時，會一併帶走過多的體熱。

汽化熱

汗水所散發的熱能會受到物理學基本原理的影響。熱能是讓水分從液體轉變成氣體的關鍵；當汗液蒸發時，身體的熱能也會被帶走。

然而，並非所有汗液都會蒸發，有許多汗水會從皮膚流出，被衣服所吸收。身體所產生的熱能也不會全部都從汗液散失；有些熱能會直接從皮膚發散到空氣中，有些則經由呼吸作用逸失。

蒸發的速度

溼度會影響汗液的蒸發速度。舉例來說，如果空氣潮濕，那麼空氣中已經有水蒸氣存在了，可能就無法接受更多的水分（近飽和狀態）。那麼汗液就無法像空氣乾燥時那樣，形成蒸發作用並讓身體降溫。

當汗液中的水分蒸發時，裡面的鹽分（鈉離子、氯離子與鉀離子）就會留在皮膚上，這就是為什麼皮膚會有鹹味的原因。

脫水

當身體無法適應炎熱溫度時，每小時很容易就能產生1公升的汗液。事實上，身體所能產生的最大排汗量能達到每小時2～3公升之多。

身體若散失過多的水分與鹽分，可能會導致脫水，造成血液循環問題、腎臟衰竭與中暑。因此，在運動時或是高溫下多攝取水分是很重要的。

人們在運動時也可以飲用機能性飲料，這些飲料裡含有必要的鹽類，可以補充汗液所帶走的鹽分。

在熱帶雨林這種高溼度的環境下，空氣中已經飽含水分。因此，汗液的蒸發會減少，會讓身體無法降溫。

汗液的其他成因

當人們處於壓力狀態下，即使氣溫不高，身體也會出汗。這是因為腎上腺素激增對汗腺造成刺激。

汗液的產生也可能是神經活動所造成，或者是疾病的徵兆。

神經性出汗

汗水也會反應情緒狀態。如果一個人很緊張、恐懼或是焦慮，交感神經就會變得活躍，腎上腺素的分泌也會增加。

腎上腺素會對汗腺產生影響，特別是手掌與腋下的汗腺，讓這些汗腺分泌汗水。這個現象通常稱為「冒冷汗」，是測謊時的一種判斷方法。這是因為交感神經的活動增加會改變皮膚的電阻。

多汗

發汗或多汗症的症狀就是產生過多的汗液。目前仍不清楚造成此種尷尬情況的確切原因，但它可能是受到下列因素的影響：

◆ **甲狀腺過度活躍**：甲狀腺激素會促進身體代謝、增加熱能的產生。

◆ **某些食物與藥物**

◆ **交感神經系統過度活躍**

◆ **荷爾蒙失衡**：例如更年期

如果流汗的問題變得嚴重，可透過手術來切除交感神經幹，這種手術就是所謂的交感神經切除術。

如何控制體溫

體溫是由腦中的下視丘所控制的。外在溫度升高或下降，身體會運用多種機制以確保體溫維持在一個舒適的狀態。

鳥類與哺乳類這種溫血動物會藉由內部機制來讓身體盡量保持恆溫。相較之下，魚類與爬蟲類這些冷血動物就缺乏這種機制，因此，環境會對牠們的體溫造成很大的影響。

控制身體熱能

和所有的溫血動物一樣，人類也會透過新陳代謝來產生熱能。所有組織都會產生熱能，但較活躍的通常產生的熱能也較多，像是：肝臟、心臟、腦，以及內分泌腺。

肌肉也產生熱能，大約有25%的身體熱量是由不活躍的肌肉產生。活躍的肌肉所產生的熱能可能比身體其他部位多出40倍，這就是為什麼運動時身體溫度會升高。

恆定性

人類的體溫相當穩定，也就是說，在正常情況下，體溫不會受到外在環境的影響。這種不管外界環境如何變化、內部環境始終保持穩定的特性就稱為恆定性。

維持穩定體溫的好處之一，就是能大幅減少過熱的危險性。如果過熱的情況嚴重，可能會因為神經傳導路徑受阻，以及必要的蛋白質活動受到影響而導致抽搐、死亡。

這張熱感顯影（熱像）顯示運動後的身體其熱能的分佈狀況。最熱的部位為白色，其次是黃色與紫色；圖中的紅色、藍色以及黑色則是最冷的部份。

升溫機制

人類的體溫大約介於攝氏35.6～37.8度之間。為了讓體溫保持在這個範圍，身體的溫度會受到腦部下視丘的監控。下視丘會利用一項回饋機制來調控體溫，這種機制類似於家用中央恆溫系統所使用的恆溫器。

當外在環境開始讓體溫降低時，皮膚中的溫度偵測器就會送出訊息到下視丘，讓我們開始有冷的感覺。接著這項訊息會送到腦部的其他地方，這些部位會啟動生理反應以增加身體的熱能，並減少熱量散失。

我們感覺寒冷時會做出一些下意識的反應，例如：上下跳動、多穿衣服，或是移動到較溫暖的地方。當身體肌肉快速收縮與放鬆，會比在靜止狀態下多產生4～5倍的熱能，發抖的情況就因此而產生。同時，腎上腺素的分泌也會增加，使得身體的新陳代謝率（葡萄糖使用率）加快。因此，整個身體內部就能產生更多的熱能。

調節熱能散失

為了減少從身體表面散失的熱能，靠近皮膚表面的微血管會收縮，以降低皮膚的血液流量，膚色也因此變得較為蒼白。這時，附著在毛囊的小肌肉會收縮，使皮膚上的毛髮豎起。對大部份哺乳動物來說，這個動作能幫助皮膚表面保有一層較為溫暖的空氣，但由於人類的體毛較為稀疏，這種豎毛動作對於保留熱能的作用很有限，充其量只是形成「雞皮疙瘩」而已。

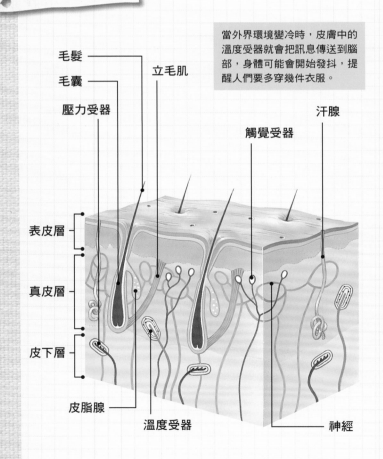

當外界環境變冷時，皮膚中的溫度受器就會把訊息傳送到腦部，身體可能會開始發抖，提醒人們要多穿幾件衣服。

毛髮
毛囊
壓力受器
立毛肌
汗腺
觸覺受器
表皮層
真皮層
皮下層
皮脂腺
溫度受器
神經

溫度調控機制

皮膚裡有數千個受器，能監控全身的溫度。這些受器會偵測環境的變化，向大腦發出警訊以刺激身體，造成發抖或是流汗，來維持體溫的恆定。

血管擴張

是保存與發散熱能的重要機制。在高溫時，血管會擴張，使熱量發散，臉色也會漲紅。血管的擴張幅度是由稱為血管運動纖維的神經所控制，這個神經則受大腦的管控。

血管收縮

在低溫的情況下，通往皮膚上層微血管的小動脈會收縮，以減少通往皮膚的血液量，進而減少熱能的散失。

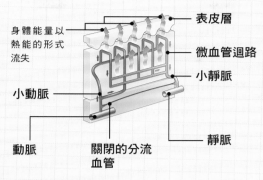

表皮層
身體能量以熱能的形式流失
微血管迴路
小靜脈
小動脈
動脈
關閉的分流血管
靜脈

血管擴張：在炎熱的環境下，位於小動脈壁中的微小括約肌會放鬆，使血液能流到皮膚表面。皮膚會因為血管擴張而變紅。

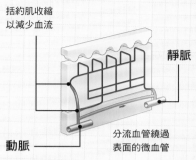

血管收縮：在寒冷的環境下，括約肌會收縮，讓血液繞過微血管，防止血液流到皮膚表面。皮膚看起來會比平常蒼白一些。

括約肌收縮以減少血流
靜脈
動脈
分流血管繞過表面的微血管

降溫機制

在這張偽色電子顯微影像中為皮膚表面層的汗珠（藍色）。汗液大多以溶解鹽類的形式，來替身體降溫。

體溫一般會比周遭的氣溫高。因此，當流動的空氣通過皮膚表面時，身體的熱能會以輻射、對流的方式散失到環境中。

然而，如果外在的溫度很高或是體內發熱，使得身體開始變得過於暖和，身體的熱感受器就會送出神經脈衝到下視丘，讓腦部啟動冷卻措施。

靠近皮膚表面的微血管會擴張，如此一來，血流就會增加，使更多的熱能從皮膚發散出去。流汗也能增加熱能的散失，因為隨著汗腺所產生的液體蒸發，就能在皮膚上形成冷卻的效果。

在乾燥的空氣中，流汗能有效地發揮散熱作用，因此我們能在高達攝氏65度的乾燥環境下忍耐數小時之久。但如果空氣很潮濕，汗水不容易蒸發，身體很快就會變得過熱了。

發燒與體溫過低（失溫）

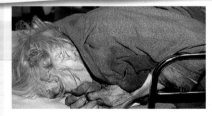

失溫的症狀包括：昏睡、肌肉僵硬、心智錯亂，未加以處理的話會導致意識喪失、腦部受損，最終造成死亡。

發燒是指身體溫度上升，這可能是身體受到感染所致。白血球會釋出細胞激素，造成細胞受損。這些化學物質會刺激下視丘分泌前列腺素（能擴張血管的激素），藉此「重新設定」下視丘的溫度調控機制，使得標準體溫往上調整。如此一來，熱能形成機制將會啟動；因此即使體溫可能已高達攝氏40度，但患者仍會覺得冷。

體溫會維持在高溫狀態，直到感染情況排除為止。這時候，下視丘的正常設定就會恢復，冷卻機制也會啟動。患者會開始流汗，臉部也會因為皮膚中的血管擴張而顯得潮紅。研究顯示，發燒能提升身體的免疫力並抑制微生物的生長。

當身體的核心溫度降至攝氏35度以下時，就會形成體溫過低的情況。這是因為身體暴露在寒冷的環境下，導致身體無法維持正常體溫。新生嬰兒、老年人以及身患疾病的人最容易發生體溫過低的情況。體溫過低通常是因為身處在寒冷的環境中，既沒有暖氣，也沒有充足的食物和衣服所導致的結果。

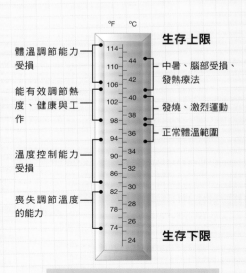

°F ℃

體溫調節能力受損 — 生存上限 — 中暑、腦部受損、發熱療法
能有效調節熱度、健康與工作 — 發燒、激烈運動
— 正常體溫範圍
溫度控制能力受損
喪失調節溫度的能力 — 生存下限

114 / 44
110 / 42
106 / 40
102 / 38
98 / 36
94 / 34
90 / 32
86 / 30
82 / 28
78 / 26
74 / 24

體溫過高或太低對心理與生理健康都會造成巨大的影響。

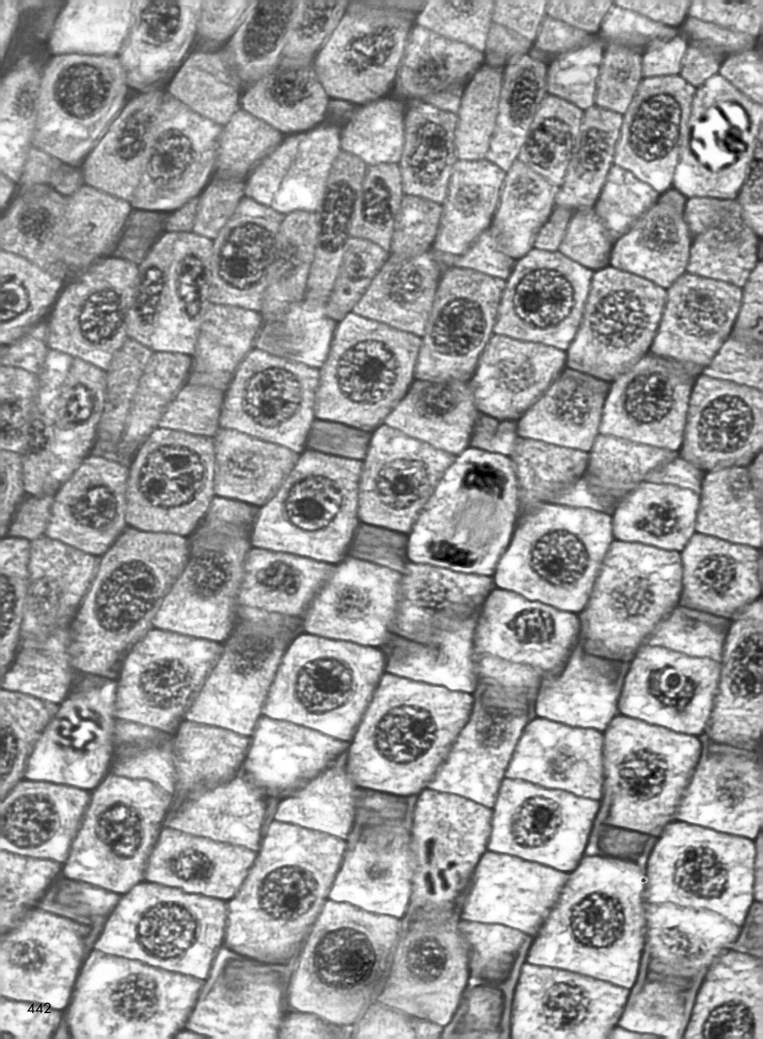

442

第十一章

細胞與
化學結構

我們的身體是由億萬個細胞組合而成的，每個細胞都各有其功能。細胞是體內的最小單位，也是組成身體系統：肌肉、骨骼、組織、血液、神經與皮膚等的基礎結構。

細胞核位於細胞的中央。細胞核中含有ＤＮＡ，ＤＮＡ中載有細胞的基因碼，基因碼則形成蛋白質的藍圖，也是所有組織發展、生長的依據。

本章將詳細說明細胞的構造與功用，解釋細胞如何相互溝通與共同合作，並闡述細胞中的基因資訊是如何主宰每個人的獨特性質。

（左）放大了400倍的皮膚細胞顯微
影像，紫色的圓點就是汗腺孔。

神經元

神經系統的特化細胞，主要的功能是以電子脈衝傳遞資訊，讓訊息可以從身體的某個部份傳送到另一個部位。

神經系統的組織是由 2 種細胞構成：以電子訊號來傳遞訊息的神經元（或神經細胞）；以及神經元周圍的較小支持細胞（神經膠細胞）。

共同特徵

神經元是神經系統中高度特化的大型細胞，其功能是接收與傳遞身體各處的訊息。雖然神經元的結構有所不同，但它們有些共同特性：

◆ **細胞體**：具有單一細胞體，且會長出多條突起。

◆ **樹突**：神經元的細小突出分枝，事實上它們是細胞體的延伸物。

◆ **軸突**：每個神經元都有一個軸突，負責將細胞體的電子脈衝傳遞出去。

特性

神經元具有其他幾項特點：

◆ 不會分裂，如果受損或死亡，是無法自行更新的。

◆ 神經元可以存活很久；由於它們無法自行更新，因此需要存活得久一點。

◆ 需要非常多的能量，如果沒有從血液獲得足夠的氧氣或葡萄糖，可能會在幾分鐘內死亡。

運動神經元的結構

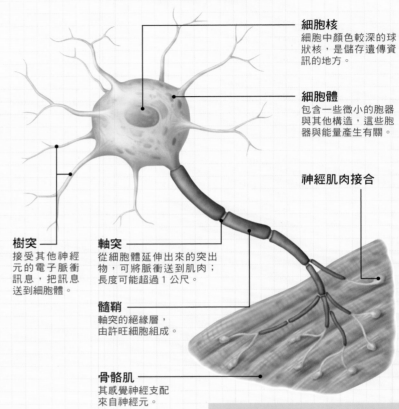

細胞核
細胞中顏色較深的球狀核，是儲存遺傳資訊的地方。

細胞體
包含一些微小的胞器與其他構造，這些胞器與能量產生有關。

神經肌肉接合

樹突
接受其他神經元的電子脈衝訊息，把訊息送到細胞體。

軸突
從細胞體延伸出來的突出物，可將脈衝送到肌肉；長度可能超過 1 公尺。

髓鞘
軸突的絕緣層，由許旺細胞組成。

骨骼肌
其感覺神經支配來自神經元。

神經元是個特化細胞，負責以電子訊號接收、傳遞訊息。這張圖所描繪的是典型的運動神經元。

神經元的結構類型

依據神經元所長出的突起數量，可將神經元分成 3 類；其結構與它們的功能有關。

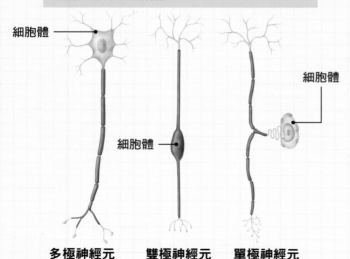

細胞體

細胞體

細胞體

多極神經元　　雙極神經元　　單極神經元

根據神經元細胞體所長出的突起數量，可將神經元分為 3 大類：

◆ **多極神經元**：有許多突起物從細胞體長出，其中一條是軸突，其餘為樹突。是最為常見的神經元類型，尤其是在中樞神經系統。

◆ **雙極神經元**：只有 2 個突起：1 個樹突、1 個軸突。在身體中並不常見，常出現在特殊的感覺器官中，例如：眼睛的視網膜。

◆ **單極神經元**：只有一個突起，再由這個突起分出 2 支突起，一支負責接收訊息（通常是接收感覺受器所傳來的訊息），另一支則進入中樞神經系統。

神經元的功能

根據神經元的功能，也可以將它們分成：感覺（或傳入）神經元及運動（或傳出）神經元。大部份的感覺神經元為單極神經元，運動神經元則為多極神經元。

髓鞘

電子訊號會沿著神經元的軸突傳出去，
而髓鞘這層脂肪絕緣體則能加快訊號的傳遞速度。

髓鞘的結構會因為它的位置而有所不同：

◆ 在周圍神經系統（腦部與脊髓之外的神經）中，髓鞘是由特化的許旺細胞組成，包圍在神經細胞的軸突外，其同心圓狀的細胞膜形成一個鞘狀結構。

◆ 在中樞神經系統中，神經元的髓鞘是由寡樹突細胞組成，這種細胞可同時在1個以上的神經軸突周圍形成髓鞘。

外觀

具有髓鞘的神經纖維其顏色通常比較白一些，沒有髓鞘的神經纖維比較偏向灰色。大腦的白質是由有髓鞘的神經纖維密集聚合而成的；而灰質則是由神經細胞與無髓鞘的神經纖維所組成。

功能

許旺細胞彼此相鄰，但是並沒有接觸。許旺細胞之間的空隙稱為蘭氏結，之中沒有髓鞘。當神經在傳遞電子訊號時，訊號必須從一個結「跳」到另一個結。如此一來，有髓鞘的神經纖維其整體的傳遞速度就會比沒有髓鞘的神經纖維快。

周圍神經的絕緣構造

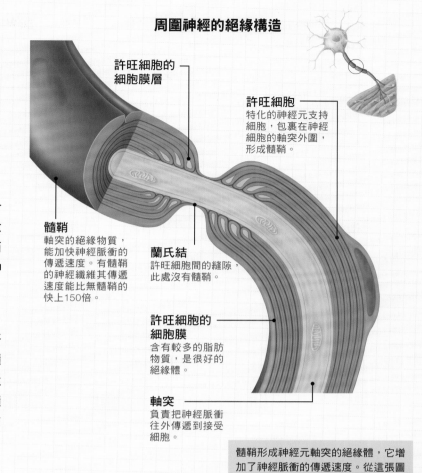

許旺細胞的細胞膜層

許旺細胞
特化的神經元支持細胞，包裹在神經細胞的軸突外圍，形成髓鞘。

髓鞘
軸突的絕緣物質，能加快神經脈衝的傳遞速度。有髓鞘的神經纖維其傳遞速度能比無髓鞘的快上150倍。

蘭氏結
許旺細胞間的縫隙，此處沒有髓鞘。

許旺細胞的細胞膜
含有較多的脂肪物質，是很好的絕緣體。

軸突
負責把神經脈衝往外傳遞到接受細胞。

髓鞘形成神經元軸突的絕緣體，它增加了神經脈衝的傳遞速度。從這張圖可以看到一個典型的周圍神經結構。

中樞神經系統的支持細胞

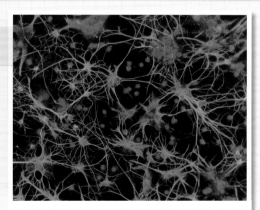

星狀細胞呈星形，位於中樞神經系統。它們有許多結締組織分支，為神經元提供支持與養分。

神經元外裹著神經膠質細胞，神經膠質細胞是小的支持細胞群的統稱；約有一半的中樞神經系統是由這些支持細胞構成。

神經膠質細胞與神經元的數量比例約為10：1，各種神經膠質細胞具有不同的功能：

◆ **星狀細胞**：數量最多的神經膠質細胞；形狀為星形，會固定神經元，讓神經元獲得血液供應，並決定哪些物質能在血液與腦部之間流通（血腦障壁）。

◆ **微膠細胞**：和身體其他部位的類似細胞一樣，這些小的橢圓形特化細胞負責吸收、吞噬入侵的微生物或壞死的組織。

◆ **寡樹突細胞**：為中樞神經系統的神經元提供髓鞘保護。

◆ **室管膜細胞**：內襯於中樞神經系統充滿液體的空隙中，形狀各有不相同，有扁平狀也有柱狀。表面有微小的刷子狀纖毛，可幫助維持腦脊髓液的循環。

神經細胞如何運作

神經細胞產生神經脈衝，將電子訊息從一個神經細胞傳到另一個神經細胞。
對我們而言，這項功能是我們與周遭世界成功互動的關鍵。

中樞神經至少有2,000億個神經元（神經細胞）。平均而言，每個神經元會與其他數千個神經細胞相互溝通。這樣複雜的溝通模式讓大腦能解讀來自5種感官的大量訊息，並做出相應的反應。

神經解剖學

神經系統中，不同部位的神經細胞儘管看起來大不相同，但都具備3個基本要件：樹突、細胞體及軸突。

◆ 樹突是神經細胞膜的分枝狀突出物，能增加神經細胞的表面積，以利於接收其他神經元所釋出的神經傳導物質。樹突能將這種化學訊息轉換成電子脈衝，將這些電子脈衝傳遞到細胞體。

◆ 神經元的主體是細胞體，和大部份身體細胞一樣，神經元的細胞體也有細胞核。細胞體的軸丘負責整理眾多樹突所收到的神經脈衝，並啟動相對應的動作電位（神經脈衝）。

◆ 軸突將神經脈衝從細胞體傳遞到特化的突觸末端，它們會釋出神經傳導物質和其他神經元進行溝通。

神經細胞（神經元）的解剖結構

神經元在形狀上雖然有很大的差異，但主要構造為樹突、含有細胞核的細胞體，以及軸突。

細胞核
內含神經元的23對染色體。

動作電位的傳遞方向

這個神經元（小腦中的普金氏細胞）含有大量的樹突，使它能接收許多神經元傳來的資訊。

樹突
神經元的「輸入」處；它會對其他神經元所釋出的化學訊號做出反應。

細胞體
和所有身體細胞一樣，神經元也含有胞器，如粒線體。

軸丘
加總從樹突接收到的訊息，並產生相應的神經脈衝。

軸突
將神經脈衝傳向突觸末端。

突觸末端
會釋出神經傳導物質（化學信使）到細胞外。

神經元與其他細胞的不同之處

細胞中的液體（稱為細胞溶質）其化學成份與細胞外的液體（細胞外液）不同。和細胞外液比起來，細胞溶質帶有較少的正電和較多的負電；這意謂著細胞內部的電壓稍微比細胞外部低。這個細胞膜內外的電壓差就稱為細胞膜電位，大部份細胞的細胞膜電位約為-70毫伏特（千分之一伏特）。

神經元之所以如此特殊，是因為它們能改變細胞膜的內外電荷，以產生神經脈衝。它們之所以能這樣

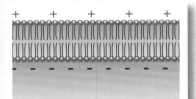

和神經元不同的是，身體中的其他細胞並不具備能對特定訊息做出開關反應的蛋白質孔道。

做，是因為它們的細胞膜具有蛋白質孔道，這些孔道能讓帶電離子（鈉、鉀、鈣、氯離子）通過，藉以改

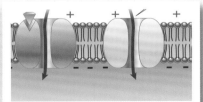

神經元能產生神經脈衝是因為它們的細胞膜具有可開闔的通道，這些通道會對化學信使（左）及電壓變化（右）做出反應。

變神經元的細胞膜電位。其他的細胞並沒有這些蛋白質孔道，因此它們的細胞膜電位是不變的。

神經脈衝如何產生

神經元藉由改變細胞膜內外的電荷數來產生神經脈衝。電荷數如果降低（如冷卻），所產生的脈衝數量也會減少。

神經元只有在受到適當刺激時才會產生動作電位。周圍神經元所釋出的神經傳遞物質（化學信使）會打開樹突膜中的受體蛋白質。這讓帶正電的鈉離子可以流入樹突，使細胞膜電位的負值稍微減少一點。

動作電位的突升

如果有足夠的鈉離子進入神經元，將細胞膜電位提高到臨界電位，其他電位調控型的蛋白質孔道也會打開，讓更多帶正電的離子進入神經元。

動作電位並不是以幅度來分級的（也就是說，它們的強度不會改變）。而是

當達到臨界電位時，細胞膜電位就會突然上升到它的最大值。

比如說要沖馬桶時，就要對沖水鈕施加足夠的壓力以打開儲水槽的水閥。然而，一旦水開始流動，就不可能阻止儲水槽裡的水流光。

動作電位的恢復

當細胞膜電位達到它的最大值時，鈉通道就會關閉，而帶正電的鉀離子可穿過的通道就會打開（鉀離子的通道只會在高電位時開啟）。這時，帶正電的鉀離子就會流出細胞外，使細胞膜電位回復到靜止電位。

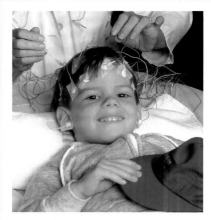

腦電波儀能記錄腦部每秒鐘產生的數十億個動作電位所產生的電場。

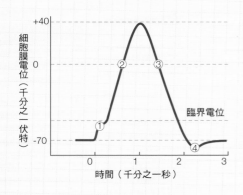

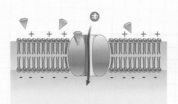

1 一些神經傳遞物質打開樹突膜中的鈉通道，讓帶正電的鈉離子流入細胞中。

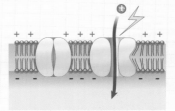

2 當電位達到臨界值時，電位活化型鈉通道會打開，讓更多的帶正電離子進入細胞中。

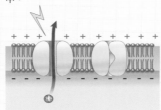

3 鈉通道關閉、鉀通道開啟，使帶正電的鉀離子往細胞外移動；這2個動作能降低細胞膜電位。

4 最後，鈉通道和鉀通道都關閉，神經元處於靜止狀態，動作電位也不再產生。

神經脈衝的速度

每個軸突都以固定的速度來傳遞神經脈衝。然而，不同的軸突有著不同的動作電位，這讓神經脈衝的傳遞速度出現大幅度的差異。

神經直徑

傳導速度的變化可能介於每秒0.5～120公尺左右。傳導的速度會受到神經直徑的影響（和小直徑神經比起來，大直徑的神經傳導速度較快）。此

外，神經的絕緣程度也會影響傳導速度；如果神經纖維有髓鞘這種脂肪絕緣物包覆的話，傳導速度就會增加。

溫度的影響

再者，神經脈衝的傳遞速度也會受到溫度的影響。比如說，用冰袋冰敷扭傷的腳踝能減少疼痛的感覺，因為這會減少動作電位的發生次數。

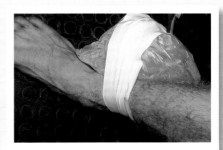

用冰袋冰敷腫脹的腳踝，能減輕疼痛，因為低溫能減緩神經脈衝的傳遞速度。

神經細胞如何溝通

神經細胞會釋放神經傳導物質來跟其他神經細胞溝通，
醫療藥物或違禁藥品都是藉由改變這些傳遞分子的作用來產生藥效。

神經細胞並不會直接與其它神經細胞接觸。它們之間有很小的縫隙，稱為突觸間隙，這些間隙會隔開傳送訊息的神經細胞（突觸前神經元）以及接受訊息的神經元（突觸後神經元）。

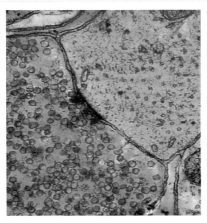

這張穿透式電子顯微影像顯示含有液泡（藍色）的突觸前神經元（左），與突觸後神經元（右）的突觸間隙。

間隙的存在代表著電子神經脈衝無法直接從一個神經元流向下一個神經元。相反的，當神經脈衝到達突觸末端時，電位的突然改變會讓鈣離子流入突觸前細胞中。

釋放神經傳導物質

鈣離子會讓突觸液泡（包有外膜的小囊，裡面含有神經傳導物質）往突觸前細胞膜移動並與之融合，以便將液泡中的內容物釋放到突觸間隙。

當神經傳導物質擴散到突觸後細胞時，就會活化突觸後神經元細胞膜上的受體蛋白質，開啟或是抑制突觸後細胞（取決於神經傳導物質與它的相關受體），以增加或減少動作電位。

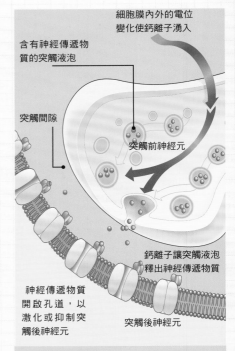

細胞膜內外的電位變化使鈣離子湧入

含有神經傳遞物質的突觸液泡

突觸間隙

突觸前神經元

鈣離子讓突觸液泡釋出神經傳遞物質

神經傳遞物質開啟孔道，以激化或抑制突觸後神經元

突觸後神經元

神經傳導物質擴散到突觸間隙，與突觸後細胞膜的受體結合。

肌肉的神經控制

有些從脊髓發出的神經能支配肌肉。當神經脈衝抵達神經肌肉接合處時，會讓神經末梢釋放出乙醯膽鹼的神經傳導物質。

這張顯微影像顯示神經肌肉的接合處。圖中可以看到神經（黑色）支配著粉紅色的肌肉。

當乙醯膽鹼擴散到突觸間隙並與肌肉組織中的受體結合時，會開啟一連串的活動，使肌肉纖維收縮。

中樞神經就是藉由這種方式在特定的時間控制肌肉的收縮。對於走路等複雜的運動來說，這種掌控是很重要的。

神經傳導物質的作用

當神經傳導物質與突觸後細胞膜上的受體結合，並活化受體後，它就會迅速脫離，接著不是被漂浮於突觸間隙的酵素分解，就是被帶到突觸前末端重新包入液泡中。這能確保神經傳導物質只對受體產生短暫的作用。

有些非法藥品（例如古柯鹼）以及一些處方用藥，能讓神經傳導物質不會被重新吸收（古柯鹼會阻礙多巴胺的回收），如此便能延長神經傳導物質活化突觸後細胞膜受體的時間，藉此形成更大的刺激。

古柯鹼會抑制多巴胺這種神經傳導物質的回收，以延長多巴胺活化受體的時間。

神經處理

大腦是極為複雜的結構，大腦中的神經元和整個神經系統中數以千計的神經元互相連結。

神經脈衝不是藉由強度的變化來編譯訊息，而是透過頻率（也就是神經元每秒所產生的動作電位次數），和摩斯密碼的方式類似。

神經科學家現今所面臨的其中一個大問題是：試著瞭解這個相對簡單的編碼系統如何產生的。舉例而言，我們在親友過世時所感受到的情緒反應；或是如何準確投球以打中20公尺外的目標。

從這點來看，神經元彼此傳送訊息的方式，顯然不是線性的。神經元很可能接受來自多個神經元突觸的輸入（稱為聚合），並對眾多的（可高達10萬個）神經元造成影響（稱為分歧）。

的確！據估計，在這個龐大的神經網絡中，神經脈衝的可能傳遞途徑，遠比整個宇宙所擁有的次原子粒子的數目還要多。

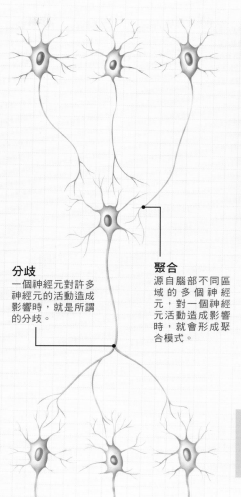

分歧
一個神經元對許多神經元的活動造成影響時，就是所謂的分歧。

聚合
源自腦部不同區域的多個神經元，對一個神經元活動造成影響時，就會形成聚合模式。

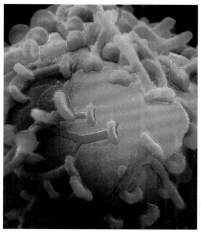

這張掃描電子顯微影像顯示多個突觸前神經元（藍色）與一個突觸後神經元（橘色）做突觸連接。

訊息的轉移並不是以線性的方式進行的。因此單一神經元能對其他數千個神經元細胞造成影響，也能被它們所影響。

突觸的型態

突觸主要有2類：能讓突觸後神經元變得興奮的突觸；以及能抑制突觸後神經元的突觸（這2種效果取決於神經元所釋出的神經傳導物質）。當神經元接收到的興奮輸入比抑制輸入多時，它才會發出神經脈衝。

突觸的強度

每個神經元都會接收到大量的興奮輸入與抑制輸入。每個突觸對於動作電位的產生都有或多或少的影響。

例如，靠近細胞體（細胞本體）神經脈衝啟動區的突觸，通常都是影響力最大的突觸。

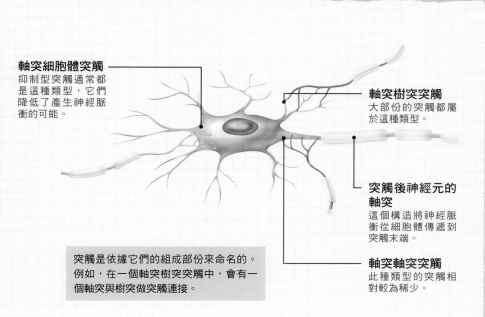

軸突細胞體突觸
抑制型突觸通常都是這種類型，它們降低了產生神經脈衝的可能。

軸突樹突突觸
大部份的突觸都屬於這種類型。

突觸後神經元的軸突
這個構造將神經脈衝從細胞體傳遞到突觸末端。

軸突軸突突觸
此種類型的突觸相對較為稀少。

突觸是依據它們的組成部份來命名的。例如，在一個軸突樹突突觸中，會有一個軸突與樹突做突觸連接。

449

細胞如何運作

身體中的所有活組織都是由細胞構成的，細胞是微小的包膜隔間，裡面充滿化學溶液。
細胞是身體中最小的生命單位。

身體的每個組織都是由具有特殊功能的細胞所組成，並藉由錯綜複雜的溝通系統連結在一起。身體中有超過200種細胞。儘管人體非常複雜，但是人體的最終結構都是經由幾種細胞活動所形成的。大多數的細胞在執行專屬於它們的功能時（例如肌肉細胞的收縮），都會經歷成長、分裂以及死亡的過程。

一般說來，細胞所擁有的結構性元素稱為胞器，胞器與細胞的代謝、生命週期有關。其中包括養分的攝取、細胞分裂與蛋白質的合成（這些蛋白質負責細胞的催化、代謝與結構性功能）。

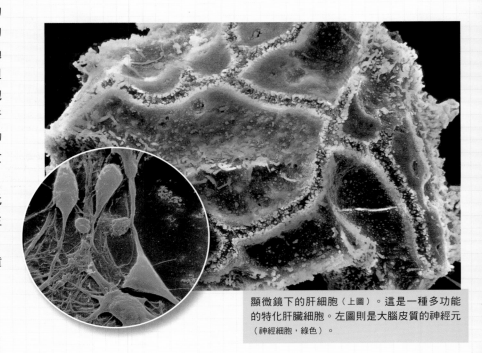

顯微鏡下的肝細胞（上圖）。這是一種多功能的特化肝臟細胞。左圖則是大腦皮質的神經元（神經細胞，綠色）。

不死細胞

在實驗室中成長的細胞在死亡前大都只能分裂50次左右。不死細胞是指能在培養皿中無限期生長的細胞，這樣的細胞在研究上有極大的幫助。

1951年，31歲的美國女性拉克斯被診斷出她的子宮頸有個小病變，醫生為她做了子宮頸切片檢查，看看細胞是否為惡性（癌細胞）。這個細胞樣本經過實驗檢測後確定為惡性，雖然經過治療，但8個月後拉克斯還是死於子宮頸癌。

這個細胞樣本後來送到了蓋依的實驗室。蓋依是組織培養的先驅，當他用這些細胞做了幾個星期的實驗之後發現，這些細胞的分裂速度比他之前所看過的任何細胞都要快。

這些細胞（現在已被稱為海拉細胞）被證實為健全且永生不死的細胞，由於它們的生長是如此地迅速、可靠，讓其他的研究人員也得以利用這些細胞來進行實驗。迄今，海拉細胞已被廣泛運用在生物研究上。

不幸的是，海拉細胞會污染並破壞同一個實驗室中的其他細胞；還有，原本用某些特定細胞進行的實驗，在不知不覺間就被海拉細胞取代了。

現在，海拉細胞仍在實驗室中持續繁衍著。從研究人員自拉克斯的子宮頸切片培養出腫瘤細胞開始，這些菌落已持續生長了40年之久。

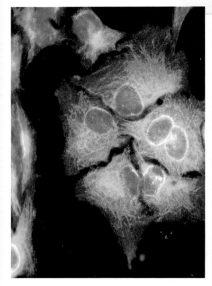

海拉細胞和正常細胞不同，它們會持續不斷地分裂。由於海拉細胞很容易培養，因此被廣泛用於世界各地的研究。

細胞的結構

細胞構造可分為外膜、含DNA的細胞核，以及稱為胞器的結構。細胞的每個組成都有其特殊功能，例如產生能量、儲存或合成蛋白質。

漿膜

包覆在細胞外面，把細胞與外在環境（包括其他細胞）區隔開來。漿膜包覆著一種含有蛋白質、電解質，以及碳水化合物的溶液，稱為細胞質液。此外，還有一種包有被膜的次細胞結構，稱為胞器。膜上有蛋白質，負責與外在環境交流並輸送養分與廢棄物。

細胞核

位於細胞的核心，細胞核裡含有DNA組成的染色體，以及捲繞並保護著DNA的結構性蛋白質。細胞核外有被膜包覆，被膜上有孔道，這些孔道能讓分子在細胞核與細胞質液之間移動。但染色體無法通過這些孔道，因此會一直留在細胞核中。

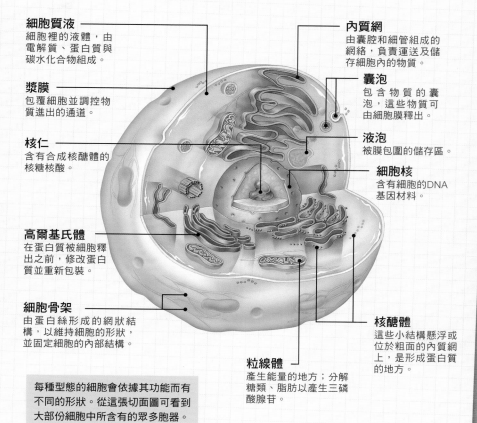

細胞質液
細胞裡的液體，由電解質、蛋白質與碳水化合物組成。

漿膜
包覆細胞並調控物質進出的通道。

核仁
含有合成核醣體的核糖核酸。

高爾基氏體
在蛋白質被細胞釋出之前，修改蛋白質並重新包裝。

細胞骨架
由蛋白絲形成的網狀結構，以維持細胞的形狀，並固定細胞的內部結構。

內質網
由囊腔和細管組成的網絡，負責運送及儲存細胞內的物質。

囊泡
包含物質的囊泡，這些物質可由細胞膜釋出。

液泡
被膜包圍的儲存區。

細胞核
含有細胞的DNA基因材料。

核醣體
這些小結構懸浮或位於粗面的內質網上，是形成蛋白質的地方。

粒線體
產生能量的地方；分解糖類、脂肪以產生三磷酸腺苷。

每種型態的細胞會依據其功能而有不同的形狀。從這張切面圖可看到大部份細胞中所含有的眾多胞器。

細胞內的細胞質

細胞質是細胞的內容物，但不包含細胞核，由液體（細胞質液）及眾多胞器構成。胞器包括：

◆ **粒線體**：負責產生能量。含有糖類和脂肪的養分會與氧氣結合，以產生三磷酸腺苷（可供細胞利用的一種能量來源）。

◆ **核醣體**：利用細胞的遺傳圖譜來產生蛋白質。

◆ **內質網**：遍佈整個細胞，由細管、囊腔與膜狀組織所構成的龐大網絡。它讓細胞內的分子得以運輸與儲存。

◆ **高爾基氏體**：由扁平的囊腔堆疊而成，是細胞中修改、包裝以及區分大分子的重要結構。

◆ **囊泡與液泡**：囊泡是細胞中被膜包圍起來的部份，負責特殊的程序或儲存。液泡在顯微鏡底下看起來有如「洞」一般，通常用來儲存或是吸收，液泡外圍也有包膜。

◆ **細胞骨架**：細胞骨架是蛋白絲組成的細緻網絡結構，它能夠維持細胞的形狀並且固定細胞成份，此外，它也為細胞活動提供基礎。

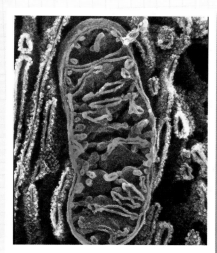

從這張高效能顯微影像可以看到一個被染成粉紅色的粒線體結構。粒線體是細胞的「發電廠」，也是進行呼吸作用的地方。

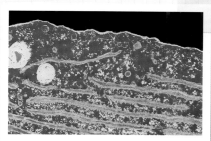

這張電子顯微影像顯示一個動物細胞中的部份粗面內質網（紅線），附著於表面的是核醣體。

細胞如何分裂

構成人體的大多數細胞都有一個固定的分裂基礎。
細胞分裂不只出現在成長階段,當老舊細胞需要更新時,也會進行分裂。

所有的組織都是由細胞這種微小的膜狀結構所組成。新的細胞是由細胞分裂而成,在分裂過程中,細胞會複製它的遺傳材料,把它的內容物分到2個子細胞中。不管是在胎兒發展期或是成年時期,細胞分裂的過程都在身體各處不斷地發生。

細胞為何分裂?

組織在成長時,或是組織中的細胞因老化而需要更新時,細胞分裂就會發生。細胞分裂會受到嚴密的控制,且必須符合周圍組織的需求,同時也要配合細胞本身的生長週期。

細胞分裂若失去控制,就可能形成癌症。大部份的化學治療都是用來殺死分裂細胞的,但對於非分裂細胞就無法產生效用。

胚胎細胞

在胚胎發展初期,細胞分裂最為密集。在孕期的9個月中,一個受精卵(一個細胞)會發展成一個胚胎,接著變成擁有超過100億個細胞的胎兒。

隨著身體的發展不斷進行,許多細胞也從分裂轉而執行特殊功能(例如變成心臟中的心律調節細胞),這個過程稱為分化。

幾乎所有組織都有幹細胞,這些細胞是沒有完全分化的細胞,它們在受到刺激或是受傷時,就會進行分裂與分化。

在細胞分裂過程中,含有遺傳資料的染色體會分開到2個新(子)細胞中。

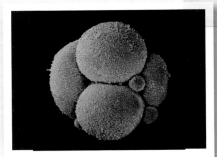

當卵子受精後,就會進行分裂;圖中這個人類胚胎處於4細胞階段。

細胞的生命週期

細胞分裂週期是指細胞複製它的遺傳資料,分裂成2個相同的子細胞的過程。細胞分裂週期分成2個階段:複製細胞內容的間期;以及細胞分裂成2個子細胞的有絲分裂。

間期分成2個間隙期(G1期和G2期)和一個合成期(S期)。在第一間隙期間(G1期),細胞會產生碳水化合物、脂質和蛋白質。緩慢成長的細胞(例如肝臟細胞)在此階段可能會停留數年之久,而快速成長細胞(像是骨髓中的細胞)的第一間隙期階段只會持續16~24小時。

如果細胞沒有積極分裂,它就會在第一間隙期間退出細胞週期,進入所謂的靜止期(G0期)。舉例來說,成年人身上有許多高度活化的細胞,像是神經元與心肌細胞,這些細胞並不會分裂,而是停留在靜止期。這使得這些組織的療癒和新生功能減緩,有時候這些功能甚至不會啟動。

複製染色體

間期的下一個階段就是所謂的合成期(S期),細胞會在此階段複製染色體,因此細胞會暫時擁有92對染色體,而不是一般的46對。在合成期也會進行蛋白質的合成,其中包括形成紡錘狀結構並將染色體拉開的蛋白質。在大部份的人類細胞中,合成期會持續8~10個小時左右。

在第二間隙期(G2期)會合成出更多的蛋白質。

到了有絲分裂階段,細胞會分裂成2個子細胞。有絲分裂可細分為4個

細胞分裂分成2個階段:間期(紫色)與有絲分裂(橘色)。前者為複製細胞內容的階段,後者是細胞分裂階段。間期又可細分為第一間隙期、合成期以及第二間隙期。有絲分裂可分為前期、中期、後期與末期。

階段:前期、中期、後期以及末期。整個細胞週期的時間從1天到1年不等,持續的時間取決於細胞的型態。不同的細胞其更新速度如下:

◆ 肝細胞:12個月。

◆ 紅血球細胞:80~120天。

◆ 皮膚細胞:14~28天。

◆ 腸黏膜:3~5天。

有絲分裂的 4 個階段

❶前期

DNA 會濃縮成可辨識的染色體，細胞核會漸漸消失，細胞核的內容也會進入細胞質中。

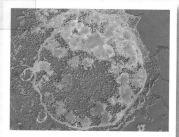

這張掃描電子顯微影像顯示濃縮的染色體（紅色）、細胞核膜（橘色）以及細胞質（綠色）。

❷中期

染色體會附著於有絲分裂器，這些特殊合成的蛋白絲會連接到細胞的兩端。

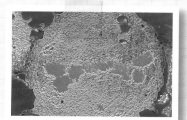

此圖中，細胞處於中期末段：細胞核膜已經消失，染色體（紅色）排列在細胞的中央。

❸後期

細胞中的染色體會被有絲分裂器拉開。分成 2 部份的染色體會往細胞的兩端移動。

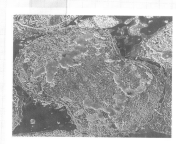

這張掃描電子顯微影像顯示後期的第一階段，染色體分開，細胞膜會變成鋸齒狀。

❹末期

細胞核膜再度形成，細胞內容重新分配，細胞膜會凹陷以形成兩個細胞。

這張掃描電子顯微影像顯示末期後段的細胞：2 個新形成的細胞仍被含有有絲分裂器的狹窄橋狀物連接在一起。

細胞的死亡與自殺

造成細胞死亡的方式有 2 種：透過有害介質來殺死細胞，這個過程稱為細胞壞死；或是引導細胞「自殺」，科學家將此機制稱為細胞凋亡。

細胞壞死

當身體暴露於物理性或化學性危害時，細胞可能會因為無法正常運作而死亡。這個過程稱為細胞壞死。當細胞的完整性遭到破壞，或是關乎細胞生存的分子，或重要結構無法取得或無法發揮作用時，細胞就會出現壞死。例如，當一個人死亡後，養分與氧氣無法到達身體的所有細胞，細胞就會壞死。壞疽是另一種細胞壞死的例子，在此情況下，某種細菌會分解血紅素、產生深色的硫化鐵沈積，使得壞死組織變成黑色。

細胞凋亡

大多數細胞都有一個引發自殺的內建機制。科學家相信這種機制是細胞固有的機制，就像有絲分裂一樣。

細胞會自殺有 2 個主要原因：首先，為了讓人體能適當發展，就必須有既定的細胞死亡程序。舉例來說，胎兒在發展手指與腳趾時，手指與腳趾之間的組織就必須經過細胞凋亡的程序，才能讓每根手指與腳趾分開。

其次，若要摧毀對身體造成威脅的細胞，可能需要讓細胞自殺。例如，防禦性的 T 淋巴細胞會讓受病毒感染的細胞自行凋亡，藉此殺死它們。

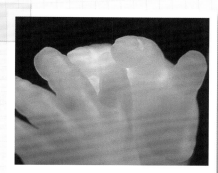

在胎兒發展的初期，手指是連在一起的，看起來就像是有蹼一樣。隨著胎兒的發展，這個蹼狀外觀會因為細胞凋亡機制而消失。

減數分裂

是細胞分裂的一種特殊形式，只出現在精子與卵子的形成階段。在減數分裂期間會有 2 個分裂期，但只有一個會複製染色體，因此精子和卵子只會有 23 條染色體。減數分裂之所以特殊，是因為成對的染色體之間會「互換」。因此，精子和卵子中的染色體不會和父母親的染色體完全相同。

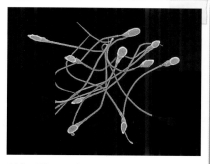

減數分裂是形成精子與卵子的過程。和身體中其他細胞不同的是，這些配子（生殖細胞）只有23條染色體，而不是46條。

細胞如何溝通

為了讓身體能夠協同合作，細胞與細胞間的溝通就很重要。
細胞會釋放化學訊號或是用電來刺激鄰近的細胞，以達到溝通的目的。

人體約含10萬億個、200多種不同型態的細胞。然而，只有在這個多細胞的組織能夠協同運作的情況下，人體才能體現這麼多特化細胞所帶來的好處。

◆ **內部刺激**：身體必須能對其內在環境的變化做出反應。比如說，胰臟中的細胞偵測到飯後血液中的葡萄糖濃度上升時；就會釋放荷爾蒙（胰島素），讓其他的細胞從血液中吸收葡萄糖，以產生能量。

◆ **外部刺激**：同樣的，身體也必須能夠偵測到外在的刺激，並做出回應。例如，如果眼睛發現了掠食者的蹤跡，但如果這個視覺資訊無法分派到身體的其他部位，讓身體做好攻擊或逃跑的準備，那將可能造成嚴重的後果。

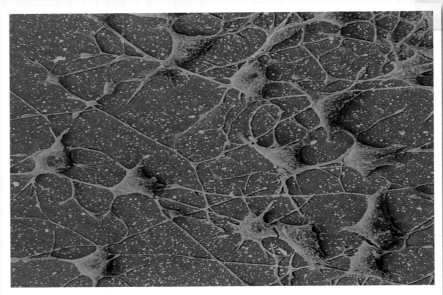

神經細胞會釋放出化學訊號，讓鄰近的細胞受到電的刺激，以進行溝通。

細胞之間的電子與化學溝通

無論內部或外部的刺激，都是由稱為受器的特殊化學結構（一般為蛋白質）負責偵測，它們會轉換資訊的型式，讓訊息能分送給體內的其他細胞。換言之，細胞之間是藉由化學訊息或是電流來進行溝通的。

電子訊號的溝通

大多數的電子訊號都是由專門負責傳送神經脈衝的神經細胞（心臟細胞也是以電子訊號來溝通的），從身體的某個部位傳遞到另一個部位，而有些神經纖維能長達1公尺。

以電子訊號來溝通的好處在於訊息的傳遞速度，有些神經能以每秒120公尺的速度傳遞神經脈衝。此外，由於神經元的「線路」非常精

心臟細胞（綠色）彼此之間是以電子訊號來溝通。然而，遠端組織所釋放出的化學物質（例如腎上腺素）也會影響它們的行為。

心臟細胞是透過蛋白質的孔道相連的，這些孔道能讓帶電離子穿過細胞膜，如此一來便能讓電子激發訊號傳送到整個心臟。

確，讓資訊能夠傳送到確切的地點。

化學溝通

細胞也能把許多化學訊號（例如荷爾蒙）釋放到血液中，這些分子會對其他細胞造成影響，但影響的速度相對較慢。比如說，當一個人處於高壓環

境下，腎上腺素要在15～30秒左右才會發揮作用。這是因為腎上腺素分子必須先從腎上腺（位於腎臟上方）擴散到血液中，血液再把它們運送到目標器官（例如送到心臟，可增加心跳率和心跳強度）。

化學溝通的型態

根據釋放的細胞類型及如何到達作用地點，可將化學訊號分成：荷爾蒙、旁分泌與自體分泌因子，以及神經激素。

荷爾蒙

是腺體分泌到血液中的化學物質，這些物質會被血液送到身體各處。它們可能有特定的作用地點，或是對不同的細胞造成影響，還可能調節身體的各種程序。

例如，腎上腺素就是從腎上腺髓質（腎臟上方、腎上腺的中央部位）釋放到血液中。腎上腺素有許多作用，包括：收縮血管、增加心臟活動、擴張瞳孔，以及抑制腸胃活動。

荷爾蒙的精確度

由於所有的細胞附近都有血管流過，我們可能會以為，荷爾蒙應該能影響身體中的每個細胞；然而，事實並非如此。要讓荷爾蒙影響細胞內部的生化環境（細胞的「行為」），其細胞膜就必須具備適當的蛋白質受器；這就好比家門前必須有信箱，郵差才能投遞信件。

> 荷爾蒙是腺體釋放到血液中的化學訊號，藉著血液運送到遠處的組織。

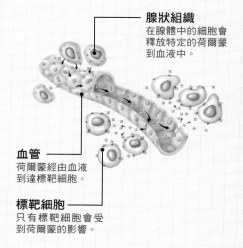

腺狀組織
在腺中的細胞會釋放特定的荷爾蒙到血液中。

血管
荷爾蒙經由血液到達標靶細胞。

標靶細胞
只有標靶細胞會受到荷爾蒙的影響。

旁分泌與自體分泌因子

第二種化學信使與荷爾蒙不同，它們不是經由血液到達標靶細胞的。

這些化學物質會被釋放到細胞間的水狀空隙，它們會對能釋出相同化學物質的同類型細胞造成影響（自體分泌因子），或是影響不同種類但位置相鄰的細胞（旁分泌因子）。值得注意的是，有些化學信使是自體分泌因子同時也是旁分泌因子。

旁分泌因子

最常見的旁分泌因子為組織胺。組織胺是種稱為肥大細胞的特化細胞所分泌的，大部份的組織都有這種細胞，它和過敏反應有關。另外，它也出現在某個組織受損時所啟動的炎性化學傳導路徑中。抗組織胺的作用是防止肥大細胞釋出這種旁分泌因子。

自體分泌因子

自體分泌因子會影響釋放相同因子的同類型組織。例如，大部份的細胞會釋放自體分泌因子來抑制自己的細胞分裂，以及附近類似細胞的分裂。癌細胞則被認為既不會釋放這些抑制物質，也不會對這些物質形成反應，因此會持續不斷地分裂。

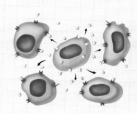

> 旁分泌因子會被釋放到細胞間的水狀空隙。它們會影響其他種類的細胞。

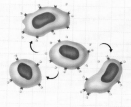

> 自體分泌因子只會影響能釋放相同物質的同類型細胞。

神經激素

大部份的神經元在和其他神經元溝通時，會釋放化學訊號，這種訊號會擴散於神經元之間的縫隙（突觸）。

然而，有些神經元並不會與其他神經細胞做突觸接觸，它們的突觸末端位於附近的血管，當這些神經元受到刺激時，會釋放出神經激素到血液，血液再把神經激素運送到遠處的標靶器官，這種方式比較類似於腺體釋出荷爾蒙到血液中。

催產素

是種神經激素，是由下視丘的神經分泌細胞釋放到血液中的。當嬰兒吸吮媽媽的乳頭時，乳頭中的感覺神經受到刺激，下視丘中的神經分泌細胞就會分泌這種物質。血液會運送這種神經激素到乳腺，使乳汁從乳頭送出。

> 神經激素是由神經內分泌細胞的特化神經細胞所分泌的，透過血液運送到標靶細胞。

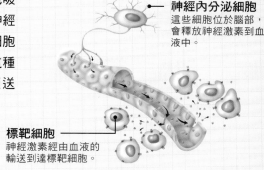

神經內分泌細胞
這些細胞位於腦部，會釋放神經激素到血液中。

標靶細胞
神經激素經由血液的輸送到達標靶細胞。

細胞膜的構造

細胞膜隔開細胞的內部與外部，只有某些分子能夠穿透細胞膜，
因此，細胞的內部環境才得以受到控制。

每個細胞都包覆著細胞膜。細胞膜主要由磷脂質（含磷的脂肪分子）及蛋白質組成，它就像是細胞的障壁一樣，能讓某些分子通過，其他的則受到限制或是完全無法通過。

細胞膜（又稱為漿膜）把細胞以及細胞內部的胞器（次細胞結構）整個包起來。

細胞膜不只是個簡單的保護層，它還能決定哪些化學物質可以進出細胞，讓細胞的內部環境受到嚴密的管控；並與其他細胞溝通。

化學結構

細胞膜是由 4 種化學物質構成：磷脂質（25%）、蛋白質（55%）、膽固醇（15%），以及碳水化合物和其他脂質（5%）。

◆ 磷脂質的分子排成 2 層（「雙層」結構），雖然很薄但卻能阻擋水分、葡萄糖這一類水溶性分子的滲透。然而，像是氧氣、二氧化碳，以及類固醇等脂溶性分子，就可以自由通過。

細胞膜的磷脂質部份非常薄，如果一個人縮小到細胞膜的厚度，那麼身體中的紅血球細胞看起來就像有一英里寬。

◆ 蛋白質為水溶性分子提供了一個進出細胞的管道。它們也讓細胞能彼此溝通、辨識彼此，且相互黏著。

◆ 膽固醇分子從某種程度來說，會溶於雙磷脂層。膽固醇會阻礙磷脂質尾端的側向運動，從而降低細胞膜的流動性。

◆ 碳水化合物附著於蛋白質（醣蛋白）和脂質（醣脂）上。它們突出於細胞膜的外側表面，對於細胞的附著與溝通非常重要。

細胞膜是個複雜的結構，它將細胞內部與外部區隔開來。

細胞膜如何形成

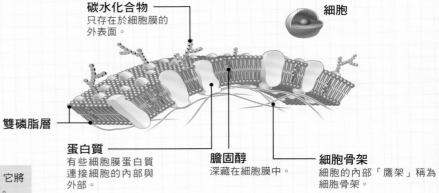

碳水化合物
只存在於細胞膜的外表面。

細胞

雙磷脂層

蛋白質
有些細胞膜蛋白質連接細胞的內部與外部。

膽固醇
深藏在細胞膜中。

細胞骨架
細胞的內部「鷹架」稱為細胞骨架。

細胞膜的特化性

並非所有細胞的細胞膜都一樣。這是因為身體各部位的細胞，具有各自的功能。

微絨毛

細胞膜的特化皺摺，大幅增加了細胞膜的表面積。對於負責把外部的化學物質吸收到內部的細胞而言，微絨毛的角色尤其重要。例如，每個小腸上皮細胞大約有1,000根微絨毛，負責從腸道吸收養分。每根微絨毛的長度約為千分之一公釐，它們能讓吸收養分的表面積增加20倍。

細胞之間的黏著

有些細胞（例如血球細胞與精子）雖然是獨立的個體，且具備某種程度的活動力，但大多數的細胞都彼此接合以形成組織。身體中的細胞是藉由特殊的細胞膜接合、連結在一起的。

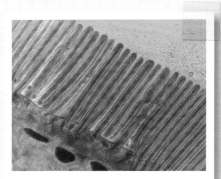

微絨毛（紫色）能增加腸道的表面積，有助於從腸腔中吸收更多的養分。

膜蛋白的作用

細胞膜中的蛋白質在許多細胞功能上扮演著重要角色。
跨越細胞膜，連接著細胞的內部與外部，
讓細胞間能透過化學物質來進行溝通。

細胞膜的大部份特殊功能都由膜蛋白負責，它們可分成2個主要部份：

◆ 嵌入蛋白：儘管有些嵌入蛋白只會從細胞的一側突出，但大部份的嵌入蛋白會跨越細胞膜，因此從細胞的內部與外部都可看到它們。

這些「跨膜蛋白」通常會形成細胞膜中的通道，或是擔任運送的角色，讓細胞的內部與外部能互相交換物質。

嵌入蛋白也是附著其他細胞所釋出的化學物質的地方，使得細胞（包括神經元）能夠彼此溝通。

◆ 周邊蛋白：這些蛋白不是埋藏在雙磷脂層中，它們通常附著於嵌入蛋白的內側面。周邊蛋白能像酵素一樣，加速細胞內的化學反應；或是改變細胞的形狀，比如在細胞分裂時期，周邊蛋白就有助於細胞形狀的改變。

膜蛋白的功能

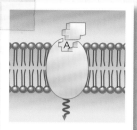

有些蛋白質的外側表面形成一個「連接點」（A），讓其他細胞所釋出的化學訊號能夠連接於此處。

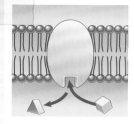

有些蛋白質的內側表面就像酵素一樣，會催化細胞內部的化學反應。

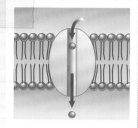

運輸蛋白跨越細胞膜，提供一個孔道讓化學物質能夠進出細胞。

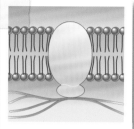

細胞的內部鷹架（細胞骨架，圖中的紅色線）附著於膜蛋白的內側表面。

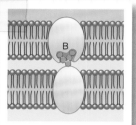

有些醣蛋白（蛋白質與碳水化合物的結合分子）的功用就像「識別標籤」（B）一樣。

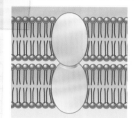

鄰近細胞的膜蛋白可能會連接在一起，在2個細胞之間形成不同的接合。

為什麼磷脂質這麼重要？

水分子

由2個氫原子和1個氧原子結合而成（H_2O）。它們雖然沒有電荷（一個水分子整體來說為中性），但位於水分子一端的氧通常會偏向負電，另一端的2個氫原子則會稍微帶正電。

受到這個化學特性的影響，水可說是一種極性分子，就像是磁鐵有2個「極」。

這使得水分子之間能夠透過電極關係相互作用：1個水分子中帶負電的氧會被附近水分子中帶正電的氫所吸引。這個吸力的大小取決於周圍環境的溫度，是決定水分子是以冰、水或是蒸氣的形式存在的關鍵因素。

磷脂質與水

水也會和其他的極性分子作用，例如葡萄糖（因此，葡萄糖為水溶性），但脂質等非極性的分子就無法溶於水。

對細胞膜來說，磷脂質是很好的基礎架構，憑藉著特殊的化學結構隔開細胞的內容物與外在環境。這是因為磷脂質是由含磷的「親水性」頭端，和含脂肪的「疏水性」尾端所組成。這意謂著當磷脂質與水相混合時，「親水」的頭端會與水溶合，而「疏水」的尾端則不溶於周圍的水分子。

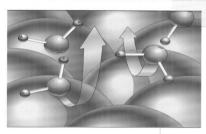

細胞膜

水分子是由偏負電的氧原子（紅色）與兩個偏正電的氫原子（藍色）結合而成。由於磷脂質的「尾端」為非極性，因此水無法穿透細胞膜。

因此，水分子只能經由埋藏在細胞膜中的蛋白質孔道才得以穿過細胞膜。

化學物質如何通過細胞膜

為了能正常運作，細胞必需嚴格控制它們的內部環境。
細胞膜是一道屏障，所有進出細胞的化學物質都由它來調控。

身體中的每個細胞都被細胞膜所包裹。細胞膜是道重要的屏障，它把細胞的內容物與外部環境隔開。細胞膜的角色之所以如此重要，是因為細胞的內部物質必須受到嚴密的控制，細胞才得以正常運作。

半滲透膜

細胞膜並非完全無法穿透的屏障，它能讓某些物質自由進出，對於其他物質雖然有所限制，但也並非完全防堵；因此，又稱「半滲透膜」。

舉例來說，葡萄糖這個提供身體能量的重要分子就能輕易進出細胞膜。然而，為了避免未被利用的葡萄糖從細胞流失，葡萄糖會轉變成葡萄糖 - 六 - 磷酸，這種物質無法穿過細胞膜。

其他能輕易穿透細胞膜的分子還包括氧及二氧化碳。氧是用來代謝葡萄糖的，二氧化碳則是從細胞擴散到外部的廢棄物。

蛋白質孔道

其他的粒子（像是鈉離子或氨基酸）只能經由某些膜蛋白所形成的「孔道」來穿過細胞膜；這些孔道就像是閘門一樣，會根據預定的化學訊號來打開或關閉。

舉例來說，有些蛋白質孔道只在其他細胞釋放某種化學訊號（例如某種激素）與其表面結合時才會開啟。其他的蛋白質孔道則在電位改變時打開。

滲透作用

滲透作用是指水分子穿過細胞膜、從高濃度移動到低濃度的活動。

若要描述這個過程，可以把一條導管隔成兩半，一半注入純水，另一半注入濃糖水。用來分隔導管的是一個半滲透膜，上面有些小孔能讓水通過，但糖分子則無法穿透。

水分子會從純水這一端穿過這層膜，進入糖水中。

滲透作用的重要性

滲透作用在人體中扮演了相當重要的角色。比如說，身體可藉由改變尿液中的鈉濃度來控制血液量：水透過滲透作用進入泌尿道，接著排出體外，藉此降低身體中的血液量。

一條 U 型管被隔成 2 邊，一邊為純水，另一邊是糖水。

水能穿透隔膜，但糖分子不能；因此，水能穿過隔膜進入糖水中。

被動運輸

簡單擴散

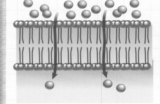

有些分子（例如類固醇）能自由地穿過細胞膜（綠色）進入細胞中。

蛋白質孔道

有些蛋白質形成孔道，讓小的化學物質（例如鈉原子）能通過細胞膜。

促進運輸

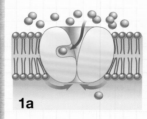

1a

比較大的分子（例如葡萄糖）會藉由運輸的方式通過細胞膜。這種方式與孔道不同，因為它們並非永遠保持開放。

1b

當化學物質停靠之後，蛋白質通道會稍微變形，讓化學物質能夠進到細胞膜內側。

受體媒介開啟的蛋白質孔道

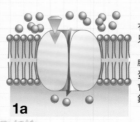

1a

有些蛋白質通道只會在訊號分子（通常是由另一個細胞釋出）與外側的蛋白質結合時才會開啟，就像用鑰匙開門一樣。

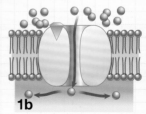

1b

這些「受體蛋白質」對於神經元（神經細胞）特別重要，因為它們能讓一個神經元影響另一個神經元的內部環境。

主動運輸

有些分子無法自行通過細胞膜，這可能是因為它們不溶於細胞膜、或是太大以至於無法通過蛋白質孔道。

　　和水的滲透作用一樣，其他分子也具有從高濃度往低濃度移動的自然趨向（就像一顆球會往低處滾動一樣），直到它們平均散佈於整個空間為止。這就是所謂的「順著濃度梯度擴散」。

　　如果一個分子必須逆著它的濃度梯度（「往上」）才能進入或離開一個細胞，它就會透過所謂的「主動運輸」來通過細胞膜。然而，細胞在進行主動運輸時需要消耗能量。

　　主動運輸有 2 種型態：細胞膜幫浦及囊泡運輸。細胞膜幫浦是以細胞膜上的蛋白質來推動少量的分子，讓它們通過細胞膜；囊泡運輸則能夠運送大量的分子。

細胞膜幫浦

單純的主動運輸

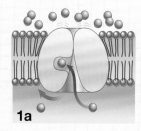

1a

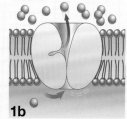

1b

讓一個化學物質逆著它的濃度梯度（在此例子中是從細胞內部往外部移動）移動的辦法，就是由蛋白質載送它；這個過程需要消耗能量。

聯合運輸

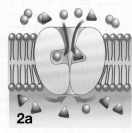

2a

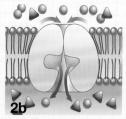

2b

如果一個分子順著它的濃度梯度擴散（紅色球體），另一個分子（紫色三角形）就能「搭便車」並且逆著濃度梯度移動。

反向運輸

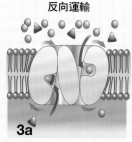

3a

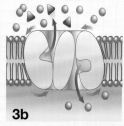

3b

反向運輸和聯合運輸非常類似，一個化學物質「順向」移動，為另一個物質提供能量，使它能夠「逆向」移動。

囊泡運輸—胞吐作用

　　胞吐作用是指將大量物質從細胞內部往外部送。

　　和細胞膜幫浦一樣，胞吐作用也需要消耗能量。這種運輸模式是內分泌腺體釋放荷爾蒙，及神經細胞釋出神經傳導物質所用的方式。所以，胞吐作用對於細胞間的溝通非常重要。

胞吐作用的過程

　　細胞所釋放的物質會先包入囊腔中，這個囊腔稱為「囊泡」，它是由磷脂質與蛋白質構成。接著囊泡會移到細胞膜旁，囊泡上的蛋白質會辨識出細胞膜上的蛋白質並與之結合，使得 2 個膜互相融合，最後破裂，囊泡所包裹的物質就會釋放到細胞外。當這些囊泡黏附於細胞膜時，細胞膜的大小並不會改變，但這些囊泡能不斷地回收再利用。

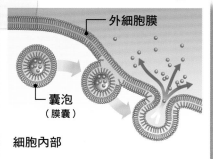

外細胞膜

囊泡
（膜囊）

細胞內部

細胞所釋放的化學物質會包裹在膜囊（囊泡）中。囊泡與細胞膜融合，釋出所包覆的物質。

囊泡運輸—胞吞作用

　　胞吞作用在許多方面都和胞吐作用完全相反，是讓物質從外部進入細胞中。胞吞作用有 3 種主要型態：

◆ 吞噬作用（意思是「細胞吞噬」）：大的固體物質（例如細菌）被細胞膜吞沒並帶入細胞中進行消化。

◆ 胞飲作用（意思是「細胞啜飲」）：含有未溶解分子的外部小滴液體，被細胞吞入。

◆ 受體媒介式的胞吞作用：只有某些特定分子被細胞吞入。

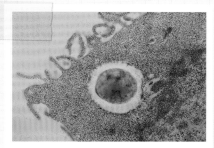

從這張圖可看到一個細胞（棕色）正在吃一個梭菌（藍色）。細胞的膜透過所謂吞噬作用將細菌吞沒。

DNA如何運作

DNA是所有生物體的遺傳資料，它位於細胞核中。揭開DNA的化學結構之密，徹底改變了生物科學，也讓我們對人類遺傳學有了突破性的瞭解。

DNA（去氧核醣核酸）的化學特性使它具備2個非常重要的功能：

◆ 它為細胞提供「處方」，讓細胞能利用20種必需氨基酸建構出蛋白質。

◆ 它能夠複製自己，因此這些蛋白質「處方」能代代相傳；這意謂著父母親的眼球顏色，或是臉部特徵等特質能夠遺傳給子女。

染色體

人體的大量DNA盤繞在23對染色體中，染色體則儲存在細胞核中。這23對的染色體有一半來自父親，另一半則承襲自母親。

但是精子細胞和卵子細胞是例外，它們各只有23個染色體；至於紅血球則完全沒有染色體。

基因

有用的DNA（相對於以下所說的垃圾DNA）包覆於染色體中，形成所謂的基因。據估計，人體的染色體共承載了大約10萬個基因。這些基因中，每一個都載有「處方」，告訴細胞如何製造出特定的蛋白質。

儘管每個細胞都擁有製造所有蛋白質的處方，但這些處方並非全部都呈現「開啟」狀態。例如心臟細胞之所以和肝臟細胞不同，就是因為每種細胞只製造它們自己的蛋白質。

垃圾染色體

大多數的DNA被稱為垃圾DNA，因為我們尚不明白它們對人體有何功用。多數的垃圾DNA都來自我們的遠祖，以及他們的寄生物，時間甚至可以追溯到40億年前地球上剛開始出現生命的時候。

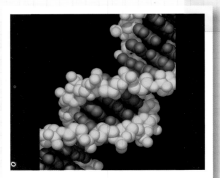

DNA是由2股核苷酸（圖中的黃色與藍色結構）所構成，它們彼此盤繞成螺旋狀（稱為雙螺旋）。

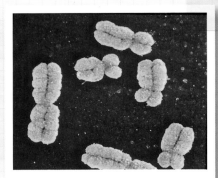

在人體中，DNA盤繞於23對染色體中。這些「X」形狀的構造會在細胞分裂中進行複製。

DNA突變

如果描述製造特定蛋白質的指令串（也就是DNA序列）發生變化，即便只有一點點的改變，也會形成所謂的突變。這種情況可能會使細胞所製造出的蛋白質產生缺陷，或是根本無法製造蛋白質。

DNA突變所引發的後果可能相當嚴重，例如囊腫纖維化就是其中一個DNA分子的某個環節發生突變所造成的。

然而，突變並不一定是壞事，它也可能在我們的一生中自然發生。但某些化學物質會提高突變的機率，在越戰中使用的落葉劑——橙劑就是一例；核輻射也會造成基因變異。如果出現大量的基因變異，人體受害的機率就會提高，因此，這些誘導有機體突變的物質對人類是有害的。

囊腫纖維化患者具有一個突變的基因，它會產生一種有缺陷的蛋白質。患者的肺臟會被黏液堵塞。

DNA的結構

DNA自我複製的能力來自它的化學結構。
DNA分子是由2股互為鏡像的反向核苷酸交纏而成。

這2股核苷酸都是由糖-磷酸骨架所構成，上面附有名為鹼基的特化分子。這些鹼基包括腺嘌呤、鳥糞嘌呤、胸嘧啶和包嘧啶（其縮寫分別為A、G、C和T）。DNA的特殊性質來自於這4種鹼基的唯一配對方式：A和T配對、G和C配對。因此，一股帶有「TGATCG」的DNA只會和帶有「ACTAGC」的互補DNA結合。

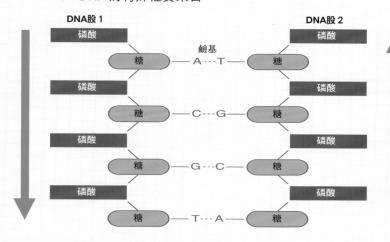

左方的華生（James Watson）和右方的克里克（Francis Crick）因為發現DNA結構而獲得諾貝爾獎。

DNA是由兩股反向的分子所構成，2股分子透過鹼基連接在一起。

DNA如何自我複製

DNA透過一種複製過程來自我拷貝。首先，雙螺旋的「父母」DNA會解開，讓鹼基外露。由於每個鹼基只能和另外3種鹼基之一配對（例如A只能配T而不能配G和C），分開的2股DNA就能分別再建構出互補的2股DNA。透過這種方式，1條雙螺旋DNA就能變成完全相同的2條DNA。

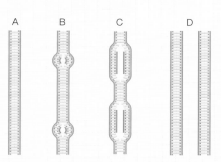

A：一條DNA。B：多點同時解開。
B和C：新的DNA同時在原始的2股
DNA上形成。D：2條DNA產生。

一條DNA的2股分開，新的DNA會根據互補而生，藉此產生2條完全相同的DNA。

DNA是蛋白質的處方

DNA就像是語言一樣。不過，只有64個由3個字母所組成的「字」（由A、G、C、T這4個字母中任選三個）。遺傳學家把這些「字」稱作「遺傳密碼子」，每個遺傳密碼子都對應到一個獨特的氨基酸，它們是蛋白質的基本結構。

蛋白質是透過細胞質中的核糖體來製造的。不過，由於DNA無法離開細胞核，因此，一股DNA必須先被「轉錄」成單股的訊息分子，叫做訊息RNA（mRNA），它擁有與DNA非常相似的結構，且可以穿過細胞核膜。mRNA會接在細胞質中的核糖體上，進行「轉譯」，讓正確的氨基酸分子可以正確地連結在一起。

蛋白質是根據DNA的臨時樣板由氨基酸所構成，這個過程發生在細胞的核糖體中。

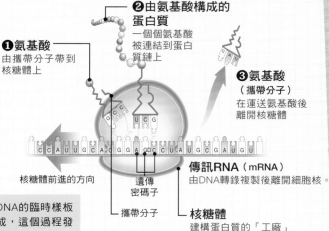

❶氨基酸
由攜帶分子帶到核糖體上

❷由氨基酸構成的蛋白質
一個個氨基酸被連結到蛋白質鏈上

❸氨基酸（攜帶分子）
在運送氨基酸後離開核糖體

核糖體前進的方向

遺傳密碼子

攜帶分子

傳訊RNA（mRNA）
由DNA轉錄複製後離開細胞核。

核糖體
建構蛋白質的「工廠」

基因如何影響我們

有缺陷的基因不一定會導致疾病。有些人雖然有基因缺陷，但他們還是和正常人一樣。這些人通常是和另一個帶有基因缺陷的正常帶因者產下出現病徵的子代後，才知道自己的基因有問題。

表現型是指一個人身上所展現出的明顯特徵，它可能是某種疾病、血型、眼睛顏色、鼻子形狀，或是其他特質。產生表現型特徵的遺傳資訊就是所謂的基因型。

基因座指的是能產生某種特徵的基因在染色體中的位置。基因座上可能會展現出許多型態的基因，稱為等位基因。如果某個基因座有2種等位基因（A和a），就有可能形成3種基因型：AA、Aa和aa。Aa稱為異型合子，aa和AA則為同型合子。

如果「A」等位基因是顯性的，那麼它會掩蓋隱性的「a」等位基因所

產生的效應，並在異型合子者（Aa）身上產生可辨識的表現型。隱性等位基因只有在同型合子的狀態下才會產生可辨識的表現型。

如果2個等位基因在異型合子狀態下（Aa）都是可辨識的，它們就是共顯性。A、B、O血型就是一種共顯性遺傳。

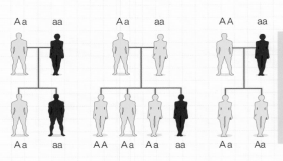

在這些族譜中，父母親有一個顯性等位基因「A」和一個隱性等位基因「a」。如果「A」代表表現型的棕色眼睛，「a」表示藍色眼睛，如此一來只有那些「aa」基因型的人才會有藍色眼睛。其他都是由顯性的「A」等位基因來決定表現型特徵。

體染色體顯性遺傳疾病

帶有顯性異常基因的人（男性或女性）其伴侶如果為正常人，則子代受到影響的機率為50%。只有遺傳到該顯性異常基因的子代才會成為患者。軟骨發育不全症（侏儒症）就是一種體染色體的顯性遺傳疾病。

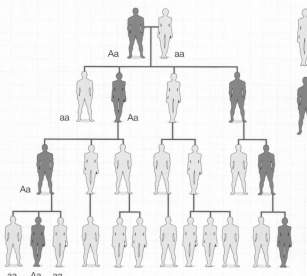

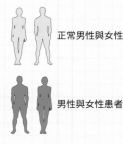

正常男性與女性

男性與女性患者

一個人不是正常，就是受體染色體顯性遺傳的影響。如果他們的伴侶不是患者，那麼他們的子代成為患者的機率為50%。

軟骨發育不全症（如圖）這類的疾病是因為遺傳到父親或母親的致病基因所造成的。

體染色體隱性遺傳疾病

非患者的男性或女性有可能為帶因者。當2個帶因者（Aa；異型合子）產下子代，其子代成為患者的機率為¼。鐮刀型細胞貧血症是一種體染色體隱性遺傳疾病，這種疾病主要發生於非洲裔族群。

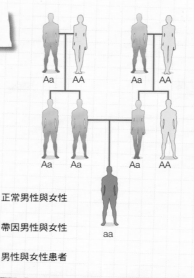

正常男性與女性

帶因男性與女性

男性與女性患者

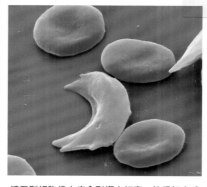

鐮刀型細胞貧血症會影響血紅素，使得紅血球扭曲變形成鐮刀狀。這種疾病是患者從父母雙方遺傳到鐮刀型細胞基因所造成。

性聯遺傳疾病

在這種疾病中，異常特徵是存在於性染色體上（X和Y）。男性只有一個X染色體，因此，所有女性子代都會遺傳到父親的X染色體。她們也會遺傳到母親2個X染色體中的1個。男性子代則是遺傳到父親的Y染色體以及母親2個X染色體中的一個。

如果母親的2個X染色體中有1個染色體帶有致病基因，那麼她就是「帶因者」。女性帶因者的男性子代有一半的機會可能受到影響。而女性子代則有一半會成為該基因的帶因者。男性會成為患者是因為他們只有1個X染色體，女性不會受到影響則是因為她們有2個X染色體。男性患者的致病基因只會從母系遺傳而來。

X染色體性聯遺傳疾病中最著名的例子就是英國維多利亞女王家族所罹患的血友病。禿頭也可能是X染色體性聯遺傳所造成。

Y性聯特徵包括決定性別的基因以及男性發展的基因。父傳子的情況只會出現於Y性聯特徵上，這是因為只有兒子會遺傳到父親的Y染色體。

偶發突變

在DNA的正常複製過程中也可能出現錯誤。這種情況稱為新突變。只有少數的突變會出現在引發表現型變化的DNA區域。大部份的突變都出現在與基因功能無關的區域。

某些家族的軟骨發育不全症（侏儒症）已被證實是新突變所引起的。這個突變會以體染色體顯性遺傳的方式傳給後代。

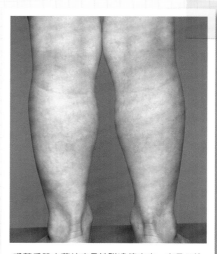

裘馨氏肌肉萎縮症是性聯遺傳疾病，它是X染色體性聯隱性遺傳的一種嚴重病症。這個疾病的患者從兒童期開始就會出現肌肉逐漸萎縮的情況。

軟骨發育不全症是由於新突變所引起的，往後以體染色體顯性遺傳的方式傳給後代。也就是說，如果父母親其中有一人患有這種疾病，子女成為該疾病患者的機率就有50%。

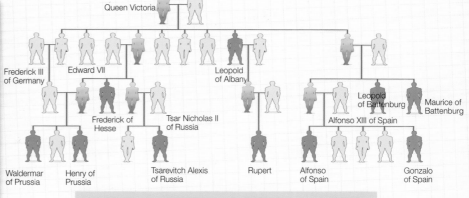

這張族譜顯示歐洲皇室的血友病性聯隱性遺傳。所有患病成員的病因可以追溯至十九世紀的維多利亞女王，她是該疾病的帶因者。現今的英國皇室並非血友病患者，因為他們承襲自未罹患血友病的愛德華七世（維多利亞女王的兒子）。

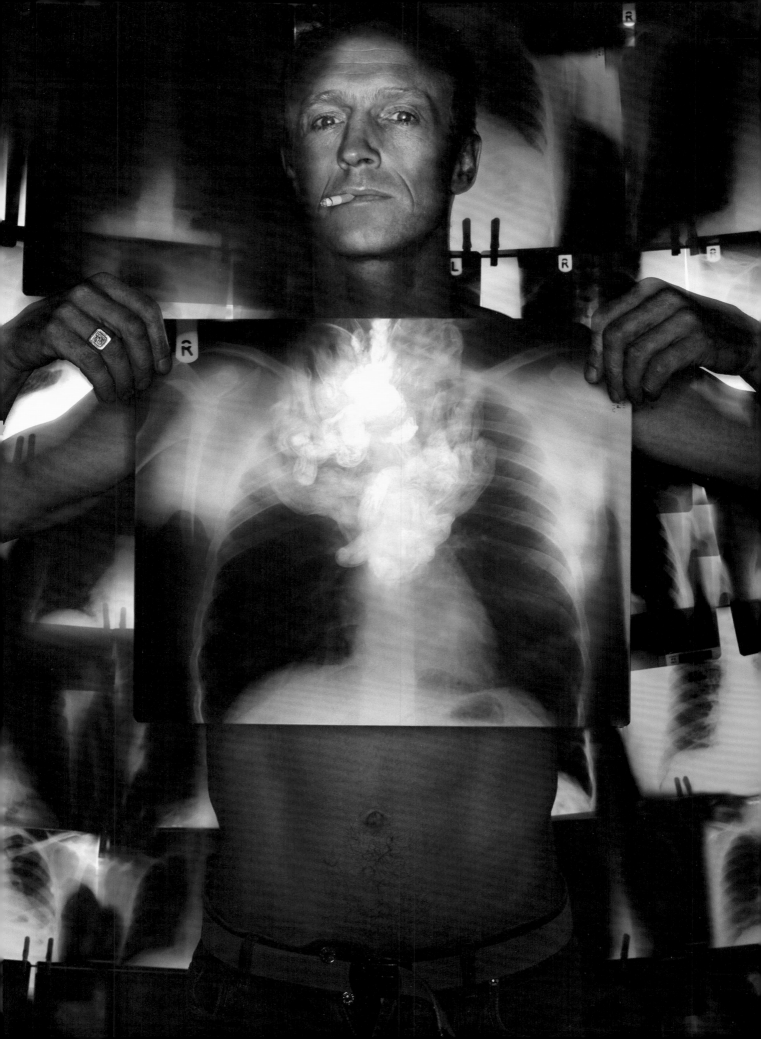

第十二章

發展與身體週期

在我們的一生中，身體會受到許多因素的影響，從引發過敏反應的物質到酒精、香菸、壓力與藥物等，這些因素會改變我們的均衡感，並對健康造成危害。

本章將詳細闡述這些因素對身體所造成的影響，並揭開讓我們能處理特定狀況，且恢復均衡的內建機制。此外，你會發現奇妙的生理節律或自然生物週期是如何在身體中，形成一個能調節特定生理功能的內部時鐘。

（左）一位醫師以生動的方式呈現出吸菸可能對肺臟造成的危害。

生理節律如何形成

身體許多重要的生理過程都是週期性進行的，稱為生理節律。
這些生理週期都有一定的時間間隔，且受到內部生理時鐘的控制。

在體內進行的許多生理過程都有特定的時間表。舉例來說，青春期的開始就是受到時間機制觸發、而在青少年時期展開的生理活動。

身體的許多生理過程都是藉由荷爾蒙來控制的，這些荷爾蒙會隨著生物節律產生週期性的波動。

月週期

女性的月經週期就是生物節律的其中一例。大約每隔28天，子宮內膜就會增厚、退化及剝落。

這個週期意謂著負責形成月經的荷爾蒙是受到某種內部時鐘的控制。

生物節律會隨著不同的時間間隔發生，這些時間間隔包括：

◆ **時節律**：荷爾蒙可能每隔幾分鐘或幾小時就會大量分泌，例如胰島素。
◆ **日節律**：每隔24小時就發生，例如控制睡眠週期的荷爾蒙。
◆ **月週期**：控制月經週期的荷爾蒙就是循著月週期產生波動的。
◆ **季週期**：冬天時，甲狀腺荷爾蒙會減少，褪黑激素會增加。

許多生理過程都是週期性的，這些生物節律似乎會隨著光線、明暗這類外在因素同步發生。

日節律

睡眠週期是日節律的一個例子。我們的清醒程度似乎與24小時的明暗變化同步。

人類的許多生物節律似乎與環境的節奏有關。每隔24小時發生的生物節律（約和太陽週期或是明暗週期一致）就稱為日節律（意思是「大約一天」）。

睡眠週期

日節律中最顯著的例子就是睡眠週期。一般說來，成人通常在早上7點左右醒來，到了晚上10點就會昏昏欲睡。

同樣的，體溫也是以24小時為週期來變化的；半夜時體溫最低，到了下午3、4點左右達到高峰。

許多荷爾蒙的濃度波動似乎也是依循著這種日週期節律。

荷爾蒙

腎上腺所分泌的皮質醇就是這種日週期變化的荷爾蒙。如果我們對皮質醇進行24小時的監控，就會發現一個明顯的波動模式。當我們清醒時，皮質醇的分泌會增加，到早上9點左右會達到高峰；到了半夜，濃度就會降到最低。

甲狀腺刺激素

腦下垂體所分泌的甲狀腺刺激素也是以24小時為變化週期。甲狀腺素幾乎直接作用於身體的所有細胞，控制著它們的代謝率。這個激素的濃度大約在晚上11點達到高峰，在早上11點則最低。

其他荷爾蒙的分泌（例如腦內啡與性荷爾蒙）也是依循著日週期形成波動。

明暗週期

研究顯示，當受試者處於隔絕空間時（沒有時間指示），他們仍然會依循著規律的睡眠週期，但週期變化約為25小時左右。因此，隨著時間過去，受試者的睡眠週期就會和日夜週期漸漸脫軌。

同步

如果受試者再次處在明暗週期之下，他們的身體也會迅速恢復成日節律週期。

這個研究顯示，生理時鐘的自然週期並不是由日夜週期造成的，它只是與日夜週期同步罷了。

即使缺少外在因素的影響，人類仍然依循著規律的睡眠週期，但我們的自然週期會比24小時稍長一些。

生物時鐘

生物節律似乎是受到自主時間機制、或生物時鐘的控制。研究顯示，生物時鐘之所以與明暗週期同步，是因為下視丘與松果腺相互影響的結果。

光線進入眼睛、接觸到視網膜（眼睛後方，神經密集分佈的區域），且刺激大腦的視覺皮質。但有些視網膜神經會連結到大腦下視丘中的微小構造——視交叉上核。

松果腺

視交叉上核的刺激使得下視丘送出訊號給松果腺（腦幹上方的小橢圓形腺體）。松果腺又稱「第三隻眼」，因為它會受到光線強弱的觸發。

褪黑激素

當松果腺接收到來自視網膜的訊號時（經由下視丘的刺激），就會分泌褪黑激素。在黑暗中，松果腺會分泌褪黑激素；有光線時，褪黑激素就會受到抑制。研究顯示，褪黑激素會影響一些內分泌腺的活動。

褪黑激素在調控睡眠週期方面扮演著相當重要的角色。若褪黑激素濃度上升，就會導致睏倦與疲乏。研究指出，松果腺的活動與季節性的情緒失調（SAD）有關。

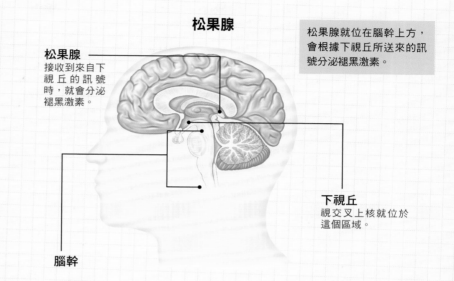

松果腺

松果腺
接收到來自下視丘的訊號時，就會分泌褪黑激素。

松果腺就位在腦幹上方，會根據下視丘所送來的訊號分泌褪黑激素。

下視丘
視交叉上核就位於這個區域。

腦幹

褪黑激素的分泌也會減少視交叉上核的活動。

失去節律性

我們很早以前就知道，如果視交叉上核受損（例如腦部手術後遺症），生理功能也會失去日節律性。同樣的，下視丘的疾病也會導致睡眠等生理模式的失調。

研究

雖然研究持續在進行，但是身體與日夜週期同步的現象，顯然和視交叉上核啟動生物時鐘，以及松果腺關閉生物時鐘有關。

這些腦部特化區域的相互合作，調控著多項生理活動，例如睡眠、清醒、吃飯時間，以及體溫。

時差效應

跨時區旅行可能會擾亂身體的自然週期。例如進食模式這類的日節律生理時鐘，將會變得非常混亂。

快速轉換於不同時區所引發的現象稱為時差。

打亂生物節律

由於身體處於不同的時區，生物時鐘無法順應時間的變化，造成身體活動的日節律無法與明暗週期同步。

如此一來，睡眠、清醒、進食與飲水等正常的日節律活動就會被打亂。這種情況將導致失眠、白天感到倦乏、頭暈、心神不寧，並降低心理與生理效能。

這些效應不是只有搭機旅行才會發生，當人們轉換到極端環境下，例如太空旅行、或是到南北極探險等，明暗週期明顯不同的地方，也會出現時差效應。

東向飛行

時差效應在東向飛行時往往會更為嚴重，這是因為時間減少的關係。由於身體的自然週期大約為 25 小時左右，對身體來說，把一天的時間拉長的西向飛行，會比較容易調整。

有趣的是，如果一個人在一天之內繞著整個地球飛行，且返回原本的時區，他們就不會受到時差的影響。

目前科學家們正在研究有關褪黑激素對於身體與 24 小時週期再度同步的影響。

青春期如何發生

在青春期中，不論男孩與女孩都會經歷巨大的生理與情緒轉變。
這是因為性荷爾蒙的產生觸發了生殖系統的發展。

青春期是一個生理變化的階段，發生於青少年時期，經過這個階段，男女性就會達到性成熟。女性的青春期通常發生於10～14歲；男性則從10～14歲開始，持續到17歲左右。

第二性徵

在青春期出現的生理變化主要是第二性徵的明顯發育，例如男孩的聲音會變得低沈、女孩的胸部變大等等。

加速成長

在青春期時，10歲左右的女孩以及12歲左右的男孩會有很明顯的身體發育。每年大約能長高8～10公分。由於男孩達到完全成熟的時間比女孩晚，因此他們的生長期也會拉長，所以男性的身高通常會比較高。

但身體的所有部位並非一起加速發育的，因此，青春期間，身體的比例看起來可能會不太相稱。

足部通常是最早快速長大的部位，接著是腿部與身軀。最後才是臉部的發育，尤其是下顎。

在青春期間，體重可能會增加2倍。女孩的體重增加主要是因為荷爾蒙的改變，造成身體脂肪的堆積；男孩則是因為肌肉增加，使體重也跟著上升。

趨勢

研究顯示，女性初經來潮（月經的開始）的年齡似乎有提前的趨勢，大約每10年提前4～6個月左右。一般認為，這是因為人們的營養情況改善所造成的。因此，男孩的發育也很可能會提早成熟。

女孩的青春期開始年齡通常不太一樣。然而，大部份的女孩到了16歲左右其性成熟程度也會趨於一致。

荷爾蒙的刺激

青春期是受到性腺激素釋放素的觸發，這是由腦部下視丘所分泌的荷爾蒙。目前仍不清楚是何種刺激物引發這種荷爾蒙的產生；根據推測，有可能是受控於松果腺與下視丘相互影響而產生的生物時鐘。

性腺刺激

性腺激素釋放素會刺激大腦的腦下垂體。在10～14歲左右，腦下垂體會觸發促性腺激素（性腺刺激）的分泌。促性腺激素會刺激卵巢分泌雌激素、刺激睪丸產生睪固酮。在青春期觸發第二性徵發展的就是這些荷爾蒙。

情緒變化

在青春期期間除了會發生許多生理變化外，還會伴隨不少情緒轉變。

這些變化的主要原因有：

◆ 青少年可能無法應付身體所產生的多種變化，比如：女孩開始有了月經週期，男孩的聲音變低沉等，都可能帶來極大的煩惱，並發展出強烈的自我意識。

◆ 青春期間的荷爾蒙波動會嚴重影響情緒，使得青少年出現明顯的情緒起伏、具侵略性、容易傷感，以及失去自信等。

除了經歷主要的生理變化外，荷爾蒙的波動也會讓青少年面臨情緒上的轉變。

青春期的生理變化

睪固酮是青春期時所分泌的重要荷爾蒙，它讓男孩與女性都產生複雜且深入的轉變。

男孩的青春期大約在 10～14 歲之間展開，這個階段所產生的生理變化是由睪固酮這種男性荷爾蒙引起的。睪固酮是種促進生長的荷爾蒙，是由睪丸中的細胞產生。

精子的形成

在青春期之前，睪丸裡包含許多由細胞所形成的實心索狀結構。進入青春期後，索狀結構的中心細胞將會死亡，使索狀結構變成中空的管子，稱為曲細精管，精子細胞就在這些管狀結構中發展。

睪丸所產生的睪固酮還會促發下列發展：

◆ **精子開始形成：**大量的精子細胞開始產生，每克睪丸組織每秒鐘大約可產生 300～600 個精子。

◆ **睪丸、陰囊與陰莖的發育**

◆ **自然勃起：**從出生後就會出現，但現在可從心理上引發。

◆ **精子發展成熟：**包括輸送精子的管道和擴大的精囊（儲存精子的囊袋）。

◆ **前列腺增大，開始分泌液體：**這種液體是精液的成份之一。

◆ **射精：**第一次射精大約出現於陰莖加速發展後的 1 年左右。

其他的身體變化

男孩的身體變化會持續到 17 歲左右。他們的喉部會擴大、聲帶會拉長，聲音也會變得低沈且更有共鳴效果。陰部、腋下以及臉上、胸部和腹部也開始長出體毛。

此外，睪固酮也會促進肌肉發展。

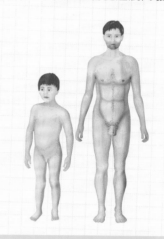

睪固酮的分泌會促使男孩的青春期發育，讓性器官和體毛的生長，也讓身體發展出更多的肌肉。

女性的青春期發展

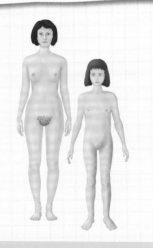

女孩在青春期會經歷巨大的生理變化：月經初次來潮、乳房發育、骨盆骨骼變寬、某些部位的脂肪堆積增多，以及體毛的生長。

女性的青春期通常在 10～14 歲之間展開，但每個人的開始時間會不太一樣，有些女孩會比其他人更早達到性成熟的階段。

然而到了 16 歲時，大部份女孩的性成熟程度大多相同。女性在青春期的特徵就是身體發育、身體比例改變以及性器官與生殖器官的變化。

乳房發育

女性進入青春期的第一個徵兆通常是乳房的發育。荷爾蒙會促使乳頭變大、乳房組織成長，乳腺和乳腺管也會開始發展。進入青春期後，乳房就會迅速成長。

腎上腺

在青春期階段，腎上腺開始產生男性荷爾蒙，例如睪固酮。這些重要的荷爾蒙會：

◆ 促使生理快速發展

◆ 改變毛髮的生長，使陰部與腋下開始長出毛髮

月經通常會在這些荷爾蒙分泌後 1 年左右開始形成。

髖部的發展

在青春期間，女性骨盆的骨頭也會發生變化，相較於其他部位的骨頭，骨盆會變得比較寬。髖部骨頭的改變再加上乳房、髖部與臀部有更多脂肪堆積，使得女性的身體曲線更為明顯、更為女性化。

當女性的月經固定來潮後，青春期就算完成。這代表每個月都會定期排卵，且有受孕的可能。

青春期異常

如果下視丘或腎上腺出現異常變化（例如腫瘤）將導致青春期過早發生。這種罕見現象就是所謂的性早熟，它會造成兒童過早完成性發展。

兩性的青春期開始時間也可能因為營養不良，或是持續性的身體活動而發生延遲。許多運動員和體操選手在接受嚴格的訓練時，都會出現青春期延遲的情況，一直到訓練模式較為放鬆時才會發展出第二性徵。

有些遺傳疾病（例如囊狀纖維化）也會對青春期造成影響。

身體如何老化

老化是身體隨著時間逐漸退化的現象。
心血管功能等生物性程序也會漸漸喪失效能，直到再也無法發揮功用為止。

老化是身體隨著時間，慢慢衰退所產生的生理變化。這個過程會從生命中的第 3 個 10 年開始，在數年間逐漸發生。

預期壽命

目前金氏世界紀錄中最長壽的人瑞是 122 歲。然而，隨著生活方式、醫藥與公共衛生的進步，這項紀錄很有可能打破。在英國，男性的平均預期壽命為 74 歲，女性則為 79 歲。

「停止時間」

許多研究都在探討老化背後的生物機制，試圖延緩老化作用，甚至逆轉老化過程。

儘管我們對於老化過程的瞭解已經大有進展，但老化仍然是種無可避免的生物狀態，它和嬰兒期、兒童期與青少年時期一樣都是生命的一部份。

老化是在許多年中緩慢進行的過程。今日，因為醫學的進步使得人們能夠活得更久。

細胞老化

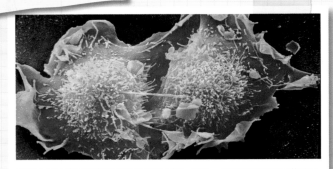

細胞在死亡前只能進行有限次數的分裂，因此，細胞的基因很可能早已預定了停止運作的時間。

為了瞭解老化過程，我們必須研究細胞的生物機制。細胞是一個建構基礎，共同合作、構成身體的各項組織，這些細胞會透過複製程序（細胞分裂）新生。

細胞死亡

研究顯示，細胞分裂的次數有限，當它們無法進行分裂時，細胞就會凋亡（程序性細胞死亡）。此外，剩餘的細胞也可能無法像年輕細胞一樣有效運作。

某些細胞酵素的活性可能會降低，因此，細胞基礎功能所需的化學反應就需要更多的時間才能完成。當細胞無法再生時，器官的效能也會降低，直到再也無法達成它的生物功用為止。

外部變化

最明顯的老化徵兆就是身體外部的變化。

頭髮的改變

在老化過程中，最顯著的改變或許就是頭髮顏色的變化。大約到了 30 歲左右，灰色或白色頭髮就會開始出現，這是因為毛囊色素細胞衰退所造成的。當原本髮色的頭髮脫落並由灰色頭髮取代時，看起來就會越來越灰白。無論男性或女性都會出現頭髮逐漸變細的情況，許多男性還可能會禿頭。

皮膚的變化

隨著年齡的增長，皮膚會失去彈性，皺紋也會出現。這是因為皮膚的膠原蛋白（結構性蛋白質）與彈力蛋白（讓皮膚充滿彈性的蛋白質）發生變化。

身形的改變

到了中年時，通常會因為新陳代謝的減緩而導致體重增加；但隨著年紀越來越大，體重則會明顯下降。

身體中的肌肉組織會被脂肪所取代，尤其是軀幹部位，手臂和腿部則是漸漸變細。由於脊椎受到壓迫，因此老年人的身高往往會縮水。

當身體老化時，頭髮會失去原本的顏色轉為灰白。皮膚也會因為膠原蛋白與彈力蛋白的改變而變得較沒有彈性，且長出皺紋。

內部變化

研究顯示，心臟、腎臟與肺臟等身體重要器官的效能會隨著年齡的增長而降低。

與老化有關的改變也會出現在身體內部。許多器官，例如肝臟、腎臟、脾臟、胰臟、肺臟以及心臟等，不僅體積縮小，其效能也會減低，這是因為它們的組成細胞逐漸退化所致。

由心臟推動的血液循環也會受到老化的影響。心臟的唧送動作會因老化而大幅減少，因此在運動或壓力下，身體必須更努力地讓心跳加快。遍佈全身的血管（靜脈、動脈與微血管）會失去某些彈性，形狀也會變得彎彎曲曲。

由於鈣質流失，骨頭也會變得較為脆弱，使得老年人很容易發生骨折，即使是輕微的摔倒也有可能跌斷骨頭。

身體的調節機制也會逐漸衰退，使得身體較無法適應外在環境的變化。老年人對於氣溫的劇烈變化較為敏感，罹患疾病後的復原速度也比較緩慢。

免疫系統漸漸退化也意謂著老年人較無法抵抗感染與疾病。

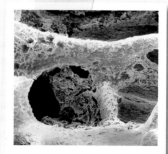

隨著骨骼老化，骨頭中的鈣質與蛋白質也會逐漸流失。這會導致骨質疏鬆，讓骨骼變得易碎。

神經系統的變化

心理刺激有助於抵抗大腦老化，例如填字遊戲這類活動，就能幫助大腦保持活躍。

老化的大腦會逐漸失去神經元（腦細胞），而且無法獲得補充。

心理能力

儘管腦細胞的數量會隨著年齡的增加而逐漸減少，但那也只是所有腦細胞中的一小部份。沒有決定性的證據顯示，智力會隨著年紀而退化，況且智力通常和教育及生活型態有著密切關係。

與年齡相關的疾病

腦細胞對於缺氧特別敏感。因此，如果大腦真的出現衰退，很可能不是因為老化所造成的，而是因為動脈硬化這類與年齡相關的疾病所導致。

這類疾病會影響心血管系統，減少腦部的供氧量。大腦的效能也會因此降低，智能表現也有可能下降。邏輯性、心理敏銳度，以及創意發想能力也都會受到影響。

腦部功能

和腦部有關的功能也會降低。反射作用與生理活動會變慢，記憶也會衰退，特別是近期的事越不容易記住。

老年癡呆

如果腦部退化嚴重，可能會導致老年癡呆。這種疾病的徵兆是記憶喪失、行為像小孩一樣、說話沒有條理，以及認知障礙。

感官能力

感官能力也會隨著年齡逐漸衰退：

◆ **視覺**：超過20歲之後，視力就會減退，過了50歲以後，視力甚至會大幅衰退。瞳孔的大小也會隨著年齡而縮減，造成夜間視力受到影響。眼睛也越來越容易產生病變。

◆ **聽覺**：隨著年齡的增長，會越來越不容易聽到高頻率的聲音。這種情況可能會影響聽聲辨人的能力，進而對社交能力造成妨礙。

◆ **味覺**：味蕾的數量會逐漸減少，味覺也會因此變得遲鈍。

◆ **嗅覺**：嗅覺可能會隨著年齡衰退，同時也會影響到味覺。

老化遺傳學

一個人的老化速度取決於基因和環境因素。保持規律的運動習慣有助於延緩老化。

醫學的進步延長了人們的平均預期壽命，但尚無法延長壽命的極限。

研究顯示，細胞在死亡前能進行一定次數的自我複製，但品質會逐漸下降。這表示人類可能早已預定好老化與死亡的時間表，基因裡也載有指令，要在某個時刻停止運作。

環境因素

現實生活中，一個人如何老化不只受到基因的影響，也受到生活型態與飲食等環境因素的影響。

有抽菸習慣、飲食不正常，且完全不運動的人比較有可能在基因預定時間之前，快速老化、生病並且死亡。

身體如何因應壓力

察覺到威脅時，交感神經會觸發所謂「戰」或「逃」的全面性反應。
這種反射作用是為了讓身體在面對危險時能迅速做出反應。

自律神經能調節身體的基本程序（例如心跳率和呼吸），以維持體內平衡（身體內部程序的正常運作）。

儘管某些事物（像是壓力或恐懼）會讓身體的自主活動產生變化，但自律神經卻不受自主意識的控制。

相反作用

自律神經分成 2 部份：交感神經與副交感神經。這 2 個神經系統通常都支配著相同的器官，但兩者的作用相反。如此一來，這 2 個神經系統會相互抵消彼此的活動，好讓身體保持順暢的運作。

在正常情況下，副交感神經能促進消化、排便與排尿等活動，並且降低心跳率和呼吸頻率。

另一方面，交感神經則負責局部調控（例如流汗）以及心血管系統的反射調控（例如心跳率增加）。

戰或逃

當我們身處壓力時（例如由恐懼、憤怒所帶來的壓力），整個交感神經就會活躍，產生一種立即的全面性反應（戰或逃）。無論是自我防衛或是逃離危險，這種反應的整體作用就是讓身體做好準備，以便有效因應危險情況。

交感神經系統

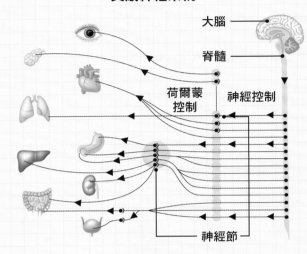

大腦
脊髓
荷爾蒙控制
神經控制
神經節

交感神經支配著許多器官。在壓力狀態下，受交感神經支配的所有器官會同時受到刺激。

化學訊號的作用

交感神經透過脊髓兩端一連串延伸至神經節（神經細胞之集合）的神經來支配許多器官。

來自神經節的神經細胞投射到腺體、平滑肌或心肌等標的組織。

正常反應

在正常情況下，大腦所送出的神經脈衝會刺激交感神經末梢，以分泌腎上腺素與正腎上腺素。

這些荷爾蒙會刺激標的器官，有如化學媒介一樣，將神經脈衝傳導至標的器官。

壓力刺激

當身體處於壓力狀態時，整個交感神經會立刻變得活躍。腎上腺髓質會立即分泌腎上腺素與正腎上腺素，這些荷爾蒙會隨著血液循環於全身，強化交感神經所產生的作用。

同時，下視丘也會刺激腦下垂體產生促腎上腺皮質激素（ACTH），以觸發腎上腺皮質（腎上腺的外側部分）將皮質醇釋放到血液中。

皮質醇能穩定細胞膜並讓血糖上升，幫助身體做好面對危險狀態的準備。體內所儲存的胺基酸會迅速送到肝臟，轉換成產生能量的葡萄糖。

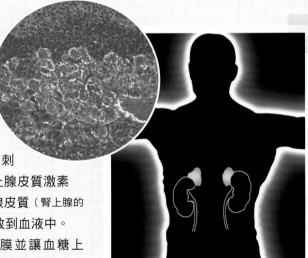

（左上）在這張顯微影像中所看到的腎上腺髓質會分泌腎上腺素與正腎上腺素。這些荷爾蒙是產生「戰」或「逃」反應的重要成份。（上）腎上腺位於腎臟的上端表面。在壓力狀態下，會受到刺激並分泌大量的荷爾蒙。

恐懼反應

交感神經會觸發恐懼的典型表徵，
讓身體能在壓力狀態下達到更好的表現。

神經末梢與腎上腺髓質大量釋出的腎上腺素與正腎上腺素，會讓身體各處立即做出回應，引發恐懼狀態下的多種典型反應。

這些反應的目的是讓身體能有效地因應危險，不論是逃跑、看得更清楚、想得更周全、或是留在原處並準備攻擊。

身體反應

恐懼反應包括：

◆ **急促、深沈的呼吸**：呼吸道擴大，呼吸也會變得更快速，以提

當我們處於壓力狀態下，例如參加考試，大腦的血流量就會提高，讓思緒更加清晰。

高身體所吸入的氧氣量。

◆ **心跳加快**：心臟會更加猛力且快速的跳動，血壓也會隨之升高。

產生緊急反應時的必要器官（例如大腦、心臟與四肢）其內部的血管會舒張（血管直徑擴大）。讓器官獲得更多血液，為器官提所需的更多氧氣與重要養分。

◆ **皮膚蒼白**：在交感神經的作用下，會出現血管收縮的情況（供應皮膚的血管壁收縮），導致血流量大幅減少。這表示身體需要進行攻擊時，表淺的傷口不至於失血太多。這種作用也解釋了為什麼人們在感到恐懼時臉色會變得慘白。

◆ **能量爆發**：身體的新陳代謝會提高到100%，以維持高效能的反應。為了補充能量，肝臟會產生更多的葡萄糖，葡萄糖則會迅速氧化，產生更多能量。這解釋了為什麼一杯甜茶在壓力過後能對身體有所幫助。

◆ **體能增加**：由於血液流量增加與能量提升，肌肉收縮的強度也會提高。這就是為什麼人們在危急狀態下能做出極為英勇的表現，例如抬起重物、背起胖子等。

◆ **忍受疼痛**：大腦所分泌的腦內啡（天然止痛劑）能增加身體的耐痛

遭逢危險情況所形成的壓力刺激，能活化整個交感神經系統，以觸發許多恐懼反應。

度，讓人們即使受了傷也能保持活躍。

◆ **毛幹**：毛髮末端豎立是屬於原始反應的一部份，和貓、狗全身毛髮豎起的情況很類似。

◆ **瞳孔擴張**：能讓視覺更加敏銳。

◆ **皮膚出汗**：身體會流出更多汗水，以幫助身體降溫。

◆ **緊張胃痛**：這種情況是因為胃部的血流減少所造成（對重要器官有利）。此時由於腎臟所獲得的血液減少，泌尿道的活動也會變得不太活躍。

長期壓力的作用

長期的壓力可能會對健康造成危害。壓力作用會讓人容易感染傳染性疾病，以及與壓力有關的病症。

恐懼反應是為了幫助身體面對威脅狀態，例如應付對身體產生立即危害的情境。

放鬆

只要威脅解除，副交感神經就會開始活躍，使身體逐漸回復正常。

肌肉開始放鬆、心跳率和血壓會下降，呼吸也會變得較為規律且深沈，胃也會因為血流增加而放鬆。情緒從憤怒、恐懼轉變成較為平靜、平和。

長期壓力

然而，如果處於社交所形成的壓

力情狀時，例如那些因工作或是財務問題所導致的壓力，身體的恐懼反應可能會長久持續下去。換言之，身體對壓力所產生的反應將無法紓解。

這種緊張狀態無法宣洩，壓力作用將會對身體造成不利的影響。一個長期承受壓力的人可能會出現頭痛、肚子痛、組織耗損（由於新陳代謝率持續升高）、疲倦，以及高血壓等症狀，進而導致心臟、血管與腎臟受到損害。

身體如何因應運動狀態

運動時，身體的生理需求會出現某些典型的變化。
運動中的肌肉需要更多的氧氣與能量。

身體的日常活動都需要消耗能量，這些能量是身體燃燒食物所產生的。然而，在運動時，肌肉所需的能量比休息時還要多。

若只是運動一小段時間，例如急忙跑到公車站，身體能夠很快提供更多的能量給肌肉。之所以能這樣，是因為它儲存了少量的氧氣，並且能做無氧呼吸（不需氧氣即可產生能量）。

當運動時間拉長時，對於能量的需求也會增加。肌肉需要更多的氧氣，以便做有氧呼吸（須利用氧氣來產生能量）。

心肺運動

在靜止狀態下，心臟每分鐘大約跳動70～80次；運動時，心跳可增加到每分鐘160次；心臟的跳動強度也會提高。因此，一般人可以讓心輸出量提高到4倍以上，受過訓練的運動員甚至可以到6倍左右。

血管活動

在靜止狀態下，流經心臟的血流量約為每分鐘5公升；運動時，約為每分鐘25公升、甚至30公升。

這時候的血液會直接流向運動中的肌肉，因為這些肌肉最需要獲得血液。為了讓肌肉得到更多的血液，身體其他部位的血液供應量就會降低。此外，血管也會擴大，好讓更多血液能夠流到活動中的肌肉。

呼吸活動

循環於全身的血液一定要充分含氧（飽含氧氣），因此，呼吸率也必須提高。當肺臟充滿更多氧氣，這些氧氣就能傳遞到血液中。

馬拉松跑者的心輸出量能比未受過訓練的人多出40%。透過訓練，心臟的重量與心臟腔室的大小都會提升。

在運動時，肺部所吸入的空氣量能增加到每分鐘100公升之多。這個量遠比我們在靜止狀態下，每分鐘6公升還要多上許多。

心臟活動的變化

運動對於心臟的影響

主動脈
提供血液給所有肌肉，心肌的血液供應量也必須增加。

右心房
從靜脈返回心臟的血液量與血壓皆會提高。

心室肌
透過神經刺激心臟的心律調節器，讓心臟跳得更快。

費力的運動會讓血液循環產生許多變化，這對於心肌本身也是一項吃力的工作。

運動時，心跳率（每分鐘的跳動次數）和心輸出量（每分鐘送出的血液量）都會提高。這是因為支配心臟的神經活動增加，使得心臟跳得更快。

靜脈血液回流增加

返回心臟的血液量增多是因為：

◆ 血管擴張，肌肉床中的血管阻力降低。

◆ 肌肉的活動（收縮與放鬆）將更多血液送回心臟。

◆ 急促呼吸所產生的胸部運動對血液也有推送效果。

◆ 靜脈血管收縮，迫使血液回流到心臟。

科學家對於運動中的血液循環變化進行了許多研究。研究顯示，運動得越多，變化就越明顯。

當心臟的心室漸漸充滿血液時，心臟的肌肉壁會延展，強度也會增加；因此會有更多的血液從心臟送出。

血液循環變化

在肌肉開始運動的收縮前，大腦就已經先送出訊號，提高肌肉的血液供應量。

血管擴張

由交感神經傳送的神經訊號會讓肌肉床中的血管擴張（擴大），使更多的血液流到肌肉細胞。為了要保持血管擴張，這個初期變化之後，還會有局部變化。這些變化包括：氧氣的濃度降低，以及肌肉組織中因呼吸作用而提高的二氧化碳和廢棄物濃度。

運動時，肌肉的血液供應量會增加；如此，能讓肌肉迅速獲得氧氣與其他必要的養分。

肌肉活動所產生的熱能會造成體溫上升，而體溫上升也會讓血管擴大。

血管收縮

除了肌肉床中的變化外，運動時，血液也會從其他組織、器官流到肌肉中。

神經脈衝會讓這些部位的血管收縮（血管窄縮），特別是腸道。這會把血液重新導到最需要血液的部位，讓肌肉能在下個血液循環週期中獲得充足的血液。

運動時，肌肉所獲得的血液供應會提高許多，這項變化對於身強體健的年輕人來說更是明顯。流到肌肉的血液量甚至能多出20倍以上。

呼吸變化

為了滿足肌肉活動所需的氧氣量，身體需要吸入更多的氧氣。因此，運動會提高呼吸頻率。

運動時，身體所用到的氧氣會比平常多出許多，因此呼吸系統必須吸入更多的空氣才能滿足這項需求。雖然呼吸頻率在運動一開始時就快速增加了，但確切的機制至今仍未明。

當身體使用更多的氧氣，並且產生更多的二氧化碳時，身體中的受器（能偵測血液中的氣體濃度變化）就會促進呼吸。然而，我們的反應卻遠早於身體偵測到任何化學變化之前。這種情況意謂著，這是後天習得的反應，它

讓我們在開始運動時就送出訊息到肺臟，以提高呼吸頻率。

受器

有些專家認為，當我們的肌肉開始活動時，體溫就會小幅提高，這種體溫升高的情況就是讓呼吸變得急促且深沈的原因。然而，調整好呼吸頻率好讓我們能吸入肌肉所需的氧氣量，這種細微的調控是由大腦與主要動脈中的化學受器負責。

運動時的身體熱度

為了排除運動時所產生的熱能，身體運用的散熱機制和大熱天用的那些方法很類似，這些機制包括：

◆ **舒張皮膚血管**：讓熱能可以從血液逸散到外部。

◆ **增加排汗量**：汗水從皮膚表面蒸發時需要消耗熱能。

◆ **提高呼吸率**：這樣能藉由吐出肺臟的暖空氣來排散熱能。

對於受過良好訓練的運動員來說，身體在運動時所消耗的氧氣量可增加到20倍之多，而身體所產生的熱量幾乎等於氧氣的消耗量。

如果排汗機制無法在炎熱、潮濕的氣候下排除熱能，運動員就很容易發生危險，有時候甚至會出現致命的中暑情況。這時，應該透過其他方式儘快讓體溫降下來。

運動時，身體會採用多項機制來讓自己降溫。增加排汗量、提高呼吸量都可幫助身體排除多餘的熱能。

酒精如何影響身體

酒能為身體帶來愉悅的感受，在現代社會中頗受喜愛。
然而，過量的酒精會使人酒醉，並可能對身體造成危害。

酒（又可稱為酒精或乙醇）一直以來皆因能讓身體產生愉悅感受，而負有盛名。歷史資料也記載著古代文明、許多宗教與社交儀式都會用到酒。

發酵

酒精是種有機物質，由發酵這種自然過程產生。

水果或穀類所含的糖分和酵素，相互作用後產生酒精，世界各地的釀酒廠就是透過這個程序來釀製酒類的。

酒精濃度

不同的酒類所含的酒精濃度也不一樣，從 4%的啤酒、12%的葡萄酒，到40%的伏特加或威士忌等烈酒。

今日，飲酒在社交場合中扮演著重要的角色，也是許多宗教儀式中不可或缺的環節。

不利的影響

自古以來，不斷有人在倡導這個會使人迷醉的物質所帶來的危險性，且透過制定嚴格的法律來控管酒類的飲用。

儘管在有節制的情況下飲酒，並不會對身體形成太大的傷害，但它仍然會讓人成癮進而導致攝取過量；特別是長期過量飲酒時，將對健康造成嚴重的危害。

酒在社交聚會中扮演著重要角色。人們在酒吧與夜店飲酒作樂，享受酒精所帶來的輕鬆和愉快。

酒精通過體內的途徑

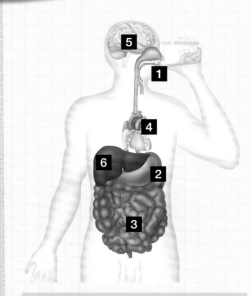

當酒精通過消化道時會被吸收到血液中。酒精一旦到達肝臟，就會被代謝並產生能量。

酒精通過體內的途徑包括消化道與數個器官，其順序如下：

1 口腔：酒精在被吞下肚之前，會先被唾液稀釋。

2 胃：酒精經由食道進入胃。胃裡的胃液會進一步稀釋酒精。有些酒精到了胃時就會被吸收，但大部份的酒精會通過胃來達小腸。身體吸收酒精的速度取決於酒精的濃度，以及食物在胃的停留時間。

3 小腸：小腸裡有許多小血管所形成的緻密網絡，因此，大部份的酒精都在這裡被吸收。

4 血液：一旦酒精進入血液，就會隨著血液循環流動於身體各處，被身體各個組織的細胞所吸收。

5 腦：當酒精抵達腦部後，就會立即產生「醉」的效果。酒精會對中樞神經的許多部位發生作用，包括網狀結構（與意識的形成有關）、脊髓、小腦和大腦皮質。

6 肝臟：身體所吸收的酒精會迅速來到肝臟，肝臟以每小時處理16公克酒精（2個單位；例如兩小杯酒）的速度將酒精代謝為水、二氧化碳以及能量，但這個代謝速度會因個人體質而異。

其他排放管道

一小部份的酒精會進入肺臟，並隨著呼出的氣體排放到空氣中（因此可藉由酒測儀器來測量體內的酒精濃度）。有些酒精會進入尿液；另外，還有極少量的酒精會排放到汗液。

酒精的作用

一旦酒精被吸收到血液中，就會立即對中樞神經產生作用。於是就會形成酒醉的典型症狀。

一般說來，飲酒後經過 5 分鐘，酒精就會進入血液。

判斷力受影響

酒精最立即的效果就是飲酒者會變得放鬆並且善於交際。

一杯黃湯下肚後，腦部的活動就會變慢，並導致判斷力受影響，以及反應變慢。

喪失協調性

由於腦部的相關控制中樞受到酒精的影響，肌肉的協調性也會下降。這會導致行動笨拙、走路搖搖晃晃、口齒不清等。

當血液中的酒精濃度繼續升高，腦部的疼痛中樞會變得麻木，身體的敏感度也會降低。

如果持續飲酒，視力也將因為視覺皮質受到酒精影響而變得模糊不清。

酒醉行為

當某人無法控制自己的行為時，我們通常會認為他喝醉了。

如果喝了很多酒，可能就會陷入深沈的睡眠，或甚至失去意識。極大量的酒精能麻醉腦部的某些中樞，造成呼吸或心跳停止，進而導致死亡。

記憶力喪失

過量的酒精會對短期記憶造成影響，因此，喝醉酒的人，事後可能會記不起自己做過哪些事。

當血液中的酒精濃度上升時，大腦也會變得越來越不清醒。由於腦部的某些中樞受到酒精的影響，喝酒的人可能會失去意識。

長期影響

如果身體長時間受到過量酒精的影響，可能會引發相當嚴重的後果，包括：

◆ **組織受損：** 由於酒精是一種刺激物，特別是純度高的酒精，對於口腔、喉嚨、食道與胃等組織將造成損害，導致罹癌風險上升。

◆ **喪失食慾：** 大量的酒精會影響胃與食慾；因此，重度酗酒者往往會忘了吃飯。酒精雖然有熱量，但它沒有任何有用的養分或維生素。

◆ **肝臟受損：** 過量的酒精會損害肝臟，造成肝臟萎縮以及肝功能受損（肝硬化）。最後，肝臟將無法發揮解毒的作用。

◆ **腦部損傷：** 酒精會破壞腦細胞，長時間飲酒會造成心理能力永久降低，導致失智。低濃度的酒精能刺激大腦，但隨著酒精濃度升高，對腦部就會產生抑制的效果。

◆ **體重增加：** 酒精的熱量很高，它會讓重度酗酒者的體重上升、進而形成肥胖，並造成心臟的負擔。

◆ **皮膚受損：** 酒精會讓皮膚中的小血管擴張，造成皮膚表面的血流量增加，這會讓飲酒者臉色紅潤。最後，皮膚中的微血管會破裂，使皮膚永遠呈現紅色的難看外觀。

◆ **意外傷害：** 致命的傷害比較容易出現在重度酗酒者身上。酒精成癮者發生嚴重意外的機率是非酗酒者的 7 倍。

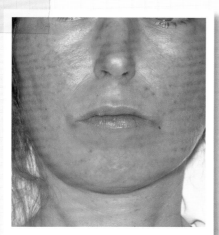

過量攝取酒精可能導致皮膚改變。這名女性有黃疸症狀（皮膚蠟黃），臉部與頸部的微血管也出現破裂。

酒精戒斷

過量飲酒可能會造成頭痛、噁心想吐以及疲倦，這種現象又稱為宿醉。這是因為酒精所引起的脫水作用，使得身體的細胞極度口渴。

長期過量攝取酒精可能導致上癮，因此酒精戒斷將造成震顫性譫妄，產生顫抖、沒有食慾、消化功能降低、流汗、失眠以及癲癇。嚴重時，可能會出現幻覺。

酒精是一種成癮物質。長期過量飲酒可能導致嚴重的健康問題，例如肝硬化（如圖中所示）。

吸菸如何影響身體

香菸中含有許多有害成份，這些有害成份在吸菸過程中會進入肺臟中。
在英國，每年有數以萬計的人因為這項令人上癮的習慣而喪命。

將燃燒菸草時所產生的煙吸入體內，這是探險家在十七世紀初期帶回西方的。這個習慣是在印第安部落發現的，當時的歐洲探險家觀察到印第安人會在許多儀式上用到菸草，便認為它是具有藥效的。

不利的影響

不久之後，抽菸就變成一項很時髦的娛樂。相對於以前較少見的肺癌病例，在二十世紀開始急遽增加，科學家也開始研究吸菸對身體所造成的影響。

今日，儘管已證實吸菸與許多疾病有明顯的關連性，但吸菸的人數仍持續攀升。在已開發國家中，每年因吸菸而死亡的人數大約有300萬人，它也是65歲以下人口的主要死亡原因。

氣體成份

點燃香菸時，燃燒的菸草就會產生具刺激性的煙霧，人們再將這些煙霧吸入肺部。菸草燃燒後所產生的煙裡包含氣體和粒狀物質。這些粒狀物質（我們所看到的煙）中含有未完全燃燒的菸草所產生的4,000～5,000種粒子。這些粒子所含的化學物質會破壞細胞、改變細胞結構、抑制免疫系統、改變腦部的神經活動，並導致癌症。

煙霧中的氣相物質主要是：二氧化碳、一氧化碳和尼古丁。

一氧化碳（車輛廢氣中的有毒氣體）會與血液中負責運送氧氣的血紅素結合。這樣一來，血液所能攜帶的氧氣就會減少，使組織無法獲得足夠的氧氣。

尼古丁會影響中樞神經、使血管變窄，並造成心跳與血壓的上升。許多吸菸者都對尼古丁成癮，因此，當他們停止吸菸後就會出現戒斷症狀。

抽菸能紓解壓力，因此受到很多人的喜愛。事實上，尼古丁是一種刺激物，對身體也會造成危害。

對心血管系統的影響

（右）有吸菸習慣的女性容易發生腿部的深部靜脈血栓。這些血栓造成小腿疼痛與腫脹，且可能隨著血液流到肺臟。（左）吸菸可能導致動脈窄化，從左圖可以看到冠狀動脈堵塞（圈起處）的情況。這是造成心臟病的常見原因。

因吸菸而導致死亡與身體機能喪失的機率比任何其他疾病大得多。

吸菸對於心血管的影響尤其嚴重，因心血管疾病而死亡的人數，約每4個就有1個和吸菸有關。

動脈窄化

香菸煙霧中的尼古丁和一氧化碳容易造成動脈變窄，也就是所謂的動脈硬化。動脈硬化會增加中風及其他心血管疾病的風險。

冠狀動脈病變是心血管疾病之一，會導致心臟的供血量不足，造成心臟病的風險升高。

抽菸的女性也比較容易發生深部靜脈栓塞與中風，特別是如果也在服用口服避孕藥的話，那風險將會更高。

吸菸對肺臟的影響

長久下來，吸菸將照肺活量減少、損害肺臟的防禦機制，使身體容易受到疾病的攻擊。

除了對心血管造成嚴重影響外，吸菸也會對肺臟產生危害。

肺臟

肺臟位於胸廓下、心臟的周圍，它們有如風箱，將空氣吸入呼吸道；因此，能讓氧氣從肺臟進入血液中。血液會把氧氣送到全身，將二氧化碳帶回肺臟，並藉由呼氣排出體外。

為了防止灰塵或花粉等異物吸入肺臟，氣管的內層具有特化的細胞，其上覆蓋著纖毛（毛狀的突出物）。纖毛不斷地擺動，形成波浪般的動作，因此，任何可能的有害粒子都會被掃出氣管和肺部，進入喉嚨。咳嗽的機制也具有將外來粒子排出肺部的作用。

功能受損

吸菸會抑制肺臟的保護機制。首先，它會減少身體對煙霧的反應，因此，抽菸時並不會像吸入刺激性煙霧時那樣產生咳嗽反應。

其次，具有纖毛的細胞也會擺動得較為緩慢，因為菸草裡的有毒物質讓它們變得麻木。正因如此，香菸中的有害物質便能進入肺臟，減少肺臟的整體容量，進而危害到全身。

當有害物質進入肺臟時，肺臟黏膜所產生的黏液（又稱為痰）也會越來越多。焦油、灰塵與黏液蓄積在肺臟的微小氣囊中，減少氣囊的容量，並造成呼吸不順。

免疫反應下降

正常情況下，白血球應能清除肺臟中的灰塵與細菌，但吸菸會導致白血球受損。這意謂著肺臟將更容易受到感染。

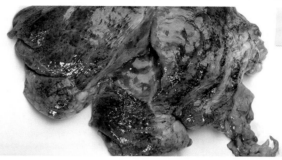

健康的肺臟（下），吸菸者的受損肺臟（上）。香菸中的焦油已經嚴重污染了吸菸者的肺部。

如此一來，吸菸會讓身體接觸到大量的有害外來物質，導致身體用來抵禦疾病的防禦機制嚴重受損。

尼古丁成癮

尼古丁貼片會釋出尼古丁到血液中，這能降低吸菸者對尼古丁的渴望，避免吸菸所來的危害。

每個人都知道吸菸的壞處，但大部份的吸菸者還是無法戒掉菸癮。有部份原因是因為他們對尼古丁所帶來的刺激作用上癮，同時也受到日常習慣與社交的影響。

刺激作用

尼古丁會刺激腦部神經、集中注意力、降低食慾、安撫情緒，並放鬆肌肉。的確，許多吸菸者發現抽菸能幫助他們調整心情，因此會把吸菸和愉悅感連結在一起。事實上，身體對於尼古丁根本沒有生理上的需要。

香菸的替代品

市面上有許多產品可以做為香菸的替代品，讓身體獲得尼古丁而不會產生吸菸的負面效果。

這些產品包括尼古丁貼片、吸入劑和咀嚼錠。其設計原意在於，如果身體獲得尼古丁，吸菸者就不會想要抽菸。再慢慢降低尼古丁的劑量，直到身體不再需要它為止。

最近已發展出一種稱為「耐煙盼」的藥物，這種藥物會干擾腦部的化學訊號（也就是尼古丁所擾亂的那個），藉此消除吸菸者對尼古丁的渴望。

針灸和催眠也被認為有助於戒除菸癮。要記住，罹患吸菸相關疾病的風險在戒菸後將大為降低。

咖啡因如何影響身體

很多產品都含有咖啡因，它對身體具有強烈的刺激性。
因此，咖啡因會對睡眠造成不好的影響；此外，長期攝取咖啡因也會成癮。

咖啡因是世界上使用最廣泛的藥物，大部份的人每天都會以某種形式攝取到咖啡因。雖然咖啡因常和咖啡連結在一起，但其實它本來就存在於許多植物中，包括茶葉與可可豆；此外，許多飲料也含有咖啡因。事實上，很多人每天在不知不覺中會攝取多達 1 公克的咖啡因。

來源

最常見的咖啡因來源：

◆ **現煮咖啡**：一杯現煮咖啡的咖啡因含量可高達200毫克。

◆ **茶**：一杯茶可能含有70毫克的咖啡因。

◆ **可樂**：一罐可樂所含的咖啡因大約為50毫克。

◆ **巧克力**：每28公克的牛奶巧克力裡可能含有6毫克的咖啡因。巧克力飲品的可可含量比巧克力更多，因此咖啡因含量也較高。

◆ **止痛劑**：一顆頭痛藥可能就含有200毫克的咖啡因。

刺激物

以休閒的角度來看，很多人喜歡享用含咖啡因的產品，因為人們發現咖啡因可以幫助他們提振精神，思緒也更加敏捷。許多人會在早上喝咖啡來讓自己清醒，或是保持一天的活力。

在醫學上而言，咖啡因（或稱三甲黃嘌呤）可做為一種心臟刺激藥物，和利尿劑（它會讓尿液增多）。

咖啡豆是咖啡果實的種子。咖啡含有咖啡因，咖啡因是一種刺激物，能提振精神、增強心理活動。

短期作用

腺苷酸是大腦所分泌的一種化學物質，濃度會在一天中慢慢增加，並與腦部的特化腺苷酸受體結合，導致神經活動減緩、血管擴張及睏倦感。

就化學成份而言，咖啡因和腺苷酸十分類似。因此咖啡因能取代腺苷酸和同一種受器結合。然而，咖啡因並不像腺苷酸那樣會減緩神經細胞的活動，反而會讓神經細胞的活動變得更加快速。

此外，由於咖啡因會阻斷腺苷酸的血管擴張能力，造成腦部血管的收縮。這就是為什麼有些頭痛藥會含有咖啡因成份（腦部血管的收縮有助於舒緩某些頭痛症狀）。

腎上腺素

當一個人攝取咖啡因時，他的腦下垂體會對活躍的腦細胞活動產生反應。咖啡因之所以產生這種作用，是因為它讓身體以為有緊急狀態，以釋放能刺激腎上腺的荷爾蒙，產生腎上腺素。

當腎上腺分泌腎上腺素後，就會引發下列的作用，這些作用解釋了為什麼我們喝下一杯咖啡後會有肌肉緊繃、手腳冰冷，以及興奮感：

◆ 瞳孔與氣管擴張

◆ 心跳率提高

◆ 血壓上升（因為靠近皮膚表面的血管會收縮）

◆ 胃部的血液供應減少

◆ 肝臟釋放肝糖到血液中，以提供更多的能量。

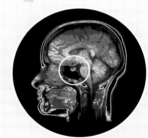

（上）咖啡因會刺激腦部的腦下垂體，如這張掃描影像中的圈起處所示。腦下垂體會觸發腎上腺分泌腎上腺素，也就是「戰」或「逃」荷爾蒙。（下）一劑量的咖啡因就會對神經系統產生立即的效果。腦細胞的活動會變得活躍，增加腎上腺素的分泌。

成癮性

很多人會對咖啡因上癮。不只是因為咖啡因是一種刺激物，也因為它能提高腦中的多巴胺濃度，讓大腦產生更多的愉悅感受。

咖啡因是一種致癮性藥物。由於咖啡因具有讓大腦興奮的作用，因此屬於刺激性藥物的一種。其他刺激性藥物還包括安非它命和古柯鹼。

腦部管道

雖然咖啡因的效果不像其他刺激性藥物那樣大，但發揮效用的方式卻很類似。因為它們操控的都是相同的腦部管道，因此咖啡因也和前述兩種藥物一樣會讓人成癮。

如果只有短期攝取，咖啡因對身體並不會造成什麼危害，但若長時間攝取就會發生問題。一旦咖啡因所誘發

分泌的腎上腺素逐漸消失，人們可能就會感到疲倦、情緒也會變得低落，因此就會想要再喝一杯咖啡。

正因如此，許多人就在不知不覺間對咖啡因上癮了。對身體來說，長期處於緊張狀態是不健康的，很多人也會因此變得神經質、暴躁易怒。

愉悅

和其他刺激藥物一樣，咖啡因也會提升多巴胺的濃度，這種神經傳導物質能活化腦部的愉悅中樞。這種作用被認為是咖啡因具有成癮性的原因。

多年來，科學家們一直在研究神經傳導物質這種腦部化學物質的行為。咖啡因會提高多巴胺這種神經傳導物質的濃度。

對睡眠的影響

（左）攝取咖啡因後，身體須花上12個小時左右才能把咖啡因排出。如果血液中仍存有咖啡因，就會對睡眠產生不好的影響。（上）咖啡因可能會妨礙深層睡眠，讓人早上醒來覺得疲累，然後再喝下咖啡好幫助自己清醒，導致這個循環一直持續下去。

咖啡因對於睡眠有顯著的影響。要將咖啡因從身體中排出須花上12小時。這表示如果在下午4點左右喝下一杯含有200毫克咖啡因的咖啡；到了晚上10點，他的血液中仍存留著100毫克的咖啡因。

缺乏深層睡眠

這時候，儘管還是能入睡，但卻無法進入身體所需的深層睡眠。因

此，醒來時仍會覺得疲倦，並且直覺地再灌進一杯咖啡，以幫助自己清醒。如此一來，惡性循環就會持續下去。

如果試圖打破這個循環，可能會發現自己感到非常疲累，情緒也有些低落，也可能因為腦部的血管擴張而出現頭痛的情況。

低咖啡因飲品

有越來越多人瞭解咖啡因可能會對身體造成危害，因此，低咖啡因飲品也越來越受歡迎。這些飲料具有咖啡、茶飲或可樂的口感，但不會對身體產生不好的影響。

過濾

要製作低咖啡因的咖啡必須使用溶劑將咖啡豆中的咖啡因去除。再將咖啡因從溶液中濾出，只留下咖啡油（產生咖啡風味的重要元素）。這個溶液會重新加入咖啡豆中，按照一般步驟進行烘烤與後製。

研究顯示，戒除咖啡因的攝取對於高血壓患者將會很有幫助。

低咖啡因的咖啡移除了咖啡因所帶來的壞處，十分受到歡迎。然而，要去除咖啡豆中的咖啡因須經過一個複雜的程序。

藥物如何對身體產生作用

用來防止或治療疾病的藥物是透過在體內產生生化反應、生理變化，或是減輕症狀來達成功效。有些藥物會影響特定細胞，有些則對整個身體系統發生作用。

藥物的種類

藥物發揮功用的方式各不相同。藥物的功效可根據它所形成的變化，或是所能舒緩、預防的相關臨床症狀而定。一般說來，藥物的作用可分為下列幾種：

◆ 以人為方式減緩或調節特定細胞、組織或是器官的活動。

◆ 對抗侵入身體的惡性有機體（例如造成感染的細菌）。

◆ 取代身體中自然產生的物質。

◆ 對異常或惡性的細胞、組織產生作用。

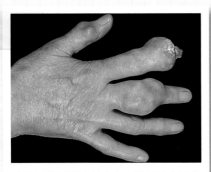

痛風是種關節發炎的病症，它是因為無法代謝尿酸所造成的，可透過藥物來防止尿酸形成、沈積在關節部位。

細胞調節藥物

某些藥物能維持正常細胞的運作，藉此影響細胞的活動。細胞調節藥物（人工調節器）能對全身上下的細胞發揮功效（系統性），或是只對位於特定組織或器官的細胞造成影響。

這些人工調節器，有些能加強或抑制細胞內產生能量所必需的物質、合成反應或是其他的正常細胞反應。

這類藥物通常是對酵素（生物催化劑）活動起作用，作用的方式是抑制或強化酵素活動。異嘌呤醇就是這類藥物中的一例，它能防止尿酸的形成，可用來治療痛風。當尿酸鹽結晶沈積於關節周圍時，關節就會出現疼痛、腫脹，造成痛風。

作用於細胞上的藥物可能只會對特定的器官造成影響，或是產生全面性（系統性）的效果。舉例來說，治療高血壓的肼苯太素被用來降低血壓；它會讓身體各處的小血管擴張、增加心跳率，並提高心輸出量。

筆型胰島素注射筒可將一定劑量的胰島素注入糖尿病患者體內。胰島素是幫助糖尿病患者控制葡萄糖代謝的必要元素。

因此，肼苯太素的作用可分成 2 個層級：在血液循環方面的功效是作用於細胞階層；心臟方面的影響則是作用於器官功能。

多重藥物治療

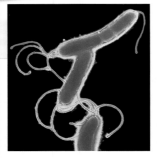

幽門螺旋桿菌存在於消化性潰瘍患者的胃部內層，用抗生素來對抗它們十分有效。

任何特定疾病的藥物治療方法不一定只有 1 種，可能利用數種藥物、以不同的方式來發揮功效。

消化性潰瘍的治療就是一個很好的例子。消化性潰瘍的症狀會因為胃酸分泌而更加嚴重。醫生會使用多種藥物，包含能對胃部產生局部作用的藥物（使用制酸劑）、或是能減少胃酸分泌的藥物（或許是用甲硝呋胍這類的 H_2 受器拮抗劑）、或加強黏膜保護作用（例如用甘草次酸）的藥物來紓解這些症狀並，以提高潰瘍的治療效果。此外，由於幽門螺旋桿菌會引發胃潰瘍，也可以用抗生素來治療。在治療消化性潰瘍時，可採用這些方法的任一種組合。

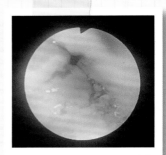

從內視鏡影像可看到消化性潰瘍。多重藥物療法能減少胃酸並消滅造成潰瘍的細菌。

抗感染藥物

有些藥物是作用於入侵身體的有機體（傳染病）或異常的身體細胞（例如癌症），像是：抗生素、抗黴菌藥物、抗瘧疾藥劑等抗感染藥物，大多是利用致病原細胞（例如細菌）與宿主細胞之間的差異來達到特定的功效。有效且安全的抗菌藥物是能消滅造成感染的微生物，但不會傷害到宿主。

這類藥物中，有些藥物只會抑制致病微生物的生長，有些則會殺死致病原，但這些功效可能會受到攝取劑量的影響。

抗感染藥物有許多不同的作用方式，通常與它們的化學結構有關。有些抗感染藥物（例如見大黴素和紅黴素）能阻礙病原菌種蛋白質的合成，其他藥物（例如盤尼西林）則是干擾菌種細胞壁的合成，或抑制細胞功能。

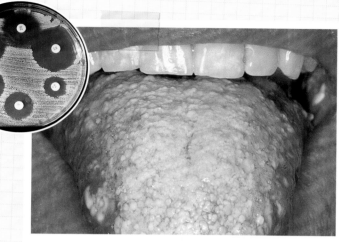

（左上）科學家用實驗室培養的菌株來測試抗生素的效用，看看哪一種抗生素效果最好。抗生素對於人體細胞的危害必須越小越好。（右）白色念珠菌這種黴菌會在舌頭上形成口腔念珠菌病。抗黴菌藥物能殺死黴菌或是抑制它的生長，以治療此種病症。

取代天然物質的藥物

（上）用於荷爾蒙替代療法的透皮貼劑會釋放荷爾蒙，並經由皮膚吸收到體內。它們每小時會釋出固定劑量的藥物。（右上）從這張血液抹片可以明顯看到貧血（鐵質缺乏）的情況。圖中有兩個白血球（紫色）負責對抗感染。可補充鐵劑以治療貧血。

某些疾病的治療或預防和物質的調控有關，這些物質在正常情況下會在體內自然產生。

用來治療第一型糖尿病（胰島素依賴型）的胰島素就是其中一例。對於罹患第一型糖尿病的患者而言，施打胰島素是為了補充分泌不足的胰島素，以促進葡萄糖進入細胞，恢復細胞的正常運作。

同樣的，雌激素和促孕激素是用於停經後婦女的荷爾蒙替代療法，它們能舒緩停經症狀、預防骨質疏鬆。這些荷爾蒙的功用就像更年期前自然產生的荷爾蒙一樣。

口服避孕藥含有雌激素和促孕激素，這些成份會模仿腦下垂體與下視丘自然產生的女性荷爾蒙，產生抑制排卵的作用。

用來取代天然物質的人造物質還包括，用來治療或預防維他命和礦物質缺乏的藥劑。

抗癌藥物

細胞毒性藥物（或抗癌瘤藥物）是用來治療惡性腫瘤的，它們可用來取代或是配合手術或放射線療法。

此類藥物的作用通常不是只針對癌細胞，也會對身體中的健康細胞造成影響。然而，這種藥物通常是藉由惡性細胞與正常細胞之間的性質差異來找出惡性細胞的。舉例來說，惡性細胞在進行細胞分裂時，其分裂速度會比正常細胞快。烷基化劑（例如順鉑）就是利用這種特性來阻止細胞以極快的速度進行細胞分裂。

有些正常的體細胞（像是骨髓細胞）也會快速分裂，因此很容易被這種藥物所毒害。一些較新的抗癌療法是利用抗體來加強瞄準惡性細胞的精準度，這些抗體會選擇性地與惡性細胞結合，但不會與正常細胞結合。

用於癌症化學療法的細胞毒性藥物可透過靜脈注射進入體內。它們通常用來防止腫瘤細胞的分裂，但也可能影響到正常的細胞。

麻醉劑如何發揮功效

麻醉藥劑的作用在於阻斷神經系統所傳導的疼痛感。
其類型有很多種，進入體內的途徑也不同，但功用都是影響神經傳導。

神經網絡

　　神經細胞（神經元）在全身形成一個龐大、複雜的網絡，將感覺受器的資訊傳送到腦部。這些資訊在腦部進行處理（大腦本身就是神經元的集結處），接著腦部會以電子脈衝送出適當的訊息，並經由運動神經元送到活動的肌肉。麻醉劑會干擾這些電子脈衝在神經細胞間的傳輸，藉此達到麻醉的效果。

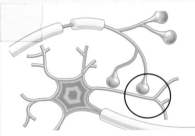

突觸（圈起處）是2個神經細胞間的接觸點，神經細胞的突觸球會在此與另一個神經細胞的軸突、樹突或是細胞體相接。

神經細胞結構

　　神經元和其他細胞不同，它們的長度可以很長（最長可到100公分），以便能長距離的傳導電子脈衝。從神經元延伸出來的最長突起稱為軸突。

　　神經系統在全身上下形成一個精密的迴路，但神經細胞間其實並沒有彼此相連，而是透過突觸相連接。

　　當一個脈衝抵達某個神經細胞的末端（突觸球）時，神經傳導物質就會積極地穿過突觸。當神經傳導物質與鄰接細胞的受器結合後，就會觸發一個脈衝，這個脈衝就會沿著鄰接細胞的長端繼續傳遞下去。

　　神經細胞的細胞膜大部份是由脂質分子所構成，膜中的蛋白質則像通道，控制著化學物質的進出。

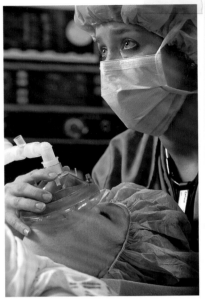

在大手術中，麻醉醫師的角色很重要。可透過面罩（如圖中所示）或是插入氣管中的氣管內管將混合了氧氣的氣體麻醉劑送入患者體內。

正常的突觸活動

突觸
神經細胞與鄰近細胞間的空隙（鄰近的細胞可能是一個肌肉、腺體或是其他神經細胞）。

神經傳導分子
當神經脈衝抵達神經元末端時，這些分子就會被釋出。

雙層脂膜
細胞膜的外層。

蛋白質通道
神經傳導物質會和鄰接細胞的蛋白質通道，產生化學反應並結合在一起，藉此打開通道。

帶電粒子
蛋白質通道開啟時，帶電粒子就能進入細胞中，如此一來神經脈衝就能繼續傳遞了。

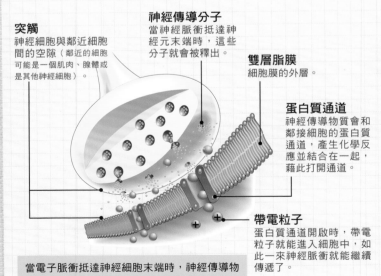

當電子脈衝抵達神經細胞末端時，神經傳導物質會穿過突觸（間隙），在此處與鄰接的神經細胞結合，讓帶電的粒子進入下一個神經細胞，繼續傳遞脈衝。

麻醉劑在突觸的作用

突觸囊泡
含有神經傳導分子的囊。

麻醉劑

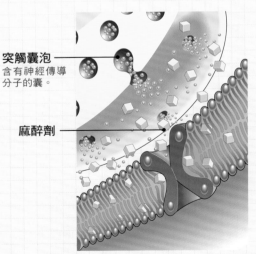

科學家認為，麻醉藥劑能阻斷細胞膜中的蛋白質通道，或是改變其開啟功能。也有研究人員認為，不同麻醉藥劑會對不同部位造成影響，因此其作用機制可能也有所不同。

麻醉藥劑的運作部位

儘管麻醉劑的確切功效目前仍然不明，但是我們已經知道它們作用於突觸。突觸是 2 個神經細胞之間、或是神經細胞與肌肉纖維之間的空隙，神經脈衝會穿過突觸傳遞到下一個神經細胞或是肌肉纖維。

神經脈衝

沿著軸突傳導，藉由離子通過蛋白質通道迅速進入細胞，形成一個小電流往下擴散到神經。如果離子無法通過蛋白質通道，神經傳導就會受阻。

讓麻醉藥劑達到麻醉效果的確切機制目前仍未明，但不同形態的分子都能產生麻醉功效，因此有人認為，其中可能包括數個分子部位。

作用的分子部位

早期的研究認為，麻醉藥劑的作用位置是細胞膜，因為吸入性麻醉劑的效力和它們的油溶性程度（油和細胞膜的脂質非常類似）呈正相關。科學家假設，當麻醉藥劑植入雙層脂膜時會改變細胞膜的特性（細胞膜是一種液體結構，因此植入的結構能在細胞膜中自由移動）。如果細胞膜的流動性較低，就會影響神經脈衝的傳導。

進一步的研究則認為，雙層脂膜中的麻醉藥劑會讓細胞膜擴大。一旦達到臨界容量，神經傳導就會受到阻礙。據信，當壓力升高時，細胞膜的擴張也會減少。

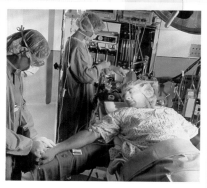

進行重大手術前，通常會有術前給藥的步驟來幫助患者鎮靜。此外，醫師也常常施用另一種藥物來控制肺部的分泌物，以防止患者在麻醉狀態下吸入這些分泌物。

麻醉劑的類型

除了讓患者保持完全麻醉外，麻醉師也負責監控患者在手術中的狀態。他們會用儀器來量測血壓、心跳率，以及呼吸頻率。

◆ **局部麻醉劑**：用於小手術，例如縫合傷口。當特定區域（局部神經）需要進行麻醉時，就會使用局部麻醉劑。可透過注射、局部塗抹或是滴眼液的方式進行。

◆ **半身麻醉劑**：可用來麻醉較大的區域（通常為四肢），使用方式和局部麻醉劑很類似，也就是在神經或神經周圍施打，讓神經不會對疼痛產生反應。

◆ **全身麻醉劑**：經由注射進入患者的血液，或是讓患者吸入麻醉氣體，使患者完全失去意識；這 2 種方法經常搭配使用。全身麻醉藥劑會影響腦部，形成喪失意識的效果，防止患者產生疼痛感。

在進行全身麻醉時也有可能施用其他藥劑，以控制術後疼痛，某些情況還能達到全身癱軟的效果，如此一來，就能讓患者的全身肌肉在手術進行時保持放鬆。

在切除皮膚惡性黑色素瘤（皮膚色素細胞的腫瘤）前，會先注射局部麻醉劑。患者在手術中會全程保持清醒，但是不會感覺到疼痛。

麻醉藥劑的其他作用部位

除了作用於神經細胞膜及雙層脂膜內之外，麻醉藥劑也可能影響其他與神經脈衝傳遞有關的部位。

突觸與軸突

當神經脈衝到達神經細胞的末端時，會打開特定通道；鈣離子會通過這些通道進入神經細胞，含有神經傳導物質的囊泡會被釋放到突觸中。

麻醉藥劑可能會影響這些鈣通道，讓它們無法正常開啟，以減少釋出神經傳導囊泡。

也有證據顯示，有些麻醉藥劑會和鄰接神經細胞表面上的蛋白質結合，讓它們無法與乙醯膽鹼（一種重要的神經傳導物質）結合。理論上，這樣會減少觸發神經脈衝。

高階神經迴路

腦部的網狀活化系統和意識控制有關。當感覺資訊通過上述腦區時，全身麻醉藥劑會阻斷腦部處理感覺訊息的程序，使人失去意識。

常見過敏

造成過敏的原因有很多，從花生、蜂螫到盤尼西林與配戴首飾等；免疫學家將這些過敏或超敏反應分成 4 大類。

第一型：立即性過敏反應

（上）對花生過敏的病例越來越多，它可能產生致命的過敏性休克。（右上）花粉熱是指身體對花粉粒形成過敏反應，是最常見的第一型異位性過敏。

（上）塵蟎存在於寢具、地毯中，其排泄物是常見的過敏原。（右上）這個小男孩對蜂螫產生嚴重的過敏反應，導致水腫，使他的眼睛周圍蓄積了液體。

第一型的過敏是一種立即性的反應，在接觸到過敏原的幾秒鐘之內就會產生。

最常見的例子是花粉熱、兒童過敏性皮膚炎，以及外因性氣喘。大約有 10% 的人會出現這類反應，稱為異位性體質（遺傳性過敏症）。

接觸到過敏原時，身體不是出現正常的免疫反應，而是產生一種免疫球蛋白 E 的抗體分子。這些分子會和肥大細胞（普遍存在於皮膚、呼吸道與胃腸道）結合，刺激肥大細胞釋放出組織胺等發炎物質。

組織胺會導致血管擴張、改變其通透性，使血管變得「容易滲漏」，是造成典型過敏反應的主要原因，例如流鼻水、流眼淚、皮膚發癢發紅。此外，過敏症狀也取決於過敏原從何處進入身體。吸入性的過敏原會造成呼吸道收縮，產生氣喘症狀；如果是吃下過敏原，則會抽筋、嘔吐和腹瀉。

如果過敏原進入血液中，就可能出現更為劇烈的第二種反應。這種反應稱為過敏休克。呼吸道窄縮（舌頭可能出現腫脹）導致呼吸困難，以及血管突然擴張，和因液體流失而造成循環衰竭。這種反應通常是因為擁有過敏體質的人在遭受蜂螫或被蜘蛛咬、注射外來物質（例如盤尼西林或是其他藥物）、或是特定食物（例如花生）所引起的。具有過敏體質的人可能要隨身攜帶腎上腺素注射劑，以便在緊急狀況時派上用場。幸運的是，上述這些反應較為罕見。

第二型：對抗外來細胞的反應

第二型的過敏反應是因為抗體與細胞表面的「自我」分子結合所引起的。這種情況通常不會造成危害，但可能會進一步引發一些身體反應。

血型不符的輸血可能會造成此種過敏反應。根據血液細胞表面的某種蛋白質，可將血液分成 Rh 陽性或是 Rh 陰性。如果一個 Rh 陰性的女性懷了一個 Rh 陽性的寶寶，在生產時或是流產後，胎兒的血液很可能會進入母親的血液中。

如果後來這名女性又懷了一個 Rh 陽性的寶寶，她體內的抗體可能會穿過胎盤、進入胎兒血液中，造成一些不利的影響。如果該名女性在產下和自己血型不同的寶寶後立刻注射抗體，就能消除跑到母體血液中的胎兒紅血球細胞。

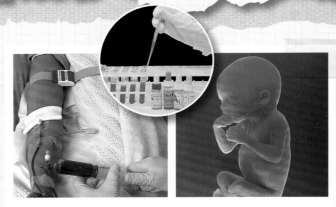

（中上）準確的血型篩檢是避免輸血時造成嚴重免疫反應的重要步驟。可透過 2 種血型配對系統來進行檢測。（左）如果輸血時輸到血型不符的血液（例如一個 Rh 陽性的患者輸到 Rh 陰性血液），接受輸血的宿主防禦機制會消滅「外來」的血液。（右）如果母體接觸到胎兒的血液，可能會對胎兒的血液產生抗體。這種情況會導致母體在下次懷孕時出現免疫反應。

第三型：對抗抗體抗原複合物的反應

　　當過敏原遍佈全身時，就會造成第三型過敏反應。身體會產生抗體，抗體會形成不溶性抗體抗原複合物。身體無法清除這些複合物，以至於產生很大的發炎反應。

　　此類過敏病例包括農夫肺症，這是吸入乾草中的黴菌所造成的；蘑菇農夫肺病，則是吸入菇類的孢子。

　　有許多微生物都會觸發免疫複合體，使鏈球菌喉炎的病情加重；有些有機體也會造成瘧疾、梅毒和痲瘋病。藥物也可能引發相同的效應。

　　這些反應也和自體免疫疾病有關，患者體內的防禦機制會攻擊體內的組織。全身性紅斑狼瘡和類風濕性關節炎都屬於自體免疫疾病的一種。

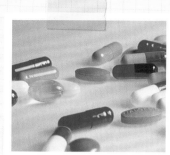
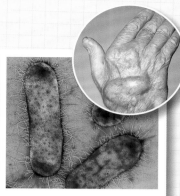

（右上）類風濕性關節炎是一種自體免疫疾病，患者的防禦系統會攻擊自己的身體組織。圖中這名患者的關節內層受到此病症的影響，使關節受到侵蝕與損害，造成關節變形。（左）目前已經知道有些藥物會造成過敏反應。例如盤尼西林會在體內與白蛋白（此種蛋白質也存在於蛋白中）結合，引發明顯的免疫反應。（右）在微生物感染中，尤其是造成瘧疾、梅毒與痲瘋病的微生物表面，會引發第三型過敏反應。抗體與細菌的複合體會對身體造成危害。

第四型：遲發反應

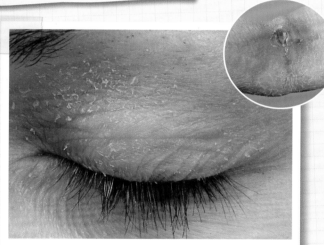

（上）這些過敏反應可能出現在和原有過敏原相隔一段距離的地方，在這個病例中，患者的眼瞼上出現皮膚炎的症狀。（右上）這個潰瘍是包覆傷口的藥用貼布，在皮膚上所形成的過敏反應。這種反應是由 T 細胞這種白血球細胞所釋出的淋巴細胞活素造成的。

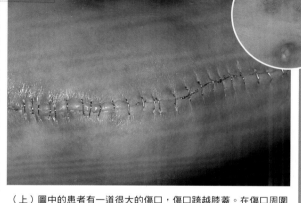

（上）圖中的患者有一道很大的傷口，傷口跨越膝蓋。在傷口周圍的紅色疹子是患者對用來縫合的金屬縫線過敏所導致的。（右上）一名18歲女性身上的接觸性皮膚炎，是由珠寶首飾中的鎳所引起的過敏反應。鎳被吸收到皮膚中和身體的蛋白質結合，被免疫系統視為外來物質。

　　第四型反應是所謂的遲發性過敏反應，它們的出現速度非常緩慢，其成因是白血球細胞的活動所引起的。這種過敏反應主要是由 T 細胞的免疫細胞造成的。T 細胞會釋放稱為淋巴細胞活素的化學物質，而導致發炎反應。因此，抗組織胺無法有效對抗這些過敏症。

　　第四型過敏反應中最為人所熟知的就屬過敏性接觸皮膚炎。這是皮膚接觸到蕁麻科植物、有毒的藤蔓植物、重金屬（例如鉛和汞）、化妝品，以及除臭劑等造成的。這些物質通常都很小，所以不會引發免疫反應，但如果經由皮膚吸收，就會和身體中的蛋白質結合，並被身體視為外來物

質（用來檢測結核病的霍夫測試就是利用這種原理，將細菌蛋白質「打」到皮膚下）。

　　珠寶中所含的鎳和銅可能會造成接觸性皮膚炎，在這些情況中，元兇顯而易見。由於生活中有許多潛在的過敏原，因此，仔細詢問患者的生活環境並進行相關的皮膚貼布來測試，將有助於找出過敏原因。過敏所引發的疹子可能為慢性（長期）、東一塊西一塊，並和過敏原有一段距離。例如，出現在臉部或脖子的疹子可能是因為指甲油所引發的過敏反應。

過敏如何產生

過敏是身體的免疫系統對通常無害的物質產生不適當的反應。過敏反應有許多類型，從花粉熱、氣喘到有生命危險的過敏性休克等。

過敏是身體對特定物質的超敏現象。如果身體接觸到這種物質，就會出現不舒服、甚至危及生命的症狀。

免疫反應

當免疫系統（身體對抗感染的防禦系統）將無害物質誤認為有害，並對它過度反應時，就會發生過敏現象。過敏會造成輕微的不適，比如起疹子或是流鼻水；但在某些情況下，甚至會出現危及生命的休克。造成過敏的原因非常多，典型的過敏原有：花粉、乳膠、花生，以及甲殼類海鮮。

身體的免疫系統主要是由淋巴球（白血球細胞）所構成。B細胞是一種淋巴球，它能辨別出外來粒子（過敏原）並形成具有特化結構的抗體（免疫球蛋白）以對抗這些過敏原。抗體共有5種基本類型，分別為：免疫球蛋白A、D、E、G以及M。其中負責過敏反應的是免疫球蛋白E。

過敏往往會遺傳，這是因為基因缺陷所造成的，使得讓淋巴球辨識有害與無害物質之蛋白質的過程出現錯誤。這表示，對甲殼類海鮮過敏的人，其體內的B細胞無法辨識所攝取到的蛋白質是甲殼類食物的一部份，而把它當作是侵入身體的蛋白質。因此，B細胞就產生大量的免疫球蛋白E抗體。

致敏作用

接著，這些抗體會和體內的嗜鹼性白血球（一種白血球細胞）以及肥大細胞（位於結締組織中）結合，使身體對這些引起過敏的蛋白質產生過敏反應。嗜鹼性白血球與肥大細胞都會產生組織胺，組織胺是身體對抗感染的重要武器。但當身體釋出極大量的組織胺時，就會對身體造成破壞性的影響。

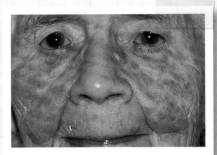

皮膚過敏通常是因為接觸到過敏原所造成。圖中的老婦人對某種泡泡浴劑過敏，因此，臉上起了紅疹。

過敏連鎖反應

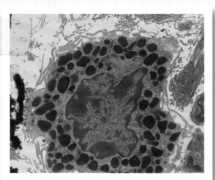

肥大細胞是存在於結締組織中的大型細胞。組織胺（幫助身體對抗感染的物質）就是由肥大細胞中的顆粒（圖中的黑色部分）所產生的。

接觸過敏原約10天後，身體所有的嗜鹼性白血球與肥大細胞就會產生免疫球蛋白E抗體，身體也會因此對該過敏原形成過敏反應。之後，如果身體再次接觸到這個過敏原，它就會立刻發動攻勢、產生一連串反應，觸發了過敏的連鎖反應。

過敏連鎖反應

過敏連鎖反應的形成步驟如下：
❶ 身體接觸到過敏原。
❷ 免疫系統的細胞受到刺激。
❸ 體內的免疫球蛋白E抗體處於備戰狀態。
❹ 附著在肥大細胞和嗜鹼性白血球表面受體上的免疫球蛋白E，利用表面上的特化蛋白質標記來辨識過敏原。
❺ 仍附著於肥大細胞與嗜鹼性白血球的免疫球蛋白E抗體，會和過敏原表面的蛋白質結合。健康的肥大細胞與嗜鹼性白血球會被破壞（脫顆粒作用），釋放出造成表面血管擴張的組織胺，導致血壓下降；周遭細胞間的空隙會充滿液體。
❻ 根據過敏原的不同，以及過敏反應出現的位置，過敏症狀可能會立刻出現。例如，如果過敏反應出現在鼻子的黏膜，可能會引起花粉熱的症狀，像是打噴嚏等。

非過敏性反應

對正常人來說，過敏連鎖反應之所以不會出現是因為過敏原被消滅了。血液中大約有20多種蛋白質會一個個與過敏原及抗體結合。當這一連串的蛋白質完成結合後，過敏原就會被摧毀。

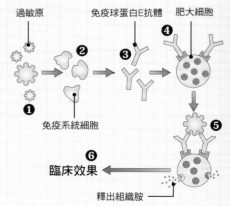

過敏原　　免疫球蛋白E抗體　　肥大細胞
免疫系統細胞
臨床效果
釋出組織胺

過敏性反應

過敏性休克是種影響全身的嚴重過敏反應，
如果沒有用腎上腺素來治療，可能會有致命的危險。

在某些情況下，可能會出現影響整個身體的過敏反應；這種過敏反應就是所謂的全身性反應。出現這種反應時，組織胺會遍及身體各處，使得許多組織中的微血管擴張。由於反應過於嚴重，以至於血壓降低到危險值，過敏性反應就會出現。在極為嚴重的病例中，患者的血壓會降得非常低，以至於使身體產生休克現象。這種情況稱為過敏性休克，常會有致命危險。

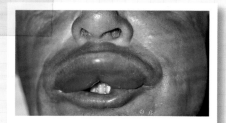

嚴重的過敏反應可能造成組織局部腫脹（所謂的浮腫）。圖中這名男性的嘴唇遭到蜂螫，造成發炎現象。

嚴重反應

過敏性反應往往突然發生；而且有多種呈現方式。患者的身上可能很快起了紅疹，喉嚨也可能腫脹，當細胞釋出液體到周圍組織時，患者的呼吸也會變得困難。當全身上下的血管擴張時，血壓可能會迅速降到危險值。腦部與其他重要器官會因此而缺氧，在幾分鐘內，患者就可能死亡。即使患者倖存下來，腦部與腎臟也可能遭受永久性的損害。

腎上腺素

治療過敏性反應的唯一有效方法就是肌肉注射腎上腺素，這種荷爾蒙是

過敏性休克可能危及生命。在嚴重的情況下，患者可能出現呼吸與心跳停止，此時必須施以心肺復甦術。

由腎上腺產生的。腎上腺素能收縮身體的血管、打開呼吸道，以抵消過量組織胺所引起的症狀。重要的是，必須在症狀開始時立刻施打腎上腺素，這樣才能發揮效果。

會產生嚴重過敏反應的患者通常會隨身攜帶腎上腺素以利於自行施打。

過敏的治療

如果人們懷疑自己有過敏，可以接受測驗來檢視是否有這種特性。抓刺試驗是檢測過敏原的常見方法。這是在皮膚表面滴上一些稀釋過的可能過敏原萃取液，再用針來刺過敏原下方的皮膚。如果針刺部位出現腫脹或發紅，就表示此部位出現了對該過敏原有反應的免疫球蛋白E抗體。

血液測試也可以用來診斷過敏，特別是幼兒，因為在抓刺試驗中即使只讓幼童接觸到極少量的過敏原，都可能會引發過敏性反應。

儘管沒有任何技術能夠百分之百準確，但讓患者接受這2種測試，再配合患者的病史，將有助於醫生進行診斷並擬定治療計畫。

過敏的控制

一旦確認過敏原，就能很容易地避免狗毛、甲殼類海鮮等過敏原。但環境中還是有些過敏原很難避開，像是花粉、黴菌或

是灰塵等。這些過敏原所引發的過敏可用抗組織胺、解充血藥劑、腎上皮質類固醇來控制。出現過敏反應時，就使用腎上腺素。

免疫療法

嚴重過敏的患者如果無法避開過敏原、或是無法用藥物來控制，免疫療法或許是讓他們回復正常生活的唯一辦法。這是將一些特定過敏原製劑注射到患者體內，一開始先注射極低劑量的過敏原稀釋液，接著逐漸提高濃度，讓這些製劑在患者體內維持較久的時間。

這些注射製劑能讓身體的免疫系統進行調整，逐漸提高對該過敏原的耐受性；因此，身體就會產生較少的免疫球蛋白E抗體。免疫療法也會刺激免疫球蛋白G抗體的產生，這種抗體能阻斷免疫球蛋白E的效用。然而，免疫療法既昂貴又費時，並有一定的風險（例如嚴重的過敏反應）。

抓刺試驗常用來檢測過敏原的過敏反應，過敏原有：花粉、黴菌孢子或是灰塵。

有些人會選擇諮詢順勢療法，圖中是vegetative reflex測試，用以檢測身體中的過敏物質。

傳染病如何發生

儘管身體中原本就住著許多細菌，但除非防禦機制受到損害，
否則通常不會引發傳染病；傳染病一般都是被其他人傳染的。

身體每天都暴露在大量微生物的環境下。事實上，身體本身就是數百萬細菌的溫床，這些細菌在體內和平共存。只要細菌是在受保護的部位，例如皮膚表面、腸道、鼻子、口腔或陰道，大多數的細菌都對身體無害。但如果這些表面，因為受傷或疾病而受到損害，微生物就會進入通常為無菌狀態的身體內部，而導致感染。舉例來說，大腸裡住了許多細菌，這些細菌通常不會帶來什麼壞處，但如果它們進入腹腔，就可能引發嚴重的感染。

保護性壁壘

幸好身體有不少安全措施，就像是對抗感染的第一道防線，包括：

◆ **皮膚**：為身體提供了一道對抗病原體（造成疾病的微生物）的物理性屏障，幫助身體維持一個無菌的內部環境。

◆ **鼻子**：具有黏稠的內膜與鼻毛，能抓住可能的有害微生物。此外，打噴嚏的機制還可以排出任何的刺激物。

◆ **唾液**：含抗體，能對抗病原體。

◆ **淚液**：具有抗體，可防止眼睛受到感染。

◆ **喉嚨**：咳嗽反射能夠保護喉嚨。

◆ **胃**：會產生強酸，消滅吃下的任何病原體。

咳嗽是一種反射動作，呼吸道中的微生物可藉由咳嗽排出體外。這是身體用來對抗感染的防禦機制之一。

局部感染

如果病原體攻破身體的第一道防線，就能在身體中大量繁殖、造成感染。這時，身體所產生的反應就是發炎，這是種重要的反應，它可以避免感染擴散。

某些感染情況，發炎部位的周圍可能會形成一道纖維組織牆。牆內會蓄積膿汁形成膿瘡。

發紅

如果有大量的病原體入侵身體，它們就會釋出有害毒物或是破壞細胞、使得血管擴張，導致患部的血流量增加。這會造成發炎部位出現發紅、發熱的典型特徵。此外，血管也會滲出水狀液體，使患部周圍出現明顯腫脹。

血流的增加會幫助免疫系統的細胞（包括吞噬細胞，能吞噬並消滅病原體的白血球）抵達患部、攻擊入侵的微生物；這樣通常能有效防止感染擴散。當病原體消滅後，腫脹的情況也會消退。

如果感染情況特別嚴重，身體就會在感染處形成一道纖維組織牆。這道牆會把感染侷限在局部，使免疫系統能掌控感染狀態。在纖維牆內可能會有膿汁；膿汁裡包含死掉的白細胞、身體細胞、病菌及細胞殘骸。

潛伏期

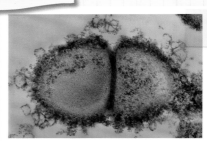

病原體會經過一段潛伏期，這段期間它們會在體內大量增生。圖中的鏈球菌正在分裂。

病原體侵入身體後，會經過一段時間才會出現徵兆。這是因為所有病原體都會經歷一段潛伏期，在這段期間它們會大量繁殖。一旦病原體增加到足夠的數量後，就會在患者身上引發明顯的作用或症狀。

長短不一

潛伏期有長有短，從數小時到數年都有。例如霍亂會在飲用受污染的水源後幾小時內發作，但是愛滋病卻能在身體感染愛滋病毒後好幾年才發病。

全身性感染

有些微生物會進入血液、迅速擴散到全身。全身性感染的常見徵兆就是發燒、起疹子。

某些情況下，造成感染的微生物或它們所產生的有毒物質會進入血液，並且迅速擴散到身體各處，這就是所謂的全身性感染，它會引發一些典型症狀，像是發燒或出疹。

調高。因此，原本的正常體溫會被大腦認為太低，身體也會開始打冷顫以便產生更多的熱能。這會讓體溫提高到某個程度，在這個溫度範圍內，大多數侵入身體的微生物都會死亡。

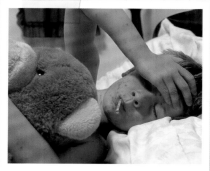

有時候，感染會對整個身體造成影響。這種全身性感染較嚴重，它會引起發燒或出疹等典型症狀。

發燒

當免疫系統受到入侵病原體的破害，而釋出細胞激素時，發燒就會出現。這些物質會影響身體的「自動控溫系統」（由大腦控制），有效地將溫度

紅疹

全身性感染中所出現的皮膚疹是因為微生物，或是它們的毒素造成多處皮膚受損所形成的。皮膚上的紅疹表示體內可能受到類似的損傷。

感染的擴散

大部份的感染都是直接或間接被其他人傳染所造成的，感染的擴散途徑有：

◆ **皮膚接觸**：如果微生物的數量龐大或是毒性夠強，皮膚感染可能就會經由接觸擴散出去。有些微生物（例如葡萄球菌）會滲透到汗腺與毛囊，形成膿包或瘡。膿痂疹這種細菌性皮膚感染就很容易經由接觸受感染的皮膚而造成擴散。

◆ **轉移到眼睛**：病原體可能從手指擴散到眼睛，造成結膜炎這類感染疾病。此類疾病又可能從一隻眼睛擴散到另一隻眼睛，甚至藉由受污染的毛巾或化妝品傳染給別人。

◆ **轉移到鼻子**：病原體通常會在揉捏鼻子時散佈到鼻子中。事實上，造成普通感冒的鼻病毒較常是經由握手傳遞的，而不是打噴嚏。

◆ **吸入**：有些感染是因為吸入咳嗽或打噴嚏所釋放到空氣中的小滴。有些感染原是以乾燥孢子的型態存在於灰塵中，吸入後就會引發感染，例如Q型熱。

◆ **吞嚥**：雖然胃酸能消滅吃下的大部份病原體，但有些病原體還是能存活下來、並前進到腸道。有些感染原會經由不乾淨的食物或飲用水傳播出去，例如腸胃炎。食物處理人員的手若是受到感染，他們所處理的食物就可能受到污染，吃下這些不潔食物的人便可能因此而發生食物

中毒。造成食物中毒的原因包括葡萄球菌所產生的致命毒素，它會導致嚴重的疾病。

◆ **糞便污染**：這是常見的感染原因，如果食物處理人員上完廁所後沒有洗手，糞便裡所含的病原體就可能透過他們的手跑到食物中，並傳播出去（例如沙門氏菌中毒）。某些病毒（腸病毒）會透過受糞便污染的物質經由口腔進入人體，例如小兒麻痺病毒與A型肝炎病毒。

◆ **懷孕**：有些感染會在懷孕期間經由胎盤直接從母體擴散到胎兒，例如弓漿蟲病。在分娩時，寶寶也可能因為接觸到受感染的陰道而感染皰疹或梅毒。

◆ **血液**：存在於血液中的病原體會藉由受污染的針頭、針筒、或是刺青和穿耳洞的工具而傳播出去。愛滋病便可經由這種方式來傳播。

◆ **性行為**：有些疾病（例如皰疹）可經由性行為中的親密接觸，與體液交換傳染給別人。

動物接觸

有些傳染病是因為接觸到動物與昆蟲所造成的。有些疾病（例如狂犬病）可能是被染病的動物傳染，其他（例如瘧疾）則是經由昆蟲來傳遞，但這些帶菌的昆蟲本身並沒有染病。

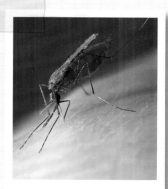

某種雌蚊的唾液含有會造成瘧疾的寄生蟲。這是經由昆蟲或動物傳染的病症之一。

如果水源受到污染，就很容易造成傳染病的擴散。在受污染的河流中清洗炊具可能導致傷寒等疾病。

適應氣壓變化

當我們處於海平面上或海平面下時，都會經歷氣壓變化。當氣壓上升或下降時，身體能適應有限程度的氧氣濃度變化。

身體需要氧氣這個空氣中的主要成份才能存活。紅血球將氧氣從肺臟帶到身體各組織，並將各組織所產生的二氧化碳帶回肺臟，藉由呼氣將它排出體外。這個過程是產生能量的重要程序，好讓身體能夠正常運作。

大氣壓力

空氣中的氧氣含量佔20.96%。大氣壓力決定了空氣的密度，進而影響到我們從中所吸入的氧氣量。人類的主要活動範圍是在海平面附近，在這樣的大氣壓力下，空氣密度足夠，因此，我們每次呼吸時都能吸入適當濃度的氧氣。

生理變化

當我們離海平面越遠，例如攀登高山或是潛入深海，大氣壓力就會改變。為了生存，身體必須適應它所面臨的變化，這就是所謂的環境適應或氣候適應。

我們所吸入的每一口空氣，其中的氧氣含量都和周遭的壓力有關。隨著氣壓的變化，身體必須自行調節或是透過其他輔助方法來順應改變。

在海底高壓環境下存活

水是人類無法適應的一種高壓介質。其中阻礙人類生存的主要原因是，我們無法從水中獲得長期生存所需的氧氣。

此外，當我們越往海底深處前進時，肺臟所進行的氣體交換也會因為周遭壓力的增加而受到影響。

潛水反射

儘管人類很難適應水中環境，但我們確實有些反射作用可以防止溺水，並保存氧氣。這些反射作用包括憋氣、降低心跳率（心跳遲緩）、收縮周邊血管，以及減少周邊血管的血流量。

適應

有經驗的潛水者能善用這些反射，讓自己能在水底停留更長的時間。

經過練習，肺活量就會增加，讓肺臟儲存更多的氧氣。此外，利用過度換氣等技巧將更高濃度的氧氣吸入肺臟，也能在水下停留得更久。

深海潛水

然而，身體對於水底世界的適應能力還是有限的，若要潛得更深，就必須借助氧氣瓶來獲得氧氣。

現代化的裝置能為潛水者提供氧氣，它的氣體壓力和肺臟的氣體壓力相等。儘管潛太深可能會對身體造成危害，但這些潛水配備大幅延長了潛水者在水底的停留時間，使他們能夠潛得更深。

水肺潛水裝置讓潛水者能在水底下呼吸。水底的高壓可能會對身體造成不好的影響。

潛水伕病

雖然氮氣（約佔空氣的79%）對我們的身體通常沒有什麼影響，但長期暴露在高壓環境下還是可能導致氮氣聚集在身體組織中，形成麻醉現象。因此，潛水者可能會感到暈眩，行為也像是喝醉一般。

當潛水者慢慢上浮，溶解於他們體內的氮氣也會逐漸消散。然而，如果潛水者上浮得太快，壓力迅速降低，溶於組織中的氮氣便會在血液中形成氣泡，這些氣泡就可能變成致命的栓塞，或是導致癱瘓（當氣泡跑到腦部時）、造成肌肉或骨骼的劇烈疼痛（一般稱為潛水伕病）。

若是患者出現潛水伕病徵兆，應立即進行治療，在逐漸減壓前，會先施以高壓氧治療艙的加壓治療（高壓氧治療）。

適應低壓環境

在高海拔環境下，大氣壓力會降低，氧氣含量也較低。
儘管身體能藉由某些機制來彌補氧氣的不足；
但如果攀登的高度太高或是速度太快，還是可能出現高山症。

隨著海拔升高，氣壓就會逐漸下降，空氣的密度也會因為氧氣的逸散而變得越來越低。因此，吸入體內的氧氣也會減少。

氧氣減少

這些艱困的環境條件會對我們的呼吸造成顯著的影響。所以，身體會藉由一些補償機制來適應氧氣壓力降低的情形。

在短期間，身體會透過增加呼吸頻率與吸入更多的空氣來解決氧氣量不足的問題。腦部的呼吸中樞會命令身體做更深沉的呼吸，以便吸入更多的空氣並從中獲得更多氧氣。

大多數飛機的機艙都會加壓，以便因應高海拔環境下的低氣壓。遇到緊急情況時，就可使用氧氣面罩來獲得氧氣。

高海拔環境中氧氣較為稀薄的情況，也會促使身體製造更多的血紅素與紅血球，以協助提高血液的含氧量。此外，心跳與血壓也會升高，以便讓血液輸送最大量的氧氣到身體各部位。

如果長期處於高海拔地區，身體組織會發展出更多血管，以提高氣體的交換率。另外，肌肉纖維也會縮小，以縮短氧氣的傳遞途徑。

夏爾巴人因生活在喜瑪拉雅山的高海拔環境而聞名。他們已經習慣生活在大氣壓力極低的環境中。

環境適應

這些適應環境的生理變化很有效，但並非自發的，而且身體也不是立刻就能適應，而是逐漸習慣。登高的速度太快或是攀登高度過高都會造成身體來不及適應環境的變化。如果真的發生這種情況，身體將無法應付氧氣缺乏的問題。

高山症

當海拔高到身體無法適應的程度、或是氣壓降得太快時，就會引發高山症。

由於氧氣過於稀薄，身體必須更賣力運作以輸送更多的空氣到肺臟；然而，呼吸頻率的增加又會消耗更多的能量。當呼吸變得吃力且混亂，身體組織無法獲得足夠的氧氣濃度時，就會呈現缺氧狀態。登山者會感到意識不清、頭昏眼花、頭痛以及噁心想吐。

高山症的治療是慢慢往低海拔移動，在某些情況下，也可使用藥物。嚴重的高山症非常危險，可能會引發腦出血以及肺積水。

在沒有外力協助的情況下，身體無法在超過6,400公尺的環境中正常運作。聖母峰的高度為8,840公尺，這表示登山者一般都需要氧氣裝備才能完成登頂。

在極高海拔的環境、或是攀登速度過快時，身體將無法適應低氣壓。當氧氣供應量不足時，就容易引發高山症。

太空旅行對身體的影響

身體能夠適應太空生活，但是有其限度。
骨骼與肌肉密度降低、心臟無力以及貧血
只是太空人可能面臨的其中幾個問題。

自從加加林於1961年進入太空後，科學家就發現太空旅行會對人體造成許多影響。

環境的變化

所有的生理過程都經過微調，以符合地球的環境。大氣與環境的劇烈變化（例如太空中的環境）對於人體有許多戲劇性的影響。

太空與地球之間有3項關鍵性差異：

◆ 大氣
◆ 幅射線
◆ 重力

這些因素綜合在一起會對人體產生重大作用；難以置信的是，身體竟然能偵測到這些變化，並透過一系列的整合反應進行調整，以符合新環境。

在太空生存

過去有很多人懷疑人類在前往太空的旅途中是否能夠生存。然而，這麼多年來，我們已經學到，要在適當的保護措施下生存並非難事，但人體的能力還是有其限度的。

未來，人類如果想要移民太空，就必須瞭解並因應太空旅行對人體所造成的影響。

太空與地球是全然不同的環境。然而，在幾天之內，人體就會覺察到其中的差異，並根據新環境的條件進行調整。

短期變化

一旦進入運行軌道，身體就會進入無重力或微重力狀態。事實上，身體會處於自由落體的狀態，就像從飛機上往下跳，只不過身體會往水平方向移動，以極高的速度繞行地球。

微重力

當我們站上體重計時，我們的身體和體重計都被重力往下吸。然而，由於體重計是放在地上的，所以會以相同的力量往上推（阻力），這個力量就是我們的體重。如果一個人以自由落體的狀態站在體重計上，在沒有任何阻力的情況下，身體與體重計都會被重力往下拉，體重就會變成零。

方位

在地球上，身體學會處理來自眼睛、耳朵和皮膚觸覺受器的各項訊息，大腦就從這些資訊獲知身體與周遭環境的相對方位。

在外太空，我們的感覺受器無法判別任何自然的「上」或「下」。由於缺乏重力，因此也不會有體重，這表示太空人一開始根本不知道自己的身體到底處於什麼方位。當手臂與腿部呈現失重狀態時，太空人很難察覺到自己身在何處。

運動

當身體移動時，大腦會處理感覺資訊以判斷身體在運動中的每個方位。

前庭（位於內耳中）負責測量身體的移動速度，以及相對於重力的移動方向，並將訊息通知大腦。此外，大腦也會考量肌肉與關節受器所傳來的訊息。

但在外太空，這種感覺資訊是互相矛盾的。當大腦試著處理這些訊息時，它會感到困惑，且無法容許太空中缺乏重力的狀態。所以，身體的反應就不適合這個新環境。

微重力使得身體的感覺器官變得混亂。因此，大腦會做出不恰當的反應，太空人也會失去方向感。

副作用

因此，太空人會出現一種稱為空間運動症的情況，他們會出現頭痛、沒有食慾、肚子痛以及噁心、作嘔的症狀。但在幾天內，大腦就會適應新的環境，這些症狀也會消失。然而當太空人返回地球時，大腦又必須再度重新調整。

長期變化

經過一段時間後，身體開始進行顯著的調整，以因應太空旅行的需求。這些調整具有重大的長期含義。

儘管身體的平衡與運動機制很快就能適應太空環境，但是其他的身體機能就沒辦法這麼快了。有些生理程序的變化會持續下去，並造成嚴重的長期問題，特別是在返回地球之後。

心血管系統

在太空中，身體不會受到重力的作用，血液和其他體液也不會被重力帶往下半身。

相反的，體液會轉向頭部流動，它們會被導向身體的上半部並遠離下半身。這樣會帶來一些有趣的影響。

在外太空，太空人的外表其實會有些不一樣。因為越來越多的體液跑到上半身並填滿臉部空隙，因此他們的臉看起來會有些浮腫。此外，由於體液遠離下半身，腿部的周長會縮小，看起來就像鳥仔腳一樣乾瘦。

體液流失

當身體進入微重力狀態，感壓受器（特化的感覺神經末梢，負責監控體液量）會偵測到動脈壓的上升。這些感壓受器會透過神經脈衝將訊息傳到腦部，腦部再刺激腎臟，命令它將身體的多餘體液排出。

因此，太空人的排尿次數會更為頻繁。在此同時，腦下垂體會減少分泌抗利尿激素，因此太空人會比較不容易覺得口渴。受到這 2 項因素的影響，頭部與胸部的體液量會下降，只要幾天的時間，太空人的體液量就會比在地球上還要少。

心臟去除適應作用

由於循環於全身的體液變少了，身體也不需要產生這麼多的能量來對抗重力，因此，心臟也就不必賣力地工作了。如此一來，心臟就會萎縮。

太空貧血

當太空人返回地球時，不只心臟會變得衰弱，血液也會嚴重缺乏紅血球細胞（貧血）。

這是因為腎臟減少分泌促進紅血球產生的荷爾蒙——紅血球生成素，這會讓紅血球的數量降低。在太空時，紅血球在血液中所佔的比例是正常的，但在返回地球時，由於體內的血液量增加了，便會出現貧血的情況。

少了重力的影響，血液與體液的分佈情況也會跟著改變。血液會遠離腿部，朝頭部流。

由於缺乏重力，身體在外太空會減少產生紅血球細胞。太空人必須密切監控他們的血紅素濃度，以防止貧血。

正常重力　　微重力

血液的分佈

肌肉骨骼系統

微重力的另一項重要影響是，太空人的骨骼與肌肉系統不需要為了保持直立姿勢而變得強壯。

萎縮

在外太空，身體會呈現胎兒的姿勢，稍微蜷曲、手臂與腿向身體前方彎曲。在這樣的姿勢中，肌肉相當放鬆，特別是那些用來保持直立姿勢的肌肉。如果太空人在外太空待上一段時間，肌肉量會減少，肌肉纖維也會日漸改變、逐漸萎縮。

骨骼退化

在外太空，骨骼量也會降低。骨骼量與大小是藉由骨細胞（成骨細胞）的造骨速度與其他細胞（破骨細胞）破壞骨骼的速度來調整的。

在外太空比較少用到骨骼，特別是髖骨、大腿骨與下背部等需要承載重量的骨頭，成骨細胞形成新骨的速度會下降，破骨細胞吸收骨骼的速度則維持不變。因此，骨頭的大小與重量會以大約每個月 1％的速率減少。骨頭會變得易碎，返回地球後也會變得

在外太空，由於骨骼不需要對抗重力，骨骼量會因此降低。所以，骨骼會變得脆弱，返回地球後也較容易發生骨折。

很容易骨折。

科學家們持續在研究這些長期影響，和因應的對策。

因應太空旅行的影響

太空旅行會對身體造成極大的影響。
為了因應這些影響，太空人必須經過特殊訓練，並仰賴日益精密的儀器。

從太空梭起飛的那一刻起，太空人的身體就開始承受劇烈環境變化的影響。

適應太空

太空梭在起飛時會受到重力的拉引，這股力量會讓太空人承受巨大的壓力。隨著太空梭的加速，重力也會增加為原來的 3 倍，使太空人的胸部受到擠壓、呼吸困難並有極為沈重的感覺。幾分鐘內，當太空船進入飛行軌道後，失重的狀態將隨之而來。

在返回地球時，身體必須重新進行調整。為了因應太空旅行所帶來的各種極端變化，太空人必須經歷嚴苛的訓練並且維持絕佳的健康狀態。

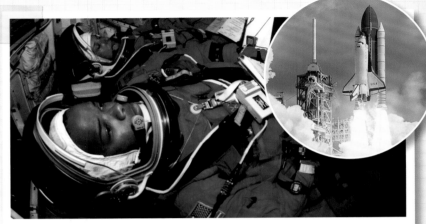

（上）在起飛時，太空人會感到身體極為沈重。幾分鐘之內，這種沈重感就會被失重狀態所取代。（右上）當太空梭起飛時，太空人的身體所承受的重力是正常重力的 3 倍。這股力量會對體內的所有系統施加巨大的壓力。

飛行過程中的預防措施

身處太空時，太空人必須遵行嚴謹的運動計畫（每天 2 小時）以防止肌肉、骨骼與心臟的耗損。

如果沒有這些運動，身體將會變得過於衰弱，導致在返回地球時無法適應大氣環境的改變。

由於太空梭的空間既狹小又處於失重狀態，因此，太空人必須仰賴跑步機等器材來運動，以防止肌肉變質。他們也會利用粗橡皮帶（彈力繩）以及

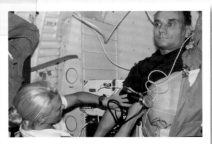

太空人在太空中持續監控身體變化，這為太空旅行對身體的影響，提供了重要的資料。

在肩膀上放重物好讓身體往下，來製造類似體重的感覺。

體液流失

要解決體液流失的辦法就是利用下半身負壓設備。這個機器的用法是用類似吸塵器的吸力來抽吸腰部以下的部位，好讓體液能留在腿部。

下半身負壓設備可做為運動器材的配件，例如跑步機。每天只要使用 30 分鐘，就能讓太空人的循環系統保持在類似地球環境的狀態。

在即將返回地球前，太空人還必須喝下大量的水或電解質飲料，以補充流失的體液。如果沒有這樣做，在重新站上地球表面的那一刻，太空人可能就會暈倒。

監控

對太空人而言，在每次飛行任務中

持續監控身體是極為重要的。這些測量能偵測出身體的任何變化，為太空旅行對身體的影響提供重要的數據。

太空人每天在跑步機上運動，這能防止太空旅行所造成的肌肉耗損。

創造一個安全的微環境

對人體而言，太空並不是一個友善的環境。
如果身處太空船外，又缺乏太空裝的保護，太空人將在幾秒鐘內死亡。

儘管太空人已經成功降落並且漫步在月球上，但如果沒有特殊的裝備，這些成就都不可能發生。

不友善的環境

太空人如果沒穿上太空裝就離開太空船，他們會因為下列原因而死亡：

◆ 缺乏氧氣，這表示他們在 15 秒之內就會失去意識。

◆ 由於太空只有少量或是根本沒有大氣壓力，這會導致血液與其他體液立即沸騰。

◆ 有陽光照射時，溫度會高達攝氏120度；沒有陽光照射時，溫度則會降至攝氏 -100度。在這種極端氣溫下人類很難存活。

◆ 身體會曝露在太陽的宇宙射線和帶電粒子所產生的致命輻射中。

此外，太空人也可能被太空中快速移動且不斷出現的岩石顆粒，以及衛星殘骸擊中。因此，太空是個極為危險的環境。

正因為如此，我們需要更為精密的儀器才能創造出安全的微環境。

太空裝為太空人提供一個適當的溫度與壓力環境，也保護著太空人，讓他們免於放射線與太空殘骸的傷害。

太空裝

太空裝讓太空人得以離開太空船，其原因如下：

◆ **大氣加壓**：這是讓體液保持在液體狀態的重要設計。太空裝是在低於正常氣壓的環境下使用，太空艙則是在正常氣壓下運作。因為如此，在太空艙與外部環境之間會有一道氣閘，這樣一來，就能在太空人穿上太空裝之前先降低氣壓，以避免血液中充滿氮氣（潛水伕病）。

◆ **氧氣供應**：太空裝提供純氧讓太空人可以呼吸，氧氣的來源可從太空船送出（經由救生索），或是由太空人的特殊背袋提供。因為太空梭裡有正常的大氣配置（類似地球的大氣環境），所以太空人在穿上太空裝前必須先以純氧呼吸一段時間。如此才能排除血液與組織中的氮氣，將造成潛水伕病的風險降到最低。

太空裝的設計還能排除二氧化碳，如果沒有排出，它將積聚在身體裡使身體中毒。

◆ **隔熱**：儘管動作不靈活，但是太空裝的設計能幫助身體維持最佳的溫度，防止身體受到極端溫度的影響。

由多層精密纖維構成的太空裝具有嚴密的隔熱效果，能讓身體呼吸，又能保持溫度。太空裝還有風扇或水冷卻器，可消除身體在進行繁重活動時所產生的熱能，以避免產生過多的汗水而導致脫水。我們知道，太空人每進行一次艙外活動就會因為體液流失而減輕好幾磅。

◆ **保護**：太空裝是由多層耐久性纖維組成，能保護身體不被飄浮於太空的碎屑打到，也可以防止太空衣破損。

◆ **抗輻射**：太空衣抗輻射的功能有限，因此，艙外的活動都選在太陽活動較低的時段進行。

◆ **活動方便**：太空衣關節部位的纖維設計讓太空人容易活動。

◆ **視野清晰**：太空衣的面罩是採用透明材質，能反射太陽光以減少刺眼的強光。此外，太空衣還裝設了光源，讓太空人在陰暗處也可以看見東西。

◆ **通訊**：太空衣有無線電傳輸與接收設備，以利於通訊。

太空人在穿上太空衣之前會先進入氣閘隔間，這能讓他們的身體適應較低的氣壓。

對人類來說，太空並不是一個友善的環境。太空衣為人體創造了最佳的生存條件，讓太空人能探索太空這個全新的領域。

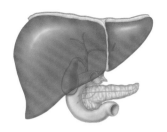

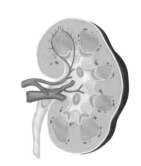

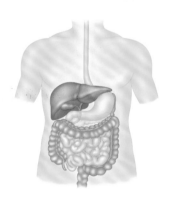

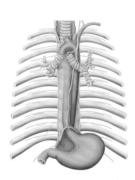

人體機能解剖 全書 VOL.2

出　　　版／楓書坊文化出版社
地　　　址／新北市板橋區信義路163巷3號10樓
網　　　址／www.maplebook.com.tw
郵 政 劃 撥／19907596　楓書坊文化出版社
電　　　話／02-2957-6096
傳　　　真／02-2957-6435
作　　　者／彼得‧亞伯拉罕
翻　　　譯／謝伯讓‧高薏涵
總 經 　銷／商流文化事業有限公司
地　　　址／新北市中和區中正路752號8樓
網　　　址／www.vdm.com.tw
電　　　話／02-2228-8841
傳　　　真／02-2228-6939
港 澳 經 銷／泛華發行代理有限公司
定　　　價／480元
初 版 日 期／2017年9月

國家圖書館出版品預行編目資料

人體機能解剖全書 / 彼得‧亞伯拉罕作；謝伯讓,
高薏涵譯. -- 初版. -- 新北市 : 楓書坊文化,
2017.09　冊；　公分

譯自：How the body works

ISBN 978-986-377-308-5（第2冊：平裝）

1. 人體解剖學　2.人體生理學

397　　　　　　　　　　　　　　106006673

▲用DRAGON的手臂試著假組，但發現手臂會變得很不自然，於是進行改造。

▲右臂使用Tristar的零件，左臂則是用小綠補土（GREEN STUFF）自製。頭部也是換成Tristar的零件。

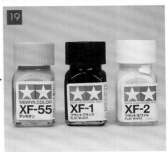

▲黑色軍裝使用TAMIYA的琺瑯漆塗裝。基本色為消光黑＋甲板色，亮部再混入白色，陰影則添加消光黑。

▲為了讓填裝手緊緊握住砲彈，整個塗完後，又以補土重做手指的部分。確實握住物品的動作能夠發揮臨場感。

▲等補土完全變硬後再上色。先塗完衣服與臉部，再將補土上色，這個順序能夠使塗裝作業變得更順利。

基本上，胡蜂式驅逐戰車都是直接使用DRAGON的模型組零件做組裝。由於作品設定的情景為戰鬥中，因此只將履帶改成MODELKASTEN的產品。塗裝作業全部使用TAMIYA壓克力漆，以深黃加消光白混合成基本色，並加入少許的皮革色與沙漠黃，綠色迷彩是以橄欖綠加深黃與少許的消光白，棕色則是用消光棕混合深黃色。畫完迷彩後，便可以貼上水貼，接著再以噴筆上一層MR.HOBBY的消光透明漆（20號）。等透明漆完全變乾後，再用松節油稀釋焦赭色油彩，並以濾鏡塗裝的要領漬洗。漬洗時無須擦拭，不斷地疊加稀釋過的油彩。掉漆的舊化效果則使用Vallejo的塗料；迷彩剝落、露出基本色的部分使用116號＋125號＋001號；金屬生鏽處則是以148號＋150號混色描繪。最後再以深棕色噴出陰影。為了統一色調，整體還要噴上Humbrol沙土色，才算是完成戰車的部分。

最後使用木製台座，以三合板製作立框，並漆上紅木色亮光漆，完成地台。地面利用保麗龍做出斜度，接著鋪上模型用黏土。等黏土變乾，再撒上人工草與麻繩，並修剪為適當的長度，植入黏土。地面的塗裝也是使用Humbrol塗料，草的部分要先用硝基溶劑稀釋Humbrol的塗料後再上色。最後利用TAMIYA的皮革色壓克力漆乾刷草與地面，便大功告成。 ■

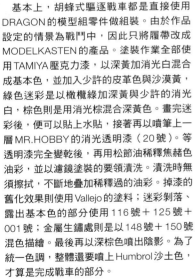

軍事模型
人形製作指南

Essential knowledge and skills of creating military model figure.

知っておきたいミリタリーフィギュアのはじめかた
All Rights Reserved
Copyright @ 2018 Dainippon Kaiga Co.,Ltd.
Original Japanese edition published by Dainippon Kaiga Co., Ltd.
Complex Chinese translation rights arranged with Dainippon Kaiga Co., Ltd.
through Timo Associates, Inc., Japan and LEE's Literary Agency, Taiwan.
Complex Chinese edition published in 2019 by Maple House Cultural Publishing

出　　　版／楓書坊文化出版社
地　　　址／新北市板橋區信義路163巷3號10樓
郵 政 劃 撥／19907596　楓書坊文化出版社
網　　　址／www.maplebook.com.tw
電　　　話／02-2957-6096
傳　　　真／02-2957-6435
作　　　者／Armour modelling編輯部
翻　　　譯／蔡婷朱
責 任 編 輯／江婉瑄
內 文 排 版／洪浩剛
港 澳 經 銷／泛華發行代理有限公司
定　　　價／380元
初 版 日 期／2019年10月

國家圖書館出版品預行編目資料

軍事模型人形製作指南 / Armour modelling
編輯部作；蔡婷朱譯. -- 初版. -- 新北市：楓書
坊文化, 2019.10　　面；　公分

ISBN 978-986-377-524-9（平裝）

1. 模型　2. 工藝美術

999　　　　　　　　　108012578